高等学校教材

常微分方程教程

第三版

丁同仁　李承治　编

高等教育出版社·北京

内容提要

本书是作者在北京大学数学科学学院多年教学实践的基础上编写而成的。作者在第三版准备的过程中，在力求保持原有风格、特色的同时，对部分内容作了适当调整和精简，在叙述上也作了很多改进。同时，适当补充了数字资源（以图标▦示意）。

全书仍为十一章，各章内容为：基本概念；初等积分法；存在和唯一性定理；奇解；高阶微分方程；线性微分方程组；幂级数解法；定性理论与分支理论初步；边值问题；首次积分；一阶偏微分方程。

本书可作为数学专业常微分方程课程的教材，也可供有关专业人员参考。

图书在版编目（CIP）数据

常微分方程教程 / 丁同仁，李承治编．-- 3 版．-- 北京：高等教育出版社，2022.3（2024.12 重印）

ISBN 978-7-04-057305-3

Ⅰ.①常… Ⅱ.①丁… ②李… Ⅲ.①常微分方程－高等学校－教材 Ⅳ.① O175.1

中国版本图书馆 CIP 数据核字（2021）第 231254 号

Changweifen Fangcheng Jiaocheng

策划编辑 李 蕊　责任编辑 刘 荣　封面设计 张 志　版式设计 杜微言
插图绘制 于 博　责任校对 刘丽娴　责任印制 赵 佳

出版发行 高等教育出版社
社　　址 北京市西城区德外大街 4 号
邮政编码 100120
印　　刷 北京中科印刷有限公司
开　　本 787mm×1092mm 1/16
印　　张 19.25
字　　数 420 千字
购书热线 010-58581118
咨询电话 400-810-0598
网　　址 http://www.hep.edu.cn
　　　　 http://www.hep.com.cn
网上订购 http://www.hepmall.com.cn
　　　　 http://www.hepmall.com
　　　　 http://www.hepmall.cn
版　　次 1991 年 4 月第 1 版
　　　　 2022 年 3 月第 3 版
印　　次 2024 年 12 月第 4 次印刷
定　　价 39.60 元

物 料 号 57305-00

常微分方程教程

第三版

丁同仁　李承治　编

1. 计算机访问http://abook.hep.com.cn/128294，或手机扫描二维码、下载并安装Abook应用。
2. 注册并登录，进入“我的课程”。
3. 输入封底数字课程账号（20位密码，刮开涂层可见），或通过Abook应用扫描封底数字课程账号二维码，完成课程绑定。
4. 单击“进入课程”按钮，开始本数字课程的学习。

课程绑定后一年为数字课程使用有效期。受硬件限制，部分内容无法在手机端显示，请按提示通过计算机访问学习。

如有使用问题，请发邮件至abook@hep.com.cn。

常微分方程简史

http://abook.hep.com.cn/128294

谨以此书纪念我国微分方程界的先辈

申又枨教授的 120 周年诞辰以及他对数学的贡献[1]

申又枨教授 (1901—1978)

[1] 见参考文献 [32].

第三版序言

本书初版和第二版的主持者、我的良师益友丁同仁教授不幸于 2014 年因病逝世，享年 85 岁。丁先生是我们最敬重和最喜爱的老师之一，他曾主讲我们本科 1961 级的基础课“常微分方程”和专业课“常微分方程定性理论”，我至今珍藏着听他讲课的笔记和他批改过的试卷。1978—1981 年我们回北京大学继续学业时，他和张芷芬教授一起担任常微分方程方向三位研究生的导师。两位恩师是我们为人处世的表率，教书育人的楷模，科学研究的领路人和榜样。谨以本书第三版纪念丁同仁教授的 92 周年诞辰和他对数学的贡献。

第三版延续了第二版的内容，修正了若干错漏和笔误，改进了一些陈述和整体版面，补充了一些附注、习题答案与提示，并在每一章后面增加了数字资源（延伸阅读）。各章的延伸阅读取材不尽相同，有对相关历史的简单介绍，有对章节结果的进一步拓展，有对全章内容的简要小结，也有我们自己的学习体会。希望这些延伸阅读使学生们增长见识，加深对所学知识的理解，提高对课程的兴趣并有新的收获。

我衷心感谢多年的同事李伟固、柳彬、孙文祥、杨家忠、甘少波各位教授。他们曾选用本教材从事常微分方程教学，对课程建设和教材改进提出了很多宝贵的建议，并作出了重要的贡献。特别要提到的是，李伟固教授为 §4.4 奇解存在定理撰写了新的证明，并对定理 9.1 的完整陈述提出了很好的意见；柳彬教授多年前花费了大量时间和精力为本书撰写了习题答案与提示，并在我准备第三版时提出了宝贵的建议，还提供了参考文献。此外，上海交通大学肖冬梅教授就第一章的教学和“通积分”等概念与我们进行了有益的切磋，改进了相关陈述；山东大学史玉明教授就奇解与包络的有关内容与我们通信，进行了有益的讨论；苏州大学钱定边教授和北京师范大学袁荣教授也曾对定理 4.4 的证明提出过很好的建议，这些讨论和建议促使我们在这个定理的陈述中增加了一个条件。包括以上的意见在内，在同行们所提意见之处，我们都用页下附注加以说明。我对上面提到的老师们和所有使用本教材的教师和同学们，以及本书读者们表示由衷的感谢，诚恳地欢迎和期待你们对本书继续提出改进意见和建议。

高等教育出版社的李蕊编辑建议我增加数字资源，她和相关编辑人员为本书各版的顺利出版始终倾注心力；刘荣编辑仔细审阅了第三版书稿，提出了很多有益的建议，避免了多处录入错误。我愿借此机会谨向高等教育出版社和各位编辑表示深深的感谢。

李承治

2020 年 9 月于北京

第二版序言

1) 牛顿利用开普勒的三大定律和伽利略得到的“惯性定律”与“自由落体定律”，总结出所谓牛顿的第二运动定律和万有引力定律，这是不争的事实。至于如何叙说牛顿对二体问题的贡献，本书在第一版前言中陈述了一种通俗的传说，缺乏严格的历史考证。

现在，我们从文献 [14]（第 21 章：18 世纪的常微分方程）摘录下述资料，作为对第一版前言的补正：

“实际上，这个在引力相互吸引下两个球体的运动问题，是由牛顿在《自然哲学的数学原理》（卷 I 第 11 节）中用几何方法解决的。然而，分析方面的工作暂时还没有动手进行。…… 用分析方法研究行星运动是由 Daniel Bernoulli 着手进行的，他在 1734 年关于二体问题的一篇论文得到了法国科学院的奖金。Euler 在 1744 年的《行星和彗星的运动理论》中就完全用分析方法了。”

由此可知，二体问题的分析解应该是丹尼尔 · 伯努利的工作。

2) 本书第二版的内容与第一版基本相同。考虑到线性微分方程组的求解可以利用 “Maple” 或 “Mathematica” 等计算机符号系统，我们在第二版中省略了第一版中第六章第四节关于算子法和拉普拉斯变换法的介绍。

3) 本书第一版出版以来，我们的同事、不少高等学校的教师和北京大学的同学们在使用本书的过程中，以及高等教育出版社的郭思旭、李蕊等同志在编辑本书第二版的过程中，都提出了很多宝贵的意见，使我们有可能在第二版中作了很多改进。我们愿借此机会对他们表示由衷的感谢，并诚恳地欢迎同行和读者们继续对本书提出批评与建议。

编　者

2004 年 2 月于北京大学数学科学学院

第一版序言

常微分方程已有悠久的历史，而且继续保持着进一步发展的活力，其主要原因是它的根源深扎在各种实际问题之中。

牛顿最早采用数学方法研究二体问题，其中需要求解的运动方程是常微分方程。他以非凡的积分技巧解决了它，从而在理论上证实了地球绕太阳的运动轨道是一个椭圆，澄清了当时关于地球将坠毁于太阳的一种悲观论点。另外，莱布尼茨也经常与牛顿在通信中互相提出求解微分方程的挑战。

嗣后，许多著名数学家，例如伯努利（家族）、欧拉、高斯、拉格朗日和拉普拉斯等，都遵循历史传统，把数学研究结合于当时许多重大的实际力学问题，在这些问题中通常离不开常微分方程的求解法。海王星的发现是通过对常微分方程的近似计算得到的，这曾是历史上的一段佳话。19 世纪在天体力学上的主要成就应归功于拉格朗日对线性常微分方程的工作。

在 19 世纪早期，柯西给微积分学注入了严格性的要素，同时他也为微分方程的理论奠定了一个基石——解的存在和唯一性定理。到 19 世纪末期，庞加莱和李雅普诺夫分别创立了常微分方程的定性理论和稳定性理论，这些工作代表了当时非线性力学的最新方法。20 世纪初，伯克霍夫继承并发展了庞加莱在天体力学中的分析方法，创立了拓扑动力系统和各态历经的理论，把常微分方程的研究提高到新的水平。

自 20 世纪 20 年代（特别是第二次世界大战）以来，在众多应用数学家的共同努力下，常微分方程的应用范围不断扩大并深入到机械、电信、化工、生物、经济和其他社会学科的各个领域，各种成功的实例是不胜枚举的。自 60 年代以后，常微分方程定性理论发展到现代微分动力系统的理论，对研究一些奇异的非线性现象作出了贡献，构成现代大范围分析学中出色的篇章。另外，现代的（最优）控制理论、微分对策论以及泛函微分方程理论的基本思想，都起源于常微分方程，而且在方法上也与后者有密切的关系。

自然，在一本基础课教程中，我们不能详细介绍上面谈到的每个方面，而只能主要介绍常微分方程的一些常用解法和基本定理。这些内容将为数学、力学和物理系（科）的大学生在后继学习中服务。尽管在体系上缺少完美性，然而它们对于数学联系实际和各种数学方法的灵活运用是不可缺少的基本训练。无疑，这正是常微分方程课程的一个特色。

在每一章的标题下面，我们对全章的主题和某些背景都作了概括的介绍。下面，仅就编写本教程中的一些考虑作一简要说明。

在第一章（基本概念）中，只介绍了微分方程及其解的定义和几何解释，以便尽快进入主题；而把从实际问题引导出微分方程的例子分放到后面的章节，这就可以在导出微分方程之后立即进行求解和对结果的分析。

在介绍初等积分法的第二章中，以恰当方程和积分因子为主线贯穿各种求解法。对于不能容纳于这条线索之内的常数变易法，先在本章中以习题的方式出现，而把一般的讨论留待第六章（线性方程组）中进行。

微分方程最重要的理论基础是解的存在和唯一性定理，和解对初值（及参数）的连续性、可微性定理。我们把这两部分内容分别放在第三章和第五章中，以分散难点。第五章的讨论，是在高阶微分方程（方程组）的框架中进行的。

对奇解在理论上的阐述，有赖于解的存在和唯一性定理。因此，我们把一阶隐式微分方程的解法和奇解理论作为第四章，安排在存在定理之后。鉴于首次积分具有明显的物理和几何意义，它不仅是求解微分方程的一个手段，而且也是一般微分方程的理论基础，所以我们也把它单独设章，放在一阶偏微分方程之前。

第六章线性微分方程组（和高阶线性微分方程）是本课程的重点之一。我们在编写中力求兼顾理论上的严密性和具体解法上的实用性，并采用了向量、矩阵和矩阵指数函数等工具。

第七章涉及古典解析理论中一些常见的内容，而第八章比较简要地介绍了现代定性理论中的基本思想和方法，这些内容有利于培养学生对一般的微分方程进行分析的能力。

另外，根据我们的教学经验，有不少精力充沛的学生常常不满足于课堂讲授的内容，而另找合适的课外读物又不容易。为了使这部分学生能顺手得到自学的材料，本书专门在某些节目上增添了适当的内容和难度，并以 * 号标明，例如：佩亚诺存在定理、微分方程比较定理、奇解存在定理、解析解存在定理、算子法、拉普拉斯变换法、结构稳定与分支现象、非线性边值问题与周期边值问题、大范围的首次积分等。对于一般读者，可以根据自己的需要和兴趣，部分或全部跳过上述内容也不会影响对本书主体的学习。

除了个别几节外，我们在本书的每节之后都安排了习题，并在书末对计算题给出了参考答案，对大部分证明题给出了提示。

参加 1989 年微分方程教材编审组会议的同志，特别是本书的主审人金福临教授和吴克乾教授，对本书的初稿提出了很多宝贵的意见；我们的同事黄文灶教授和董镇喜教授等也多年从事这个课程的教学工作，为本书提供了他们的经验；柳彬同志为本书的习题做了题解；王鹏远同志也对本书的编写提出过富有启发的建议；高等教育出版社的有关同志为本书的编辑出版给予了大力的支持；本书采用北京大学计算机科学技术研究所研制的华光Ⅳ型系统进行排版，这个研究所和北京大学新技术公司的有关同志为此给予了热情的帮助。在此，我们对所有上述同志一并表示衷心的感谢。同时，也恳切地希望和欢迎读者对本书提出批评与建议。

编　者

1990 年 1 月于北京大学数学系

目录

第一章 基本概念

由牛顿 (Newton, 1643—1727) 和莱布尼茨 (Leibniz, 1646—1716) 创立的微积分, 是人类科学史上划时代的重大发现. 而微积分的产生和发展, 与人们求解微分方程的需要有密切的关系. 所谓微分方程, 就是联系着自变量、未知函数及其导数在内的方程. 物理学、化学、生物学、工程技术和某些社会科学中的大量问题一旦加以精确的数学描述, 往往会出现微分方程. 在本书的各章中, 将列举引出微分方程的各种例子. 一个实际问题只要转化为微分方程, 那么问题的解决就有赖于对微分方程的研究. 就是在数学本身的理论探讨中, 微分方程也是常用的工具.

本教程主要介绍常微分方程的一些最基本的理论和方法. 我们在第一章首先给出微分方程及其解的定义, 并予以相应的几何解释. 实际上, 这也是为以后各章进一步的学习所作的必要准备.

§1.1 微分方程及其解的定义

利用数学手段研究自然现象和社会现象, 或解决工程技术问题, 一般需要先对问题建立数学模型, 再对它进行分析求解或近似计算, 然后按实际的要求对所得的结果作出分析和探讨. 数学模型最常见的表达方式, 是包含自变量和未知函数的函数方程. 在很多情形这类方程还包含未知函数的导数, 它们就是微分方程. 例如, 用牛顿第二运动定律列出的质点运动方程就是微分方程, 其中未知函数代表质点的坐标, 它们对自变量 (时间) 的一阶导数和二阶导数分别表示质点的运动速度和加速度.

现在, 我们给出如下的一般定义:

定义 1.1 凡是联系自变量 x 与这个自变量的未知函数 $y = y(x)$, 和它的导数 $y' = y'(x)$ 以及直到 n 阶导数 $y^{(n)} = y^{(n)}(x)$ 在内的方程

$$F(x, y, y', \cdots, y^{(n)}) = 0 \tag{1.1}$$

叫作**常微分方程**[1], 其中导数实际出现的最高阶数 n 叫作常微分方程 (1.1) 的**阶**.

[1]这里 F 是一个关于变元 $x, y, y', \cdots, y^{(n)}$ 的给定的已知函数. 因此, 诸如 $y'(x) = y(y(x))$ 和 $y'(x) = y(x-1)$ 之类的方程就不是常微分方程.

例如, 下面的方程都是常微分方程:

$$
\begin{aligned}
&(1)\ \frac{\mathrm{d}y}{\mathrm{d}x}+\frac{1}{x}y=x^3 \quad (x\neq 0),\\
&(2)\ \frac{\mathrm{d}y}{\mathrm{d}x}=1+y^2,\\
&(3)\ y''+yy'=x,\\
&(4)\ \frac{\mathrm{d}^2\theta}{\mathrm{d}t^2}+a^2\theta=0.
\end{aligned} \tag{1.2}
$$

在前三个方程中, x 是自变量, y 是未知函数; 在最后一个方程中, t 是自变量, θ 是未知函数 (而 $a>0$ 是常数). 前两个方程都是一阶的; 后两个方程都是二阶的.

在常微分方程 (1.1) 中, 如果左端函数 F 对未知函数 y 和其各阶导数 $y',y'',\cdots,y^{(n)}$ 的全体而言是一次的, 则称它是**线性**常微分方程, 否则称它为**非线性**常微分方程. 例如, (1.2) 式中的常微分方程 (1) 和 (4) 是线性的; 而 (2) 和 (3) 是非线性的.

我们在定义 1.1 中给微分方程 (1.1) 冠以 "常" 字, 指的是未知函数是一元函数. 如果未知函数是多元函数, 那么在微分方程中将出现偏导数, 这种方程自然叫作**偏微分方程**.

例如, 方程

$$x\frac{\partial f}{\partial x}+y\frac{\partial f}{\partial y}+z\frac{\partial f}{\partial z}+f=0$$

是一阶线性偏微分方程, 其中 x,y 和 z 为自变量, 而 $f=f(x,y,z)$ 为未知函数; 方程

$$\frac{\partial^2 u}{\partial x^2}+\frac{\partial^2 u}{\partial y^2}=0$$

为二阶线性偏微分方程, 其中 x 和 y 为自变量, 而 $u=u(x,y)$ 为未知函数.

本书主要介绍常微分方程, 除了第十一章外, 所说的微分方程都是指常微分方程. 因此, 有时就索性简称微分方程为方程.

定义 1.2 设函数 $y=\varphi(x)$ 在区间 J 上连续, 且有直到 n 阶的导数. 如果把 $y=\varphi(x)$ 及其相应的各阶导数代入方程 (1.1), 得到关于 x 的恒等式, 即

$$F(x,\varphi(x),\varphi'(x),\cdots,\varphi^{(n)}(x))=0$$

对一切 $x\in J$ 都成立, 则称 $y=\varphi(x)$ 为微分方程 (1.1) 在区间 J 上的一个**解**.

例如, 从定义 1.2 可以直接验证:

(1) 函数 $y=\frac{1}{5}x^4$ 是 (1.2) 式中微分方程 (1) 在区间 $(-\infty,0)$ 或区间 $(0,+\infty)$ 上的一个解; $y=\frac{1}{x}+\frac{1}{5}x^4$ 也是这个方程在同样区间上的一个解. 而且对任意的常数 C,

$$y=\frac{C}{x}+\frac{1}{5}x^4$$

都是这个方程在同样区间上的解. 但 $y=C+\frac{1}{5}x^4$ $(C\neq 0)$ 不是这个方程的解.

(2) $y=\tan x$ 是 (1.2) 式中微分方程 (2) 在区间 $\left(-\frac{\pi}{2},\frac{\pi}{2}\right)$ 上的一个解; 而 $y=\tan(x-C)$ 是这个方程在区间 $\left(C-\frac{\pi}{2},C+\frac{\pi}{2}\right)$ 上的一个解, 其中 C 为任意常数. 但 $y=C\tan x\ (C\neq 1)$ 不是解.

(3) 函数 $\theta=3\sin at$ 和 $\theta=7\cos at$ 都是 (1.2) 式中方程 (4) 在区间 $(-\infty,+\infty)$ 上的解. 而且对任意的常数 C_1 和 C_2,

$$\theta=C_1\sin at+C_2\cos at$$

也是这个方程在区间 $(-\infty,+\infty)$ 上的解.

从上面的讨论中可见, 微分方程的解可以包含一个或几个任意常数 (与方程的阶数有关), 而有的解不包含任意常数. 为了确切表达任意常数的个数, 我们需要如下定义:

定义 1.3 设 n 阶微分方程 (1.1) 的解

$$y=\varphi(x,C_1,C_2,\cdots,C_n) \tag{1.3}$$

包含 n 个**独立的**任意常数 $C_1,C_2,\cdots,C_n$, 则称它为**通解**, 这里所说 n 个任意常数 $C_1,C_2,\cdots,C_n$ 是独立的, 其含义是雅可比 (Jacobi, 1804—1851) 行列式

$$\frac{D(\varphi,\varphi',\cdots,\varphi^{(n-1)})}{D(C_1,C_2,\cdots,C_n)}\overset{\text{def}}{=\!=}\begin{vmatrix}\dfrac{\partial\varphi}{\partial C_1} & \dfrac{\partial\varphi}{\partial C_2} & \cdots & \dfrac{\partial\varphi}{\partial C_n}\\ \dfrac{\partial\varphi'}{\partial C_1} & \dfrac{\partial\varphi'}{\partial C_2} & \cdots & \dfrac{\partial\varphi'}{\partial C_n}\\ \vdots & \vdots & & \vdots\\ \dfrac{\partial\varphi^{(n-1)}}{\partial C_1} & \dfrac{\partial\varphi^{(n-1)}}{\partial C_2} & \cdots & \dfrac{\partial\varphi^{(n-1)}}{\partial C_n}\end{vmatrix}$$

不等于 0, 其中

$$\begin{cases}\varphi=\varphi(x,C_1,C_2,\cdots,C_n),\\ \varphi'=\varphi'(x,C_1,C_2,\cdots,C_n),\\ \cdots\cdots\cdots\cdots\\ \varphi^{(n-1)}=\varphi^{(n-1)}(x,C_1,C_2,\cdots,C_n).\end{cases}$$

如果微分方程 (1.1) 的解 $y=\varphi(x)$ 不包含任意常数, 则称它为**特解**.

显然, 当任意常数一旦确定之后, 通解也就变成了特解.

例如, 按定义 1.3 可知, $\theta=C_1\sin at+C_2\cos at$ 是 (1.2) 式中方程 (4) 的通解; 而 $\theta=3\sin at$ 和 $\theta=7\cos at$ 分别是该方程的特解.

下面我们以简单的**自由落体运动**为例, 说明微分方程及其通解和特解的一些实际背景. 所谓自由落体运动, 指的是只考虑重力对落体的作用, 而忽略空气阻力等其他外力的影响, 参看图 1–1. 注意, 落体 B 做垂直于地面的运动. 因此, 我们取坐标原点在地面上而且垂直向上的 y 轴, 使落体 B 的位置为 $y=y(t)$. 这样, 问题就归结为寻求满足自由落体规律的函数 $y=y(t)$.

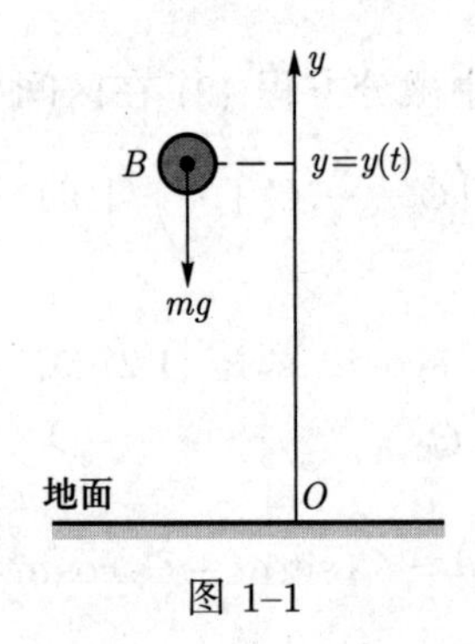

图 1–1

因为 $y = y(t)$ 表示 B 的位置坐标, 所以它对 t 的一阶导数 $\dot{y} = \dot{y}(t)$ 表示 B 的瞬时速度 $v = v(t)$; 而二阶导数 $\ddot{y} = \ddot{y}(t)$ 则表示 B 的瞬时加速度 $a = a(t)$. 假设落体 B 的质量为 m, 重力加速度为 g (在地面附近它近似于常数, 通常取 $g = 9.80\ \mathrm{m/s^2}$), 则由牛顿第二运动定律得出

$$m\ddot{y} = -mg,$$

上式右端出现负号, 是由于 B 所受的重力与 y 轴的正方向相反. 这样我们得到一个微分方程

$$\ddot{y} = -g. \tag{1.4}$$

因此, 为了得到落体的运动规律 $y = y(t)$, 需要求解这个微分方程.

事实上, 只要在微分方程 (1.4) 的两侧对 t 积分一次, 就有

$$\dot{y} = -gt + C_1, \tag{1.5}$$

其中 C_1 是一个任意常数; 而且对 (1.5) 式可以再进行积分, 即得

$$y = -\frac{1}{2}gt^2 + C_1 t + C_2, \tag{1.6}$$

其中 C_2 是另一个任意常数. 易知 (1.6) 式是微分方程 (1.4) 的通解.

通解 (1.6) 所表示的是自由落体的一般运动. 在 (1.6) 式中包含两个任意常数, 这说明微分方程 (1.4) 有无穷多个解. 对这种求解结果的不确定性, 该如何解释呢? 如果检查一下我们最初对问题的提法, 就会发现所作的唯一假定是某物体做自由的落体运动, 既没有指明下落物体在初始时刻 t_0 的位置, 又没有给出它在初始时刻的速度. 而方程 (1.4) 所表达的只是自由落体在瞬时时刻 t 的运动规律. 然而, 大家知道, 在同一初始时刻从不同的高度以不同初始速度自由下落的物体, 将表现为不同的运动. 因此, 为了确定相应的运动, 我们需要考虑落体 B 在初始时刻 (不妨设 $t_0 = 0$) 的位置和速度, 即如下**初值条件**:

$$y(0) = y_0, \quad \dot{y}(0) = v_0, \tag{1.7}$$

其中 y_0 和 v_0 是已知的数据 (通常由测量得到).

现在, 把初值条件 (1.7) 分别代入 (1.6) 式和 (1.5) 式, 我们可以得到 $C_2 = y_0$ 和 $C_1 = v_0$. 这样, 在初值条件 (1.7) 下, 微分方程 (1.4) 有唯一确定的解

$$y = -\frac{1}{2}gt^2 + v_0 t + y_0, \tag{1.8}$$

因此它描述了具有初始高度 y_0 和初始速度 v_0 的自由落体运动.

我们称 (1.8) 式是**初值问题**: (1.4) + (1.7) 的解, 亦即初值问题

$$\begin{cases} \ddot{y} = -g, \\ y(0) = y_0,\ \dot{y}(0) = v_0 \end{cases} \tag{1.9}$$

的解. 初值问题又名**柯西 (Cauchy, 1789—1857) 问题**.

从上面简单的实例分析中, 可以得出下面的启示:

第一, 微分方程的求解与一定的积分运算相联系. 因此常把求解微分方程的过程称为积分一个微分方程, 而把微分方程的解叫作**积分**. 由于每进行一次不定积分运算, 就会产生一个任意常数, 因此就微分方程本身的积分 (不顾及定解条件) 而言, n 阶微分方程的通解应该包含 n 个任意常数. 关于 n 阶微分方程的通解所包含 n 个任意常数的独立性, 以及在一定条件下在局部范围内通解包含微分方程所有解的讨论, 我们将在第十章中进行.

第二, 微分方程所描述的是物体运动的瞬时 (局部) 规律. 求解微分方程, 就是从这种瞬时 (局部) 规律出发, 去获得运动的全过程. 为此, 需要给定运动的初始状态 (即如上面所说的初值条件), 以便确定运动的全过程 (它的未来, 甚至它的过去). 对于 n 阶微分方程 (1.1), 初值条件的一般提法是

$$y(x_0) = y_0,\ y'(x_0) = y_0',\ \cdots,\ y^{(n-1)}(x_0) = y_0^{(n-1)},$$

其中 x_0 是自变量所取定的某个初值, 而 $y_0, y_0', \cdots, y_0^{(n-1)}$ 是未知函数及其相应导数所取定的初值. 这样, 不失一般性, n 阶微分方程的初值问题可以提成如下形式:

$$\begin{cases} y^{(n)} = F(x, y, y', \cdots, y^{(n-1)}), \\ y(x_0) = y_0,\ y'(x_0) = y_0',\ \cdots,\ y^{(n-1)}(x_0) = y_0^{(n-1)}. \end{cases} \tag{1.10}$$

自然要问: 当函数 F 满足什么条件时, 初值问题 (1.10) 的解是存在的, 或者更进一步, 是存在而且唯一的. 这是常微分方程理论中的一个基本问题. 在第三章中我们将就 $n = 1$ 的情形证明如下的结果: 只要 F 是连续的, 则初值问题 (1.10) 的解是 (局部) 存在的, 而且将在某些附加条件下证明解的存在和唯一性. 在第五章我们再把这些结果进一步推广到 $n \geqslant 2$ 的情形.

除了初值条件外, 另外一种常见的定解条件是边值条件 (参看第五章的悬链线之例), 在第九章中我们将对相应的边值问题作一简要的介绍.

习题 1–1

1. 验证下列函数是右侧相应微分方程的解或通解:

(1) $y = C_1\mathrm{e}^{2x} + C_2\mathrm{e}^{-2x}$:　$y'' - 4y = 0$;

(2) $y = \dfrac{\sin x}{x}$:　$xy' + y = \cos x$;

(3) $y = x\left(\displaystyle\int x^{-1}\mathrm{e}^x\,\mathrm{d}x + C\right)$:　$xy' - y = x\mathrm{e}^x$;

(4) $y = \begin{cases} -\dfrac{1}{4}(x - C_1)^2, & -\infty < x < C_1, \\ 0, & C_1 \leqslant x \leqslant C_2, \\ \dfrac{1}{4}(x - C_2)^2, & C_2 < x < +\infty \end{cases}$:　$y' = \sqrt{|y|}$.

2. 求下列初值问题的解:

(1) $y''' = x$, $y(0) = a_0$, $y'(0) = a_1$, $y''(0) = a_2$;

(2) $\dfrac{\mathrm{d}y}{\mathrm{d}x} = f(x)$, $y(0) = 0$　(这里 $f(x)$ 是一个连续函数);

(3) $\dfrac{\mathrm{d}R}{\mathrm{d}t} = -aR$, $R(0) = 1$　(这里 $a > 0$ 是一个常数);

(4) $\dfrac{\mathrm{d}y}{\mathrm{d}x} = 1 + y^2$, $y(x_0) = y_0$.

§1.2 微分方程及其解的几何解释

我们在上一节给出了微分方程及其解的定义, 本节将对这些定义就一阶方程的情形给出几何解释. 依据这些解释, 我们可以从微分方程本身直接获取解的某些性质.

现在, 考虑一阶微分方程

$$\frac{\mathrm{d}y}{\mathrm{d}x} = f(x, y), \tag{1.11}$$

其中 $f(x, y)$ 是平面区域 G 内的连续函数. 假设

$$y = \varphi(x) \quad (x \in I)$$

是方程的解 (其中 I 是解的存在区间), 则 $y = \varphi(x)$ 在 Oxy 平面上的图形是一条光滑的曲线 Γ, 称它为微分方程 (1.11) 的**积分曲线**.

任取一点 $P_0 \in \Gamma$, 设它的坐标为 (x_0, y_0), 则 $y_0 = \varphi(x_0)$. 由于 $y = \varphi(x)$ 满足方程 (1.11), 所以根据微商的几何意义得知, 积分曲线 Γ 在 P_0 点的切线斜率为

$$\varphi'(x_0) = f(x_0, \varphi(x_0)).$$

这个简单的关系式告示了一条重要的信息: 积分曲线 Γ 在 P_0 点的切线方程为

$$y = y_0 + f(x_0, y_0)(x - x_0),$$

即使我们并不知道积分曲线 $\varGamma\colon y=\varphi(x)$ 是什么.

这样, 在区域 G 内每一点 $P(x,y)$, 我们可以作一个以 $f(P)$ 为斜率的 (短小) 直线段 $l(P)$, 以标明积分曲线 (如果存在的话) 在该点的切线方向. 称 $l(P)$ 为微分方程 (1.11) 在 P 点的**线素**; 而称区域 G 联同上述全体线素为微分方程 (1.11) 的**线素场**或**方向场**.

由此可见, 方程 (1.11) 的任何积分曲线 $\varGamma$ 与它的线素场是吻合的; 亦即在任一点 $P\in\varGamma$, 线素场的线素 $l(P)$ 与 $\varGamma$ 在该点的切线是吻合的.

反之, 若在区域 G 内有一条光滑 (连续可微) 的曲线

$$\varLambda\colon y=\psi(x)\quad (x\in J),$$

它与方程 (1.11) 的线素场吻合, 则 $\varLambda$ 是微分方程 (1.11) 的一条积分曲线.

事实上, 在 $\varLambda$ 上任取一点 $P(x,y)$ (即 $y=\psi(x)$), 则 $\varLambda$ 在 P 点的斜率为 $\psi'(x)$; 而线素 $l(P)$ 的斜率为 $f(P)=f(x,\psi(x))$. 因为曲线 $\varLambda$ 与线素场是吻合的, 亦即

$$\psi'(x)=f(x,\psi(x))\quad (x\in J),$$

它蕴涵曲线 $\varLambda$ 是微分方程 (1.11) 的积分曲线.

在构造方程 (1.11) 的线素场时, 通常利用由关系式 $f(x,y)=k$ 确定的曲线 L_k, 称它为线素场的**等斜线**. 显然, 在等斜线 L_k 上各点线素的斜率都等于 k. 因此, 等斜线简化了线素场逐点构造的方法, 从而有助于积分曲线的近似作图.

现在, 我们对微分方程 (1.11) 的初值问题进行几何说明: 给定微分方程 (1.11), 就是在平面区域 G 上给定一个线素场. 因此, 求解初值问题

$$\frac{\mathrm{d}y}{\mathrm{d}x}=f(x,y),\quad y(x_0)=y_0, \tag{1.12}$$

就是求经过点 (x_0,y_0) 并与线素场吻合的一条光滑曲线.

尽管人们难以从线素场精确得到这样的光滑曲线, 但只要这些小线素取得足够细密, 线素场就会非常清晰地显露出积分曲线的草图, 从而可以近似地描绘出初值问题 (1.12) 的积分曲线, 例如 §3.2 中的欧拉 (Euler, 1707—1783) 折线. 在无法或无必要求得精确解时, 线素场可以使问题获得近似的解决. 即使在已知微分方程的精确解时, 我们也可以从线素场获取解的某些性质, 它有时甚至比精确解的作用更加有效, 参见下面的例 1—例 3, §2.2 的例 1—例 3, 等等.

这里须指出, 一阶微分方程 (1.11) 在许多情况取如下形式:

$$\frac{\mathrm{d}y}{\mathrm{d}x}=-\frac{P(x,y)}{Q(x,y)}, \tag{1.13}$$

其中 $P(x,y)$ 和 $Q(x,y)$ 是区域 G 内的连续函数.

当 $Q(x_0,y_0)\neq 0$ 时, 方程 (1.13) 的右端函数 $\dfrac{P(x,y)}{Q(x,y)}$ 在 (x_0,y_0) 点的近旁是连续

的. 因此, 方程的线素场在 (x_0,y_0) 点附近是完全确定的. 然而, 如果 $Q(x_0,y_0)=0$, 那么线素场在 (x_0,y_0) 点就失去意义.

但是, 只要 $P(x_0,y_0)\neq 0$, 我们就可以把方程 (1.13) 改写为

$$\frac{\mathrm{d}x}{\mathrm{d}y}=-\frac{Q(x,y)}{P(x,y)},\tag{1.14}$$

这里需要把 $x=x(y)$ 看作未知函数. 此时, 微分方程 (1.14) 的右端函数 $\dfrac{Q(x,y)}{P(x,y)}$ 在 (x_0,y_0) 点近旁是连续的. 因此它在那里的线素场也是确定的.

这样, 当 $P(x_0,y_0)$ 和 $Q(x_0,y_0)$ 不同时等于零时, 我们可以在 (x_0,y_0) 点近旁考虑微分方程 (1.13), 或者微分方程 (1.14), 虽然它们的未知函数略有不同. 在这种情况下, 我们可以把它们统一写成下面 (关于 x 和 y) 的对称形式:

$$P(x,y)\mathrm{d}x+Q(x,y)\mathrm{d}y=0.\tag{1.15}$$

这就是说, 当 $Q(x_0,y_0)\neq 0$ 时, 方程 (1.15) (在 (x_0,y_0) 点近旁) 等价于方程 (1.13); 而当 $P(x_0,y_0)\neq 0$ 时, 方程 (1.15) (在 (x_0,y_0) 点近旁) 等价于方程 (1.14).

只是当 $P(x_0,y_0)=Q(x_0,y_0)=0$ 时, 无论是方程 (1.13), 还是方程 (1.14) 或 (1.15) 在 (x_0,y_0) 点都是不定式, 因此线素场在 (x_0,y_0) 点没有意义. 我们称这样的点 (x_0,y_0) 为相应微分方程的**奇异点**.

例 1 作出微分方程

$$\frac{\mathrm{d}y}{\mathrm{d}x}=\frac{y}{x}\tag{1.16}$$

的线素场.

显然, 原点 O 是方程的奇异点; 而且线素场的等斜线为 $\dfrac{y}{x}=k$, 即 $y=kx$. 这说明线素斜率为 k 的所有点都在直线 $y=kx$ 上. 另一方面, 直线 $y=kx$ 的斜率也是 k. 由此可见, 直线 $y=kx$ 与微分方程 (1.16) 的线素场相吻合, 见图 1–2. 不难看出, 以原点 O 为中心的射线族 $\theta=\arctan\dfrac{y}{x}=C$ 是微分方程 (1.16), 或相应的对称微分方程

$$y\mathrm{d}x-x\mathrm{d}y=0$$

的积分曲线.

例 2 作出微分方程

$$\frac{\mathrm{d}y}{\mathrm{d}x}=-\frac{x}{y}\tag{1.17}$$

的线素场.

显然, 原点 O 是方程的奇异点. 而线素场的等斜线为 $-\dfrac{x}{y}=k$, 即 $y=-\dfrac{x}{k}$. 这说明线素斜率为 k 的所有点都在直线 $y=-\dfrac{x}{k}$ 上. 因此, 通过 $P(x,y)$ 点的等斜线 $y=-\dfrac{x}{k}$ 与微分方程 (1.17) 在该点的线素 $l(P)$ 是垂直相交的. 由线素场 (图 1–3) 不难看出, 以

O 为中心的同心圆 $r=\sqrt{x^2+y^2}=C\,(>0)$ 是微分方程 (1.17), 或相应的对称微分方程

$$x\mathrm{d}x+y\mathrm{d}y=0$$

的积分曲线.

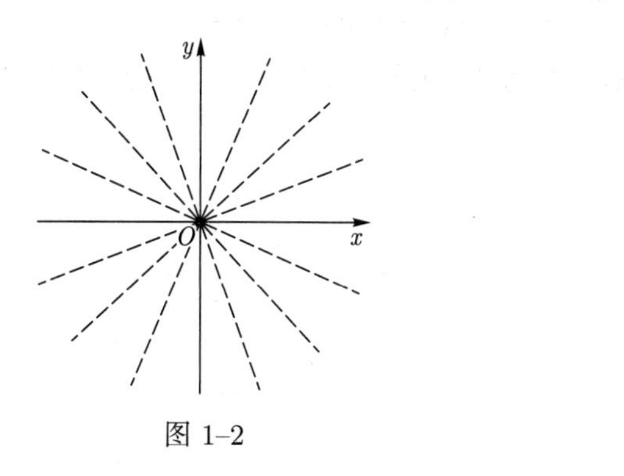

图 1–2

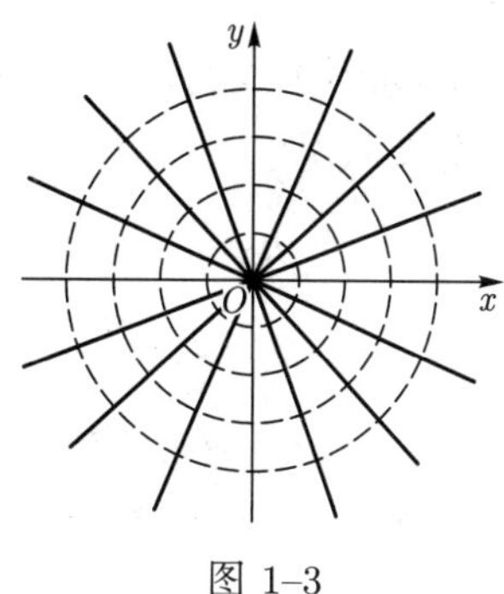

图 1–3

作为本节的结束, 我们考虑线素场的一个物理模型.

例 3 条形磁铁的磁场.

假设在平面上安放一个长度为 $2a$ 的细磁棒, 使它的两个端点分别在点 $(-a,0)$ 和 $(a,0)$, 则在平面上就产生一个磁场. 若再撒上一些短小的铁针, 它们将按磁场的方向排列, 出现一个具体的线素场模型 —— 磁场.

现在要推导这磁场所对应的微分方程. 我们把细磁棒简化为放置于点 $(-a,0)$ 和 $(a,0)$ 的两个异性的点磁荷. 它们在平面上任意一点 (x,y) 产生的磁场强度分别为 $\boldsymbol{H}_1$ 和 $\boldsymbol{H}_2$, 见图 1–4.

由物理学中的定律可知

$$\boldsymbol{H}_i=\frac{m_i}{r_i^3}\boldsymbol{r}_i=\frac{m_i}{r_i^2}\boldsymbol{r}_{i0},\quad i=1,2,$$

这里 $\boldsymbol{r}_1$ 表示从 $(-a,0)$ 到 (x,y) 的向量, $\boldsymbol{r}_2$ 表示从 (x,y) 到 $(a,0)$ 的向量, $r_i=|\boldsymbol{r}_i|$, 而 $\boldsymbol{r}_{i0}=\dfrac{\boldsymbol{r}_i}{r_i}$ 为沿 $\boldsymbol{r}_i$ 方向的单位向量; m_i 为磁荷的对应的常数, $i=1,2$. 为简单计, 可取 $m_1=+1$ 和 $m_2=-1$. 因此, 在 (x,y) 点的磁场强度为 $\boldsymbol{H}=\boldsymbol{H_1}+\boldsymbol{H}_2$. 注意

$$\begin{aligned}
&r_1=\sqrt{(x+a)^2+y^2}, && r_2=\sqrt{(x-a)^2+y^2},\\
&\cos\alpha=\frac{x+a}{r_1}, && \cos\beta=-\frac{x-a}{r_2},\\
&\sin\alpha=\frac{y}{r_1}, && \sin\beta=\frac{y}{r_2},
\end{aligned}$$

分别取磁场强度 $\boldsymbol{H}$ 沿 x 轴和 y 轴方向的分量

$$\begin{cases}
U(x,y)=\dfrac{x+a}{[(x+a)^2+y^2]^{3/2}}-\dfrac{x-a}{[(x-a)^2+y^2]^{3/2}},\\
V(x,y)=\dfrac{y}{[(x+a)^2+y^2]^{3/2}}-\dfrac{y}{[(x-a)^2+y^2]^{3/2}}.
\end{cases}$$

则描述磁场强度的微分方程为

$$\frac{\mathrm{d}y}{\mathrm{d}x}=\frac{V(x,y)}{U(x,y)}, \tag{1.18}$$

亦即

$$\frac{\mathrm{d}y}{\mathrm{d}x}=\frac{\{[(x-a)^2+y^2]^{3/2}-[(x+a)^2+y^2]^{3/2}\}y}{(x+a)[(x-a)^2+y^2]^{3/2}-(x-a)[(x+a)^2+y^2]^{3/2}},$$

而它的线素场如图 1–5 所示, 参见本节习题 3. 由此大致可以看出它的积分曲线 (亦即磁力线) 的分布状况.

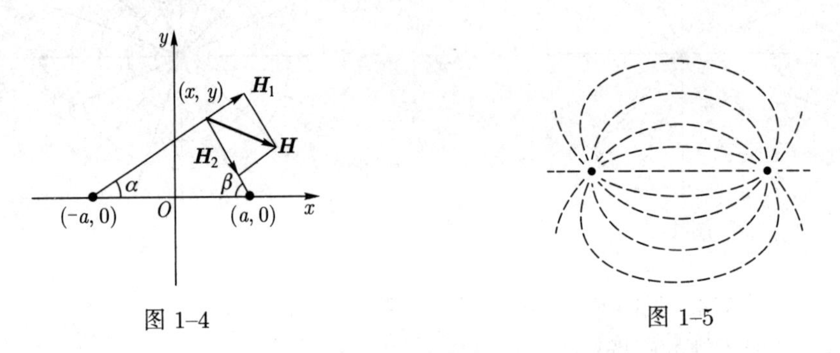

图 1–4

图 1–5

附注 微分方程 (1.17) 有奇异点 O, 它是积分曲线族 (亦即圆族) 的中心. 另外, 微分方程 (1.16) 也有奇异点 O, 从它发出的射线族是方程的积分曲线族. 而微分方程 (1.18) 有两个奇异点 $(-a,0)$ 和 $(a,0)$, 它们是磁力线 (即积分曲线) 的汇集点.

从这些例子我们看到, 虽然在奇异点微分方程是不定式, 但是在积分曲线族的分布中奇异点是关键性的点. 在本书第八章中, 我们将引入动力系统的概念, 而这里的奇异点将称为相应动力系统的奇点.

习题 1–2

1. 作出如下微分方程的线素场:

(1) $y'=\dfrac{xy}{|xy|}$;

(2) $y'=(y-1)^2$;

(3) $y'=x^2+y^2$.

2. 利用线素场研究下列微分方程的积分曲线族:

(1) $y'=1+xy$;

(2) $y'=x^2-y^2$.

3. 根据磁场的物理直观, 试作微分方程 (1.18) 的线素场及其积分曲线族的草图.

延伸阅读

第二章 初等积分法

所谓微分方程的初等积分法, 就是通过初等函数及其有限次积分的表达式求解微分方程的方法. 在微分方程发展的早期, 由牛顿、莱布尼茨、伯努利兄弟 (雅各 · 伯努利, Jacob (又名 James) Bernoulli, 1655—1705 和约翰 · 伯努利, Johann (又名 John) Bernoulli, 1667—1748) 以及欧拉等发现的这些方法与技巧, 构成了本章的中心内容. 虽然刘维尔 (Liouville, 1809—1882) 在 1841 年证明了绝大多数微分方程不能用初等积分法求解, 但这些方法至今仍不失其重要性, 这是因为在处理一些实际的微分方程问题时它们却是难得的数学方法.

§2.1 恰当方程

考虑对称形式的一阶微分方程

$$P(x,y)\mathrm{d}x+Q(x,y)\mathrm{d}y=0. \tag{2.1}$$

如果存在一个可微函数 $\varPhi(x,y)$, 使得它的全微分为

$$\mathrm{d}\varPhi(x,y)=P(x,y)\mathrm{d}x+Q(x,y)\mathrm{d}y,$$

亦即它的偏导数为

$$\frac{\partial \varPhi}{\partial x}=P(x,y),\quad \frac{\partial \varPhi}{\partial y}=Q(x,y),$$

则称 (2.1) 式为**恰当方程**或**全微分方程**. 因此, 当方程 (2.1) 为恰当方程时, 可将它改写为全微分的形式

$$\mathrm{d}\varPhi(x,y)=P(x,y)\mathrm{d}x+Q(x,y)\mathrm{d}y=0,$$

从而

$$\varPhi(x,y)=C, \tag{2.2}$$

其中 C 为任意常数, 我们称 (2.2) 式为方程 (2.1) 的一个**通积分**[1].

[1] 在第十章 §10.1 中我们将给出首次积分的定义, 这里的通积分是首次积分取 $n=1$ 的特例.

事实上, 将任意常数 C 取定后, 利用逆推法容易验证: 由 (2.2) 式所确定的隐函数 $y=u(x)$ (或 $x=v(y)$) 就是方程 (2.1) 的一个解. 反之, 若 $y=u(x)$ (或 $x=v(y)$) 是微分方程 (2.1) 的一个解, 则有

$$\mathrm{d}\Phi(x,y)=P(x,y)\mathrm{d}x+Q(x,y)\mathrm{d}y=0,$$

其中 $y=u(x)$ (或 $x=v(y)$). 从而 $y=u(x)$ (或 $x=v(y)$) 满足 (2.2), 其中积分常数 C 取决于解 $y=u(x)$ (或 $x=v(y)$) 的初值 (x_0,y_0), 亦即 $C=\Phi(x_0,y_0)$.

例 1 求解微分方程

$$2xy^3\mathrm{d}x+3x^2y^2\mathrm{d}y=0.$$

观察这个微分方程, 我们看到它的左端恰好是函数 $\Phi(x,y)=x^2y^3$ 的全微分 $\mathrm{d}\Phi$. 因此, 上述方程可以写成 $\mathrm{d}(x^2y^3)=0$, 从而它的通积分为

$$x^2y^3=C.$$

上面利用观察法求解微分方程只是一个简单的特例. 在一般情况下, 我们需要解决的问题是:

(1) 如何判断一个给定的微分方程是否为恰当方程?

(2) 当它是恰当方程时, 如何求出相应全微分的原函数?

(3) 当它不是恰当方程时, 能否将它的求解问题转化为一个与之相关的恰当方程的求解问题?

下面的定理对问题 (1) 和 (2) 给出了完满的解答. 至于问题 3, 则是贯穿本章随后各节的一个中心问题. 为此, 我们将先在 §2.2—§2.4 就若干特殊类型的方程给出有针对性的解答, 然后在 §2.5 中给出一个较为一般 (但并不完整) 的解答.

定理 2.1 设函数 $P(x,y)$ 和 $Q(x,y)$ 在区域

$$R:\ \alpha<x<\beta,\quad \gamma<y<\delta$$

上连续, 且有连续的一阶偏导数 $\dfrac{\partial P}{\partial y}$ 与 $\dfrac{\partial Q}{\partial x}$, 则微分方程 (2.1) 是恰当方程的充要条件为恒等式

$$\frac{\partial}{\partial y}P(x,y)\equiv\frac{\partial}{\partial x}Q(x,y) \tag{2.3}$$

在 R 内成立. 而且当 (2.3) 式成立时, 方程 (2.1) 的通积分为

$$\int_{x_0}^{x}P(x,y)\mathrm{d}x+\int_{y_0}^{y}Q(x_0,y)\mathrm{d}y=C, \tag{2.4}$$

或者

$$\int_{x_0}^{x}P(x,y_0)\mathrm{d}x+\int_{y_0}^{y}Q(x,y)\mathrm{d}y=C, \tag{2.5}$$

其中 (x_0,y_0) 是 R 中任意取定的一点.

证明 先证必要性. 设方程 (2.1) 是恰当的, 则存在函数 $\Phi(x,y)$, 满足

$$\frac{\partial \Phi}{\partial x}=P(x,y), \quad \frac{\partial \Phi}{\partial y}=Q(x,y). \tag{2.6}$$

然后, 我们在 (2.6) 的第一式和第二式中, 分别关于 y 和 x 求偏导数, 就可得到

$$\frac{\partial P}{\partial y}=\frac{\partial^2 \Phi}{\partial y \partial x}, \quad \frac{\partial Q}{\partial x}=\frac{\partial^2 \Phi}{\partial x \partial y}. \tag{2.7}$$

由 $\frac{\partial P}{\partial y}$ 和 $\frac{\partial Q}{\partial x}$ 的连续性假设推知混合偏导数 $\frac{\partial^2 \Phi}{\partial y \partial x}$ 和 $\frac{\partial^2 \Phi}{\partial x \partial y}$ 是连续的, 从而 $\frac{\partial^2 \Phi}{\partial y \partial x} \equiv \frac{\partial^2 \Phi}{\partial x \partial y}$. 因此, 由 (2.7) 式推得 (2.3) 式.

再证充分性. 设 $P(x,y)$ 和 $Q(x,y)$ 满足条件 (2.3), 我们来构造可微函数 $\Phi(x,y)$, 使 (2.6) 式成立. 为了使 (2.6) 的第一式成立, 我们可取

$$\Phi(x,y)=\int_{x_0}^{x} P(x,y)\mathrm{d}x+\psi(y), \tag{2.8}$$

其中函数 $\psi(y)$ 待定, 以使函数 $\Phi(x,y)$ 适合 (2.6) 的第二式. 因此, 由 (2.8) 式得到

$$\frac{\partial \Phi}{\partial y}=\frac{\partial}{\partial y}\int_{x_0}^{x} P(x,y)\mathrm{d}x+\psi'(y)=\int_{x_0}^{x}\frac{\partial}{\partial y}P(x,y)\mathrm{d}x+\psi'(y).$$

再利用条件 (2.3) 得到

$$\frac{\partial \Phi}{\partial y}=\int_{x_0}^{x}\frac{\partial}{\partial x}Q(x,y)\mathrm{d}x+\psi'(y)=Q(x,y)-Q(x_0,y)+\psi'(y).$$

由此可见, 为了使 (2.6) 的第二式成立, 只要令 $\psi'(y)=Q(x_0,y)$, 亦即只要取

$$\psi(y)=\int_{y_0}^{y} Q(x_0,y)\mathrm{d}y$$

即可. 这样, 就找到了满足 (2.6) 式的一个函数

$$\Phi(x,y)=\int_{x_0}^{x} P(x,y)\mathrm{d}x+\int_{y_0}^{y} Q(x_0,y)\mathrm{d}y. \tag{2.9}$$

如果在构造 $\Phi(x,y)$ 时, 先考虑使 (2.6) 的第二式成立, 则可用同样的方法, 得到满足 (2.6) 的另一函数

$$\widetilde{\Phi}(x,y)=\int_{x_0}^{x} P(x,y_0)\mathrm{d}x+\int_{y_0}^{y} Q(x,y)\mathrm{d}y. \tag{2.10}$$

因此, 我们得到通积分 (2.4) 或者 (2.5). 定理证完. □

注意, $\Phi(x,y)$ 和 $\widetilde{\Phi}(x,y)$ 的全微分相同, 所以它们之间只差一个常数. 再由 $\Phi(x_0,y_0)=\widetilde{\Phi}(x_0,y_0)=0$ 可知 $\Phi(x,y)\equiv\widetilde{\Phi}(x,y)$.

例 2 求解微分方程

$$(2x\sin y+3x^2y)\mathrm{d}x+(x^3+x^2\cos y+y^2)\mathrm{d}y=0. \tag{2.11}$$

因为

$$\frac{\partial P}{\partial y}=2x\cos y+3x^2=\frac{\partial Q}{\partial x},$$

所以方程 (2.11) 是恰当的. 因此, 可以利用公式 (2.4) 或 (2.5) 直接求得通积分. 但是为了熟悉基本方法, 我们仍采用定理 2.1 在充分性证明中的方法来计算通积分. 令函数 $\varPhi(x,y)$ 满足

$$\frac{\partial \varPhi}{\partial x}=2x\sin y+3x^2y,\quad \frac{\partial \varPhi}{\partial y}=x^3+x^2\cos y+y^2, \tag{2.12}$$

则对 x 积分 (2.12) 的第一式, 得到

$$\varPhi(x,y)=x^2\sin y+x^3y+\psi(y).$$

再将它代入 (2.12) 的第二式, 即得

$$x^2\cos y+x^3+\psi'(y)=x^3+x^2\cos y+y^2,$$

由此得出 $\psi'(y)=y^2$, 从而由积分可得 $\psi(y)=\dfrac{1}{3}y^3$ (从下面的通积分形式可知, 在这里我们不妨省略其中的积分常数). 所以

$$\varPhi(x,y)\equiv x^2\sin y+x^3y+\frac{1}{3}y^3=C \tag{2.13}$$

为方程 (2.11) 的通积分, 其中 C 为任意常数.

附注 1 对于某些恰当方程, 可以采用更简便的分组凑全微分的方法求解. 例如, 对于方程 (2.11) 的左端, 可用如下分组求积的方法:

$$\begin{aligned}&(2x\sin y+3x^2y)\mathrm{d}x+(x^3+x^2\cos y+y^2)\mathrm{d}y\\&=(2x\sin y\mathrm{d}x+x^2\cos y\mathrm{d}y)+(3x^2y\mathrm{d}x+x^3\mathrm{d}y)+y^2\mathrm{d}y\\&=(\sin y\mathrm{d}x^2+x^2\mathrm{d}\sin y)+(y\mathrm{d}x^3+x^3\mathrm{d}y)+y^2\mathrm{d}y\\&=\mathrm{d}(x^2\sin y)+\mathrm{d}(x^3y)+\mathrm{d}\left(\frac{1}{3}y^3\right)\\&=\mathrm{d}\left(x^2\sin y+x^3y+\frac{1}{3}y^3\right),\end{aligned}$$

由此可直接得到通积分 (2.13).

附注 2 求解恰当方程的关键是构造相应全微分的原函数 $\varPhi(x,y)$, 这实际上就是场论中的位势问题. 在**单连通**区域 R 上, 条件 (2.3) 保证了曲线积分

$$\varPhi(x,y)=\int_{(x_0,y_0)}^{(x,y)}P(x,y)\mathrm{d}x+Q(x,y)\mathrm{d}y \tag{2.14}$$

与积分的路径无关. 因此, (2.14) 式确定了一个单值函数 $\Phi(x,y)$. 注意, 公式 (2.9) 与 (2.10) 所取的积分路径仅仅是便于计算的两种特殊的路径. 如果区域不是单连通的, 那么一般而言 $\Phi(x,y)$ 也许是多值的. 例如, 对于方程

$$\frac{x\mathrm{d}y-y\mathrm{d}x}{x^2+y^2}=0,$$

容易验证条件 (2.3) 在非单连通的环域 $R_0\colon 0<x^2+y^2<1$ 上成立. 根据

$$\mathrm{d}\left(\arctan\frac{y}{x}\right)=\frac{x\mathrm{d}y-y\mathrm{d}x}{x^2+y^2},$$

我们得到

$$\arctan\frac{y}{x}=C.$$

注意, 在环域 R_0 上, $\Phi(x,y)=\arctan\dfrac{y}{x}$ 是一个多值函数.

习题 2–1

判断下列方程是否为恰当方程, 并且对恰当方程求解:

1. $(3x^2-1)\mathrm{d}x+(2x+1)\mathrm{d}y=0$.
2. $(x+2y)\mathrm{d}x+(2x-y)\mathrm{d}y=0$.
3. $(ax+by)\mathrm{d}x+(bx+cy)\mathrm{d}y=0$ $(a,b$ 和 c 为常数).
4. $(ax-by)\mathrm{d}x+(bx-cy)\mathrm{d}y=0$ $(b\neq 0)$.
5. $(t^2+1)\cos u\mathrm{d}u+2t\sin u\mathrm{d}t=0$.
6. $(y\mathrm{e}^x+2\mathrm{e}^x+y^2)\mathrm{d}x+(\mathrm{e}^x+2xy)\mathrm{d}y=0$.
7. $\left(\dfrac{y}{x}+x^2\right)\mathrm{d}x+(\ln x-2y)\mathrm{d}y=0$.
8. $(ax^2+by^2)\mathrm{d}x+cxy\mathrm{d}y=0$ $(a,b$ 和 c 为常数).
9. $\dfrac{2s-1}{t}\mathrm{d}s+\dfrac{s-s^2}{t^2}\mathrm{d}t=0$.
10. $xf(x^2+y^2)\mathrm{d}x+yf(x^2+y^2)\mathrm{d}y=0$, 其中 $f(\cdot)$ 是连续可微的.

§2.2 变量分离方程

如果微分方程

$$P(x,y)\mathrm{d}x+Q(x,y)\mathrm{d}y=0 \tag{2.15}$$

中的函数 $P(x,y)$ 和 $Q(x,y)$ 均可表示为 x 的函数与 y 的函数的乘积, 则称 (2.15) 式为**变量分离方程**. 因此, 只要令

$$P(x,y)=X(x)Y_1(y),\quad Q(x,y)=X_1(x)Y(y),$$

变量分离方程可以写成如下形式:

$$X(x)Y_1(y)\mathrm{d}x + X_1(x)Y(y)\mathrm{d}y = 0. \tag{2.16}$$

先考虑一个特殊的情形: $P = X(x)$ 和 $Q = Y(y)$, 则微分方程 (2.15) 成为

$$X(x)\mathrm{d}x + Y(y)\mathrm{d}y = 0. \tag{2.17}$$

这显然是一个恰当方程, 而且容易求出它的一个通积分为

$$\int X(x)\mathrm{d}x + \int Y(y)\mathrm{d}y = C. \tag{2.18}$$

一般而言, (2.16) 式未必是恰当方程. 但是, 在上面对微分方程 (2.17) 求解之后, 我们容易想到: 如果以因子 $X_1(x)Y_1(y)$ 去除 (2.16) 式的两侧, 就得到

$$\frac{X(x)}{X_1(x)}\mathrm{d}x + \frac{Y(y)}{Y_1(y)}\mathrm{d}y = 0. \tag{2.19}$$

此方程具有 (2.17) 式的形式 (即 x 与 y 互相分离), 因此它的通积分为

$$\int \frac{X(x)}{X_1(x)}\mathrm{d}x + \int \frac{Y(y)}{Y_1(y)}\mathrm{d}y = C. \tag{2.20}$$

这里需要澄清一个问题: 用求解方程 (2.19) 来代替求解方程 (2.16) 是否合理? 或者说这两个方程是否同解?

容易看出, 当 $X_1(x)Y_1(y) \neq 0$ 时, 这两个方程是同解的. 假设存在实数 a (或 b), 使 $X_1(a) = 0$ (或 $Y_1(b) = 0$), 则函数 $x = a$ (或函数 $y = b$) 显然满足方程 (2.16), 因此它是方程 (2.16) 的解. 但它不是方程 (2.19) 的解. 因此, 当我们用方程 (2.19) 去替代方程 (2.16) 时, 要注意补上这些可能丢失的解.

总结上述讨论, 我们得到以下结论: 变量分离的方程 (2.16) 的通积分由 (2.20) 式给出 (要进行必要的不定积分运算); 还要补上如下形式的特解, 如果它们不在上述通积分之内的话:

$$x = a_i \quad (i = 1, 2, \cdots),$$

其中 a_i 是 $X_1(x) = 0$ 的根; 和

$$y = b_j \quad (j = 1, 2, \cdots),$$

其中 b_j 是 $Y_1(y) = 0$ 的根.

例 1 求解微分方程

$$(x^2 + 1)(y^2 - 1)\mathrm{d}x + xy\mathrm{d}y = 0, \tag{2.21}$$

并作出积分曲线族的草图.

当因子 $x(y^2-1)\neq 0$ 时, 用它除方程 (2.21) 的两端, 即得等价的方程

$$\frac{x^2+1}{x}\mathrm{d}x+\frac{y}{y^2-1}\mathrm{d}y=0.$$

再积分上式, 得到

$$x^2+\ln x^2+\ln|y^2-1|=C_1,$$

由此推出

$$x^2\mathrm{e}^{x^2}|y^2-1|=\mathrm{e}^{C_1},$$

亦即

$$y^2=1+C\frac{\mathrm{e}^{-x^2}}{x^2},\tag{2.22}$$

其中 $C=\pm\mathrm{e}^{C_1}\neq 0$. 此外, 还可以从上述因子等于零时找到特解 $x=0$ 和 $y=\pm 1$. 其实, 只要规定 (2.22) 式中的常数 C 可以取零值, 则特解 $y=\pm 1$ 也可以包含在 (2.22) 式之中. 因此方程 (2.21) 的通积分为

$$y^2=1+C\frac{\mathrm{e}^{-x^2}}{x^2}\quad (C\text{ 为任意常数});$$

注意, 方程 (2.21) 有特解 $x=0$.

从微分方程 (2.21) 出发, 或从方程

$$\frac{\mathrm{d}y}{\mathrm{d}x}=-\frac{(x^2+1)(y^2-1)}{xy}$$

出发, 利用第一章 §1.2 线素场的方法, 并参照通积分表达式 (2.22), 可以作出积分曲线族大致的图形, 见图 2–1.

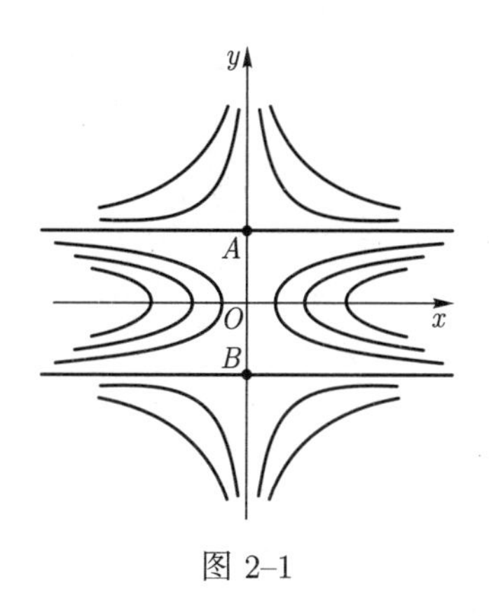

图 2–1

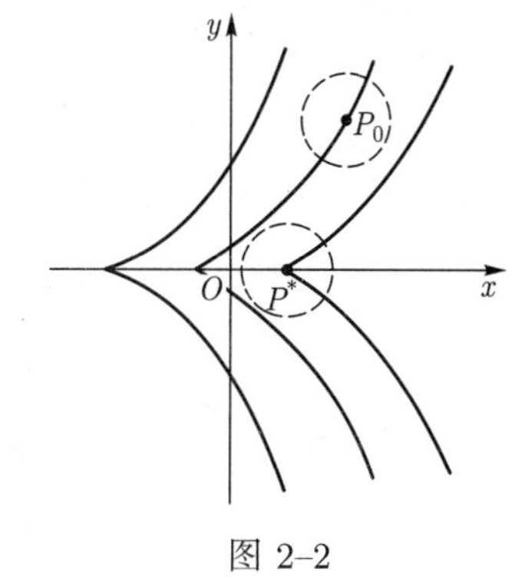

图 2–2

例 2 求解微分方程

$$y'=\frac{3}{2}y^{1/3},\tag{2.23}$$

并作出积分曲线族的图形.

当 $y \neq 0$ 时, 由 (2.23) 式得出

$$\frac{\mathrm{d}y}{y^{1/3}} = \frac{3}{2}\mathrm{d}x.$$

由此可以积分, 从而可得

$$y^{2/3} = x + C \quad (x + C \geqslant 0).$$

因此得到通积分

$$y^2 = (x+C)^3 \quad (x \geqslant -C); \tag{2.24}$$

外加特解 $y = 0$ $(-\infty < x < +\infty)$. 由此并参照微分方程 (2.23), 不难作出相应积分曲线族的图形, 见图 2–2.

观察图 2–1 和图 2–2, 我们发现一个共同特点: 在平面 Oxy 上, **几乎**经过每一点 P_0, 在**局部**范围内有并且只有一条积分曲线. 图 2–1 中的例外情形是两个点 $A(0,1)$ 及 $B(0,-1)$; 而图 2–2 中的例外情形是 x 轴 (亦即 $y = 0$) 上的所有点. 对前者的例外性是容易理解的, 因为点 A 和 B 是方程 (2.21) 仅有的两个奇异点 (在这两点无法定义线素的方向); 但对后者而言, 在 x 轴上的每一点 $(x^*, 0)$ 并非是方程 (2.23) 的奇异点 (在这些点处线素场的方向是水平的). 然而, 过每一点 $(x^*, 0)$ 甚至在局部范围内都有无穷多条积分曲线通过. 事实上, 每一条这样的积分曲线是由两部分合成的: 左半部分是与 x 轴重合的直线段, 右半部分可以是 x 轴上的一个区间, 再从区间右端点向上或向下延伸的半立方抛物线. 注意, 其中左、右两部分曲线在接合点是相切的, 而接合点可以是 $(x^*, 0)$, 也可以是在它右侧的任何点 $(\widehat{x}, 0)$ (这里 $\widehat{x} > x^*$).

总之, 微分方程 (2.23) 满足初值条件 $y(x_0) = y_0$ 的解, 当 $y_0 \neq 0$ 时是局部唯一的; 而当 $y_0 = 0$ 时是局部不唯一的. 能否对这种现象从理论上加以阐明呢? 我们将这一重要而有趣的问题留待下一章作一般性的讨论; 而只在本节习题 5 中对形如 $y' = f(y)$ 的方程讨论了解的唯一性问题.

例 3 物体在空气中的降落与特技跳伞.

我们假设质量为 m 的物体在空气中下落, 空气阻力与物体速度的平方成正比, 阻尼系数为 $k > 0$. 沿垂直地面向下的方向取定坐标轴 x, 参考图 2–3. 由牛顿第二运动定律推出微分方程

$$m\ddot{x} = mg - k\dot{x}^2,$$

其中 x 上的点表示关于 t 的导数. 记 $v = \dot{x}$, 则方程变为

$$\frac{\mathrm{d}v}{\mathrm{d}t} = g - \frac{k}{m}v^2 \quad (v > 0). \tag{2.25}$$

这是一个变量分离方程. 当上式的右端不为零时, 我们有

$$\frac{\mathrm{d}v}{g - \dfrac{k}{m}v^2} = \mathrm{d}t,$$

从而由积分可以得到通解

$$v = A\frac{Ce^{2at}+1}{Ce^{2at}-1} \quad (t \geqslant 0), \tag{2.26}$$

其中 $a=\sqrt{\frac{kg}{m}}>0, A=\sqrt{\frac{mg}{k}}>0$, 而 C 为任意常数. 在推导 (2.26) 式时, 要区分 $v(0)\in(A,+\infty)$ 和 $v(0)\in[0,A)$ 两种情形, 但可以把解统一写成 (2.26) 式的形式. 在前一种情形下 $C\in(1,+\infty)$; 在后一种情形下 $C\in(-\infty,-1]$, 此时可在 (2.26) 式中取 $C=-\overline{C}$, 而 $\overline{C}\in[1,+\infty)$. 当方程 (2.25) 的右端等于零时, 可得到特解 $v=A$. 利用方程 (2.25) 并参照它的通解 (2.26), 容易作出这积分曲线族的图形, 见图 2–3.

如果考虑初值条件 $v(0)=v_0$ (即降落的初速度), 我们可以确定 (2.26) 式中的任意常数

$$C=(v_0+A)(v_0-A)^{-1}.$$

由图 2–3 可见, 若 $0\leqslant v_0<A$, 则 $v(t)<A$, 而且当 $t\to+\infty$ 时, 我们有 $v(t)\to A$; 若 $v_0>A$, 则 $v(t)>A$, 而且当 $t\to+\infty$ 时, 我们有 $v(t)\to A$.

现在考虑特技跳伞问题. 假设跳伞员开伞前的阻尼系数为 k_1, 开伞后的阻尼系数为 k_2 (设 $k_2\gg k_1$), 而从开始跳伞到开伞的时间为 T, 则跳伞员降落的速度曲线如图 2–4 所示. 容易看出, 只要开伞后有足够的降落时间, 落地速度将近似等于 $\sqrt{\frac{mg}{k_2}}$, 其中 k_2 是由降落伞的设计来调节的, 以保证落地的安全.

设 $v=f(t)$ 为降落伞下降的速度函数 (见图 2–4), 而跳伞高度为 H_0, 则 $H_0=\int_0^{T_1}f(t)\mathrm{d}t$, 其中 T_1 为落地的时间. 因此, 落地的速度为 $v_1=f(T_1)$. 特技跳伞要求在给定的高度 H_0 内, 掌握开伞时间 T, 使得降落的时间 T_1 最短, 而且有安全的落地速度 v_1. 这是一个有趣的数学问题.

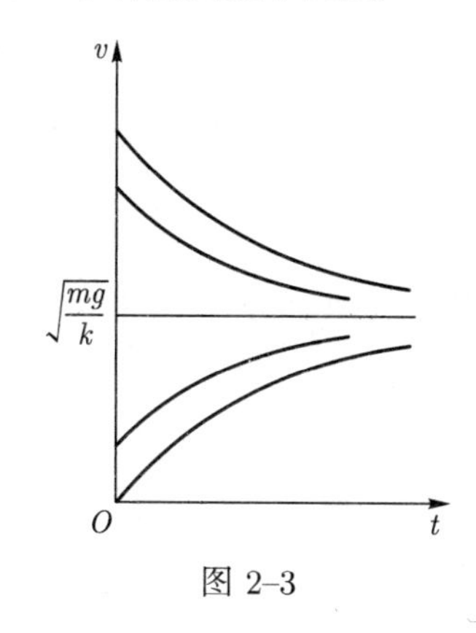

图 2–3

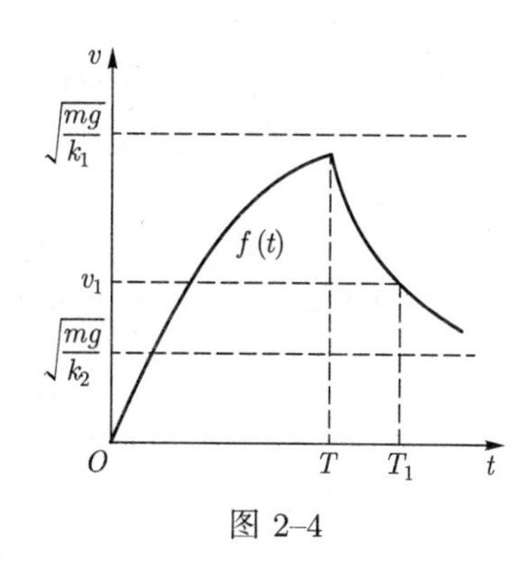

图 2–4

习题 2–2

1. 求解下列微分方程, 并指出这些方程在 Oxy 平面上有意义的区域:

(1) $\dfrac{\mathrm{d}y}{\mathrm{d}x}=\dfrac{x^2}{y}$;

(2) $\dfrac{\mathrm{d}y}{\mathrm{d}x}=\dfrac{x^2}{y(1+x^3)}$;

(3) $\dfrac{\mathrm{d}y}{\mathrm{d}x}+y^2\sin x=0$;

(4) $\dfrac{\mathrm{d}y}{\mathrm{d}x}=1+x+y^2+xy^2$;

(5) $\dfrac{\mathrm{d}y}{\mathrm{d}x}=(\cos x\cos 2y)^2$;

(6) $x\dfrac{\mathrm{d}y}{\mathrm{d}x}=\sqrt{1-y^2}$;

(7) $\dfrac{\mathrm{d}y}{\mathrm{d}x}=\dfrac{x-\mathrm{e}^{-x}}{y+\mathrm{e}^{y}}$.

2. 求解下列微分方程的初值问题:

(1) $\sin 2x\,\mathrm{d}x+\cos 3y\,\mathrm{d}y=0,\quad y\left(\dfrac{\pi}{2}\right)=\dfrac{\pi}{3}$;

(2) $x\mathrm{d}x+y\mathrm{e}^{-x}\mathrm{d}y=0,\quad y(0)=1$;

(3) $\dfrac{\mathrm{d}r}{\mathrm{d}\theta}=r,\quad r(0)=2$;

(4) $\dfrac{\mathrm{d}y}{\mathrm{d}x}=\dfrac{\ln|x|}{1+y^2},\quad y(1)=0$;

(5) $\sqrt{1+x^2}\dfrac{\mathrm{d}y}{\mathrm{d}x}=xy^3,\quad y(0)=1$.

3. 求解下列微分方程, 并作出相应积分曲线族的简图:

(1) $\dfrac{\mathrm{d}y}{\mathrm{d}x}=\cos x$;

(2) $\dfrac{\mathrm{d}y}{\mathrm{d}x}=ay\quad(a\neq 0$ 为常数);

(3) $\dfrac{\mathrm{d}y}{\mathrm{d}x}=1-y^2$;

(4) $\dfrac{\mathrm{d}y}{\mathrm{d}x}=y^n\quad\left(n=\dfrac{1}{3},1,2\right)$.

4. 跟踪: 设某 A 从 Oxy 平面上的原点出发, 沿 x 轴正方向前进; 同时某 B 从点 $(0,b)$ 开始跟踪 A, 即 B 的运动方向永远指向 A 并与 A 保持等距 b. 试求 B 的光滑运动轨迹.

*5. 设微分方程

$$\frac{\mathrm{d}y}{\mathrm{d}x}=f(y),\tag{2.27}$$

其中 $f(y)$ 在 $y=a$ 的某邻域 (例如, 区间 $[a-\varepsilon,a+\varepsilon]$) 内连续, 而且 $f(y)=0$ 当且仅当 $y=a$, 则在直线 $y=a$ 上的每一点, 方程 (2.27) 的解是局部唯一的, 当且仅当瑕积分

$$\left|\int_a^{a\pm\varepsilon}\frac{\mathrm{d}y}{f(y)}\right|=+\infty\quad(\text{发散}).$$

6. 利用上题结果 (而不解方程), 作出下列微分方程积分曲线族的草图:

(1) $\dfrac{\mathrm{d}y}{\mathrm{d}x}=\sqrt{|y|}$;　　(2) $\dfrac{\mathrm{d}y}{\mathrm{d}x}=\begin{cases}y\ln|y|, & y\neq 0,\\ 0, & y=0.\end{cases}$

§2.3 一阶线性方程

本节讨论**一阶线性**方程

$$\frac{\mathrm{d}y}{\mathrm{d}x}+p(x)y=q(x), \tag{2.28}$$

其中函数 $p(x)$ 和 $q(x)$ 在区间 $I=(a,b)$ 上连续. 当 $q(x)\equiv 0$ 时, 方程 (2.28) 成为

$$\frac{\mathrm{d}y}{\mathrm{d}x}+p(x)y=0. \tag{2.29}$$

当 $q(x)$ 不恒等于零时, 称方程 (2.28) 为**非齐次**线性方程; 而称方程 (2.29) 为 (相应的) **齐次**线性方程.

我们首先讨论齐次线性方程 (2.29) 的解法. 为此, 将方程 (2.29) 改写为对称形式:

$$\mathrm{d}y+p(x)y\mathrm{d}x=0,$$

这是一个变量分离方程. 当 $y\neq 0$ 时, 以 y 除方程两侧, 得到

$$\frac{\mathrm{d}y}{y}+p(x)\mathrm{d}x=0.$$

由此积分后, 我们得到方程 (2.29) 的解

$$y=C\mathrm{e}^{-\int p(x)\mathrm{d}x}. \tag{2.30}$$

因为在上面的解法中假定了 $y\neq 0$, 所以这里的任意常数 $C\neq 0$. 然而, 当 $C=0$ 时 (2.30) 式对应于方程 (2.29) 的特解 $y=0$. 因此, 当 C 是任意常数 (包括 $C=0$) 时, (2.30) 式表示齐次线性方程 (2.29) 的通解.

现在要求解非齐次线性方程 (2.28). 我们可把它改写为如下的对称形式:

$$\mathrm{d}y+p(x)y\mathrm{d}x=q(x)\mathrm{d}x. \tag{2.31}$$

一般而言, 方程 (2.31) 不是恰当方程. 但以因子 $\mu(x)=\mathrm{e}^{\int p(x)\mathrm{d}x}$ 乘方程 (2.31) 两侧 (注意 $\mu(x)\neq 0$), 得到方程

$$\mathrm{e}^{\int p(x)\mathrm{d}x}\mathrm{d}y+\mathrm{e}^{\int p(x)\mathrm{d}x}p(x)y\mathrm{d}x=\mathrm{e}^{\int p(x)\mathrm{d}x}q(x)\mathrm{d}x,$$

它是全微分的形式

$$\mathrm{d}(\mathrm{e}^{\int p(x)\mathrm{d}x}y)=\mathrm{d}\int q(x)\mathrm{e}^{\int p(x)\mathrm{d}x}\mathrm{d}x.$$

由此可直接积分, 得到通积分

$$\mathrm{e}^{\int p(x)\mathrm{d}x}y=\int q(x)\mathrm{e}^{\int p(x)\mathrm{d}x}\mathrm{d}x+C.$$

这样, 就求出了方程 (2.31) 的通解

$$y=\mathrm{e}^{-\int p(x)\mathrm{d}x}\left(C+\int q(x)\mathrm{e}^{\int p(x)\mathrm{d}x}\mathrm{d}x\right), \tag{2.32}$$

其中 C 是一个任意常数. 上述方法称为**积分因子法**. 这是因为我们用因子 $\mu(x)$ 乘微分方程 (2.31) 的两侧后, 它就转化为一个全微分方程, 从而获得它的积分.

求解线性微分方程 (2.28) 还有另一个重要方法——**常数变易法**, 见本节习题 4. 我们将在 §6.3 就高阶线性微分方程的情形详细介绍这个方法.

例 1　求解微分方程

$$\frac{\mathrm{d}y}{\mathrm{d}x}+\frac{1}{x}y=x^3 \quad (x\neq 0).$$

我们自然可以用公式 (2.32) 直接求得通解. 但应用积分因子法比记忆一个公式更具有灵活性. 在这里积分因子是

$$\mu(x)=\mathrm{e}^{\int \frac{1}{x}\mathrm{d}x}=|x| \quad (x\neq 0).$$

然后用它乘方程两侧, 推出

$$\frac{\mathrm{d}}{\mathrm{d}x}(xy)=x^4 \quad (x>0 \text{ 或 } x<0).$$

再由积分可得通解

$$y=\frac{1}{5}x^4+\frac{C}{x} \quad (x>0 \text{ 或 } x<0),$$

其中 C 为任意常数.

为确定起见, 通常把通解 (2.32) 中的不定积分写成变上限的定积分, 即

$$y=\mathrm{e}^{-\int_{x_0}^{x}p(t)\mathrm{d}t}\left[C+\int_{x_0}^{x}q(s)\mathrm{e}^{\int_{x_0}^{s}p(t)\mathrm{d}t}\mathrm{d}s\right] \quad (x_0\in I),$$

或

$$y=C\mathrm{e}^{-\int_{x_0}^{x}p(t)\mathrm{d}t}+\int_{x_0}^{x}q(s)\mathrm{e}^{-\int_{s}^{x}p(t)\mathrm{d}t}\mathrm{d}s. \tag{2.33}$$

利用这种形式, 容易得到初值问题

$$\frac{\mathrm{d}y}{\mathrm{d}x}+p(x)y=q(x), \quad y(x_0)=y_0 \tag{2.34}$$

的解为

$$y=y_0\mathrm{e}^{-\int_{x_0}^{x}p(t)\mathrm{d}t}+\int_{x_0}^{x}q(s)\mathrm{e}^{-\int_{s}^{x}p(t)\mathrm{d}t}\mathrm{d}s, \tag{2.35}$$

其中 $p(x)$ 和 $q(x)$ 在区间 I 上连续.

下面的前四个性质是线性微分方程所特有的, 而性质 5 可以从前面的性质推出. 这几个性质的证明并不难, 我们留给读者完成. 我们将仅对性质 1 和性质 5 作一点简要的说明.

性质 1　齐次线性方程 (2.29) 的解或者恒等于零, 或者恒不等于零.

易知 $y=\varphi(x)\equiv 0$ 为齐次线性方程 (2.29) 的一个解; 再利用上节习题 5 的结果可知, 任何其他的解与 $y=\varphi(x)$ 没有公共点. 故性质 1 成立.

性质 2　线性方程的解是整体存在的, 即方程 (2.28) 或 (2.29) 的任一解都在 $p(x)$ 和 $q(x)$ 有定义且连续的整个区间 I 上存在.

性质 3 齐次线性方程 (2.29) 的任何解的线性组合仍是它的解; 齐次线性方程 (2.29) 的任一解与非齐次线性方程 (2.28) 的任一解之和是非齐次线性方程 (2.28) 的解; 非齐次线性方程 (2.28) 的任意两解之差必是相应的齐次线性方程 (2.29) 的解.

性质 4 非齐次线性方程 (2.28) 的任一解与相应的齐次线性方程 (2.29) 的通解之和构成非齐次线性方程 (2.28) 的通解.

性质 5 线性方程的初值问题 (2.34) 的解存在且唯一.

性质 5 的存在性部分是显然的, 因为 (2.35) 式就提供了一个解. 现在来证明解的唯一性. 假设初值问题 (2.34) 有两个解 $y=\varphi_1(x)$ 和 $y=\varphi_2(x)$, 则由性质 3 知 $y=\psi(x)\xlongequal{\text{def}}\varphi_1(x)-\varphi_2(x)$ 是相应齐次线性方程 (2.29) 的一个解; 另一方面, $\varphi_1(x)$ 和 $\varphi_2(x)$ 满足同一个初值条件, 这蕴涵 $\psi(x_0)=\varphi_1(x_0)-\varphi_2(x_0)=0$. 再由性质 1 可知 $\psi(x)\equiv 0$, 即当 $x\in I$ 时, $\varphi_1(x)\equiv\varphi_2(x)$.

例 2 设微分方程

$$\frac{\mathrm{d}y}{\mathrm{d}x}+ay=f(x), \tag{2.36}$$

其中 $a>0$ 为常数, 而 $f(x)$ 是以 2π 为周期的连续函数. 试求方程 (2.36) 的 2π 周期解.

利用 (2.33) 式并取 $x_0=0$, 容易写出方程 (2.36) 的通解为

$$y(x)=C\mathrm{e}^{-ax}+\int_0^x \mathrm{e}^{-a(x-s)}f(s)\mathrm{d}s. \tag{2.37}$$

现在选择常数 C, 使 $y(x)$ 成为 2π 周期函数, 即

$$y(x+2\pi)\equiv y(x) \tag{2.38}$$

成立. 我们先来证明, 要使 (2.38) 式对所有 x 成立, 其实只需对某一特定的 x (例如 $x=0$) 成立, 即只要求

$$y(2\pi)=y(0). \tag{2.39}$$

事实上, 因为 $y(x)$ 是方程 (2.36) 的解, 而且 $f(x+2\pi)\equiv f(x)$, 所以 $y(x+2\pi)$ 也是方程 (2.36) 的解. 令 $u(x)\xlongequal{\text{def}}y(x+2\pi)-y(x)$, 则 $y=u(x)$ 是相应的齐次方程的解. 如果 (2.39) 式成立, 则 $u(x)$ 满足初值条件 $u(0)=0$. 因此, 由性质 1 可见 $u(x)\equiv 0$. 从而 (2.38) 式成立.

现将公式 (2.37) 代入 (2.39) 式, 并利用 $f(x)$ 的 2π 周期性得到

$$C=\frac{1}{1-\mathrm{e}^{-2a\pi}}\int_{-2\pi}^0 \mathrm{e}^{as}f(s)\mathrm{d}s,$$

把它代回 (2.37) 式, 就得到所求的 2π 周期解 $y=y(x)$; 再利用 $f(x)$ 的 2π 周期性, 就可以把它简化为

$$y(x)=\frac{1}{\mathrm{e}^{2a\pi}-1}\int_x^{x+2\pi}\mathrm{e}^{-a(x-s)}f(s)\mathrm{d}s. \tag{2.40}$$

例 3 RL 串联电路: 如图 2–5 所示, 电感 L, 电阻 R 及电源电压 U 均为正的常数. 求电键闭合后电路中的电流强度 $i = i(t)$.

事实上, 利用电学中的基尔霍夫 (Kirchhoff, 1824—1887) 定律, 就可得到微分方程

$$L\frac{\mathrm{d}i}{\mathrm{d}t} + Ri = U. \tag{2.41}$$

这是一阶线性方程, 它显然有特解 $i = \dfrac{U}{R}$. 而相应的齐次线性方程的通解为 $C\mathrm{e}^{-\frac{R}{L}t}$, 其中 C 为任意常数. 因此, 利用上述线性方程的性质 4, 可知方程 (2.41) 的通解为

$$i = \frac{U}{R} + C\mathrm{e}^{-\frac{R}{L}t}.$$

由此可以确定满足初值条件 $i(0) = 0$ 的解为

$$i = \frac{U}{R}(1 - \mathrm{e}^{-\frac{R}{L}t}).$$

它的图形见图 2–6.

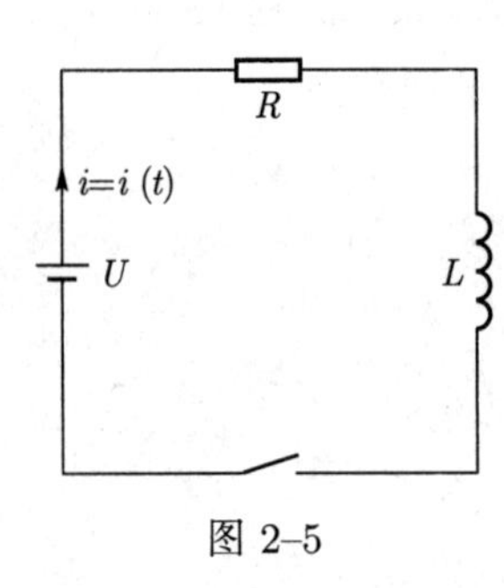

图 2–5

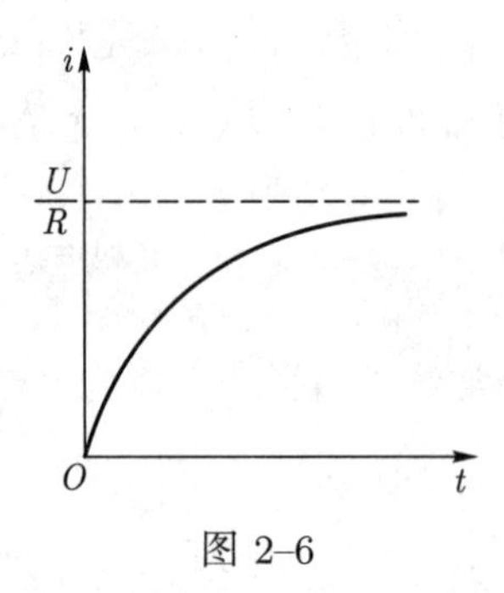

图 2–6

习题 2–3

1. 求解微分方程:

(1) $\dfrac{\mathrm{d}y}{\mathrm{d}x} + 2y = x\mathrm{e}^{-x}$;

(2) $\dfrac{\mathrm{d}y}{\mathrm{d}x} + y\tan x = \sin 2x$;

(3) $x\dfrac{\mathrm{d}y}{\mathrm{d}x} + 2y = \sin x$, $y(\pi) = \dfrac{1}{\pi}$;

(4) $\dfrac{\mathrm{d}y}{\mathrm{d}x} - \dfrac{1}{1-x^2}y = 1 + x$, $y(0) = 1$.

2. 把下列微分方程化为线性微分方程:

(1) $\dfrac{\mathrm{d}y}{\mathrm{d}x} = \dfrac{x^2+y^2}{2y}$;

(2) $\dfrac{\mathrm{d}y}{\mathrm{d}x} = \dfrac{y}{x+y^2}$;

(3) $3xy^2\dfrac{\mathrm{d}y}{\mathrm{d}x} + y^3 + x^3 = 0$;

(4) $\dfrac{\mathrm{d}y}{\mathrm{d}x}=\dfrac{1}{\cos y}+x\tan y$.

3. 设 $y=\varphi(x)$ 满足微分不等式

$$y'+a(x)y\leqslant 0\quad(x\geqslant 0),$$

求证:

$$\varphi(x)\leqslant\varphi(0)\mathrm{e}^{-\int_0^x a(s)\mathrm{d}s}\quad(x\geqslant 0).$$

4. 用常数变易法求解非齐次线性方程 (2.28), 即假设方程 (2.28) 有形如 (2.30) 式的解, 但其中的常数 C “变易” 为 x 的一个待定函数 $C(x)$; 然后将这种形式的解代入方程 (2.28), 再去确定 $C(x)$.

5. 考虑方程

$$\frac{\mathrm{d}y}{\mathrm{d}x}+p(x)y=q(x),\tag{2.42}$$

其中 $p(x)$ 和 $q(x)$ 都是以 $\omega>0$ 为周期的连续函数. 试证:

(1) 若 $q(x)\equiv 0$, 则方程 (2.42) 的任一非零解以 ω 为周期, 当且仅当函数 $p(x)$ 的平均值

$$\overline{p}\overset{\text{def}}{=\!=}\frac{1}{\omega}\int_0^{\omega}p(x)\mathrm{d}x=0.$$

(2) 若 $q(x)$ 不恒为零, 则方程 (2.42) 有唯一的 ω 周期解, 当且仅当 $\overline{p}\neq 0$. 试求出此解.

6. 设连续函数 $f(x)$ 在区间 $(-\infty,+\infty)$ 上有界, 证明: 方程

$$y'+y=f(x)$$

在区间 $(-\infty,+\infty)$ 上有并且只有一个有界解. 试求出这个有界解, 并进而证明: 当 $f(x)$ 还是以 ω 为周期的周期函数时, 这个有界解也是一个以 ω 为周期的周期函数.

7. 令集合 $H^0=\{f(x)\,|\,f$ 是以 2π 为周期的连续函数$\}$, 易知 H^0 关于实数域构成一个线性空间. 对于任意 $f\in H^0$, 定义它的模

$$\|f\|=\max_{0\leqslant x\leqslant 2\pi}|f(x)|.$$

证明: H^0 是一个完备的空间 (即巴拿赫 (Banach, 1892—1945) 空间). 利用 (2.40) 式可以在空间 H^0 中定义一个变换 φ, 它把 f 变到 y. 试证: φ 是一个从 H^0 到 H^0 的线性算子, 而且它是有界的; 亦即要证:

(1) 对任何常数 C_1 和 C_2, 以及任何 f_1, $f_2\in H^0$, 有

$$\varphi(C_1f_1+C_2f_2)=C_1\varphi(f_1)+C_2\varphi(f_2);$$

(2) 对任何 $f\in H^0$, 有

$$\|\varphi(f)\|\leqslant k\|f\|,$$

其中 $k>0$ 是常数.

§2.4 初等变换法

在前面几节中, 我们已经介绍了对恰当方程、变量分离方程和一阶线性方程的求解法. 现在, 凭借初等变换之助, 我们来扩充可求解方程的范围. 事实上, 读者已在上一节的习题 2 中看到了变换对求解微分方程的作用. 下面再看两个简单的例子.

例 1 对于形如

$$\frac{dy}{dx} = f(x+y)$$

的方程, 如果引进变换 $u = x + y$, 其中 u 为新的未知函数, 则方程立即化为

$$\frac{du}{dx} = 1 + f(u),$$

它是一个变量分离方程, 因此不难求得通解.

例 2 对于微分方程

$$\frac{dy}{dx} = \frac{xy^2 + \sin x}{2y},$$

如果引进变换 $v = y^2$, 则方程变为

$$\frac{dv}{dx} = xv + \sin x,$$

它是一个关于 v 的一阶线性微分方程, 它的解法刚在上节讨论过.

下面介绍几个标准类型的微分方程, 它们可以通过适当的初等变换转化为变量分离方程或一阶线性方程.

§2.4.1 齐次方程

如果微分方程

$$P(x,y)dx + Q(x,y)dy = 0 \tag{2.43}$$

中的函数 $P(x,y)$ 和 $Q(x,y)$ 都是 x 和 y 的同次 (例如 m 次) 齐次函数, 即

$$P(tx,ty) = t^m P(x,y), \quad Q(tx,ty) = t^m Q(x,y), \tag{2.44}$$

则称方程 (2.43) 为**齐次方程**. 请注意, 这与上节定义的齐次线性方程不是一回事.

对于齐次方程 (2.43), 标准的变量替换是

$$y = ux, \tag{2.45}$$

其中 u 为新的未知函数, x 仍为自变量. 注意, 从关系 (2.44) 易知

$$\begin{cases} P(x,y) = P(x,xu) = x^m P(1,u), \\ Q(x,y) = Q(x,xu) = x^m Q(1,u). \end{cases} \tag{2.46}$$

因此, 把变换 (2.45) 代入方程 (2.43), 就得

$$x^m[P(1,u) + uQ(1,u)]dx + x^{m+1}Q(1,u)du = 0, \tag{2.47}$$

这是一个变量分离方程.

附注 1 易知方程 (2.43) 为齐次方程的一个等价定义是, 它可以化为如下形式:

$$\frac{\mathrm{d}y}{\mathrm{d}x}=\Phi\left(\frac{y}{x}\right).$$

附注 2 容易看出, $x=0$ 是方程 (2.47) 的一个特解. 但它未必是原方程 (2.43) 的解. 出现这种情况的原因在于, 变换 (2.45) 当 $x=0$ 时不是可逆的.

例 3 求解微分方程

$$\frac{\mathrm{d}y}{\mathrm{d}x}=\frac{x+y}{x-y}.$$

显然, 这是一个齐次方程. 因此, 令 $y=ux$, 得到

$$x\frac{\mathrm{d}u}{\mathrm{d}x}+u=\frac{1+u}{1-u},$$

亦即

$$\frac{1-u}{1+u^2}\mathrm{d}u=\frac{\mathrm{d}x}{x}.$$

积分此式, 可得

$$\arctan u-\ln\sqrt{1+u^2}=\ln|x|-\ln C\quad(\text{任意常数 } C>0),$$

从而

$$|x|\sqrt{1+u^2}=C\mathrm{e}^{\arctan u}.$$

以 $u=\dfrac{y}{x}$ 代回上式, 就得通积分

$$\sqrt{x^2+y^2}=C\mathrm{e}^{\arctan\frac{y}{x}}.$$

如果采用极坐标 $x=r\cos\theta$ 与 $y=r\sin\theta$, 则得简单的形式

$$r=C\mathrm{e}^{\theta},$$

它是以原点 O 为焦点的螺旋线族 (焦点的定义将在第八章介绍).

例 4 讨论形如

$$\frac{\mathrm{d}y}{\mathrm{d}x}=f\left(\frac{ax+by+c}{mx+ny+l}\right)$$

的方程的求解法, 这里设 a,b,c,m,n 和 l 为常数.

注意, 当 $c=l=0$ 时, 它是齐次方程. 因此可用变换 $u=\dfrac{y}{x}$ 求解. 当 c 和 l 不全为零时, 可分如下两种情形讨论:

(1) $\Delta=an-bm\neq0$.

此时可选常数 α 和 β, 使得

$$\begin{cases}a\alpha+b\beta+c=0,\\ m\alpha+n\beta+l=0.\end{cases}$$

然后取自变量和未知函数的 (平移) 变换

$$x = \xi + \alpha, \quad y = \eta + \beta,$$

则原方程就化为 ξ 与 η 的方程

$$\frac{\mathrm{d}\eta}{\mathrm{d}\xi} = f\left(\frac{a\xi + b\eta}{m\xi + n\eta}\right),$$

这已是齐次方程. 因此, 只要令 $u = \dfrac{\eta}{\xi}$, 即可把它化成变量分离方程.

(2) $\Delta = an - bm = 0$.

此时有 $\dfrac{m}{a} = \dfrac{n}{b} = \lambda$. 因此, 原方程化为

$$\frac{\mathrm{d}y}{\mathrm{d}x} = f\left(\frac{ax + by + c}{\lambda(ax + by) + l}\right).$$

再令 $v = ax + by$ 为新的未知函数, x 仍为自变量, 则上述方程可化为

$$\frac{\mathrm{d}v}{\mathrm{d}x} = a + bf\left(\frac{v + c}{\lambda v + l}\right),$$

它是一个变量分离方程.

§2.4.2 伯努利方程

形如

$$\frac{\mathrm{d}y}{\mathrm{d}x} + p(x)y = q(x)y^n \tag{2.48}$$

的方程称为伯努利方程, 其中 n 为常数, 且 $n \neq 0, 1$. 以 $(1-n)y^{-n}$ 乘方程两边, 即得

$$(1-n)y^{-n}\frac{\mathrm{d}y}{\mathrm{d}x} + (1-n)y^{1-n}p(x) = (1-n)q(x).$$

然后令 $z = y^{1-n}$, 就有

$$\frac{\mathrm{d}z}{\mathrm{d}x} + (1-n)p(x)z = (1-n)q(x),$$

这是关于未知函数 z 的一阶线性方程.

§2.4.3 里卡蒂方程

假如一阶微分方程

$$\frac{\mathrm{d}y}{\mathrm{d}x} = f(x, y)$$

的右端函数 $f(x, y)$ 是一个关于 y 的二次多项式, 则称此方程为二次方程. 它可写成如下形式:

$$\frac{\mathrm{d}y}{\mathrm{d}x} = p(x)y^2 + q(x)y + r(x), \tag{2.49}$$

其中函数 $p(x)$, $q(x)$ 和 $r(x)$ 在区间 I 上连续, 而且 $p(x)$ 不恒为零. 方程 (2.49) 通常又称为里卡蒂 (Riccati, 1676—1754) 方程. 这是形式上最简单的非线性方程. 但是, 一般而言, 它已不能用初等积分法求解. 在下述两个定理的证明中, 请读者体会初等变换的技巧.

定理 2.2 设已知里卡蒂方程 (2.49) 的一个特解 $y=\varphi_1(x)$, 则可用积分法求得它的通解.

证明 对方程 (2.49) 作变换 $y=u+\varphi_1(x)$, 其中 u 是新的未知函数. 代入方程 (2.49), 得到

$$\frac{\mathrm{d}u}{\mathrm{d}x}+\frac{\mathrm{d}\varphi_1}{\mathrm{d}x}=p(x)[u^2+2\varphi_1(x)u+\varphi_1^2(x)]+q(x)[u+\varphi_1(x)]+r(x).$$

由于 $y=\varphi_1(x)$ 是方程 (2.49) 的解, 从上式消去相关的项以后, 就有

$$\frac{\mathrm{d}u}{\mathrm{d}x}=[2p(x)\varphi_1(x)+q(x)]u+p(x)u^2,$$

这是一个伯努利方程. 因此, 由前面对方程 (2.48) 的讨论可知, 此方程可以用积分法求出通解. □

定理 2.3 设里卡蒂方程

$$\frac{\mathrm{d}y}{\mathrm{d}x}+ay^2=bx^m, \tag{2.50}$$

其中 a, b, m 都是常数且 $a\neq 0$. 又设 $x\neq 0$ 和 $y\neq 0$, 则当 m 为

$$0,\ -2,\ \frac{-4k}{2k+1},\ \frac{-4k}{2k-1}\quad (k=1,2,\cdots) \tag{2.51}$$

时, 方程 (2.50) 可通过适当的变换化为变量分离方程.

证明 不妨设 $a=1$ (否则作自变量变换 $\overline{x}=ax$ 即可), 因此代替方程 (2.50) , 我们考虑方程

$$\frac{\mathrm{d}y}{\mathrm{d}x}+y^2=bx^m. \tag{2.52}$$

当 $m=0$ 时, 方程 (2.52) 是一个变量分离方程

$$\frac{\mathrm{d}y}{\mathrm{d}x}=b-y^2.$$

当 $m=-2$ 时, 作变换 $z=xy$, 其中 z 是新未知函数. 然后代入方程 (2.52), 得到

$$\frac{\mathrm{d}z}{\mathrm{d}x}=\frac{b+z-z^2}{x}.$$

这也是一个变量分离方程.

当 $m=\dfrac{-4k}{2k+1}$ 时, 作变换

$$x=\xi^{\frac{1}{m+1}},\quad y=\frac{b}{m+1}\eta^{-1},$$

其中 ξ 和 η 分别为新的自变量和未知函数, 则方程 (2.52) 变为

$$\frac{\mathrm{d}\eta}{\mathrm{d}\xi}+\eta^2=\frac{b}{(m+1)^2}\xi^n, \tag{2.53}$$

其中 $n=\dfrac{-4k}{2k-1}$. 再作变换

$$\xi=\frac{1}{t},\quad \eta=t-zt^2,$$

其中 t 和 z 分别是新的自变量和未知函数, 则方程 (2.53) 变为

$$\frac{\mathrm{d}z}{\mathrm{d}t}+z^2=\frac{b}{(m+1)^2}t^l, \tag{2.54}$$

其中 $l=\dfrac{-4(k-1)}{2(k-1)+1}$.

方程 (2.54) 与 (2.52) 在形式上一样, 只是右端自变量的指数从 m 变为 l. 比较 m 与 l 对 k 的依赖关系不难看出, 只要将上述变换的过程重复 k 次, 就能把方程 (2.52) 化为 $m=0$ 的情形.

当 $m=\dfrac{-4k}{2k-1}$ 时, 微分方程 (2.50) 就是 (2.53) 的类型, 因此可以把它化为微分方程 (2.54) 的形式, 从而可以化归到 $m=0$ 的情形. 至此定理证完. □

附注 3 上面的定理 2.3 是由约翰 · 伯努利之子丹尼尔 · 伯努利 (Daniel Bernoulli, 1700—1782) 在 1725 年得到的. 这个定理指出, 对于里卡蒂方程 (2.50) 能用初等积分法求解, 条件 (2.51) 是充分的. 实际上, 时隔一百多年之后刘维尔在 1841 年进而证明了条件 (2.51) 还是一个必要条件. 有兴趣的读者可以参阅文献 [2]. 刘维尔的这一工作, 在微分方程的发展史上具有重要意义. 在此之前, 人们把主要注意力放在微分方程的 (初等积分) 求解上, 而刘维尔的研究结果说明, 即使形式上很简单的里卡蒂方程, 例如 $y'=x^2+y^2$, 一般也不能用初等积分法求解. 这就迫使人们另辟新径, 例如: 从理论上研究一般微分方程初值问题的解是否存在、是否唯一, 怎样从微分方程本身的特点去推断其解的属性 (周期性、有界性、稳定性等)? 在什么条件下微分方程的解可以用收敛的幂级数表示? 怎样求出微分方程的近似解? 等等. 这就促使微分方程的研究进入一个新的发展时期. 本教程在随后的章节中将或多或少地涉及上述的一些论题.

附注 4 里卡蒂方程在历史上和近代都有重要应用. 例如, 它曾用于证明贝塞尔 (Bessel, 1784—1846) 方程的解不是初等函数, 另外它也出现在现代控制论和向量场分支理论的一些问题中.

习题 2–4

1. 求解下列微分方程:

(1) $y'=\dfrac{2y-x}{2x-y}$;

(2) $y'=\dfrac{2y-x+5}{2x-y-4}$;

(3) $y'=\dfrac{x+2y+1}{2x+4y-1}$;

(4) $y'=x^3y^3-xy$.

2. 利用适当的变换, 求解下列方程:

(1) $y'=\cos(x-y)$;

(2) $(3uv+v^2)\mathrm{d}u+(u^2+uv)\mathrm{d}v=0$;

(3) $(x^2+y^2+3)\dfrac{\mathrm{d}y}{\mathrm{d}x}=2x\left(2y-\dfrac{x^2}{y}\right)$;

(4) $\dfrac{\mathrm{d}y}{\mathrm{d}x}=\dfrac{2x^3+3xy^2-7x}{3x^2y+2y^3-8y}$.

3. 求解下列微分方程:

(1) $y'=-y^2-\dfrac{1}{4x^2}$;

(2) $x^2y'=x^2y^2+xy+1$.

4. 试把二阶微分方程

$$y''+p(x)y'+q(x)y=0$$

化成一个里卡蒂方程.

5. 求一曲线, 使得过这曲线上任意点的切线与该点向径的交角等于 45°.

6. 探照灯的反光镜 (旋转曲面) 应具有何种形状, 才能使点光源发射的光束反射成平行线束?

§2.5 积分因子法

在本章的 § 2.1 中我们已看到, 假若方程

$$P(x,y)\mathrm{d}x+Q(x,y)\mathrm{d}y=0 \tag{2.55}$$

是恰当方程 $\left(\text{即 }\dfrac{\partial P}{\partial y}=\dfrac{\partial Q}{\partial x}\right)$, 则它的通积分为

$$\int_{x_0}^{x}P(x,y)\mathrm{d}x+\int_{y_0}^{y}Q(x_0,y)\mathrm{d}y=C.$$

在 § 2.2—§2.4 中, 我们还讨论了当方程 (2.55) 不是恰当方程时, 如何把它转化为一个恰当方程的求解问题. 例如, 当方程 (2.55) 具有变量分离的形式

$$X(x)Y_1(y)\mathrm{d}x+X_1(x)Y(y)\mathrm{d}y=0$$

时, 用 $\mu(x,y)=\dfrac{1}{X_1(x)Y_1(y)}$ 乘上式两侧, 就得到一个恰当方程

$$\frac{X(x)}{X_1(x)}\mathrm{d}x+\frac{Y(y)}{Y_1(y)}\mathrm{d}y=0;$$

当方程 (2.55) 是一个一阶线性方程, 亦即

$$\mathrm{d}y+(p(x)y-q(x))\mathrm{d}x=0$$

时, 用 $\mu(x)=\mathrm{e}^{\int p(x)\mathrm{d}x}$ 乘上式两侧, 就得到一个恰当方程

$$(\mathrm{e}^{\int p(x)\mathrm{d}x}\mathrm{d}y+y\mathrm{e}^{\int p(x)\,\mathrm{d}x}p(x)\mathrm{d}x)-q(x)\mathrm{e}^{\int p(x)\mathrm{d}x}\mathrm{d}x=0.$$

现在我们尝试将这种方法一般化: 对一般的方程 (2.55), 设法寻找一个可微的非零函数 $\mu=\mu(x,y)$, 使得用它乘方程 (2.55) 后, 所得方程

$$\mu(x,y)P(x,y)\mathrm{d}x+\mu(x,y)Q(x,y)\mathrm{d}y=0 \tag{2.56}$$

成为恰当方程, 亦即

$$\frac{\partial(\mu P)}{\partial y}=\frac{\partial(\mu Q)}{\partial x}. \tag{2.57}$$

这时, 函数 $\mu=\mu(x,y)$ 叫作方程 (2.55) 的一个**积分因子**.

问题是: 对于给定的方程 (2.55), 它的积分因子是否一定存在? 如果存在, 它是否容易求得?

事实上, 寻求积分因子 $\mu(x,y)$, 就是求解偏微分方程 (2.57), 或等价地, 求解一阶偏微分方程

$$P\frac{\partial\mu}{\partial y}-Q\frac{\partial\mu}{\partial x}=\left(\frac{\partial Q}{\partial x}-\frac{\partial P}{\partial y}\right)\mu, \tag{2.58}$$

其中 P 和 Q 为已知函数, 而 $\mu=\mu(x,y)$ 为未知函数. 以后我们将会知道, 虽然从理论上说偏微分方程 (2.58) 的解是存在的, 但对它的求解, 又要归结到对原来的方程 (2.55) 求解 (见第十一章). 因此, 从方程 (2.58) 求出积分因子的表达式 $\mu=\mu(x,y)$ 再去求解方程 (2.55) 一般是不可取的. 然而, 对某些特殊情形, 利用方程 (2.58) 去寻求方程 (2.55) 的积分因子却是可行的.

例如, 假设方程 (2.55) 有一个只与 x 有关的积分因子 $\mu=\mu(x)$, 则由充要条件 (2.58) 推出

$$Q\frac{\mathrm{d}\mu}{\mathrm{d}x}=\left(\frac{\partial P}{\partial y}-\frac{\partial Q}{\partial x}\right)\mu,$$

或者

$$\frac{1}{\mu(x)}\frac{\mathrm{d}\mu(x)}{\mathrm{d}x}=\frac{1}{Q(x,y)}\left(\frac{\partial P(x,y)}{\partial y}-\frac{\partial Q(x,y)}{\partial x}\right). \tag{2.59}$$

由于上式左端只与 x 有关, 所以右端亦然. 因此, 微分方程 (2.55) 有一个只依赖于 x 的积分因子的必要条件是: 表达式

$$\frac{1}{Q(x,y)}\left(\frac{\partial P(x,y)}{\partial y}-\frac{\partial Q(x,y)}{\partial x}\right) \tag{2.60}$$

只依赖于 x, 而与 y 无关.

反之, 设表达式 (2.60) 只依赖于 x, 记为 $G(x)$. 考虑到 (2.59) 式, 我们令

$$\frac{1}{\mu(x)}\frac{\mathrm{d}\mu(x)}{\mathrm{d}x}=G(x),$$

由此得到

$$\mu(x)=\mathrm{e}^{\int G(x)\mathrm{d}x}, \tag{2.61}$$

且容易验证它就是方程 (2.55) 的一个积分因子. 现在, 我们把上面的讨论表述为如下定理:

定理 2.4 微分方程 (2.55) 有一个只依赖于 x 的积分因子的充要条件是: 表达式 (2.60) 只依赖于 x, 而与 y 无关; 而且若把表达式 (2.60) 记为 $G(x)$, 则由 (2.61) 式所示的函数 $\mu(x)$ 是方程 (2.55) 的一个积分因子.

类似地, 可以得出下面平行的结果:

定理 2.5 微分方程 (2.55) 有一个只依赖于 y 的积分因子的充要条件是: 表达式

$$\frac{1}{P(x,y)}\left(\frac{\partial Q(x,y)}{\partial x}-\frac{\partial P(x,y)}{\partial y}\right)=H(y)$$

只依赖于 y; 而且此时函数 $\mu(y)=\mathrm{e}^{\int H(y)\mathrm{d}y}$ 是方程 (2.55) 的一个积分因子.

例 1 求解微分方程

$$(3x^3+y)\mathrm{d}x+(2x^2y-x)\mathrm{d}y=0. \tag{2.62}$$

这里我们有

$$\frac{\partial P}{\partial y}-\frac{\partial Q}{\partial x}=2(1-2xy),$$

所以方程 (2.62) 不是恰当方程. 容易看出, 它既不是变量分离方程和齐次方程, 也不是一阶线性方程. 然而, 把上面得到的等式代入 (2.60) 式, 就得到

$$\frac{1}{Q}\left(\frac{\partial P}{\partial y}-\frac{\partial Q}{\partial x}\right)=-\frac{2}{x},$$

它仅依赖于 x. 因此, 由定理 2.4 可得积分因子

$$\mu(x)=\mathrm{e}^{-\int\frac{2}{x}\mathrm{d}x}=\frac{1}{x^2}.$$

然后, 以 $\mu(x)$ 乘 (2.62) 式, 得到一个恰当方程

$$3x\mathrm{d}x+2y\mathrm{d}y+\frac{y\mathrm{d}x-x\mathrm{d}y}{x^2}=0,$$

由此可求得通积分

$$\frac{3}{2}x^2+y^2-\frac{y}{x}=C.$$

注意, 还应补上应用积分因子时丢失的特解 $x=0$.

现在我们从另外一种观点 —— **分组求积分因子**, 来看看上面的例子. 将 (2.62) 式的左端分成两组:

$$(3x^3\mathrm{d}x+2x^2y\mathrm{d}y)+(y\mathrm{d}x-x\mathrm{d}y)=0,$$

其中第二组 $y\mathrm{d}x-x\mathrm{d}y$ 显然有积分因子: x^{-2}, y^{-2} 和 $(x^2+y^2)^{-1}$. 如果同时照顾到第一组的全微分形式, 则 $\mu=x^{-2}$ 乃是两个组的公共积分因子, 从而也是方程 (2.62) 的积分因子. 为了使这种分组求积分因子的方法一般化, 我们需要下述定理 (其证明留给读者):

定理 2.6 若 $\mu=\mu(x,y)$ 是方程 (2.55) 的一个积分因子, 使得

$$\mu P(x,y)\mathrm{d}x+\mu Q(x,y)\mathrm{d}y=\mathrm{d}\varPhi(x,y),$$

则 $\mu(x,y)g(\varPhi(x,y))$ 也是方程 (2.55) 的一个积分因子, 其中 $g(\cdot)$ 是任一可微的 (非零) 函数.

以下就是对分组求积分因子法的一般化说法.

假设方程 (2.55) 的左端可以分成两组, 即

$$(P_1\mathrm{d}x+Q_1\mathrm{d}y)+(P_2\mathrm{d}x+Q_2\mathrm{d}y)=0,$$

其中第一组和第二组各有积分因子 μ_1 和 μ_2, 使得

$$\mu_1(P_1\mathrm{d}x+Q_1\mathrm{d}y)=\mathrm{d}\varPhi_1,\quad \mu_2(P_2\mathrm{d}x+Q_2\mathrm{d}y)=\mathrm{d}\varPhi_2.$$

由定理 2.6 可见, 对任意可微函数 g_1 和 g_2, 函数 $\mu_1g_1(\varPhi_1)$ 是第一组的积分因子, 而函数 $\mu_2g_2(\varPhi_2)$ 是第二组的积分因子. 因此, 如果能适当选取 g_1 与 g_2, 使得 $\mu_1g_1(\varPhi_1)=\mu_2g_2(\varPhi_2)$, 则 $\mu=\mu_1g_1(\varPhi_1)$ 就是方程 (2.55) 的一个积分因子.

例 2 求解微分方程

$$(x^3y-2y^2)\mathrm{d}x+x^4\mathrm{d}y=0.$$

将方程左端分组:

$$(x^3y\mathrm{d}x+x^4\mathrm{d}y)-2y^2\mathrm{d}x=0. \tag{2.63}$$

前一组有积分因子 x^{-3} 和通积分 $xy=C$; 后一组有积分因子 y^{-2} 和通积分 $x=C$. 我们要寻找可微函数 g_1 和 g_2, 使

$$\frac{1}{x^3}g_1(xy)=\frac{1}{y^2}g_2(x).$$

这只要取

$$g_1(xy)=\frac{1}{(xy)^2},\quad g_2(x)=\frac{1}{x^5},$$

从而得到原方程的积分因子

$$\mu=\frac{1}{x^5y^2}.$$

然后以它乘方程 (2.63), 得到全微分方程

$$\frac{1}{(xy)^2}\mathrm{d}(xy)-\frac{2}{x^5}\mathrm{d}x=0.$$

积分此式, 不难得到方程的通解

$$y=\frac{2x^3}{2Cx^4+1},$$

其中 C 为任意常数; 外加特解 $x=0$ 和 $y=0$, 它们实际上是在用积分因子 $\mu=\dfrac{1}{x^5y^2}$ 乘方程时丢失的解.

最后, 我们指出, 若

$$P(x,y)\mathrm{d}x+Q(x,y)\mathrm{d}y=0$$

是齐次方程, 则函数

$$\mu(x,y)=\frac{1}{xP(x,y)+yQ(x,y)} \tag{2.64}$$

是一个积分因子 (见本节习题 3). 作为例子, 我们用它重新求解 § 2.4 的例 3.

例 3　求解齐次方程

$$(x+y)\mathrm{d}x-(x-y)\mathrm{d}y=0.$$

由 (2.64) 式可见, 这方程有积分因子

$$\mu=\frac{1}{x(x+y)-y(x-y)}=\frac{1}{x^2+y^2}.$$

以它乘方程, 得到一个全微分方程

$$\frac{x\mathrm{d}x+y\mathrm{d}y}{x^2+y^2}-\frac{x\mathrm{d}y-y\mathrm{d}x}{x^2+y^2}=0.$$

积分上式, 得出

$$\frac{1}{2}\ln(x^2+y^2)-\arctan\frac{y}{x}=\ln C\quad(C>0),$$

由此得通积分

$$\sqrt{x^2+y^2}=C\mathrm{e}^{\arctan\frac{y}{x}}.$$

它的极坐标形式为

$$r=C\mathrm{e}^{\theta}.$$

由此可见, 该积分曲线族是一个以原点为焦点的螺旋线族.

我们看到, 积分因子的方法通常比较简捷和富有技巧. 而掌握本章中初等积分法的各种原则, 是学习本课程所必需的基本训练.

习题 2–5

1. 求解下列微分方程:

(1) $(3x^2y+2xy+y^3)\mathrm{d}x+(x^2+y^2)\mathrm{d}y=0$;

(2) $y\mathrm{d}x+(2xy-\mathrm{e}^{-2y})\mathrm{d}y=0$;

(3) $\left(3x+\frac{6}{y}\right)\mathrm{d}x+\left(\frac{x^2}{y}+\frac{3y}{x}\right)\mathrm{d}y=0$;

(4) $y\mathrm{d}x-(x^2+y^2+x)\mathrm{d}y=0$;

(5) $2xy^3\mathrm{d}x+(x^2y^2-1)\mathrm{d}y=0$;

(6) $y(1+xy)\mathrm{d}x-x\mathrm{d}y=0$;

(7) $y^3\mathrm{d}x+2(x^2-xy^2)\mathrm{d}y=0$;

(8) $\mathrm{e}^x\mathrm{d}x+(\mathrm{e}^x\cot y+2y\cos y)\mathrm{d}y=0$.

2. 证明: 方程 (2.55) 有形如 $\mu=\mu(\varphi(x,y))$ 的积分因子的充要条件是

$$\frac{\dfrac{\partial P}{\partial y}-\dfrac{\partial Q}{\partial x}}{Q\dfrac{\partial \varphi}{\partial x}-P\dfrac{\partial \varphi}{\partial y}}=f(\varphi(x,y)),$$

并写出这个积分因子. 然后将结果应用到下述各种情形, 得出存在每一种类型积分因子的充要条件:

(1) $\mu=\mu(x\pm y)$;

(2) $\mu=\mu(x^2+y^2)$;

(3) $\mu=\mu(xy)$;

(4) $\mu=\mu\left(\dfrac{y}{x}\right)$;

(5) $\mu=\mu(x^\alpha y^\beta)$.

3. 证明: 齐次方程 $P(x,y)\mathrm{d}x+Q(x,y)\mathrm{d}y=0$ 有积分因子 $\mu=\dfrac{1}{xP+yQ}$.

4. 证明定理 2.6 及其逆定理: 在定理 2.6 的假定下, 若 μ_1 是微分方程 (2.55) 的另一个积分因子, 则 μ_1 必可表为 $\mu_1=\mu g(\varPhi)$ 的形式, 其中函数 g 和 $\varPhi$ 的意义与在定理 2.6 中的相同.

5. 设函数 $P(x,y),Q(x,y),\mu_1(x,y)$ 和 $\mu_2(x,y)$ 都是连续可微的, μ_1 和 μ_2 是微分方程 (2.55) 的两个积分因子, 而且 $\dfrac{\mu_1}{\mu_2}$ 不恒为常数. 试证: $\dfrac{\mu_1(x,y)}{\mu_2(x,y)}=C$ 是方程 (2.55) 的一个通积分.

§2.6 应用举例

在前面几节中, 我们已经举出了几个用微分方程解决的实际例子. 本节将再介绍几个实例, 借以进一步展示一阶微分方程的一些简单应用.

例 1 求已知曲线族的等角轨线族.

假设在 Oxy 平面上由方程

$$\varPhi(x,y,C)=0 \tag{2.65}$$

给出一个以 C 为参数的曲线族. 我们设法求出另一个曲线族

$$\varPsi(x,y,K)=0, \tag{2.66}$$

其中 K 为参数, 使得族 (2.66) 中的任一条曲线与族 (2.65) 中的每一条曲线相交成定角 $\alpha\in\left(-\dfrac{\pi}{2},\dfrac{\pi}{2}\right]$ (以逆时针方向为正). 称这样的曲线族 (2.66) 为已知曲线族 (2.65) 的**等角轨线族**. 特别地, 当 $\alpha=\dfrac{\pi}{2}$ 时, 称曲线族 (2.66) 为 (2.65) 的**正交轨线族**.

(2.65) 式是一个单参数的曲线族, 可以先求出它的每一条曲线所满足的微分方程; 再利用等角轨线的几何解释, 得出等角轨线应满足的微分方程. 然后解此方程, 即得所求的等角轨线族 (2.66).

具体地说, 假设 $\varPhi'_C\neq 0$, 则可由联立方程

$$\varPhi(x,y,C)=0,\quad \varPhi'_x(x,y,C)\mathrm{d}x+\varPhi'_y(x,y,C)\mathrm{d}y=0 \tag{2.67}$$

消去 C, 得到曲线族 (2.65) 所满足的微分方程

$$\frac{\mathrm{d}y}{\mathrm{d}x} = H(x,y), \tag{2.68}$$

其中

$$H(x,y) = -\frac{\Phi'_x(x,y,C(x,y))}{\Phi'_y(x,y,C(x,y))},$$

这里 $C = C(x,y)$ 是由 $\Phi(x,y,C) = 0$ 决定的函数 (见 § 1.1).

如果我们把方程 (2.68) 在点 (x,y) 的线素斜率记为 y'_1, 而把与它相交成 α 角的线素斜率记为 y'.

当 $\alpha \neq \dfrac{\pi}{2}$ 时, 有

$$\tan\alpha = \frac{y' - y'_1}{1 + y'y'_1},$$

即

$$y'_1 = \frac{y' - \tan\alpha}{y'\tan\alpha + 1}.$$

因为 $y'_1 = H(x,y)$, 所以等角轨线的微分方程为

$$\frac{y' - \tan\alpha}{y'\tan\alpha + 1} = H(x,y),$$

亦即

$$\frac{\mathrm{d}y}{\mathrm{d}x} = \frac{H(x,y) + \tan\alpha}{1 - H(x,y)\tan\alpha}. \tag{2.69}$$

而当 $\alpha = \dfrac{\pi}{2}$ 时, 就有

$$y' = -\frac{1}{y'_1},$$

亦即所求正交轨线的微分方程为

$$\frac{\mathrm{d}y}{\mathrm{d}x} = -\frac{1}{H(x,y)}. \tag{2.70}$$

注意, 在方程 (2.68), (2.69) 与 (2.70) 中的函数 $H(x,y)$ 是相同的.

求解微分方程 (2.69) (或 (2.70)), 就可以得到 (2.65) 的等角轨线族 (或正交轨线族) (2.66).

需要注意的是, 在推导方程 (2.68) 时, 我们 (在局部范围内) 用了条件 $\Phi'_y(x,y,C) \neq 0$. 这样, 由条件 $\Phi(x,y,C) = 0$ 可以确定 y 是 x 的单值函数. 若 $\Phi'_y(x,y,C) = 0$ 而 $\Phi'_x(x,y,C) \neq 0$, 则可以确定 x 是 y 的函数, 然后进行类似推导. 其实, 我们只要将微分方程 (2.68)—(2.70) 改变为相互等价的对称形式, 就不必区分上述两种情形. 我们把方程 (2.67) 的第二个方程写成对称形式, 正是出于这种考虑.

等角轨线族不仅在数学本身有用 (例如当 $0 < \alpha < \pi$ 时, 它们可以用来构造坐标系), 而且在某些物理与力学问题中也有用, 例如静电场中的电场线与等势线就是互相正交的曲线族.

作为一个例子, 设电场线族的方程为 $y = Kx^2$ (K 为参数), 这是一个抛物线族 (见图 2–7). 从联立方程

$$y = Kx^2, \quad \mathrm{d}y = 2Kx\mathrm{d}x \tag{2.71}$$

中消去 K, 得到一个对称形式的微分方程 $2y\mathrm{d}x - x\mathrm{d}y = 0$. 因此, 与之正交的曲线族的微分方程为 $x\mathrm{d}x + 2y\mathrm{d}y = 0$, 它的通积分为

$$x^2 + 2y^2 = C^2 \quad (C > 0 \text{ 为参数}).$$

这就是所求的等势线族 (同心椭圆族).

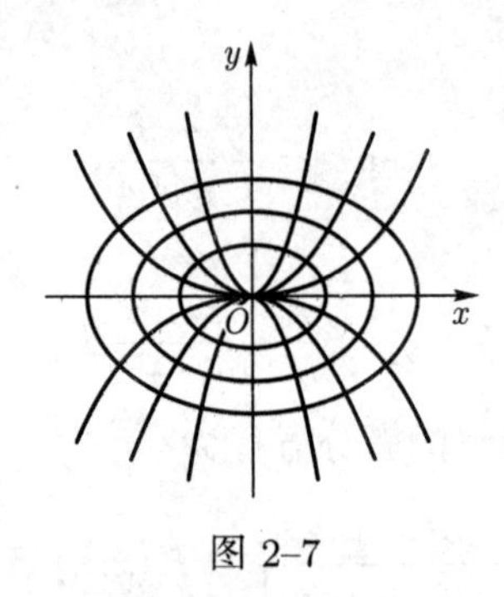

图 2–7

例 2　对我国人口总数发展趋势的估计.

人口问题是一个很复杂的生物学和社会学问题. 用数学方法来研究它, 目前只是一个尝试. 我们在这里介绍一个比较粗糙的数学模型. 令 $N(t)$ 表示某一个国家在时间 t 的人口总数. 严格地说, $N(t)$ 是一个不连续的阶梯函数. 但是一个人的增减与全体人数相比极为微小, 我们将把 $N(t)$ 视为光滑的函数, 这样就可应用微积分的方法. 记 $r = r(t, N)$ 为人口增长率 (出生率与死亡率之差). 由于在 Δt 时间内的平均增长率为 $\dfrac{\Delta N}{\Delta t \cdot N}$, 其中 ΔN 为人口的增量, 所以

$$r = \lim_{\Delta t \to 0} \frac{\Delta N}{\Delta t \cdot N} = \frac{1}{N}\frac{\mathrm{d}N}{\mathrm{d}t},$$

即

$$\frac{\mathrm{d}N}{\mathrm{d}t} = rN. \tag{2.72}$$

这就是人口总数 N 所满足的微分方程. 最简单的模型是假设 r 为常数 $k > 0$, 于是容易求出初值问题

$$\frac{\mathrm{d}N}{\mathrm{d}t} = kN, \quad N(t_0) = N_0 \tag{2.73}$$

的解为

$$N = N_0\mathrm{e}^{k(t-t_0)}. \tag{2.74}$$

在这种情况下, 人口是按指数曲线增长的, 而它是马尔萨斯 (Malthus, 1766—1834) 人口论的根据. 这一理论已被实践证明是错误的. 容易理解, 人口的增长率是随人口基数

的增大而下降的. 因此, 可以提出新的模型假设:

$$r = a - bN, \tag{2.75}$$

其中正的常数 a 和 b 称为生命系数. 一些生态学家测得 a 的自然值为 0.029, 而 b 的值则取决于各国的社会经济条件. 在这一假设下, 方程 (2.72) 成为

$$\frac{\mathrm{d}N}{\mathrm{d}t} = (a - bN)N. \tag{2.76}$$

这是一个变量分离的方程. 我们容易求得初值问题

$$\frac{\mathrm{d}N}{\mathrm{d}t} = (a - bN)N, \quad N(t_0) = N_0 \tag{2.77}$$

的解为

$$N = \frac{aN_0\mathrm{e}^{a(t-t_0)}}{a - bN_0 + bN_0\mathrm{e}^{a(t-t_0)}}. \tag{2.78}$$

据文献记载, 美国和法国曾用这个公式预测过人口的变化, 结果是相当符合实际的; 而比利时则不甚符合, 原因是当时比利时向刚果进行着大量移民.

至于这个公式是否适用于我国, 有待于实际生活的检验. 根据国家统计局公布的数据, 我国大陆地区人口在 1983 年年末为 10.300 8 亿, 当年人口自然增长率为 1.329%. 因此, 取 $t_0 = 1983, N_0 = 10.300\,8$ (亿), $r_0 = 0.013\,29$, 则由 (2.75) 式可得

$$bN_0 = a - r_0 = 0.029 - 0.013\,29 = 0.015\,71. \tag{2.79}$$

利用公式 (2.78) 并取 $\mathrm{e} \approx 2.718\,28$, 就可以对我国大陆地区人口总数的部分结果作出如下估计[1]:

表 2–1 对我国大陆地区人口总数的估计

年份	1990	2000	2010	2020	2050	2500
人口/亿	11.25	12.54	13.71	14.75	16.96	19.01

利用 $a = 0.029$ 和 (2.79) 式, 可以算出 b, 从而得到

$$\lim_{t\to\infty} N(t) = \frac{a}{b} \approx 19.014\,8 \text{ (亿)}.$$

也就是说, 按照这个估计, 我国大陆地区人口总数的最终趋势大约是 19 亿.

例 3 捕食者与被捕食者的生态问题.

假设存在两个物种, 前者有充足的食物和生存空间, 而后者仅以前者为食物, 则我们称前者为被捕食者 (简称为食饵), 后者为捕食者 (简称为捕者). 例如农作物的害虫与它们的天敌, 或海洋中的非肉食鱼与掠肉鱼都可以看成这样的两个物种. 现在我们来建立捕者与食饵之间的数学模型.

[1] 根据国家统计局公布的数据, 我国大陆地区人口总数在 1990 年年末, 2000 年年末, 2010 年年末和 2020 年年末分别为 11.433 3 亿, 12.674 3 亿, 13.409 1 亿和 14.117 8 亿, 这与表 2–1 中估计的数字比较接近.

假设捕者的总数以 $x(t)$ 表示, 食饵的总数以 $y(t)$ 表示 (此处假设 $x(t)$ 和 $y(t)$ 为光滑函数, 如同在例 2 中所假设的那样. 并且设 $x(t)>0,\ y(t)>0$). 由于食饵自身的食物充足, 并且有足够的生存空间, 所以在不考虑捕者的情况下, 其增长率为一个常数 $\mu>0$ (如初值问题 (2.73) 所描述的那样), 但捕者的存在势必降低了它的增长率. 为了简单起见, 假设这种增长率的降低与捕者数量 $x(t)$ 成正比. 这样食饵的增长率为

$$r_y=\mu-\delta x, \tag{2.80}$$

其中 μ 和 δ 为正的常数. 类似的讨论可以得出捕者的增长率为

$$r_x=-\lambda+\sigma y, \tag{2.81}$$

其中 λ 和 σ 为正的常数. 将方程 (2.72) 中的 $N(t)$ 分别取为 $x(t)$ 与 $y(t)$, 并将其中的增长率 r 分别以 (2.81) 式和 (2.80) 式来表示, 就得到捕者与食饵所满足的微分方程组

$$\frac{\mathrm{d}x}{\mathrm{d}t}=x(-\lambda+\sigma y),\quad \frac{\mathrm{d}y}{\mathrm{d}t}=y(\mu-\delta x). \tag{2.82}$$

到目前为止, 我们还没有介绍微分方程组 (2.82) 的求解法. 但观察其中两个方程, 发现它们的右端都与 t 无关. 这样, 我们可以把这两个方程对应相除而消去 $\mathrm{d}t$, 从而得到只含变量 x 与 y 的方程

$$\frac{\mathrm{d}y}{\mathrm{d}x}=\frac{y(\mu-\delta x)}{x(-\lambda+\sigma y)}. \tag{2.83}$$

这是一个变量分离的方程, 它可以化为

$$\left(-\frac{\lambda}{y}+\sigma\right)\mathrm{d}y=\left(\frac{\mu}{x}-\delta\right)\mathrm{d}x,$$

由此积分后, 得到方程 (2.82) 的通积分为

$$H(x,y)\overset{\text{def}}{=\!=}\delta x+\sigma y-\mu\ln x-\lambda\ln y=h, \tag{2.84}$$

其中 h 为任意常数.

显然, 在 Oxy 平面上曲线 (2.84) 的图形可以看成三维空间 $Oxyz$ 中的曲面 $z=H(x,y)$ 与水平面 $z=h$ 的截痕在 Oxy 平面上的投影.

容易看出:

(1) 当 $x>0$ 和 $y>0$ 时, 我们有

$$\lim_{x\to0+}H(x,y)=+\infty,\quad \lim_{y\to0+}H(x,y)=+\infty,$$

以及

$$\lim_{x^2+y^2\to+\infty}H(x,y)=+\infty;$$

(2) 曲面是下凸的, 即 $\dfrac{\partial^2H}{\partial x^2}=\dfrac{\mu}{x^2}>0,\ \dfrac{\partial^2H}{\partial y^2}=\dfrac{\lambda}{y^2}>0$;

(3) 当 $x>0$ 与 $y>0$ 时函数 $H(x,y)$ 有唯一的驻点 $(\overline{x},\overline{y})$, 这里

$$\overline{x}=\frac{\mu}{\delta},\quad \overline{y}=\frac{\lambda}{\sigma},\tag{2.85}$$

亦即 $(\overline{x},\overline{y})$ 是在第一象限唯一满足 $H'_x(x,y)=H'_y(x,y)=0$ 的点, 而且它是 $H(x,y)$ 在第一象限的最小值点.

因此, 可以推出曲线族 (2.84) 在平面 Oxy 上是一族互不相交的封闭曲线 $\varGamma_h$, 它们围绕着中心点 $(\overline{x},\overline{y})$. 如果考虑到原方程组 (2.82), 例如其中的第一个方程, 即

$$\frac{\mathrm{d}x}{\mathrm{d}t}=\sigma x\left(y-\frac{\lambda}{\sigma}\right)=\sigma x\,(y-\overline{y}),$$

我们可以得到结论: 当 $y>\overline{y}$ 时, $x(t)$ 是 t 的增函数; 当 $y<\overline{y}$ 时, $x(t)$ 是 t 的减函数. 同理, 由方程组 (2.82) 的第二个方程可知: 当 $x>\overline{x}$ 时, $y(t)$ 是 t 的减函数; 当 $x<\overline{x}$ 时, $y(t)$ 是 t 的增函数. 这样, 我们可以在 $\varGamma_h$ 上用箭头标出 $x(t)$ 与 $y(t)$ 随 t 变化的趋势 (见图 2–8).

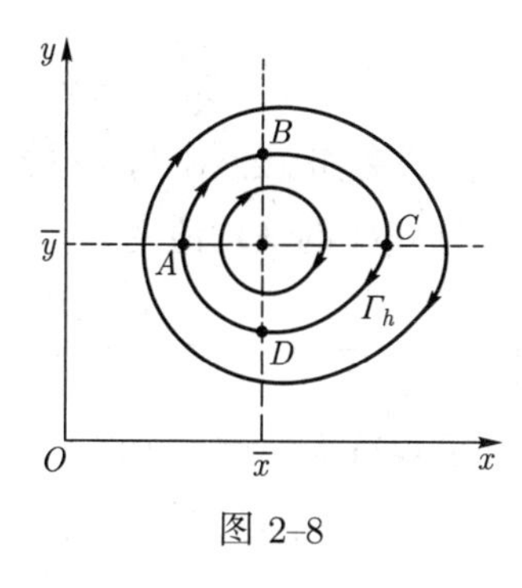

图 2–8

对于 (在允许范围内) 给定的一个 h 值, 即对于给定的初值条件 $(x(0),y(0))\in\varGamma_h$, 相应的解 $(x(t),y(t))$ 沿着闭曲线 $\varGamma_h$ 作如下的周期性变化: 随着食饵 $y(t)$ 的增减, 捕者 $x(t)$ 作 “滞后” 的增减. 具体地说, 假定以 $\varGamma_h$ 上的点 A 为一个初始状态, 则随着时间 t 的增长, 在 $\varGamma_h$ 上的 $\overset{\frown}{AB}$ 段, $x(t)$ 与 $y(t)$ 都在增长. 但捕者的增长, 势必引起食饵的减少趋势, 因此一定时间以后 (即在图 2–8 中 B 点所对应的状态之后), 食饵 $y(t)$ 开始减少. 这种减少在初期还没有立即引起捕者 $x(t)$ 的减少. 事实上, 在 $\overset{\frown}{BC}$ 段, $x(t)$ 还在增长, 这就是上述的滞后现象. 然而食饵的减少最终导致了捕者 $x(t)$ 的减少, 这就是 $\overset{\frown}{CD}$ 段所反映的规律. 当 $x(t)$ 的减少持续到一定程度 (过了 D 点) 时, 食饵 $y(t)$ 开始回升, 然而捕者的减少还要有一定的 “滞后” 期, 直到状态 A. 随后将开始这种变化的新一轮循环.

应该指出, 依初值条件的不同, $(x(t),y(t))$ 在不同的闭曲线 $\varGamma_h$ 上取值, 因而在周期运动中 $x(t)$ 和 $y(t)$ 的增减幅度有所不同. 然而反映这两个物种数量的平均值分别是

$$[x]=\overline{x}=\frac{\mu}{\delta}\quad 和\quad [y]=\overline{y}=\frac{\lambda}{\sigma},$$

它们与闭曲线 $\varGamma_h$ 无关.

事实上, 设 Γ_h 的周期为 T_h, 也即 $x(t)$ 和 $y(t)$ 的平均值分别为

$$[x]=\frac{1}{T_h}\int_0^{T_h}x(t)\mathrm{d}t \quad 和 \quad [y]=\frac{1}{T_h}\int_0^{T_h}y(t)\mathrm{d}t.$$

由方程 (2.82) 推出

$$\frac{\mathrm{d}x}{x}=(-\lambda+\sigma y)\mathrm{d}t, \quad \frac{\mathrm{d}y}{y}=(\mu-\delta x)\mathrm{d}t,$$

再从 0 到 T_h 积分, 我们得到

$$\ln\frac{x(T_h)}{x(0)}=-\lambda T_h+\sigma T_h[y], \quad \ln\frac{y(T_h)}{y(0)}=\mu T_h-\delta T_h[x].$$

然后, 利用周期性条件 $x(T_h)=x(0)$ 和 $y(T_h)=y(0)$, 即得上面所说的公式

$$[x]=\frac{\mu}{\delta}=\overline{x} \quad 和 \quad [y]=\frac{\lambda}{\sigma}=\overline{y}.$$

现在我们考虑对这两个物种同时进行的一个外加的捕捉行为, 也即方程组 (2.82) 变为

$$\frac{\mathrm{d}x}{\mathrm{d}t}=x[-(\lambda+\varepsilon)+\sigma y], \quad \frac{\mathrm{d}y}{\mathrm{d}t}=y[(\mu-\varepsilon)-\delta x]. \tag{2.86}$$

当捕捉量不大 (即 $\mu-\varepsilon>0$) 时, 方程组 (2.86) 与 (2.82) 描述的是同样的规律. 因此, 对于方程组 (2.86), 相应的 $x(t)$ 与 $y(t)$ 的平均值变为

$$\overline{x}=\frac{\mu-\varepsilon}{\delta}, \quad \overline{y}=\frac{\lambda+\varepsilon}{\sigma}. \tag{2.87}$$

从 (2.87) 式容易看出, 随着外加捕捉行为的增加 (即 ε 增大), 捕食者的平均量 $\overline{x}$ 减小, 而被捕食者的平均量 $\overline{y}$ 上升. 换句话说, 小量的外加捕捉行为对原来的捕食者不利. 现在看看这种理论上的结果有什么实际意义. 假设我们考察的两个物种是农作物的害虫和它们的天敌. 如果施用少量的农药, 其结果将造成天敌的平均量减少, 而害虫的平均量上升. 而施用大量的农药将会导致环境的污染, 因此, 采用生物治虫是一种更理想的选择.

方程组 (2.82) 的产生还有一段历史故事. 20 世纪 20 年代, 意大利生物学家安科纳 (D'Ancona, 1896—1964) 在研究爱琴海中相互制约的鱼类的数量变化时, 从统计数字中发现, 第一次世界大战期间掠肉鱼 (如鲨鱼等) 的捕获量所占的比例增大了. 他无法解释这个现象, 便请教数学家沃尔泰拉 (Volterra, 1860—1940). 后者就用上述方法给出了令人满意的解释: 第一次世界大战期间, 捕鱼业受到影响, 亦即外加捕捉行为的减少 (即 ε 下降), 使得捕食者 $x(t)$ 的平均量上升 (见 (2.87) 式) . 因而在捕获物中掠肉鱼的比例增加了. 由于这个故事, 在生物数学中称方程组 (2.82) 为沃尔泰拉方程.

习题 2–6

1. 求下列各曲线族的正交轨线族:

(1) $x^2+y^2=Cx$;

(2) $xy=C$;

(3) $y^2=Cx^3$;

(4) $x^2+C^2y^2=1$.

2. 求与下列各曲线族相交成 $\frac{\pi}{4}$ 角的曲线族:

(1) $x-2y=C$;

(2) $xy=C$;

(3) $y=x\ln(Cx)$;

(4) $y^2=4Cx$.

3. 给定双曲线族 $x^2-y^2=C$ (其中 C 是任意常数). 设有一个动点 P 在平面 Oxy 上移动, 它的轨迹与每条双曲线均成 $\frac{\pi}{6}$ 角, 又设此动点从 $P_0(0,1)$ 出发, 试求这动点的轨迹.

*4. **追线**: 设在 Oxy 平面上, 有某物 P 从原点 O 出发, 以常速 $a>0$ 沿 x 轴的正方向运动. 同时又有某物 Q 以常速 b 从点 $(0,1)$ 出发追赶 P. 设 $b>a$, 且 Q 的运动方向永远指向 P. 试求 Q 的运动轨迹, 与追上 P 的时间.

5. **逃逸速度**: 取地球的半径为 $R=6\,437$ km, 地面上的重力加速度为 $g=9.8\ \mathrm{m/s^2}$, 又设质量为 M 的火箭在地面以初速 v_0 垂直上升. 假设不计空气阻力和其他任何星球的引力, 试求火箭的逃逸速度, 即使火箭一去不复返的最小初速度 v_0.

6. 设某社会的总人数为 N, 某段时期流行一种传染病, 患者人数为 x. 设传染病患者人数的扩大率与患病人数和未患病人数的乘积成正比. 试讨论传染病患者人数的发展趋势, 并以此解释对传染病患者进行隔离的必要性.

延伸阅读

第三章 存在和唯一性定理

我们在第二章讨论了一阶微分方程的初等积分法, 解决了几类特殊的方程. 但是, 我们也知道, 对许多微分方程, 例如形式上很简单的里卡蒂方程 $y' = x^2 + y^2$, 不能通过初等积分法求解. 这就产生一个问题: 一个不能用初等积分法求解的微分方程是否意味着没有解呢? 或者说, 一个微分方程的初值问题在何种条件下一定有解呢? 当有解时, 它的解是否唯一呢? 毫无疑问, 这是一个很基本的问题. 不解决这个问题, 对微分方程的进一步研究 (无论是定性的还是定量的) 就无从谈起. 柯西在 19 世纪 20 年代第一个成功地建立了微分方程初值问题解的存在和唯一性定理 (因此, 后人把初值问题称为柯西问题). 在 1876 年利普希茨 (Lipschitz, 1832—1903) 减弱了柯西定理的条件. 而在 1893 年皮卡 (Picard, 1856—1941) 用逐次逼近法在利普希茨条件下对定理给出了一个新证明. 此外, 佩亚诺 (Peano, 1858—1932) 在更一般的条件下建立了柯西问题解的存在性定理 (不顾及唯一性). 本章主要介绍皮卡定理和佩亚诺定理, 并介绍解的延伸和解的最大存在区间等有关问题.

§3.1 皮卡存在和唯一性定理

本节将利用皮卡的逐次迭代法, 来证明微分方程初值问题解的存在和唯一性定理. 为此, 我们首先介绍一个条件. 设函数 $f(x, y)$ 在区域 D 内满足不等式

$$|f(x, y_1) - f(x, y_2)| \leqslant L|y_1 - y_2|,$$

其中常数 $L > 0$, 则称函数 $f(x, y)$ 在区域 D 内对 y 满足**利普希茨条件**.

易知, 若函数 $f(x, y)$ 在凸区域 D 内对 y 有连续的偏微商 (这正是柯西当年建立微分方程初值问题解的存在和唯一性定理时所假设的一个条件), 并且 D 是有界闭区域, 则 $f(x, y)$ 在 D 内对 y 满足利普希茨条件; 反之, 结论不一定正确. 例如, $f(x, y) = |y|$ (对 y) 满足利普希茨条件, 但当 $y = 0$ 时它对 y 没有微商.

现在, 我们要证明下述皮卡定理:

定理 3.1 设初值问题

$$(E)\colon \frac{\mathrm{d}y}{\mathrm{d}x} = f(x, y), \quad y(x_0) = y_0,$$

其中 $f(x,y)$ 在矩形区域

$$R\colon |x-x_0|\leqslant a,\quad |y-y_0|\leqslant b$$

内连续, 而且对 y 满足利普希茨条件. 则 (E) 在区间 $I=[x_0-h,x_0+h]$ 上有并且只有一个解, 其中常数

$$h=\min\left\{a,\frac{b}{M}\right\},\quad M>\max_{(x,y)\in R}|f(x,y)|.$$

附注 1 从这个定理看出, 解的存在区间 I 与三个正数 a,b,M 的相对大小有关: 当 M 相对于 b (以及 a) 较小时, "解" 的导数 $\dfrac{\mathrm{d}y}{\mathrm{d}x}$ 的绝对值较小, 从而积分曲线从 (x_0,y_0) 向左右延伸的走向较平缓, 它有可能在 R 内达到左右边界 (即 $h=a$). 反之, 当 M 相对于 b (以及 a) 较大时, 积分曲线从 (x_0,y_0) 向左右延伸的走向较陡峭, 有可能在 R 内首先达到上下边界 (即 $h<a$). 我们在 §3.2 中构造欧拉折线时, 读者将会对此更加明了.

定理 3.1 的证明 为了突出思路, 我们把证明分成以下四步:

(1) 初值问题 (E) 有解 $y=y(x)$, 等价于积分方程

$$y=y_0+\int_{x_0}^{x}f(x,y)\mathrm{d}x \tag{3.1}$$

有解 $y=y(x)$. 事实上, 设 $y=y(x)$ $(x\in I)$ 是 (E) 的解, 则有

$$y'(x)=f(x,y(x))\quad (x\in I) \tag{3.2}$$

和

$$y(x_0)=y_0. \tag{3.3}$$

由此, 对恒等式 (3.2) 积分并利用初值条件 (3.3), 得到

$$y(x)=y_0+\int_{x_0}^{x}f(x,y(x))\mathrm{d}x\quad (x\in I),$$

即 $y=y(x)$ 是积分方程 (3.1) 的解.

反之, 设 $y=y(x)$ $(x\in I)$ 是积分方程 (3.1) 的解, 则只要逆转上面的推导就可知道 $y=y(x)$ 是 (E) 的解.

因此, 定理 3.1 的证明等价于证明积分方程 (3.1) 在区间 I 上有且只有一个解.

(2) 用逐次迭代法构造皮卡序列

$$y_{n+1}(x)=y_0+\int_{x_0}^{x}f(x,y_n(x))\mathrm{d}x\quad (x\in I,n=0,1,2,\cdots), \tag{3.4}$$

其中 $y_0(x)=y_0$.

当 $n=0$ 时, 注意到 $f(x,y_0(x))$ 是 I 上的连续函数, 所以由 (3.4) 式可见

$$y_1(x)=y_0+\int_{x_0}^{x}f(x,y_0(x))\mathrm{d}x\quad (x\in I)$$

在 I 上是连续可微的, 而且满足不等式

$$|y_1(x)-y_0| \leqslant \left|\int_{x_0}^{x} |f(x,y_0(x)|\mathrm{d}x\right| \leqslant M|x-x_0|. \tag{3.5}$$

这就是说, 在区间 I 上 $|y_1(x)-y_0| \leqslant Mh \leqslant b$.

因此, $f(x,y_1(x))$ 在 I 上是连续的. 所以由 (3.4) 式可见

$$y_2(x) = y_0 + \int_{x_0}^{x} f(x,y_1(x))\mathrm{d}x \quad (x \in I)$$

在 I 上是连续可微的, 而且满足不等式

$$|y_2(x)-y_0| \leqslant \left|\int_{x_0}^{x} |f(x,y_1(x))|\mathrm{d}x\right| \leqslant M|x-x_0|,$$

从而我们有: $|y_2(x)-y_0| \leqslant Mh \leqslant b\ (x \in I)$.

如此类推, 用归纳法不难证明: 由 (3.4) 式给出的皮卡序列 $\{y_n(x)\}$ 在 I 上是连续的, 而且满足不等式

$$|y_n(x)-y_0| \leqslant M|x-x_0| \quad (n=0,1,2,\cdots).$$

(3) 现证: 皮卡序列 $\{y_n(x)\}$ 在区间 I 上一致收敛到积分方程 (3.1) 的解.

注意, 序列 $\{y_n(x)\}$ 的收敛性等价于级数

$$\sum_{n=1}^{\infty}[y_{n+1}(x)-y_n(x)] \tag{3.6}$$

的收敛性. 下面证明级数 (3.6) 在 I 上是一致收敛的. 为此, 我们用归纳法证明不等式

$$|y_{n+1}(x)-y_n(x)| \leqslant \frac{M}{L}\frac{(L|x-x_0|)^{n+1}}{(n+1)!} \tag{3.7}$$

在 I 上成立 $(n=0,1,2,\cdots)$.

事实上, 当 $n=0$ 时由 (3.5) 式可知 (3.7) 式成立.

假设当 $n=k$ 时 (3.7) 式成立. 先由 (3.4) 式推出

$$|y_{k+2}(x)-y_{k+1}(x)| = \left|\int_{x_0}^{x} [f(x,y_{k+1}(x))-f(x,y_k(x))]\mathrm{d}x\right|,$$

再利用利普希茨条件和归纳法假设, 我们得到

$$\begin{aligned}|y_{k+2}(x)-y_{k+1}(x)| &\leqslant \left|\int_{x_0}^{x} L|y_{k+1}(x)-y_k(x)|\mathrm{d}x\right| \\ &\leqslant M\left|\int_{x_0}^{x} \frac{(L|x-x_0|)^{k+1}}{(k+1)!}\mathrm{d}x\right| \\ &= \frac{M}{L}\frac{(L|x-x_0|)^{k+2}}{(k+2)!}.\end{aligned}$$

所以当 $n=k+1$ 时, (3.7) 式也成立. 因此, (3.7) 式对任意 n 成立.

显然, 不等式 (3.7) 蕴涵级数 (3.6) 在区间 I 上是一致收敛的. 因此, 皮卡序列 $\{y_n(x)\}$ 是一致收敛的, 则极限函数

$$\varphi(x) = \lim_{n\to\infty} y_n(x) \quad (x \in I)$$

在区间 I 上是连续的. 然后, 利用 $f(x,y)$ 的连续性以及皮卡序列 $\{y_n(x)\}$ 的一致收敛性, 我们在 (3.4) 式中令 $n \to \infty$ 就得到

$$\varphi(x) = y_0 + \int_{x_0}^{x} f(x, \varphi(x))\mathrm{d}x \quad (x \in I).$$

因此, $y = \varphi(x)$ 是积分方程 (3.1) 在 I 上的一个解.

(4) 最后证明唯一性. 设积分方程 (3.1) 有两个解分别为 $y = u(x)$ 和 $y = v(x)$. 令 $J = [x_0 - d, x_0 + d]$ 为它们的共同存在区间, 其中 d 为某一正数 ($d \leqslant h$), 则由方程 (3.1) 推出

$$u(x) - v(x) = \int_{x_0}^{x} [f(x, u(x)) - f(x, v(x))]\mathrm{d}x \quad (x \in J).$$

再利用利普希茨条件, 我们得到

$$|u(x) - v(x)| \leqslant L \left| \int_{x_0}^{x} |u(x) - v(x)|\mathrm{d}x \right|. \tag{3.8}$$

注意, 在区间 J 上, $|u(x) - v(x)|$ 是连续有界的. 因此可取它的一个上界 K, 则由 (3.8) 式可见

$$|u(x) - v(x)| \leqslant LK|x - x_0|.$$

然后, 把它代入 (3.8) 式的右端, 我们推出

$$|u(x) - v(x)| \leqslant K\frac{(L|x - x_0|)^2}{2}.$$

如此递推, 我们可用归纳法得到: 对任意正整数 n,

$$|u(x) - v(x)| \leqslant K\frac{(L|x - x_0|)^n}{n!} \quad (x \in J).$$

然后, 令 $n \to \infty$, 则上面不等式的右端趋于零. 因此, 我们推出

$$u(x) = v(x) \quad (x \in J).$$

这就是说, 积分方程 (3.1) 的解是唯一的.

定理 3.1 的证明到此结束. □

有了皮卡定理, 对于一般微分方程

$$\frac{\mathrm{d}y}{\mathrm{d}x} = f(x, y), \tag{3.9}$$

只要能判别函数 $f(x,y)$ 在某个区域 D 内连续并且对 y 有连续的偏微商 (或满足利普希茨条件), 我们就可断言在区域 D 内经过每一点有并且只有一个解.

例如, 里卡蒂方程

$$\frac{\mathrm{d}y}{\mathrm{d}x} = x^2 + y^2$$

虽不能用初等积分法求解, 但由皮卡定理容易知道它在 Oxy 平面上经过每一点有且只有一个解.

一般而言, 如果函数 $f(x,y)$ 在区域 G 内连续, 而对 y 不满足利普希茨条件, 那么微分方程 (3.9) 在 G 内经过每一点仍有一个解 (即佩亚诺存在定理, 见 §3.2), 但这解可能是唯一的, 也可能不是唯一的 (参考本节习题 1). 也就是说, 利普希茨条件只是解的唯一性的一个充分条件. 在微分方程的一般理论中还没有保证解的唯一性的一种充要条件, 因此, 时至今日有关这方面的研究并没有终结.

下面我们介绍一个比利普希茨条件更弱的条件.

设函数 $f(x,y)$ 在区域 G 内连续, 而且满足不等式

$$|f(x,y_1) - f(x,y_2)| \leqslant F(|y_1 - y_2|),$$

其中 $F(r) > 0$ 是 $r > 0$ 的连续函数, 而且瑕积分 (以 0 为瑕点)

$$\int_0^{r_1} \frac{\mathrm{d}r}{F(r)} = +\infty \quad (r_1 > 0 \text{ 为常数}),$$

则称 $f(x,y)$ 在 G 内对 y 满足**奥斯古德 (Osgood, 1864—1943) 条件**.

注意, 利普希茨条件是奥斯古德条件的特例, 这是因为 $F(r) = Lr$ 满足上述要求.

现在, 我们把最先由美国数学家奥斯古德证明的、有关解的一个唯一性定理叙述如下:

定理 3.2 设 $f(x,y)$ 在区域 G 内对 y 满足奥斯古德条件, 则微分方程 (3.9) 在 G 内经过每一点的解都是唯一的.

证明 假设不然, 则在 G 内可以找到一点 (x_0, y_0) 使得方程 (3.9) 有两个解 $y = y_1(x)$ 和 $y = y_2(x)$ 都经过 (x_0, y_0), 而且至少存在一个值 $x_1 \neq x_0$, 使得 $y_1(x_1) \neq y_2(x_1)$. 不妨设 $x_1 > x_0$, 且 $y_1(x_1) > y_2(x_1)$. 令

$$\overline{x} = \sup_{x \in [x_0, x_1]} \{x \mid y_1(x) = y_2(x)\},$$

则显然有 $x_0 \leqslant \overline{x} < x_1$, 而且

$$r(x) \xlongequal{\text{def}} y_1(x) - y_2(x) > 0, \quad \overline{x} < x \leqslant x_1$$

和 $r(\overline{x}) = 0$. 因此, 我们有

$$\begin{aligned} r'(x) &= y_1'(x) - y_2'(x) = f(x, y_1(x)) - f(x, y_2(x)) \\ &\leqslant F(|y_1(x) - y_2(x)|) = F(r(x)), \end{aligned}$$

亦即

$$\frac{\mathrm{d}r(x)}{F(r(x))} \leqslant \mathrm{d}x \quad (\overline{x} < x \leqslant x_1).$$

从 $\overline{x}$ 到 x_1 积分上式, 得到

$$\int_0^{r_1} \frac{\mathrm{d}r}{F(r)} \leqslant x_1 - \overline{x},$$

其中 $r_1 = r(x_1) > 0$. 但这不等式的左端是 $+\infty$, 而右端是一个有限的数. 因此, 这是一个矛盾, 它证明了定理 3.2. □

最后, 我们还要指出: 如果没有利普希茨条件, 那么一般也不能保证皮卡序列的收敛性. 请看下面米勒 (Müller, 1924—2008) 的反例.

例 1 设初值问题

$$(E_0)\colon \frac{\mathrm{d}y}{\mathrm{d}x} = F(x,y), \quad y(0) = 0,$$

其中函数

$$F(x,y) = \begin{cases} 0, & x = 0,\ -\infty < y < +\infty, \\ 2x, & 0 < x \leqslant 1,\ -\infty < y < 0, \\ 2x - \dfrac{4y}{x}, & 0 < x \leqslant 1,\ 0 \leqslant y < x^2, \\ -2x, & 0 < x \leqslant 1,\ x^2 \leqslant y < +\infty. \end{cases}$$

容易验证, 函数 $F(x,y)$ 在条形区域

$$S\colon 0 \leqslant x \leqslant 1, \quad -\infty < y < \infty$$

内是连续的, 可是对 y 不满足利普希茨条件.

对于上述初值问题 (E_0), 我们有皮卡序列 $y_0(x) = 0$,

$$y_{n+1}(x) = \int_0^x F(x, y_n(x))\mathrm{d}x \quad (0 \leqslant x \leqslant 1; n = 0, 1, 2, \cdots)$$

而且容易推出

$$y_n(x) = (-1)^{n+1}x^2 \quad (0 \leqslant x \leqslant 1; n = 1, 2, \cdots).$$

由此可见, 初值问题 (E_0) 的皮卡序列是不收敛的.

另外, 可以验证 $y = \dfrac{1}{3}x^2$ $(0 \leqslant x \leqslant 1)$ 是初值问题 (E_0) 的解; 而且只要利用 $F(x,y)$ 关于 y 的递减性就可证明 (E_0) 的解是唯一的 (见本节习题 3). 但是, 初值问题 (E_0) 的皮卡序列和它的任何子序列都不能充分接近 (E_0) 的解. 这就是说, 对初值问题 (E_0) 的求解, 皮卡逐次迭代法是无效的.

习题 3–1

1. 利用右端函数的性质讨论下列微分方程满足初值条件 $y(0) = 0$ 的解的唯一性问题:

(1) $\dfrac{\mathrm{d}y}{\mathrm{d}x} = |y|^\alpha$, 常数 $\alpha > 0$;

(2) $\dfrac{\mathrm{d}y}{\mathrm{d}x} = \begin{cases} 0, & y = 0, \\ y \ln |y|, & y \neq 0. \end{cases}$

2. 试求初值问题:

$$\frac{\mathrm{d}y}{\mathrm{d}x}=x+y+1,\quad y(0)=0$$

的皮卡序列, 并由此取极限求解.

*3. 设连续函数 $f(x,y)$ 对 y 是递减的, 证明: 初值问题 (E) 在右侧 (即 $x\geqslant x_0$) 的解是唯一的. 试问: 在左侧 (即 $x\leqslant x_0$) 的解是否唯一? 能举一个反例吗?

*§3.2 佩亚诺存在定理

本节旨在放宽有关微分方程解的存在定理的条件. 简言之, 在皮卡定理中如果只假定 $f(x,y)$ 在 R 内的连续性, 那么利用下述欧拉折线仍可证明初值问题 (E) 的解在区间 $[x_0-h,x_0+h]$ 上是存在的 (但不一定是唯一的). 这就是本节要介绍的佩亚诺存在定理.

为此, 需要先做一些准备工作.

§3.2.1 欧拉折线

早在 18 世纪, 欧拉就依据微分方程的几何解释 (见第一章的 §1.2), 提出用简单的折线来近似地描绘所要寻求的积分曲线——后人称这种方法为欧拉折线法. 它是微分方程近似计算方法的开端.

设微分方程

$$\frac{\mathrm{d}y}{\mathrm{d}x}=f(x,y)\tag{3.10}$$

和相关的初值问题

$$(E)\colon\ \frac{\mathrm{d}y}{\mathrm{d}x}=f(x,y),\quad y(x_0)=y_0,$$

其中 $f(x,y)$ 是在矩形区域

$$R\colon |x-x_0|\leqslant a,\quad |y-y_0|\leqslant b$$

内给定的连续函数. 令正数 M 为 $|f(x,y)|$ 在 R 上的一个上界, 则微分方程 (3.10) 在 R 内各点 P 的线素 $l(P)$ 的斜率介于 $-M$ 和 M 之间. 由此不难推出: 若 $y=y(x)$ 是初值问题 (E) 的一个解, 则它满足不等式

$$|y(x)-y_0|\leqslant M|x-x_0|.$$

因此, 为了保证初值问题 (E) 的积分曲线 $y=y(x)$ 在矩形区域 R 内, 我们只需作下面的限制:

$$M|x-x_0|\leqslant b,\quad 亦即\ |x-x_0|\leqslant\frac{b}{M}.$$

因此, 只要令

$$h = \min\left\{a, \frac{b}{M}\right\},$$

则在区间 $[x_0 - h, x_0 + h]$ 上 (E) 的积分曲线 $\Gamma\colon y = y(x)$ 停留在 R 内. 事实上, 它停留在 R 内的一个角形区域

$$\Delta_h\colon |x - x_0| \leqslant h, \quad |y - y_0| \leqslant M|x - x_0|$$

之中 (见图 3–1).

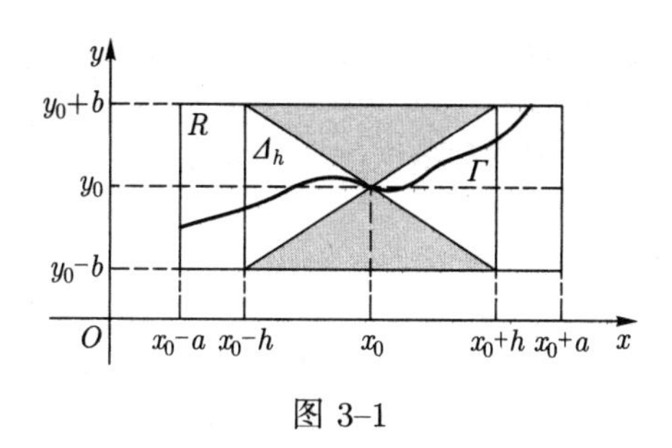

图 3–1

现在, 把区间 $[x_0 - h, x_0 + h]$ 分成 $2n$ 等份, 则每等份的长度为 $h_n = \dfrac{h}{n}$, 而 $(2n+1)$ 个分点为

$$x_k = x_0 + kh_n \quad (k = 0, \pm 1, \cdots, \pm n).$$

注意, x_{-n} 和 x_n 为区间 $[x_0 - h, x_0 + h]$ 的两个端点.

其次, 从初值点 $P_0(x_0, y_0)$ 出发先向右作折线如下:

延长在 P_0 的线素 $l(P_0)$, 使它与垂线 $x = x_1$ 交于点 $P_1(x_1, y_1)$. 则由线素的定义 (第一章 §1.2) 可知

$$y_1 = y_0 + f(x_0, y_0)(x_1 - x_0).$$

取直线段 $[P_0, P_1]$ 作为折线的第一段, 易知它停留在角形区域 Δ_h 内; 再在 P_1 点延长线素 $l(P_1)$, 使它与垂线 $x = x_2$ 相交于点 $P_2(x_2, y_2)$, 则有

$$y_2 = y_1 + f(x_1, y_1)(x_2 - x_1).$$

取直线段 $[P_1, P_2]$ 作为折线的第二段, 易知它停留在角形区域 Δ_h 内; 如此类推, 我们在 P_0 点的右侧作出一条折线

$$[P_0, P_1, P_2, \cdots, P_n] \subset \Delta_h,$$

它的节点依次为 $P_0, P_1, P_2, \cdots, P_n$. 用相同的方法, 再从 P_0 点出发可以向左作出一条折线

$$[P_{-n}, \cdots, P_{-2}, P_{-1}, P_0] \subset \Delta_h.$$

然后, 就在 Δ_h 内得到一条连续的折线

$$\gamma_n = [P_{-n}, \cdots, P_{-k}, \cdots, P_{-1}, P_0, P_1, \cdots, P_k, \cdots, P_n],$$

其中节点 P_k 的坐标为 (x_k, y_k),

$$y_k = y_{k-1} + f(x_{k-1}, y_{k-1})(x_k - x_{k-1});$$

而 P_{-k} 的坐标为 (x_{-k}, y_{-k}),

$$y_{-k} = y_{-k+1} + f(x_{-k+1}, y_{-k+1})(x_{-k} - x_{-k+1}) \quad (k = 1, 2, \cdots, n).$$

称 γ_n 为初值问题 (E) 的**欧拉折线**.

令欧拉折线 γ_n 的表达式为

$$y = \varphi_n(x) \quad (|x - x_0| \leqslant h). \tag{3.11}$$

当 $x_0 < x \leqslant x_0 + h$ 时, 有整数 s, 使得

$$x_s < x \leqslant x_{s+1} \quad (0 \leqslant s \leqslant n-1),$$

由此不难推出欧拉折线的计算公式:

$$\varphi_n(x) = y_0 + \sum_{k=0}^{s-1} f(x_k, y_k)(x_{k+1} - x_k) + f(x_s, y_s)(x - x_s). \tag{3.12}$$

同理, 当 $x_0 - h \leqslant x < x_0$ 时, 可推出

$$\varphi_n(x) = y_0 + \sum_{k=-s+1}^{0} f(x_k, y_k)(x_{k-1} - x_k) + f(x_{-s}, y_{-s})(x - x_{-s}). \tag{3.13}$$

从线素场的几何意义可以看出, 把上述欧拉折线 $y = \varphi_n(x)$ 作为初值问题 (E) 的一个近似解是合理的. 而且可以猜想: 只要增大 n, 就能提高近似的精度. 这在理论上需要证明欧拉折线 $y = \varphi_n(x)$ 在区间 $[x_0 - h, x_0 + h]$ 上是收敛的 (或至少有一个收敛的子序列), 而且收敛到初值问题 (E) 的解. 但是, 由于在欧拉时代的数学分析还没有足够严格的基础, 所以欧拉未能解决这个收敛性问题.

后来, 有了阿斯科利 (Ascoli, 1843—1896) 引理, 解决上述问题已经不在话下.

§3.2.2 阿斯科利引理

设在区间 I 上给定一个函数序列

$$f_1(x), f_2(x), \cdots, f_n(x), \cdots, \tag{3.14}$$

如果存在常数 $K > 0$, 使得不等式

$$|f_n(x)| < K \quad (x \in I)$$

对一切 $n=1,2,\cdots$ 都成立, 则称函数序列 (3.14) 在区间 I 上是**一致有界**的. 如果对任意的正数 ε, 存在正数 $\delta=\delta(\varepsilon)$, 使得只要 $x_1,x_2\in I$ 和 $|x_1-x_2|<\delta$, 就有

$$|f_n(x_1)-f_n(x_2)|<\varepsilon \quad (n=1,2,\cdots),$$

则称函数序列 (3.14) 在区间 I 上是**等度连续**的.

例如, 函数序列

$$f_n(x)=(-1)^n+x^n \quad (n=1,2,\cdots) \tag{3.15}$$

在区间 $\left[-\dfrac{1}{2},\dfrac{1}{2}\right]$ 上是一致有界和等度连续的; 在区间 $[-1,1]$ 上是一致有界但不是等度连续的; 而在区间 $[-2,2]$ 上既不是一致有界又不是等度连续的.

阿斯科利引理 设函数序列 (3.14) 在有限闭区间 I 上是一致有界和等度连续的, 则可以选取它的一个子序列

$$f_{n_1}(x),f_{n_2}(x),\cdots,f_{n_k}(x),\cdots,$$

使该子序列在区间 I 上是一致收敛的.

证明见 [4] 或 [8].

§3.2.3 佩亚诺存在定理

我们先证明两个引理.

引理 3.1 欧拉序列 (3.11) 在区间 $[x_0-h,x_0+h]$ 上至少含有一个一致收敛的子序列.

证明 在 §3.2.1 中我们已经指出, 所有欧拉折线 γ_n 都停留在矩形区域 R 内; 亦即

$$|\varphi_n(x)-y_0|\leqslant b \quad (|x-x_0|\leqslant h; n=1,2,\cdots).$$

这就是说, 欧拉序列 (3.11) 是一致有界的.

其次, 注意折线 γ_n 的各个直线段的斜率介于 $-M$ 和 M 之间, 其中 M 为 $|f(x,y)|$ 在 R 的一个上界. 因此, 容易证明折线 γ_n 的任何割线的斜率也介于 $-M$ 和 M 之间, 亦即

$$|\varphi_n(s)-\varphi_n(t)|\leqslant M|s-t| \quad (n=1,2,\cdots),$$

其中 s 和 t 是区间 $[x_0-h,x_0+h]$ 内的任何两点. 由此可见, 欧拉序列 (3.11) 也是等度连续的.

因此, 由阿斯科利引理直接完成了引理 3.1 的证明. □

引理 3.2 欧拉折线 $y=\varphi_n(x)$ 在区间 $[x_0-h,x_0+h]$ 上满足关系式

$$\varphi_n(x)=y_0+\int_{x_0}^{x}f(x,\varphi_n(x))\mathrm{d}x+\delta_n(x), \tag{3.16}$$

其中函数 $\delta_n(x)$ 趋于零, 即

$$\lim_{n\to\infty}\delta_n(x)=0\quad(|x-x_0|\leqslant h). \tag{3.17}$$

证明 我们只考虑右侧的情形: $x_0\leqslant x\leqslant x_0+h$. 对于左侧的情形可以作类似的讨论.

利用恒等式

$$f(x_i,y_i)(x_{i+1}-x_i)\equiv\int_{x_i}^{x_{i+1}}f(x_i,y_i)\mathrm{d}x,$$

就可得到

$$f(x_i,y_i)(x_{i+1}-x_i)=\int_{x_i}^{x_{i+1}}f(x,\varphi_n(x))\mathrm{d}x+d_n(i),$$

其中

$$d_n(i)=\int_{x_i}^{x_{i+1}}[f(x_i,y_i)-f(x,\varphi_n(x))]\mathrm{d}x\quad(i=0,1,\cdots,s-1);$$

同样对于 $x_s<x\leqslant x_{s+1}$, 可得

$$f(x_s,y_s)(x-x_s)=\int_{x_s}^{x}f(x,\varphi_n(x))\mathrm{d}x+d_n^*(x),$$

其中

$$d_n^*(x)=\int_{x_s}^{x}[f(x_s,y_s)-f(x,\varphi_n(x))]\mathrm{d}x.$$

因此, 可把 (3.12) 式写成如下形式:

$$\varphi_n(x)=y_0+\int_{x_0}^{x}f(x,\varphi_n(x))\mathrm{d}x+\delta_n(x),$$

其中

$$\delta_n(x)=\sum_{i=0}^{s-1}d_n(i)+d_n^*(x).$$

另一方面, 根据欧拉折线的构造, 可知不等式

$$|x-x_i|\leqslant\frac{h}{n},\quad|\varphi_n(x)-y_i|\leqslant M|x-x_i|\leqslant\frac{Mh}{n}$$

在区间 $[x_i,x_{i+1}]$ 上成立. 因此, 只要利用 $f(x,y)$ 的连续性, 我们就可以推出如下结论:

任给正数 ε, 存在正整数 $N=N(\varepsilon)$, 使得

$$|f(x_i,y_i)-f(x,\varphi_n(x))|<\frac{\varepsilon}{h}\quad(x_i\leqslant x\leqslant x_{i+1}),$$

只要 $n>N$.

这样一来, 就有

$$\begin{aligned}|d_n(i)|&\leqslant\int_{x_i}^{x_{i+1}}|f(x_i,y_i)-f(x,\varphi_n(x))|\mathrm{d}x\\&<\int_{x_i}^{x_{i+1}}\frac{\varepsilon}{h}\mathrm{d}x=\frac{\varepsilon}{n},\end{aligned}$$

只要 $n>N$; 同样, 由于 $x_s<x\leqslant x_{s+1}$, 我们有

$$|d_n^*(x)|<\frac{\varepsilon}{n},$$

只要 $n>N$. 由此推出

$$|\delta_n(x)|<\frac{s\varepsilon}{n}+\frac{\varepsilon}{n}\leqslant\varepsilon,$$

只要 $n>N$. 这就证明了 (3.17) 式. 引理 3.2 从而得证. □

现在, 容易证明下述佩亚诺存在定理:

定理 3.3 设函数 $f(x,y)$ 在矩形区域 R 内连续, 则初值问题

$$(E)\colon \frac{\mathrm{d}y}{\mathrm{d}x}=f(x,y),\quad y(x_0)=y_0$$

在区间 $[x_0-h,x_0+h]$ 上至少有一个解 $y=y(x)$, 这里矩形区域 R 和正数 h 的定义同定理 3.1.

证明 利用引理 3.1, 我们可以选取欧拉折线序列 (3.11) 的一个子序列

$$\varphi_{n_1}(x),\varphi_{n_2}(x),\cdots,\varphi_{n_k}(x),\cdots,$$

使它在区间 $[x_0-h,x_0+h]$ 上一致收敛. 则极限函数

$$\varphi(x)=\lim_{k\to\infty}\varphi_{n_k}(x)$$

在区间 $[x_0-h,x_0+h]$ 上是连续的.

再利用引理 3.2, 由 (3.16) 式可知

$$\varphi_{n_k}(x)=y_0+\int_{x_0}^{x}f(x,\varphi_{n_k}(x))\mathrm{d}x+\delta_{n_k}(x).$$

令 $k\to\infty$, 则由 $\varphi_{n_k}(x)$ 的一致收敛性和 (3.17) 式, 以及 $f(x,y)$ 的连续性, 我们推出

$$\varphi(x)=y_0+\int_{x_0}^{x}f(x,\varphi(x))\mathrm{d}x\quad(|x-x_0|\leqslant h).$$

这就证明了 $y=\varphi(x)$ 在区间 $[x_0-h,x_0+h]$ 上是 (E) 的一个解.

定理 3.3 从而得证. □

附注 1 由上述佩亚诺存在定理的证明可知, 初值问题 (E) 的欧拉序列的任何一致收敛子序列都趋于 (E) 的某个解. 因此, 如果初值问题 (E) 的解是唯一的, 那么它的欧拉序列就一致收敛到那个唯一的解. 另外, 我们从 §3.1 例 1 (米勒之例) 看到, 对于初值问题 (E) 的皮卡序列就不具有欧拉序列的上述性质. 从这个意义上讲, 欧拉序列似乎比皮卡序列合理.

附注 2 佩亚诺定理在相当广泛的条件下 (即只要求函数 $f(x,y)$ 的连续性) 保证了初值问题解的存在性, 而不保证唯一性. 1925 年苏联数学家拉夫连季耶夫 (Lavrentieff, 1900—1980) 曾经在矩形区域 R 内构造了一个连续函数 $F(x,y)$, 使得对应的微分方程

$$\frac{\mathrm{d}y}{\mathrm{d}x}=F(x,y)$$

在 R 内经过每一点至少有两条不同的积分曲线. 人们称这种复杂的现象为拉夫连季耶夫现象[1]. 如果微分方程在区域 G 内每一点都满足解的存在和唯一性条件, 那么积分曲线族在局部范围内的结构是非常简单的: 局部等价于一族平行直线. 这一点在几何上很容易想象, 而严格的分析证明留待第五章 §5.3 讲解.

附注 3　一般说来, 如果不要求 $f(x,y)$ 的连续性, 那么上面的初值问题 (E) 可能是无解的. 例如, 设函数

$$f^*(x,y)=\begin{cases}1, & 1\leqslant |x+y|<+\infty,\\ (-1)^n, & \dfrac{1}{n+1}\leqslant |x+y|\leqslant \dfrac{1}{n}\ (n=1,2,\cdots),\\ 0, & |x+y|=0,\end{cases}$$

则用反证法易证初值问题

$$(E^*)\colon \frac{\mathrm{d}y}{\mathrm{d}x}=f^*(x,y),\quad y(0)=0$$

没有 (连续的) 解.

习题 3–2

1. 利用阿斯科利引理证明: 若一函数序列在有限区间 I 上是一致有界和等度连续的, 则在 I 上它至少有一个一致收敛的子序列.

2. 试举例说明, 当 I 是无限区间时上面的结论不成立.

3. 我们知道: 皮卡序列满足阿斯科利引理的条件. 试问: 能用皮卡序列来证明佩亚诺的存在定理吗? 说明理由.

*4. 对于与初值问题 (E) 等价的积分方程

$$y(x)=y_0+\int_{x_0}^{x} f(x,y(x))\mathrm{d}x,$$

在区间 $I=[x_0,x_0+h]$ 上 (其中正数 h 的意义同定理 3.3) 构造序列 $y_n(x)$ 如下:

任给正整数 n, 令 $x_k=x_0+kd_n$, 其中 $d_n=\dfrac{h}{n}$, $k=0,1,\cdots,n$, 则分点

$$x_0,x_1,x_2,\cdots,x_n(=x_0+h)$$

把区间 I 分成 n 等份. 我们从 $[x_0,x_1]$ 到 $[x_1,x_2]$, 再从 $[x_1,x_2]$ 到 $[x_2,x_3]$ …… 最后从 $[x_{n-2},x_{n-1}]$ 到 $[x_{n-1},x_0+h]$ 用分段递推法定义函数

$$y_n(x)=\begin{cases}y_0, & x\in[x_0,x_1],\\ y_0+\displaystyle\int_{x_0}^{x-d_n} f(x,y_n(x))\mathrm{d}x, & x\in[x_1,x_0+h].\end{cases}$$

我们称序列

$$y_1(x),y_2(x),\cdots,y_n(x),\cdots\quad (x\in I)$$

[1]拉夫连季耶夫的例子见参考文献 [1]. 在参考文献 [17] 的第 18–23 页给出了一个类似的例子.

为托内利 (Tonelli, 1885—1946) 序列.

试用托内利序列和阿斯科利引理证明佩亚诺存在定理 (即定理 3.3).

*5. 令函数

$$\alpha(x)=\int_0^x \mathrm{e}^{-1/x^2}\mathrm{d}x \quad (0<x\leqslant 1),$$

并规定 $\alpha(0)=0$. 再在条形区域

$$G\colon 0\leqslant x\leqslant 1,\quad -\infty<y<+\infty$$

上定义一个连续函数 $f^*(x,y)$, 使得它满足条件 $f^*(0,0)=0$, 且:

$$f^*(x,y)=\begin{cases} x, & 0\leqslant x\leqslant 1, y>\alpha(x),\\ x\cos\dfrac{\pi}{x}, & 0<x\leqslant 1, y=0,\\ -x, & 0\leqslant x\leqslant 1, y<-\alpha(x).\end{cases}$$

然后考虑初值问题

$$(E^*)\colon \frac{\mathrm{d}y}{\mathrm{d}x}=f^*(x,y),\quad y(0)=0.$$

我们把区间 $[0,1]$ 分成 n 等份, 再仿本节 §3.2.1 中的方法可以得到一条欧拉折线 $y=\varphi_n^*(x)$ $(0\leqslant x\leqslant 1)$. 当 $\dfrac{1}{n}\leqslant x\leqslant 1$ 时, 我们有下述结论:

(1) 若 n 为偶数, 则 $\varphi_n^*(x)\geqslant\alpha(x)$;

(2) 若 n 为奇数, 则 $\varphi_n^*(x)\leqslant-\alpha(x)$.

由此可见, 这欧拉序列 $y=\varphi_n^*(x)$ 当 $n\to\infty$ 时是不收敛的 (从而 (E^*) 的解是不唯一的).

§3.3 解的延伸

在上面我们只满足于在局部范围内讨论初值问题解的存在性. 本节准备把这种讨论扩大到整体.

设微分方程

$$\frac{\mathrm{d}y}{\mathrm{d}x}=f(x,y), \tag{3.18}$$

其中函数 $f(x,y)$ 在区域 G 内连续. 因此, 我们可以利用上节的佩亚诺定理推出: 对于区域 G 内任何一点 $P_0(x_0,y_0)$, 微分方程 (3.18) 至少有一个解 $y=\varphi(x)$ 满足初值条件

$$y(x_0)=y_0, \tag{3.19}$$

其中 $y=\varphi(x)$ 的存在区间为 $[x_0-h,x_0+h]$, 而正数 h 与初值点 P_0 的邻域 R 有关. 因此, 我们只知道上面的解在局部范围内是存在的. 现在, 我们要讨论这解在大范围内的存在性. 主要的结果为下述解的延伸定理.

定理 3.4 设 P_0 为开区域 G 内任一点, 并设 $\varGamma$ 为微分方程 (3.18) 经过 P_0 点的任一条积分曲线, 则积分曲线 $\varGamma$ 将在区域 G 内延伸到边界. 换句话说, 对于任何有界闭区域 G_1 $(P_0\in G_1\subset G)$, 积分曲线 $\varGamma$ 将延伸到 G_1 之外.

证明 设微分方程 (3.18) 经过 P_0 的解 $\varGamma$ 有如下表达式:

$$\varGamma\colon y=\varphi(x)\quad (x\in J),$$

其中 J 表示 $\varGamma$ 的**最大存在区间**.

先讨论积分曲线 $\varGamma$ 在 P_0 点右侧的延伸情况. 令 J^+ 为 $\varGamma$ 在 P_0 点右侧的最大存在区间, 即 $J^+=J\cap[x_0,+\infty)$.

如果 $J^+=[x_0,+\infty)$, 那么积分曲线 $\varGamma$ 在 G 内就延伸到无限远, 从而延伸到区域 G 的边界. 否则, 我们要讨论下面两种情形:

(1) J^+ 是有限闭区间; 我们要证明这是不可能的.

假设 $J^+=[x_0,x_1]$, 其中常数 $x_1>x_0$. 注意, 当 $x\in J^+$ 时, 积分曲线 $\varGamma$ 停留在区域 G 内. 令 $y_1=\varphi(x_1)$, 则 $(x_1,y_1)\in G$.

因为区域 G 是一个开集, 所以存在 $a_1>0,b_1>0$, 使得矩形区域

$$R_1\colon |x-x_1|\leqslant a_1,\quad |y-y_1|\leqslant b_1$$

包含在 G 内. 在 R_1 内我们可以利用定理 3.3 推出, 微分方程 (3.18) 至少有一个解

$$y=\varphi_1(x)\quad (|x-x_1|\leqslant h_1)$$

满足初值条件 $\varphi_1(x_1)=y_1$, 其中 h_1 是某个正数. 然后, 令

$$y(x)=\begin{cases}\varphi(x), & x_0\leqslant x\leqslant x_1,\\ \varphi_1(x), & x_1\leqslant x\leqslant x_1+h_1,\end{cases}$$

则 $y=y(x)$ 是连续可微的, 而且它在区间 $[x_0,x_1+h_1]$ 上满足微分方程 (3.18). 因此, 它是积分曲线 $\varGamma$ 在区间 $[x_0,x_1+h_1]$ 上的表达式. 由于已设积分曲线 $\varGamma$ 的最大右侧存在区间为 $J^+=[x_0,x_1]$, 所以 J^+ 必须包含区间 $[x_0,x_1+h_1]$. 这是一个矛盾. 因此, J^+ 不可能是有限闭区间.

(2) J^+ 是有限半开区间; 我们来证明定理的结论成立。

令 $J^+=[x_0,x_1)$, 其中常数 $x_1>x_0$. 注意, 当 $x\in J^+$ 时, 积分曲线 $\varGamma$ 停留在区域 G 内, 即

$$(x,\varphi(x))\in G,\quad x\in J^+.$$

我们要证: 对于任何有限闭区域 $G_1\subset G$, 不可能使

$$(x,\varphi(x))\in G_1,\quad \forall x\in J^+ \tag{3.20}$$

成立. 否则, 设 G_1 是 G 内一个有限闭区域, 使得 (3.20) 式成立, 则有 $\varphi(x_0)=y_0$ 和

$$\varphi'(x)=f(x,\varphi(x)),\quad x\in J^+, \tag{3.21}$$

它等价于

$$\varphi(x)=y_0+\int_{x_0}^{x} f(x,\varphi(x))\mathrm{d}x\quad (x_0\leqslant x<x_1). \tag{3.22}$$

因为 $f(x,y)$ 在 G_1 上是连续的, 而且 G_1 是一个有限的闭区域, 所以 $|f(x,y)|$ 在 G_1 上有上界 $K>0$. 因此, 由 (3.20) 式和 (3.21) 式可见, 在 J^+ 上 $|\varphi'(x)|$ 有上界 K. 从而由拉格朗日 (Lagrange, 1736—1813) 中值公式推出不等式

$$|\varphi(x_1)-\varphi(x_2)|\leqslant K|x_1-x_2|,\quad x_1,x_2\in J^+.$$

由此不难证明: 当 $x\to x_1$ 时, $\varphi(x)$ 的极限存在. 然后, 令

$$y_1=\lim_{x\to x_1}\varphi(x),\tag{3.23}$$

再定义函数

$$\widetilde{\varphi}(x)=\begin{cases}\varphi(x), & x_0\leqslant x<x_1,\\ y_1, & x=x_1.\end{cases}$$

显然, $y=\widetilde{\varphi}(x)$ 是连续的. 而由 (3.22) 式和 (3.23) 式可见, $y=\widetilde{\varphi}(x)$ 在区间 $[x_0,x_1]$ 上满足

$$\widetilde{\varphi}(x)=y_0+\int_{x_0}^{x}f(x,\widetilde{\varphi}(x))\mathrm{d}x.$$

它蕴涵 $y=\widetilde{\varphi}(x)$ 在区间 $[x_0,x_1]$ 上是微分方程 (3.18) 的一个解, 而且满足初值条件 (3.19). 这就是说, 上面的积分曲线 $\varGamma$ 可以延伸到区间 $[x_0,x_1]$ 上. 这与 $\varGamma$ 的最大存在区间为 $[x_0,x_1)$ 是矛盾的. 因此, 对任何有限闭区域 $G_1\subset G$, 关系式 (3.20) 是不可能成立的.

总结上面的讨论可知, 积分曲线 $\varGamma$ 在 P_0 点的右侧将延伸到区域 G 的边界. 同样可证, 积分曲线 $\varGamma$ 在 P_0 点的左侧也将延伸到区域 G 的边界. 因此, 定理 3.4 得证. □

由定理 3.1 和定理 3.4 立即可以得出下面的推论.

推论 设函数 $f(x,y)$ 在区域 G 内连续, 而且对 y 满足局部的利普希茨条件, 即: 对区域 G 内任一点 q, 存在以 q 点为中心的一个矩形区域 $Q\subset G$, 使得在 Q 内 $f(x,y)$ 对 y 满足利普希茨条件 (注意, 相应的利普希茨常数 L 可能与矩形区域 Q 有关), 则微分方程 (3.18) 经过 G 内任一点 P_0 存在唯一的积分曲线 $\varGamma$, 并且 $\varGamma$ 在区域 G 内延伸到边界.

附注 由有限覆盖定理容易推出: 如果 G 是有界闭区域, 则 $f(x,y)$ 在 G 上满足局部利普希茨条件等价于它在 G 上满足整体利普希茨条件. 但当 G 是开区域时, G 上的局部利普希茨条件则弱于 G 上的整体利普希茨条件. 对于任意区域 G, 如果 $f(x,y)$ 在 G 上对 y 有连续的偏导数, 则 f 对 y 满足局部利普希茨条件.

例 1 试证微分方程

$$\frac{\mathrm{d}y}{\mathrm{d}x}=x^2+y^2\tag{3.24}$$

任一解的存在区间都是有界的.

事实上, 由于 x^2+y^2 在整个 Oxy 平面上连续, 并且对 y 有连续的偏导数, 所以利用上面的推论可知, 这微分方程经过平面上任何一点 P_0 的积分曲线 $\varGamma$ 是唯一存在的, 并将延伸到无限远. 但我们还不能说, 积分曲线 $\varGamma$ 的最大存在区间是无界的. 其

实, 我们要证明它的存在区间是有界的. 设 $y=y(x)$ 是微分方程 (3.24) 满足初值条件 $y(x_0)=y_0$ 的解. 令 $J^+=[x_0,\beta_0)$ 为它的右侧最大存在区间, 其中 $\beta_0>x_0$. 当 $\beta_0\leqslant 0$ 时, J^+ 显然是一有限区间. 当 $\beta_0>0$ 时, 则存在正数 x_1, 使得 $[x_1,\beta_0)\subset J^+$. 因此, 上面的解 $y=y(x)$ 在区间 $[x_1,\beta_0)$ 内满足 (3.24) 式, 亦即

$$y'(x)=x^2+y^2(x)\quad (0<x_1\leqslant x<\beta_0).$$

由此推出

$$y'(x)\geqslant x_1^2+y^2(x)\quad (x_1\leqslant x<\beta_0),$$

或

$$\frac{y'(x)}{x_1^2+y^2(x)}\geqslant 1\quad (x_1\leqslant x<\beta_0).$$

然后, 从 x_1 到 x 积分此不等式, 即得

$$\frac{1}{x_1}\left[\arctan\frac{y(x)}{x_1}-\arctan\frac{y(x_1)}{x_1}\right]\geqslant x-x_1\geqslant 0,$$

它蕴涵

$$0\leqslant x-x_1\leqslant\frac{\pi}{x_1}\quad (x_1\leqslant x<\beta_0).$$

由此推出 β_0 是一个有限数, 亦即 J^+ 是一有限区间.

同样可证, 解 $y=y(x)$ 的左侧最大存在区间 $J^-=(\alpha_0,x_0]$ 也是一有限区间. 因此, 这解 $y=y(x)$ 的最大存在区间是有限区间 (α_0,β_0), 它与解的初值 (x_0,y_0) 有关.

例 2 在平面上任取一点 $P_0(x_0,y_0)$, 试证初值问题

$$(E)\colon \frac{\mathrm{d}y}{\mathrm{d}x}=(x-y)\mathrm{e}^{xy^2},\quad y(x_0)=y_0$$

的右行解 (即从 P_0 点出发向右延伸的解) 都在区间 $[x_0,+\infty)$ 上存在.

事实上, 首先由前面的推论可知, 对于平面上任意一个包含 P_0 点的区域 G, 初值问题 (E) 的解都存在且唯一, 并可延伸到 G 的边界.

其次, 容易看出, 直线 $L\colon y=x$ 是微分方程所对应的线素场的水平等斜线 (参见第一章 §1.2), 并且线素的斜率在 L 上方为负, 而在 L 下方为正. 换句话说, 积分曲线在 L 上方是单调下降的, 而在 L 下方是单调上升的. 现在假设 P_0 位于 L 的上方 (即 $x_0<y_0$), 则利用 (E) 的 (右行) 解 $\varGamma$ 在条形区域

$$S\colon x_0\leqslant x<y_0,\quad -\infty<y<+\infty$$

上的延伸定理和积分曲线 $\varGamma$ 在 L 上方的单调下降性, 易知 $\varGamma$ 必与 L 相交 (参见图 3–2).

再假设 $P_0\in L$ 或 P_0 在 L 下方 (即 $x_0\geqslant y_0$), 则在区域

$$G\colon x_0\leqslant x<+\infty,\quad -\infty<y<+\infty$$

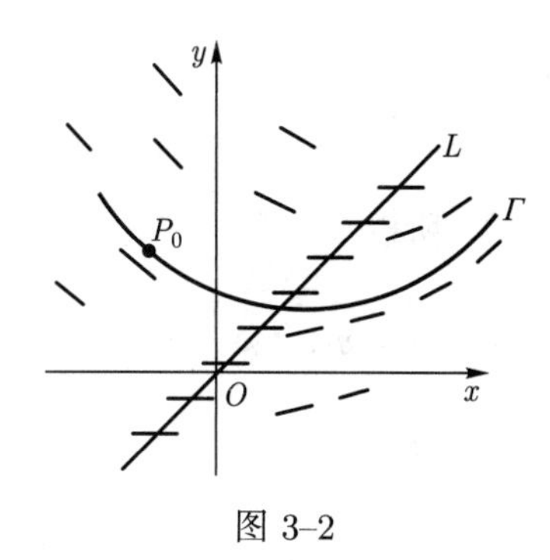

图 3–2

上应用 (右行) 解的延伸定理, 得出 (E) 的解 Γ 可延伸到 G 的边界. 另一方面, 在 L 下方, 积分曲线 Γ 是单调上升的, 并且它在向右延伸时不可能从水平等斜线 L 的下方穿越到上方. 因此, 它必可向右延伸直至跨越区间 $[x_0,+\infty)$. □

一般而言, 微分方程解的最大存在区间因解而异, 对不同的解需要在不同的区间上进行讨论. 因此, 当我们并不知道解的最大存在区间时, 就无从下手. 在特定的条件下, 下面的定理对解的最大存在区间作出了先验的断言.

定理 3.5 设微分方程

$$\frac{\mathrm{d}y}{\mathrm{d}x}=f(x,y), \tag{3.25}$$

其中函数 $f(x,y)$ 在条形区域

$$S\colon \alpha<x<\beta,\quad -\infty<y<+\infty$$

内连续, 而且满足不等式

$$|f(x,y)|\leqslant A(x)|y|+B(x), \tag{3.26}$$

其中 $A(x)\geqslant 0$ 和 $B(x)\geqslant 0$ 在区间 (α,β) 上是连续的, 则微分方程 (3.25) 的每一个解都以区间 (α,β) 为最大存在区间.

证明 设微分方程 (3.25) 满足初值条件

$$y(x_0)=y_0,\quad (x_0,y_0)\in S$$

的一个解为 $\Gamma\colon y=y(x)$. 要证Γ 的最大存在区间为 (α,β).

先证它的右侧最大存在区间为 $[x_0,\beta)$.

假设不然. 令它的右侧最大存在区间为 $[x_0,\beta_0)$, 其中 β_0 是一常数, 且 $x_0<\beta_0<\beta$. 我们在 β_0 的两侧分别取常数 x_1 和 x_2, 使得

$$x_0<x_1<\beta_0<x_2<\beta,\quad x_2-x_1<x_1-x_0.$$

因此, 在有限闭区间 $[x_0,x_2]$ 上函数 $A(x)$ 和 $B(x)$ 是连续有界的; 令 A_0 和 B_0 分别是它们正的上界. 再利用 (3.26) 式, 我们得到

$$|f(x,y)|\leqslant A_0|y|+B_0\quad (x_0\leqslant x\leqslant x_2,-\infty<y<+\infty). \tag{3.27}$$

而且不妨设正数

$$a_1 \overset{\text{def}}{=\!=} x_2 - x_1 < \frac{1}{4A_0}.$$

因为 $y = y(x)$ 在 $[x_0, \beta_0)$ 上存在, 所以我们有

$$y(x_1) = y_1, \quad (x_1, y_1) \in S.$$

现在, 以 (x_1, y_1) 点为中心作一矩形区域

$$R_1\colon |x - x_1| \leqslant a_1, \quad |y - y_1| \leqslant b_1,$$

其中正数 b_1 是充分大的. 显然, R_1 是条形区 S 内的一个有限闭区域. 由 (3.27) 式容易推出, 不等式

$$|f(x,y)| \leqslant A_0(|y_1| + b_1) + B_0, \quad (x,y) \in R_1 \tag{3.28}$$

成立. 令

$$M_1 = A_0(|y_1| + b_1) + B_0 + 1, \quad h_1 = \min\left\{a_1, \frac{b_1}{M_1}\right\},$$

并以 (x_1, y_1) 点为中心作矩形区域

$$R_1^*\colon |x - x_1| \leqslant h_1, \quad |y - y_1| \leqslant b_1,$$

则 $R_1^* \subseteq R_1$. 我们在 R_1^* 内可以应用定理 3.4 推出, 微分方程 (3.25) 过 (x_1, y_1) 点的解 $\varGamma$ 必可向右延伸到 R_1^* 的边界.

另一方面, 从 (3.28) 式可知, 解 $\varGamma$ 在 R_1^* 内必停留在角形区域

$$|y - y_1| \leqslant M_1|x - x_1|, \quad |x - x_1| \leqslant h_1.$$

因此, 解 $\varGamma$ 可向右延伸直至跨越区间 $[x_0, x_1 + h_1)$. 由于

$$a_1 < \frac{1}{4A_0} \text{ 和 } \lim_{b_1 \to +\infty} \frac{b_1}{M_1} = \frac{1}{A_0},$$

所以只要取充分大的正数 b_1, 我们就有

$$h_1 = a_1 = x_2 - x_1.$$

由此推出, $\varGamma$ 在区间 $[x_0, x_2)$ 上存在. 但是, 区间 $[x_0, x_2)$ 严格大于 $\varGamma$ 的右侧最大存在区间 $[x_0, \beta_0)$. 这是一个矛盾, 它证明了 $\varGamma$ 的右侧最大存在区间必定是 $[x_0, \beta)$.

同样可证 $\varGamma$ 的左侧最大存在区间必定是 $(\alpha, x_0]$. 因此, $\varGamma$ 的最大存在区间是 (α, β). □

习题 3–3

1. 利用定理 3.5 证明: 线性微分方程

$$\frac{\mathrm{d}y}{\mathrm{d}x}=a(x)y+b(x)\quad(x\in I)$$

的每一个解 $y=y(x)$ 的 (最大) 存在区间为 I, 这里假设 $a(x)$ 和 $b(x)$ 在区间 I 上是连续的.

2. 讨论下列微分方程解的存在区间:

(1) $\dfrac{\mathrm{d}y}{\mathrm{d}x}=\dfrac{1}{x^2+y^2}$;

(2) $\dfrac{\mathrm{d}y}{\mathrm{d}x}=y(y-1)$;

(3) $\dfrac{\mathrm{d}y}{\mathrm{d}x}=y\sin(xy)$;

(4) $\dfrac{\mathrm{d}y}{\mathrm{d}x}=1+y^2$.

3. 考虑对称形式的微分方程 $x\mathrm{d}x+y\mathrm{d}y=0$, 定义域为 $G=\{(x,y)\mid x^2+y^2>0\}$, 则单位圆 $(x^2+y^2=1)$ 是一条积分曲线, 它在区域 G 的内部, 并没有延伸到 G 的边界. 这一点是否与上述解的延伸定理相矛盾? 为什么?

*4. 设初值问题

$$(E):\ \frac{\mathrm{d}y}{\mathrm{d}x}=(y^2-2y-3)\mathrm{e}^{(x+y)^2},\quad y(x_0)=y_0$$

的解的最大存在区间为 (a,b), 其中 (x_0,y_0) 是平面上的任一点. 则 $a=-\infty$ 和 $b=+\infty$ 中至少有一个成立.

*5. 设初值问题

$$(E):\ \frac{\mathrm{d}y}{\mathrm{d}x}=(x^2-y^2)f(x,y),\quad y(x_0)=y_0,$$

其中函数 $f(x,y)$ 在全平面连续且满足当 $y\neq 0$ 时, $yf(x,y)>0$, 则对于任意的 (x_0,y_0), 当 $x_0<0$ 和 $|y_0|$ 适当小时, 初值问题 (E) 的解可延伸到 $(-\infty,+\infty)$.

*§3.4 比较定理及其应用

我们在上节已经看到, 为了对微分方程的解的存在区间作出估计, 仅应用延伸定理经常是不够的, 有时需要分析有关线素场的几何特性 (见上节例 2). 下面的几个定理为这种分析提供了一般的原理 (它的基本思想其实已含于上节例 1 之中).

定理 3.6 (第一比较定理) 设函数 $f(x,y)$ 与 $F(x,y)$ 都在平面区域 G 内连续且满足不等式

$$f(x,y)<F(x,y),\quad (x,y)\in G;\tag{3.29}$$

又设函数 $y=\varphi(x)$ 与 $y=\Phi(x)$ 在区间 (a,b) 上分别是初值问题

$$(E_1):\ \frac{\mathrm{d}y}{\mathrm{d}x}=f(x,y),\quad y(x_0)=y_0$$

与

$$(E_2):\ \frac{\mathrm{d}y}{\mathrm{d}x}=F(x,y),\quad y(x_0)=y_0$$

的解, 其中 $(x_0, y_0) \in G$. 则我们有

$$\begin{cases} \varphi(x) < \Phi(x), & x \in (x_0, b), \\ \varphi(x) > \Phi(x), & x \in (a, x_0). \end{cases} \tag{3.30}$$

证明 在区间 (a,b) 上, 定义函数 $\psi(x) \stackrel{\text{def}}{=\!=} \Phi(x) - \varphi(x)$, 则由初值条件和不等式 (3.29) 有

$$\psi(x_0) = 0, \quad \psi'(x_0) = F(x_0, y_0) - f(x_0, y_0) > 0.$$

因此, 存在 $\sigma > 0$, 使得

$$\psi(x) > 0, \quad x_0 < x < x_0 + \sigma. \tag{3.31}$$

如果 (3.30) 的第一式不成立, 则至少存在一个 $x_1 (x_1 > x_0)$, 使得 $\psi(x_1) = 0$. 再令

$$\beta = \min\{x \mid \psi(x) = 0, x_0 < x < b\}.$$

利用 (3.31) 式, 我们推出

$$\begin{cases} \psi(\beta) = 0, \\ \psi(x) > 0 \ (x_0 < x < \beta), \end{cases}$$

它蕴涵

$$\psi'(\beta) \leqslant 0.$$

但是另一方面, 由于 $\psi(\beta) = 0$, 则有 $\gamma \stackrel{\text{def}}{=\!=} \Phi(\beta) = \varphi(\beta)$. 所以再利用 (3.29) 式, 我们有

$$\psi'(\beta) = \Phi'(\beta) - \varphi'(\beta) = F(\beta, \gamma) - f(\beta, \gamma) > 0.$$

这一矛盾证明了 (3.30) 的第一式成立.

同理可证第二式也成立. □

附注 1 定理 3.6 的几何意义是明显的: 斜率小的曲线向右不可能从斜率大的曲线的下方穿越到上方. 应该注意的是, 两个线素场只有在同一点, 才能比较它们斜率的大小.

现在考虑初值问题

$$(E) \colon \frac{\mathrm{d}y}{\mathrm{d}x} = f(x, y), \quad y(x_0) = y_0,$$

其中函数 $f(x,y)$ 在矩形区域

$$R \colon |x - x_0| \leqslant a, \quad |y - y_0| \leqslant b$$

上连续, 并且令

$$M = \max_{(x,y) \in R} |f(x,y)|, \quad h = \min\left\{a, \frac{b}{M}\right\}.$$

如果在区间 $[x_0 - h, x_0 + h]$ 上初值问题 (E) 有两个解 $y = Z(x)$ 和 $y = W(x)$, 使得 (E) 的任何解 $y = y(x)$ 都满足不等式

$$W(x) \leqslant y(x) \leqslant Z(x) \quad (|x - x_0| \leqslant h),$$

则称 $y=W(x)$ 和 $y=Z(x)$ 分别为初值问题 (E) 的**最小解**和**最大解**. 由这个定义容易看出, 最大解和最小解都是唯一的. 下面的定理肯定了最大解和最小解的存在性, 并为第二比较定理的证明作了必要的准备.

定理 3.7 存在正数 $\sigma<h$, 使得在区间 $[x_0-\sigma,x_0+\sigma]$ 上, 上述初值问题 (E) 有最小解和最大解.

证明 考虑与 (E) 相联系的初值问题

$$(E_m)\colon \frac{\mathrm{d}y}{\mathrm{d}x}=f(x,y)+\varepsilon_m,\quad y(x_0)=y_0,$$

其中 $\varepsilon_m>0$ $(m=1,2,\cdots)$, 并且当 $m\to\infty$ 时 ε_m 单调下降且趋于 0. 由佩亚诺定理, 存在 $h_m>0$ 满足 $\lim\limits_{m\to\infty}h_m=h$, 使得初值问题 (E_m) 在区间 $[x_0-h_m,x_0+h_m]$ 上有解 $y=\varphi_m(x)$, 即函数 $\varphi_m(x)$ 满足方程

$$\varphi_m(x)=y_0+\int_{x_0}^{x}[f(x,\varphi_m(x))+\varepsilon_m]\mathrm{d}x. \tag{3.32}$$

由于 $h_m\to h$ $(m\to\infty)$, 所以可取到正数 $\sigma<h$, 使得初值问题 (E) 和 (E_m) $(m=1,2,\cdots)$ 的解都在区间 $I=[x_0-\sigma,x_0+\sigma]$ 上存在.

注意到

$$|\varphi_m(x)-y_0|\leqslant b\quad (x\in I;m=1,2,\cdots)$$

和由 (3.32) 式所得的估计式

$$\begin{aligned}|\varphi_m(x_1)-\varphi_m(x_2)|&\leqslant\left|\int_{x_1}^{x_2}[f(x,\varphi_m(x))+\varepsilon_m]\mathrm{d}x\right|\\&\leqslant(M+\varepsilon_1)|x_1-x_2|\quad (x_1,x_2\in I;m=1,2,\cdots),\end{aligned}$$

所以 $\varphi_m(x)$ 在 I 上一致有界且等度连续. 利用阿斯科利引理可知, $\varphi_m(x)$ 在区间 I 上有一致收敛的子序列. 这里不妨设 $\varphi_m(x)$ 本身在 I 上一致收敛. 令

$$\varPhi(x)=\lim_{m\to\infty}\varphi_m(x),$$

则在 (3.32) 式中 (令 $m\to\infty$) 取极限, 就可推出 $y=\varPhi(x)$ 是初值问题 (E) 在 I 上的一个解.

最后, 我们来证明 $y=\varPhi(x)$ 是 (E) 在 I 上的右行最大解和左行最小解. 事实上, 设 $y=y(x)$ 是 (E) 的任一解, 则对初值问题 (E) 和 (E_m) 应用第一比较定理可得

$$\begin{cases}y(x)<\varphi_m(x), & x\in(x_0,x_0+\sigma),\\ y(x)>\varphi_m(x), & x\in(x_0-\sigma,x_0).\end{cases}$$

在上面两式中令 $m\to\infty$, 取极限就推出 $y=\varPhi(x)$ 是右行最大解和左行最小解.

在初值问题 (E_m) 中以 $-\varepsilon_m$ 代换 ε_m, 同样可证在区间 I 上初值问题 (E) 有左行最大解和右行最小解.

由于初值问题 (E) 的所有解在 (x_0,y_0) 点均相切, 所以 (E) 的左行最大 (小) 解和右行最大 (小) 解就可拼接为整个区间上的最大 (小) 解. □

附注 2 类似于解的延伸定理, 我们可以把 (E) 的最大解和最小解从局部延伸到区域 G 的边界. 此外, 容易知道: (E) 的解是唯一的, 当且仅当它的最小解和最大解是恒同的.

定理 3.8 (第二比较定理) 设函数 $f(x,y)$ 与 $F(x,y)$ 都在平面区域 G 内连续且满足

$$f(x,y) \leqslant F(x,y), \quad (x,y) \in G;$$

又设函数 $y=\varphi(x)$ 与 $y=\Phi(x)$ 在区间 (a,b) 上分别是初值问题

$$(E_1)\colon \frac{\mathrm{d}y}{\mathrm{d}x} = f(x,y), \quad y(x_0)=y_0$$

与

$$(E_2)\colon \frac{\mathrm{d}y}{\mathrm{d}x} = F(x,y), \quad y(x_0)=y_0$$

的解, 其中 $(x_0,y_0)\in G$, 并且 $y=\varphi(x)$ 是 (E_1) 的右行最小解和左行最大解, $y=\Phi(x)$ 是 (E_2) 的右行最大解和左行最小解, 则有如下比较关系:

$$\begin{cases} \varphi(x) \leqslant \Phi(x), \ x\in[x_0,b), \\ \varphi(x) \geqslant \Phi(x), \ x\in(a,x_0]. \end{cases}$$

证明 此定理容易从定理 3.6 和定理 3.7 推出. □

例 1 讨论微分方程

$$\frac{\mathrm{d}y}{\mathrm{d}x} = \sin(xy) \tag{3.33}$$

的解的延伸趋势.

易见 $y=0$ 是这微分方程的零解. 而且由定理 3.1 和定理 3.5 推出, 这方程过任何一点的解 $y=y(x)$ 都是唯一的, 并在无穷区间 $(-\infty,\infty)$ 上存在. 现在, 我们讨论解 $y=y(x)$ 当 $x\to+\infty$ (和 $-\infty$) 时的延伸趋势.

注意, 当 x 换成 $-x$ 或 y 换成 $-y$ 时, 方程 (3.33) 的形式不变, 所以它的积分曲线的分布既关于 y 轴对称又关于 x 轴对称. 因此我们只需讨论在第一象限的情形.

令 $y(0)=y_0$, 其中 $y_0\geqslant 0$. 当 $y_0=0$ 时, 由解的唯一性可知 $y=y(x)$ 就是零解 $y=0$. 以下设 $y_0>0$, 则由解的唯一性可知 $y=y(x)>0$ $(0\leqslant x<+\infty)$. 我们要证明

$$\lim_{x\to+\infty} y(x) = 0. \tag{3.34}$$

首先, 假设积分曲线 $\varGamma\colon y=y(x)$ $(x\geqslant 0)$ 与直线 $L\colon y=x$ 相交于一点 $\overline{P}(\overline{x},\overline{x})$, $\overline{x}>0$. 由方程 (3.33) 可知积分曲线 $\varGamma$ 的斜率 $y'(x)\leqslant 1$, 而直线 L 的斜率等于 1, 所以由第二比较定理得出: 当 $x\geqslant\overline{x}$ 时 $\varGamma$ 将留在 L 的下方.

现取最小的正整数 m, 使它满足不等式

$$\overline{x}^2 < \left(2m-\frac{1}{2}\right)\pi. \tag{3.35}$$

然后, 考虑双曲线

$$H\colon xy=\left(2m-\frac{1}{2}\right)\pi \quad (x>0, y>0).$$

则由 (3.35) 式可见上述交点 $\overline{P}$ 在 H 的下方. 现在我们要证: 当 $x>\overline{x}$ 时, Γ 也在 H 的下方.

事实上, 如果上述结论不成立, 则存在 $x_1>\overline{x}$, 使得当 $x=x_1$ 时 Γ 与 H 相交于 P_1 点, 而且 Γ 从 H 的左下方进入右上方. 由此可见, 在 P_1 点 Γ 的斜率 $y'(x_1)$ 大于或等于 H 的斜率 K_1. 由于 P_1 点在直线 L 的下方, 所以双曲线 H 在 P_1 点的斜率

$$K_1=-\left(2m-\frac{1}{2}\right)\frac{\pi}{x_1^2}>-1,$$

然而

$$y'(x_1)=\sin(x_1 y(x_1))=\sin\left(2m-\frac{1}{2}\right)\pi=-1.$$

这是一个矛盾. 因此, 当 $x>\overline{x}$ 时 Γ 必须在 H 的下方, 亦即

$$0<y(x)<\left(2m-\frac{1}{2}\right)\frac{\pi}{x}.$$

由这不等式就直接推出 (3.34) 式.

其次, 要证 Γ 与 L 确实相交.

为此, 考虑双曲线族

$$H_k\colon xy=k\pi \quad (x>0, y>0; k=1,2,\cdots)$$

及其界定的区域

$$G_k\colon (k-1)\pi<xy<k\pi,\quad x>0, y>0 \quad (k=1,2,\cdots),$$

则由 (3.33) 式可见, 积分曲线 Γ 的斜率 $y'(x)$ 满足不等式

$$\begin{cases} 0<y'(x)<1, & (x,y(x))\in G_{2n-1}, \\ -1<y'(x)<0, & (x,y(x))\in G_{2n} \end{cases} \quad (n=1,2,\cdots).$$

现在, 从点 $P_0(0,y_0)$ 出发向右作一连续的折线 $\Lambda\colon y=u(x)\ (x\geqslant 0)$, 使得它的节点 P_k 分别在双曲线 H_k 上, 而各直线段的斜率满足条件

$$u'(x)=\begin{cases} 1, & (x,u(x))\in G_{2n-1}, \\ 0, & (x,u(x))\in G_{2n}. \end{cases}$$

因此由第一比较定理得出, 从 P_0 点出发的积分曲线 $\Gamma\colon y=y(x)\ (x\geqslant 0)$ 一定在折线 Λ 的下方 (参见图 3–3).

考虑折线 Λ 的节点 $P_k(x_k,y_k)$. 注意, $x_k y_k=k\pi$. 现任取三个相邻的节点 P_n, P_{n+1} 和 P_{n+2}, 其中 n 为奇数, 则有

$$x_{n+2}=\frac{(n+2)\pi}{y_{n+2}},\quad x_{n+1}=\frac{(n+1)\pi}{y_{n+1}},\quad x_n=\frac{n\pi}{y_n},$$

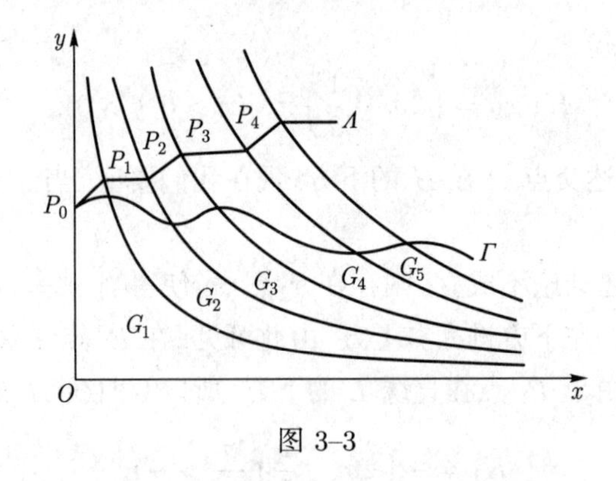

图 3–3

而且 $y_{n+1}=y_n, y_{n+2}>y_n$. 因此, 我们推出

$$x_{n+1}-x_n=\frac{\pi}{y_n},\quad x_{n+2}-x_{n+1}<\frac{\pi}{y_n},$$

从而

$$x_{n+2}-x_{n+1}<x_{n+1}-x_n.$$

再利用

$$y_{n+2}-y_n=y_{n+2}-y_{n+1}=x_{n+2}-x_{n+1},$$

就推出

$$\begin{aligned}\frac{y_{n+2}-y_n}{x_{n+2}-x_n}&=\frac{x_{n+2}-x_{n+1}}{(x_{n+2}-x_{n+1})+(x_{n+1}-x_n)}\\&<\frac{x_{n+2}-x_{n+1}}{2(x_{n+2}-x_{n+1})}=\frac{1}{2}.\end{aligned}$$

这就是说, 直线段 P_nP_{n+2} 的斜率小于 $\frac{1}{2}$, 其中 n 为奇数. 因此, 如果从 P_1 点出发作一直线

$$L_1: y-y_1=\frac{1}{2}(x-x_1),$$

那么折线 Λ 将在 L_1 的下方. 所以积分曲线 Γ 也在 L_1 的下方. 因为 P_0 点在 L 的上方而在 L_1 的下方, 而且当 x 增大时直线 L_1 将从 L 的上方进入下方, 所以积分曲线 Γ 也从 L 的上方进入下方. 这就证明了 Γ 和 L 的相交性.

例 2 设初值问题

$$\frac{\mathrm{d}y}{\mathrm{d}x}=x^2+(y+1)^2,\quad y(0)=0 \tag{3.36}$$

的解在右侧的最大存在区间为 $[0,\beta)$, 试证: $\frac{\pi}{4}<\beta<1$.

证明 由上一节的推论可知, 初值问题 (3.36) 的解存在且唯一, 并可延伸到包含坐标原点的任意区域的边界. 下面我们仅给出证明的梗概, 而把细节留给读者完成.

(1) 先证 $\frac{\pi}{4}\leqslant\beta\leqslant 1$.

当 $|x|\leqslant 1$ 时, 显然有

$$(y+1)^2\leqslant x^2+(y+1)^2\leqslant 1+(y+1)^2.$$

因此, 我们可以应用比较定理, 把初值问题 (3.36) 的解与如下两个可积的初值问题:

$$(E_1)\colon \frac{\mathrm{d}y}{\mathrm{d}x}=(y+1)^2,\quad y(0)=0$$

和

$$(E_2)\colon \frac{\mathrm{d}y}{\mathrm{d}x}=1+(y+1)^2,\quad y(0)=0$$

的解分别比较, 从而得到 $\frac{\pi}{4}\leqslant\beta\leqslant 1$.

(2) 再证 $\beta<1$.

在初值问题 (3.36) 的积分曲线上取一点 (ξ,η), 其中 $0<\xi\ll 1$, 则初值问题

$$(E_3)\colon \frac{\mathrm{d}y}{\mathrm{d}x}=(y+1)^2,\quad y(\xi)=\eta$$

是可积的, 且容易算出它的解的右侧最大存在区间为 $[0,C(\xi))$, 其中 $C(\xi)=\xi+\frac{1}{\eta+1}$.
由于

$$\frac{\mathrm{d}C}{\mathrm{d}\xi}=1-\frac{1}{(\eta+1)^2}\frac{\mathrm{d}\eta}{\mathrm{d}\xi}=1-\frac{\xi^2+(\eta+1)^2}{(\eta+1)^2}<0,$$

且 $C(0)=1$, 因此, 当 $0<\xi\ll 1$ 时, $C(\xi)<1$. 再对初值问题 (3.36) 和 (E_3) 应用比较定理可得 $\beta<1$.

(3) 最后证 $\beta>\frac{\pi}{4}$.

取正数 λ, 使 $0<1-\lambda\ll 1$, 则初值问题

$$(E_4)\colon \frac{\mathrm{d}y}{\mathrm{d}x}=\lambda^2+(y+1)^2,\quad y(0)=0$$

的解在右侧的最大存在区间为 $[0,\widetilde{C}(\lambda))$. 计算表明, $\widetilde{C}(1)=\frac{\pi}{4}$ 而且

$$\left.\frac{\mathrm{d}\widetilde{C}(\lambda)}{\mathrm{d}\lambda}\right|_{\lambda=1}<0,$$

因此当 $0<1-\lambda\ll 1$ 时 $\widetilde{C}(\lambda)>\frac{\pi}{4}$. 最后, 再对初值问题 (3.36) 和 (E_4) 应用比较定理可得 $\beta>\frac{\pi}{4}$. □

习题 3–4

1. 设初值问题 (E), 矩形区域 R 和正数 h 的意义同定理 3.1. 试证在 (E) 的最小解 $y=W(x)$ 和最大解 $y=Z(x)$ 之间充满了 (E) 的其他解, 即任取一点 (x_1,y_1), 其中

$$|x_1-x_0|\leqslant h,\quad W(x_1)\leqslant y_1\leqslant Z(x_1),$$

则 (E) 在 $[x_0-h, x_0+h]$ 上至少有一个解 $y=u(x)$ 满足 $u(x_1)=y_1$.

2. 证明定理 3.8.

3. 对本节例 2 的证明作出详细的推导.

延伸阅读

第四章 奇解

一般说来, 一阶微分方程拥有含一个任意常数的通解, 另外可能还有不含于通解的特殊解. 某些特殊解可以理解为通解的一种退化现象, 在几何上往往表现为解的唯一性遭到破坏. 早在 1694 年莱布尼茨就已观察到, 解族的包络也是一个解. 克莱罗 (Clairaut, 1713—1765) 和欧拉对奇解作了某些探讨, 得出了从 p–判别式求奇解的方法. 拉格朗日对奇解和通解的联系作了系统的研究, 给出了从 C–判别式求奇解的方法和奇解是积分曲线族的包络这一几何解释. 本章先介绍与奇解密切相关的一阶隐式微分方程的解法, 然后介绍奇解的概念和判别法, 以及奇解与通解的联系.

§4.1 一阶隐式微分方程

作为对第二章初等积分法的补充, 本节讨论一阶隐式方程

$$F\left(x, y, \frac{\mathrm{d}y}{\mathrm{d}x}\right) = 0 \tag{4.1}$$

的几个特殊解法. 这里 "隐式" 的含义, 是指在方程中未知函数的微商 $\frac{\mathrm{d}y}{\mathrm{d}x}$ 没有预先表示为 x, y 的显函数.

§4.1.1 微分法

设从微分方程 (4.1) 中可显式解出未知函数

$$y = f(x, p), \tag{4.2}$$

其中 $p = \frac{\mathrm{d}y}{\mathrm{d}x}$. 设函数 $f(x, p)$ 对 (x, p) 是连续可微的, 则由方程 (4.2) 对 x 进行微分, 我们得到

$$p = f'_x(x, p) + f'_p(x, p)\frac{\mathrm{d}p}{\mathrm{d}x},$$

或

$$[f'_x(x, p) - p]\mathrm{d}x + f'_p(x, p)\mathrm{d}p = 0. \tag{4.3}$$

这是一个关于变量 x 和 p 的一阶显式微分方程.

如果能够得到方程 (4.3) 的通解 $p=u(x,C)$, 那么就得到方程 (4.2) 的通解

$$y=f(x,u(x,C)),$$

其中 C 是一个任意常数. 另外, 如果方程 (4.3) 有解 $p=w(x)$, 那么方程 (4.2) 有相应的解

$$y=f(x,w(x)).$$

在某些情况下, 方程 (4.3) 的通解容易写成 $x=v(p,C)$ 的形式, 则方程 (4.2) 的通解可写成

$$\begin{cases}x=v(p,C),\\ y=f(v(p,C),p),\end{cases}$$

这里 p 视作一个参变量; 同样, 如果方程 (4.3) 有解 $x=z(p)$, 则方程 (4.2) 有相应的解

$$\begin{cases}x=z(p),\\ y=f(z(p),p).\end{cases}$$

例 1 求解**克莱罗方程**

$$y=xp+f(p)\quad\left(p=\frac{\mathrm{d}y}{\mathrm{d}x}\right),\tag{4.4}$$

其中 $f''(p)\neq 0$.

利用微分法, 我们得到

$$p=p+x\frac{\mathrm{d}p}{\mathrm{d}x}+f'(p)\frac{\mathrm{d}p}{\mathrm{d}x},$$

亦即

$$[x+f'(p)]\frac{\mathrm{d}p}{\mathrm{d}x}=0.$$

当 $\dfrac{\mathrm{d}p}{\mathrm{d}x}=0$ 时, 我们有 $p=C$. 因此, 得到克莱罗方程 (4.4) 的通解

$$y=Cx+f(C),\tag{4.5}$$

其中 C 是一个任意常数;

当 $x+f'(p)=0$ 时, 我们得到克莱罗方程 (4.4) 的一个解

$$x=-f'(p),\quad y=-f'(p)p+f(p),\tag{4.6}$$

其中 p 当作参数.

注意, 因为 $f''(p)\neq 0$, 所以由 $x=-f'(p)$ 可得反函数 $p=w(x)$. 然后代入上式, 解 (4.6) 可写成如下形式:

$$y=xw(x)+f(w(x)),\tag{4.7}$$

它的微商为 $y' = w(x)$. 由此可以推出, 在点 $x = x_0$ 处解 (4.7) 的切线为

$$y = C_0 x + f(C_0),$$

其中 $C_0 = w(x_0)$. 这就证明解 (4.7) 在各点都有通解 (4.5) 中的某一解在该点处与其相切. 另外, 由于 $w'(x) = -\dfrac{1}{f''(w(x))} \neq 0$, 所以 $w(x)$ 不是常数. 因此, 解 (4.7) 不能由通解 (4.5) 给出.

作为例子, 当 $f(p) = -\dfrac{1}{4}p^2$ 时, 克莱罗方程的积分曲线族的图形见图 4–1.

附注 对克莱罗方程的进一步讨论, 读者可参考文献 [22] 的第一章. 目前仍有人对一阶隐式方程进行研究.

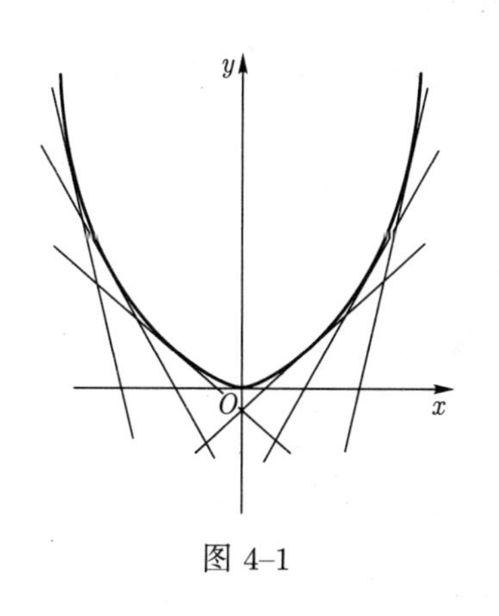

图 4–1

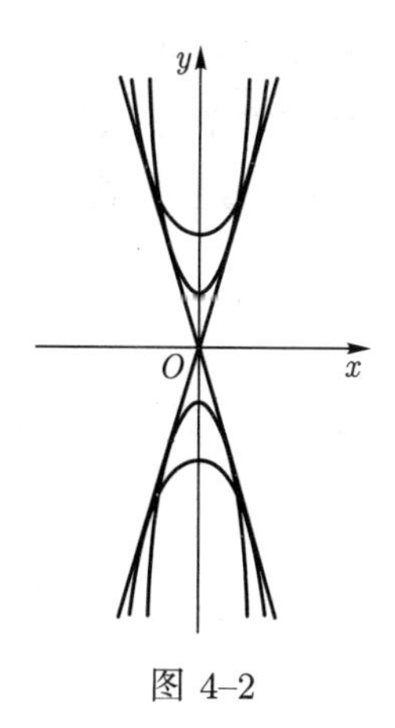

图 4–2

例 2 求解微分方程

$$x(y')^2 - 2yy' + 9x = 0. \tag{4.8}$$

由一阶隐式方程 (4.8) 可得到

$$y = \frac{9x}{2p} + \frac{xp}{2} \quad (p = y').$$

然后, 用微分法推出

$$\left(\frac{1}{2} - \frac{9}{2p^2}\right)\left(p - x\frac{\mathrm{d}p}{\mathrm{d}x}\right) = 0, \tag{4.9}$$

它蕴涵 $\dfrac{\mathrm{d}p}{\mathrm{d}x} = \dfrac{p}{x}$ 和 $p^2 = 9$. 由此可得方程 (4.9) 的通解 $p = Cx$, 以及两个特解 $p = 3$ 和 $p = -3$.

所以我们求得微分方程 (4.8) 的通解

$$y = \frac{9}{2C} + \frac{C}{2}x^2 \tag{4.10}$$

和两个特解

$$y = 3x, \quad y = -3x. \tag{4.11}$$

注意, 通解 (4.10) 不包括特解 (4.11); 它们的图形见图 4–2, 其主要特征为在这两个特解上的每一点 (原点 O 除外) 都有通解中的某个解在该点与其相切.

§4.1.2 参数法

设微分方程不明显包含自变量, 即

$$F(y,p)=0 \quad \left(p=\frac{\mathrm{d}y}{\mathrm{d}x}\right). \tag{4.12}$$

作为变元 y 和 p 之间的联系, 方程 (4.12) 在 Oyp 平面上一般表示若干条曲线. 设

$$\begin{cases} y=g(t), \\ p=h(t) \end{cases} \tag{4.13}$$

是其中一条, 称 (4.13) 式为 (4.12) 式的一个**参数表示**.

为了下面讨论的需要, 设 $g(t), g'(t)$ 和 $h(t)$ 都是参数 t 的连续函数, 而且设 $h(t)\neq 0$. 根据上述微分方程的参数表示, 我们有

$$\mathrm{d}x=\frac{1}{p}\mathrm{d}y=\frac{g'(t)}{h(t)}\mathrm{d}t.$$

再利用积分, 可得

$$x=\int\frac{g'(t)}{h(t)}\mathrm{d}t+C.$$

因此, 微分方程 (4.12) 有通解

$$\begin{cases} x=\displaystyle\int\frac{g'(t)}{h(t)}\mathrm{d}t+C, \\ y=g(t). \end{cases} \tag{4.14}$$

例 3　求解微分方程

$$y^2+\left(\frac{\mathrm{d}y}{\mathrm{d}x}\right)^2=1. \tag{4.15}$$

显然, 方程 (4.15) 有参数表达式

$$\begin{cases} y=\cos t, \\ \dfrac{\mathrm{d}y}{\mathrm{d}x}=\sin t \end{cases} \quad (-\infty<t<+\infty). \tag{4.16}$$

由此可以推出

$$\mathrm{d}x=\frac{1}{\sin t}\mathrm{d}y=\frac{1}{\sin t}\mathrm{d}(\cos t)=-\mathrm{d}t,$$

从而我们得到

$$x=-t+C.$$

因此, 微分方程 (4.15) 的通解为

$$\begin{cases} x=-t+C, \\ y=\cos t. \end{cases}$$

如果消去参数 t, 我们得到通解

$$y=\cos(C-x). \tag{4.17}$$

对于方程 (4.15), 除了参数表达式 (4.16), 还有

$$\begin{cases} y=\pm 1, \\ \dfrac{\mathrm{d}y}{\mathrm{d}x}=0. \end{cases}$$

易知 $y=1$ 和 $y=-1$ 是微分方程 (4.15) 的两个特解. 对于方程 (4.15) 还可设

$$\begin{cases} y=0, \\ \dfrac{\mathrm{d}y}{\mathrm{d}x}=\pm 1. \end{cases}$$

但是, $y=0$ 不是微分方程 (4.15) 的解.

因此, 微分方程 (4.15) 有通解 (4.17), 另外还有特解 $y=1$ 和 $y=-1$. 请读者自己动手画出积分曲线的图形, 并注意通解与特解 $(y=\pm 1)$ 之间的关系.

显然, 上面对方程 (4.12) 所用的参数法也一样适用于如下微分方程:

$$F\left(x,\frac{\mathrm{d}y}{\mathrm{d}x}\right)=0.$$

一般而言, 一阶隐式微分方程

$$F(x,y,p)=0 \quad \left(p=\frac{\mathrm{d}y}{\mathrm{d}x}\right) \tag{4.18}$$

在 $Oxyp$ 空间中表示曲面. 设它的参数表达式为

$$\begin{cases} x=f(u,v), \\ y=g(u,v), \\ p=h(u,v), \end{cases}$$

这里 u 和 v 是两个参数. 因为 $\mathrm{d}y=p\mathrm{d}x$, 所以我们有

$$g'_u\mathrm{d}u+g'_v\mathrm{d}v=h(u,v)(f'_u\mathrm{d}u+f'_v\mathrm{d}v),$$

它可以写成如下形式:

$$M(u,v)\mathrm{d}u+N(u,v)\mathrm{d}v=0, \tag{4.19}$$

其中

$$\begin{cases} M(u,v)=g'_u(u,v)-h(u,v)f'_u(u,v), \\ N(u,v)=g'_v(u,v)-h(u,v)f'_v(u,v). \end{cases}$$

如果我们能求得一阶显式微分方程 (4.19) 的通解

$$v=Q(u,C), \tag{4.20}$$

则微分方程 (4.18) 有通解

$$\begin{cases} x = f(u, Q(u, C)), \\ y = g(u, Q(u, C)), \end{cases}$$

其中 u 是参变量, 而 C 是一个积分常数. 另外, 如果方程 (4.19) 除通解 (4.20) 外还有特解 $v = S(u)$, 则

$$\begin{cases} x = f(u, S(u)), \\ y = g(u, S(u)) \end{cases}$$

是微分方程 (4.18) 的特解.

例 4 用参数法求解微分方程

$$\left(\frac{\mathrm{d}y}{\mathrm{d}x}\right)^2 + y - x = 0. \tag{4.21}$$

令 $u = x$ 和 $v = \dfrac{\mathrm{d}y}{\mathrm{d}x}$ 为两个参变量, 则可由方程 (4.21) 得到

$$x = u, \quad \frac{\mathrm{d}y}{\mathrm{d}x} = v, \quad y = u - v^2.$$

因此, 我们得到

$$v = \frac{\mathrm{d}y}{\mathrm{d}x} = \frac{\mathrm{d}u - 2v\mathrm{d}v}{\mathrm{d}u},$$

亦即

$$(v-1)\mathrm{d}u + 2v\mathrm{d}v = 0.$$

容易求得它的通解

$$u = -2v - \ln(v-1)^2 + C$$

和一个特解 $v = 1$. 由此得到微分方程 (4.21) 的通解

$$\begin{cases} x = C - 2v - \ln(v-1)^2, \\ y = C - 2v - \ln(v-1)^2 - v^2 \end{cases}$$

和一个特解

$$\begin{cases} x = u, \\ y = u - 1 \end{cases} \quad (\text{亦即 } y = x - 1).$$

习题 4–1

1. 求解下列微分方程:

(1) $2y = p^2 + 4px + 2x^2 \quad \left(p = \dfrac{\mathrm{d}y}{\mathrm{d}x}\right)$;

(2) $y = px\ln x + (xp)^2$;

(3) $2xp = 2\tan y + p^3\cos^2 y$.

2. 用参数法求解下列微分方程:

(1) $2y^2+5\left(\frac{\mathrm{d}y}{\mathrm{d}x}\right)^2=4$;

(2) $x^2-3\left(\frac{\mathrm{d}y}{\mathrm{d}x}\right)^2=1$;

(3) $\left(\frac{\mathrm{d}y}{\mathrm{d}x}\right)^2+y-x^2=0$;

(4) $x^3+\left(\frac{\mathrm{d}y}{\mathrm{d}x}\right)^3=4x\frac{\mathrm{d}y}{\mathrm{d}x}$.

§4.2 奇　　解

在上一节我们已经看到某些一阶隐式微分方程的个别解具有特殊的几何意义, 即它们满足如下奇解的定义:

定义 4.1　设一阶微分方程

$$F\left(x,y,\frac{\mathrm{d}y}{\mathrm{d}x}\right)=0 \tag{4.22}$$

有特解

$$\Gamma: y=\varphi(x) \quad (x\in J).$$

如果对每一点 $Q\in\Gamma$, 在 Q 点的任何邻域内方程 (4.22) 有一个不同于 Γ 的解在 Q 点与 Γ 相切, 则称 Γ 是微分方程 (4.22) 的**奇解**.

例如, $y=3x$ 和 $y=-3x$ $(x\neq0)$ 是微分方程 (4.8) 的奇解 (见图 4–2), $y=1$ 和 $y=-1$ 是微分方程 (4.15) 的两个奇解, 而 (4.7) 式是克莱罗方程 (4.4) 的奇解 (见图 4–1).

下面的定理给出了奇解存在的必要条件.

定理 4.1　设函数 $F(x,y,p)$ 对 $(x,y,p)\in G$ 是连续的, 而且对 y 和 p 有连续的偏微商 F'_y 和 F'_p. 若函数 $y=\varphi(x)$ $(x\in J)$ 是微分方程 (4.22) 的一个奇解, 并且

$$(x,\varphi(x),\varphi'(x))\in G \quad (x\in J),$$

则奇解 $y=\varphi(x)$ 满足一个称之为 p–**判别式**的联立方程组

$$\begin{cases} F(x,y,p)=0, \\ F'_p(x,y,p)=0 \end{cases} \quad \left(p=\frac{\mathrm{d}y}{\mathrm{d}x}\right). \tag{4.23}$$

(设从 (4.23) 式中消去 p 得到方程

$$\Delta(x,y)=0, \tag{4.24}$$

则称由此方程所决定的曲线为方程 (4.22) 的 p–**判别曲线**. 因此, 微分方程 (4.22) 的奇解是一条 p–判别曲线.)

证明 因为 $y=\varphi(x)$ 是微分方程 (4.22) 的解, 所以它自然满足上述 p–判别式 (4.23) 的第一式. 现证它也满足第二式.

假设不然, 则存在 $x_0\in J$, 使得

$$F'_p(x_0,y_0,p_0)\neq 0,$$

其中 $y_0=\varphi(x_0)$ 和 $p_0=\varphi'(x_0)$. 注意

$$F(x_0,y_0,p_0)=0,\quad (x_0,y_0,p_0)\in G.$$

因此, 我们可以利用隐函数定理推出, 由方程 (4.22) 在 (x_0,y_0) 点附近唯一地确定了

$$\frac{\mathrm{d}y}{\mathrm{d}x}=f(x,y),\tag{4.25}$$

其中函数 $f(x,y)$ 满足 $f(x_0,y_0)=p_0$. 这就证明了微分方程 (4.22) 所有满足 $y(x_0)=y_0,y'(x_0)=p_0$ 的解必定是微分方程 (4.25) 的解.

另一方面. 由于函数 $f(x,y)$ 在 (x_0,y_0) 点的某邻域内是连续的, 而且对 y 有连续的偏微商

$$f'_y(x,y)=-\frac{F'_y(x,y,f(x,y))}{F'_p(x,y,f(x,y))},$$

所以由皮卡定理可知, 微分方程 (4.25) 满足初值条件 $y(x_0)=y_0$ 的解是存在而且唯一的. 由此可见, $y=\varphi(x)$ 在 $x=x_0$ 处的某一邻域内是微分方程 (4.25) 经过 (x_0,y_0) 点的唯一解. 这就证明了, 在 (x_0,y_0) 点附近不可能存在微分方程 (4.22) 的其他解在该点与 $y=\varphi(x)$ 相切.

这个结论与 $y=\varphi(x)$ 是奇解的假设不能相容. 因此, 上述反证法的假设不能成立, 从而 $y=\varphi(x)$ 也满足上述 p–判别式的第二式. 定理 4.1 得证. □

容易验证, 微分方程 (4.8) 的奇解 $y=3x$ 和 $y=-3x$ 满足相应的 p–判别式

$$\begin{cases}xp^2-2yp+9x=0,\\ 2xp-2y=0;\end{cases}$$

微分方程 (4.15) 的奇解 $y=1$ 和 $y=-1$ 满足相应的 p–判别式

$$\begin{cases}p^2+y^2-1=0,\\ 2p=0;\end{cases}$$

同样, 克莱罗方程 (4.4) 的奇解 (4.7) 也满足相应的 p–判别式

$$\begin{cases}xp+f(p)-y=0,\\ x+f'(p)=0.\end{cases}$$

这里须注意, 由 p–判别式确定的函数 $y=\psi(x)$ 不一定是相应微分方程的解; 即使是解, 也不一定是奇解.

例如, 微分方程 (4.21) 的 p–判别式为

$$\begin{cases} p^2+y-x=0, \\ 2p=0, \end{cases}$$

消去 p 后即得 $y=x$. 但是, $y=x$ 不是微分方程 (4.21) 的解.

又如, 微分方程

$$\left(\frac{\mathrm{d}y}{\mathrm{d}x}\right)^2-y^2=0 \tag{4.26}$$

的 p–判别式为

$$\begin{cases} p^2-y^2=0, \\ 2p=0, \end{cases}$$

消去 p, 即得 $y=0$. 它是微分方程 (4.26) 的解. 但是, 容易求出方程 (4.26) 的通解为 $y=C\mathrm{e}^{\pm x}$, 由此容易验证 $y=0$ 不是奇解.

这就是说, 定理 4.1 虽然把寻找微分方程 (4.22) 的奇解的范围缩小到它的 p–判别式 (4.23) 或 (4.24), 但是由 p–判别式确定的函数 $y=\psi(x)$ 仍须根据奇解的定义经过验证才能确认它是否为奇解. 而在不知道通解的情况下就难以进行这种验证. 下面的定理在某种条件下克服了这一困难.

定理 4.2 设函数 $F(x,y,p)$ 对 $(x,y,p)\in G$ 是二阶连续可微的. 又设由微分方程 (4.22) 的 p–判别式

$$\begin{cases} F(x,y,p)=0, \\ F'_p(x,y,p)=0 \end{cases} \tag{4.27}$$

(消去 p 后) 得到的函数 $y=\psi(x)(x\in J)$ 是微分方程 (4.22) 的解. 而且设条件

$$F'_y(x,\psi(x),\psi'(x))\neq 0,\quad F''_{pp}(x,\psi(x),\psi'(x))\neq 0 \tag{4.28}$$

以及

$$F'_p(x,\psi(x),\psi'(x))=0 \tag{4.29}$$

对 $x\in J$ 成立[1], 则 $y=\psi(x)$ 是微分方程 (4.22) 的奇解.

定理 4.2 的证明有一定的难度, 而且它已超出一般常微分方程大纲的范围. 因此, 我们把它放在本章最后一节作为附录, 供有兴趣的读者参考.

下面我们举例说明定理 4.2 的一个应用.

考虑微分方程

$$\left[(y-1)\frac{\mathrm{d}y}{\mathrm{d}x}\right]^2=y\mathrm{e}^{xy}, \tag{4.30}$$

它的 p–判别式为

$$\begin{cases} (y-1)^2p^2-y\mathrm{e}^{xy}=0, \\ 2p(y-1)^2=0, \end{cases}$$

[1]本节习题的第 3 题说明了条件 (4.29) 的必要性, 这是由何永葱同志指正的. 编者对他表示感谢.

消去 p 即得 $y=0$. 易知 $y=0$ 是微分方程 (4.30) 的解, 而且满足条件 (4.28) 和 (4.29):

$$F'_y(x,0,0)=-1,\quad F''_{pp}(x,0,0)=2,\quad F'_p(x,0,0)=0.$$

因此, 由定理 4.2 可知, $y=0$ 是微分方程 (4.30) 的奇解; 而且易知这是唯一的奇解.

习题 4–2

1. 利用 p–判别式求下列微分方程的奇解:

(1) $y=x\dfrac{\mathrm{d}y}{\mathrm{d}x}+\left(\dfrac{\mathrm{d}y}{\mathrm{d}x}\right)^2$;

(2) $y=2x\dfrac{\mathrm{d}y}{\mathrm{d}x}+\left(\dfrac{\mathrm{d}y}{\mathrm{d}x}\right)^2$;

(3) $(y-1)^2\left(\dfrac{\mathrm{d}y}{\mathrm{d}x}\right)^2=\dfrac{4}{9}y$.

2. 举例说明, 在定理 4.2 的条件 (4.28) 中的两个不等式是缺一不可的.

3. 研究下面的例子, 说明定理 4.2 的条件 (4.29) 是不可缺少的:

$$y=2x+y'-\frac{1}{3}(y')^3.$$

4. 设连续函数 $E(y)$ 满足条件:

$$E(0)=0,\ \text{而当}\ 0<y\leqslant 1\ \text{时}\ E(y)\neq 0,$$

则 $y=0$ 是微分方程

$$\frac{\mathrm{d}y}{\mathrm{d}x}=E(y)$$

的奇解当且仅当瑕积分

$$\int_0^1\frac{\mathrm{d}y}{E(y)}$$

收敛. (注意, 类似的积分在习题 2–2 中也出现过, 其实那里的唯一性问题和在这里的奇解问题实质上是同一问题的不同方面.)

§4.3 包　络

本节将采用微分几何学中有关曲线族的包络的概念来阐明奇解与通解之间的联系, 以及讨论寻求奇解的方法.

设单参数 C 的曲线族

$$K(C):V(x,y,C)=0,\tag{4.31}$$

其中函数 $V(x,y,C)$ 对 $(x,y,C)\in D$ 是连续可微的. 例如, 单参数 C 的曲线族:

(1) $x^2+y^2=C\ (C>0)$;

(2) $y-(x-C)^2=1\ (-\infty<C<+\infty)$

在平面上分别表示以原点为中心的圆族和顶点在直线 $y=1$ 上的抛物线族.

定义 4.2 设在平面上有一条连续可微的曲线 $\varGamma$. 如果对于任一点 $q \in \varGamma$, 在曲线族 (4.31) 中都有一条曲线 $K(C^*)$ 通过 q 点并在该点与 $\varGamma$ 相切, 而且 $K(C^*)$ 在 q 点的任一邻域内不同于 $\varGamma$, 则称曲线 $\varGamma$ 为曲线族 (4.31) 的一支**包络**.

例如, 直线 $y=1$ 是上面的抛物线族 (2) 的包络; 而直线族 $y=Cx-\dfrac{1}{4}C^2$ 有包络为 $y=x^2$ (参见图 4–1). 并不是每个曲线族都有包络, 例如上面的同心圆族 (1) 就没有包络.

附注 我们在这里对包络所下的定义与一般微分几何学所给的定义稍有不同, 那里要求曲线族中的每一条曲线都与包络相切, 而这里的定义比较便于应用到微分方程 (见后面的例 2).

定理 4.3 设微分方程

$$F\left(x,y,\frac{\mathrm{d}y}{\mathrm{d}x}\right)=0, \tag{4.32}$$

有通积分

$$U(x,y,C)=0, \tag{4.33}$$

又设 (积分) 曲线族 (4.33) 有包络

$$\varGamma\colon y=\varphi(x)\quad (x\in J),$$

则包络 $y=\varphi(x)$ 是微分方程 (4.32) 的奇解.

证明 根据奇解和包络的定义, 我们只需要证明 $\varGamma$ 是微分方程 (4.32) 的解.

在 $\varGamma$ 上任取一点 (x_0,y_0), 其中 $y_0=\varphi(x_0)$, 则由包络的定义可知, 曲线族 (4.33) 中有一条曲线 $y=u(x,C_0)$ 在 (x_0,y_0) 点与 $y=\varphi(x)$ 相切, 即

$$\varphi(x_0)=u(x_0,C_0),\quad \varphi'(x_0)=u'_x(x_0,C_0).$$

因为 $y=u(x,C_0)$ 是微分方程 (4.32) 的一个解, 所以

$$F(x_0,u(x_0,C_0),u'_x(x_0,C_0))=0.$$

因此, $F(x_0,\varphi(x_0),\varphi'(x_0))=0$. 由于 $x_0\in J$ 是任意给定的, 所以 $y=\varphi(x)$ 是微分方程 (4.32) 的解. 定理 4.3 证完. □

注意, 由奇解的定义可知, 奇解是通解的包络. 因此, 由定理 4.3 可知, 求微分方程的奇解归结到求它的通积分的包络.

定理 4.4 设 $\varGamma$ 是曲线族 (4.31) 的一支包络, 并且它可表示为参数 C 的光滑曲线[1], 则它满足如下的 C–**判别式**:

$$\begin{cases} V(x,y,C)=0,\\ V'_C(x,y,C)=0; \end{cases} \tag{4.34}$$

[1]编者与史玉明教授就定理 4.4 的证明进行了讨论, 感谢她与钱定边、袁荣等教授对这个证明的指正, 为此我们增加了定理中的第二个条件.

或 (消去 C, 所得到的关系式)

$$\Omega(x,y)=0. \tag{4.35}$$

证明 由定理的条件, 可对包络 Γ 给出如下参数表达式:

$$\begin{cases} x=f(C), \\ y=g(C) \end{cases} \quad (C\in I),$$

其中 C 为曲线族 (4.31) 的参数. 由包络的定义得知

$$V(f(C),g(C),C)=0 \quad (C\in I). \tag{4.36}$$

再由已知条件, $f(C)$ 和 $g(C)$ 对 C 是连续可微的, 因此

$$V_x'f'(C)+V_y'g'(C)+V_C'=0 \quad (C\in I), \tag{4.37}$$

其中 V_x', V_y' 和V_C' 同在 $(f(C),g(C),C)$ 点取值.

设对于任意给定的 $C\in I$, 当

$$(f'(C),g'(C))=(0,0) \quad 或 \quad (V_x',V_y')=(0,0) \tag{4.38}$$

成立时, 由 (4.37) 式推出

$$V_C'(f(C),g(C),C)=0; \tag{4.39}$$

当 (4.38) 不成立时, 则有

$$(f'(C),g'(C))\neq(0,0) \quad 和 \quad (V_x',V_y')\neq(0,0).$$

这表示包络 Γ 在点 $q(C)=(f(C),g(C))$ 的切向量 $(f'(C),g'(C))$, 以及通过 $q(C)$ 点的曲线 $V(x,y,C)=0$ 在 $q(C)$ 点的切向量 $(-V_y',V_x')$ 都是非退化的. 由于这两个切向量在 $q(C)$ 点是共线的, 所以有

$$f'(C)V_x'+g'(C)V_y'=0,$$

由它与 (4.37) 式也推出 (4.39) 式成立. 因此, 对于任何 $C\in I$, 关系式 (4.36) 和 (4.39) 同时成立. 这就证明了包络 Γ 满足 C–判别式 (4.34).

定理 4.4 从而得证. □

反之, 满足 C–判别式的曲线未必是相应曲线族的包络 (参看后面的例 1). 下述定理给出了判定包络的一个充分条件.

定理 4.5 设由曲线族 (4.31) 的 C–判别式

$$\begin{cases} V(x,y,C)=0, \\ V_C'(x,y,C)=0 \end{cases}$$

确定一支连续可微且不含于族 (4.31) 的曲线

$$\Lambda\colon \begin{cases} x=\varphi(C), \\ y=\psi(C) \end{cases} \quad (C\in J),$$

而且它满足非退化性条件

$$(\varphi'(C),\psi'(C))\neq(0,0), \quad (V_x',V_y')\neq(0,0), \tag{4.40}$$

其中 $V_x'=V_x'(\varphi(C),\psi(C),C)$ 与 $V_y'=V_y'(\varphi(C),\psi(C),C)$, 则 Λ 是曲线族 (4.31) 的一支包络.

证明 在 Λ 上任取一点 $q(C)=(\varphi(C),\psi(C))$, 则有

$$V(\varphi(C),\psi(C),C)=0, \quad V_C'(\varphi(C),\psi(C),C)=0. \tag{4.41}$$

因为 $(V_x',V_y')\neq(0,0)$, 所以可对方程 (4.31) 在 $q(C)$ 点利用隐函数定理确定一条连续可微的曲线 $\Gamma_C\colon y=h(x)$ (或 $x=k(y)$), 它在 $q(C)$ 点的斜率为

$$m[\Gamma_C]=-\frac{V_x'(\varphi(C),\psi(C),C)}{V_y'(\varphi(C),\psi(C),C)};$$

或曲线 Γ_C 在 $q(C)$ 点有切向量

$$\tau(C)=(-V_y',V_x').$$

而 Λ 在 $q(C)$ 点的切向量为

$$\nu(C)=(\varphi'(C),\psi'(C)).$$

另一方面, 由 (4.41) 式的第一式对 C 求微分得到

$$\varphi'(C)V_x'+\psi'(C)V_y'+V_C'=0,$$

再利用 (4.41) 式的第二式推出

$$\varphi'(C)V_x'+\psi'(C)V_y'=0.$$

这就证明了切向量 $\tau(C)$ 和 $\nu(C)$ 在 $q(C)$ 点是共线的, 亦即曲线族 (4.31) 中有曲线 Γ_C 在 $q(C)$ 点与 Λ 相切. 再由条件可知, 曲线 Γ_C 与 Λ 是不同的. 综合上面的结论可知, Λ 是曲线族 (4.31) 的一支包络. 定理 4.5 证完. □

例 1 试求微分方程

$$(y-1)^2\left(\frac{\mathrm{d}y}{\mathrm{d}x}\right)^2=\frac{4}{9}y \tag{4.42}$$

的奇解.

首先, 我们不难求出微分方程 (4.42) 的通积分

$$(x-C)^2-y(y-3)^2=0, \tag{4.43}$$

其中 C 为任意常数 $(-\infty<C<+\infty)$. 再由相应的 C–判别式

$$\begin{cases}(x-C)^2-y(y-3)^2=0,\\ -2(x-C)=0\end{cases} \tag{4.44}$$

确定两支连续可微的曲线 $y=0$ 和 $y=3$, 它们分别有如下形式的参数表示式:

$$\Lambda_1:\begin{cases}x=C,\\ y=0\end{cases}\quad(-\infty<C<+\infty);$$

$$\Lambda_2:\begin{cases}x=C,\\ y=3\end{cases}\quad(-\infty<C<+\infty).$$

容易验证 Λ_1 满足相应的非退化性条件 (4.40). 因此, Λ_1 是积分曲线族 (4.43) 的一支包络, 从而它是微分方程 (4.42) 的奇解. 而 Λ_2 不满足非退化性条件, 所以还不能由定理 4.5 断言 Λ_2 是否为包络. 易知 Λ_2 并不是微分方程 (4.42) 的积分曲线, 从而不可能是奇解. 因此, 由定理 4.3 我们得知, Λ_2 不是积分曲线族 (4.43) 的包络. 当然, 我们也可以利用简单的作图直接验证这一事实. 作图时需注意, 在 (4.42) 式中 y 不能取负值, 而且积分曲线

$$x-C=\pm(y-3)\sqrt{y}$$

与直线 $y=3$ 相交于 $(C,3)$ 点, 但在那里并不相切.

例 2 求解微分方程

$$\left(\frac{\mathrm{d}y}{\mathrm{d}x}\right)^4-\left(\frac{\mathrm{d}y}{\mathrm{d}x}\right)^3-y^2\frac{\mathrm{d}y}{\mathrm{d}x}+y^2=0. \tag{4.45}$$

这微分方程可写成

$$[(y')^3-y^2](y'-1)=0,$$

它等价于 $(y')^3=y^2$ 或 $y'=1$. 由此分别求解, 得到

$$y=\frac{1}{27}(x-C_1)^3\quad\text{或}\quad y=x-C_2,$$

其中 C_1 和 C_2 为任意常数. 不失一般性可取 $C_1=C_2$, 得到方程 (4.45) 的通积分

$$\left[y-\frac{1}{27}(x-C)^3\right][y-(x-C)]=0, \tag{4.46}$$

它的 C–判别式为

$$\begin{cases}\left[y-\dfrac{1}{27}(x-C)^3\right](y-x+C)=0,\\ \left[y-\dfrac{1}{27}(x-C)^3\right]+\dfrac{1}{9}(x-C)^2(y-x+C)=0.\end{cases}$$

由此得到

$$\Lambda\colon x = C, \quad y = 0 \quad (-\infty < C < \infty).$$

易知, Λ 是曲线族 (4.46) 中第一个曲线族的包络. 因此, $y = 0$ 是奇解.

注意, 在 (积分) 曲线族 (4.46) 中 $y = x - C$ 与奇解 $y = 0$ 相交而不相切. 因此, 如果按照微分几何中通常对包络的定义, $y = 0$ 就不是曲线族 (4.46) 的包络, 从而不能采用求包络的方法得到这个奇解. 而我们对包络的定义就避免了这个技术上的麻烦.

习题 4–3

1. 试求克莱罗方程的通解及其包络.
2. 试求一微分方程, 使它有奇解 $y = \sin x$.

*§4.4 奇解的存在定理

现在我们来证明在 §4.2 中叙述的定理 4.2, 它是有关奇解的一个存在定理.[1]

证明 因为 $y = \psi(x)$ 是微分方程 (4.22) 的解, 所以

$$F(x, \psi(x), \psi'(x)) = 0 \quad (x \in J). \tag{4.47}$$

另一方面, 由条件 (4.29),

$$F'_p(x, \psi(x), \psi'(x)) = 0 \quad (x \in J). \tag{4.48}$$

现在对微分方程 (4.22) 作变换 $y = \psi(x) + u$, 这里 u 是新的未知函数, 则

$$H(x, u, q) = 0 \quad \left(q = \frac{\mathrm{d}u}{\mathrm{d}x}\right), \tag{4.49}$$

其中函数

$$H(x, u, q) = F(x, \psi(x) + u, \psi'(x) + q)$$

对 (x, u, q) 在某一区域内是连续可微的.

利用 H 的定义, 条件 (4.47) 和 (4.48) 可改写为

$$H(x, 0, 0) = 0, \quad H'_q(x, 0, 0) = 0 \quad (x \in J). \tag{4.50}$$

由定理 4.2 的条件, F 是二阶连续可微的, 从而 H 也是二阶连续可微的; 再利用上式得

$$H'_x(x, 0, 0) = H''_{xx}(x, 0, 0) = H''_{xq}(x, 0, 0) = 0 \quad (x \in J). \tag{4.51}$$

[1]本节的证明由李伟固教授提供, 编者对他表示感谢.

而 (4.28) 式蕴涵条件

$$H'_u(x,0,0) \neq 0, \quad H''_{qq}(x,0,0) \neq 0 \quad (x \in J). \tag{4.52}$$

由 (4.49) 式及 (4.52) 的第一式和隐函数存在定理可知, 对任意给定的 $x_0 \in J$, 存在 $(x,q)=(x_0,0)$ 的邻域 V, 和 V 内定义的函数

$$u = \phi(x,q), \tag{4.53}$$

满足

$$H(x,\phi(x,q),q) \equiv 0 \quad ((x,q) \in V), \tag{4.54}$$

以及

$$\phi(x_0,0) = 0. \tag{4.55}$$

从 (4.54) 式进行隐函数求导, 并利用 (4.50)—(4.52) 式可知, 对任意 $(x,0) \in V$ 有

$$\begin{cases} \phi'_x(x,0) = \phi'_q(x,0) = 0, \\ \phi''_{xx}(x,0) = \phi''_{xq}(x,0) = 0, \\ \phi''_{qq}(x,0) = -\dfrac{H''_{qq}(x,0,0)}{H'_u(x,0,0)} \neq 0. \end{cases} \tag{4.56}$$

现在视 q 为 x 的函数, 且 $q = \dfrac{\mathrm{d}u}{\mathrm{d}x}$, 利用 §4.1.1 中求解一阶隐式微分方程的微分法, 在 (4.53) 式两侧对 x 求导可得

$$q = \frac{\mathrm{d}u}{\mathrm{d}x} = \phi'_x(x,q) + \phi'_q(x,q)\frac{\mathrm{d}q}{\mathrm{d}x},$$

即

$$\frac{\mathrm{d}q}{\mathrm{d}x} = \frac{q - \phi'_x(x,q)}{\phi'_q(x,q)} \xlongequal{\text{def}} h(x,q).$$

由 (4.56) 的第一式可知, 当 $q \to 0$ 时 $h(x,q)$ 为 $\dfrac{0}{0}$ 型未定式, 利用洛必达 (L'Hospital, 1661—1704) 法则和 (4.56) 的第二式可得

$$\lim_{q\to 0} h(x,q) = \lim_{q\to 0} \frac{1 - \phi''_{xq}(x,q)}{\phi''_{qq}(x,q)} = \frac{1}{\phi''_{qq}(x,0)} \xlongequal{\text{def}} \widetilde{h}(x).$$

由 (4.56) 的最后一式可知, 当 $(x,0) \in V$ 时 $\widetilde{h}(x)$ 有定义, 而且是满足 $\widetilde{h}(x) \neq 0$ 的连续函数. 特别地, $\widetilde{h}(x_0) \neq 0$.

现在定义函数

$$s(x,q) = \begin{cases} h(x,q), & q \neq 0, \\ \widetilde{h}(x), & q = 0, \end{cases}$$

则 $s(x,q)$ 在 V 中包含 $(x_0,0)$ 点的一个邻域内连续. 考虑微分方程的初值问题

$$\begin{cases} \dfrac{\mathrm{d}q}{\mathrm{d}x} = s(x,q), \\ q(x_0) = 0. \end{cases} \tag{4.57}$$

由佩亚诺定理, 此初值问题在点 x_0 附近的某个区间 $\widetilde{J} \subset J$ 存在解 $q = r(x)$. 把它代入 (4.53) 式, 则复合函数

$$u = \xi(x) = \phi(x, r(x))$$

满足

$$H(x, \xi(x), \xi'(x)) = F(x, \psi(x) + \xi(x), \psi'(x) + \xi'(x)) \equiv 0 \quad (x \in \widetilde{J}).$$

换句话说, 在区间 $\widetilde{J}$ 内函数 $y = \psi(x) + \xi(x)$ 也是微分方程 (4.22) 的解. 我们来证明它与解 $y = \psi(x)$ 在 $x = x_0$ 点相切, 并且与 $y = \psi(x)$ 不相同. 从而由 $x_0 \in J$ 的任意性和定义 4.1 得知, $y = \psi(x)$ 是微分方程 (4.22) 的奇解.

事实上, $q = r(x)$ 是 (4.57) 式的解, 所以

$$r(x_0) = 0, r'(x_0) = s(x_0, 0) = \widetilde{h}(x_0) \neq 0. \tag{4.58}$$

再利用 (4.56) 式和 (4.58) 式以及复合函数求导法容易得到

$$\begin{cases} \xi(x_0) = 0, \\ \xi'(x_0) = 0, \\ \xi''(x_0) = \phi''_{qq}(x_0, 0)(r'(x_0))^2 \neq 0. \end{cases}$$

这就证明了微分方程 (4.22) 的两个解 $y = \psi(x)$ 与 $y = \psi(x) + \xi(x)$ 在 x_0 点相切, 但在 $x = x_0$ 点附近不同.

定理 4.2 的证明到此完结. □

延伸阅读

第五章 高阶微分方程

在实际问题中出现的微分方程通常包含若干个未知函数, 以及它们的一些微商. 各未知函数微商的最高阶数之和称为该微分方程的**阶**, 它是反映求解微分方程难度的一个量. 如果我们能把一个 n 阶的微分方程降低到 $(n-1)$ 阶, 那就使求解微分方程的问题前进了一步. 本章将通过一些具体的例子介绍微分方程的降阶技巧, 然后讨论一般高阶微分方程的初值问题解的存在性和唯一性, 以及解对初值和参数的连续性与可微性. 关于高阶线性微分方程的一般理论和求解方法, 我们将专门在下一章进行介绍.

§5.1 几 个 例 子

有一类微分方程不明显包含自变量, 这类方程叫作**自治** (或**驻定**) 的微分方程, 对它们可以进行降阶. 例如, 考虑 n 阶的自治微分方程

$$F\left(y, \frac{\mathrm{d}y}{\mathrm{d}x}, \frac{\mathrm{d}^2y}{\mathrm{d}x^2}, \cdots, \frac{\mathrm{d}^ny}{\mathrm{d}x^n}\right) = 0, \tag{5.1}$$

令 $z = \dfrac{\mathrm{d}y}{\mathrm{d}x}$, 则有关系式

$$\begin{cases} \dfrac{\mathrm{d}^2y}{\mathrm{d}x^2} = \dfrac{\mathrm{d}z}{\mathrm{d}x} = \dfrac{\mathrm{d}z}{\mathrm{d}y}\dfrac{\mathrm{d}y}{\mathrm{d}x} = z\dfrac{\mathrm{d}z}{\mathrm{d}y}, \\ \dfrac{\mathrm{d}^3y}{\mathrm{d}x^3} = \dfrac{\mathrm{d}}{\mathrm{d}x}\left(z\dfrac{\mathrm{d}z}{\mathrm{d}y}\right) = z^2\dfrac{\mathrm{d}^2z}{\mathrm{d}y^2} + z\left(\dfrac{\mathrm{d}z}{\mathrm{d}y}\right)^2, \\ \cdots\cdots\cdots\cdots \\ \dfrac{\mathrm{d}^ny}{\mathrm{d}x^n} = \varphi\left(z, \dfrac{\mathrm{d}z}{\mathrm{d}y}, \cdots, \dfrac{\mathrm{d}^{n-1}z}{\mathrm{d}y^{n-1}}\right). \end{cases}$$

然后, 把它们代入方程 (5.1), 就得到一个 $(n-1)$ 阶的微分方程

$$F_1\left(y, z, \frac{\mathrm{d}z}{\mathrm{d}y}, \cdots, \frac{\mathrm{d}^{n-1}z}{\mathrm{d}y^{n-1}}\right) = 0,$$

其中 z 是未知函数, 而 y 是自变量.

例如, 微分方程

$$\frac{\mathrm{d}^2x}{\mathrm{d}t^2} = f(x) \tag{5.2}$$

是一个二阶的自治方程. 令 $v=\dfrac{\mathrm{d}x}{\mathrm{d}t}$, 则

$$\frac{\mathrm{d}^2x}{\mathrm{d}t^2}=\frac{\mathrm{d}v}{\mathrm{d}t}=\frac{\mathrm{d}v}{\mathrm{d}x}\frac{\mathrm{d}x}{\mathrm{d}t}=v\frac{\mathrm{d}v}{\mathrm{d}x}.$$

再代入方程 (5.2), 我们得到一个一阶方程

$$v\frac{\mathrm{d}v}{\mathrm{d}x}=f(x),$$

它是变量分离方程. 因此, 可以求出它的积分

$$\frac{1}{2}v^2=F(x)-\frac{1}{2}C_1,$$

或

$$v^2=2F(x)-C_1, \tag{5.3}$$

其中 C_1 是一个任意常数, 而 $F(x)$ 是 $f(x)$ 的一个原函数. 注意, 对于固定的 C_1, 积分 (5.3) 实际上是一个一阶的微分方程

$$\frac{\mathrm{d}x}{\mathrm{d}t}=\pm\sqrt{2F(x)-C_1},$$

正巧它也是变量分离的. 因此, 又可求出它的积分

$$G(x,C_1)=t+C_2, \tag{5.4}$$

其中 C_2 是第二个任意常数, 而

$$G(x,C_1)=\int\frac{\mathrm{d}x}{\pm\sqrt{2F(x)-C_1}}.$$

通常由 (5.4) 式可以得到通解

$$x=u(t,C_1,C_2). \tag{5.5}$$

但在实际求解时, 求原函数 G 和由 (5.4) 式反解 x 都可能碰到困难. 例如, 当 $F(x)$ 是一个三次多项式时, G 就是一个椭圆积分.

其实, 对某些实际问题, 并不需要完全求出通解 (5.5). 如果我们只对运动的位移 x 和速度 v 之间的关系, 即运动的相 (x,v) 感兴趣, 那么 (5.3) 式就已经给出了这种关系. 事实上, 对于适当固定的常数 C_1, 关系式 (5.3) 在平面 Oxv 上确定一条 (或几条) 名为**轨线**的曲线 Γ_{C_1}. 我们把平面 Oxv 称为**相平面**, 把相平面上的轨线分布图称为**相图**[1].

例如, 当 $f(x)=-x$ 时, 利用 (5.3) 式我们就有

$$v^2+x^2=-C_1,$$

[1] 我们将在第八章的 §8.1 中给出相空间和轨线的一般定义.

这时任意常数 C_1 必须是负的. 令 $C_1=-C^2\ (C>0)$, 则轨线 Γ_{C_1} 是一个以原点 O 为中心、以 C 为半径的圆周. 因此, 微分方程

$$\frac{\mathrm{d}^2x}{\mathrm{d}t^2}+x=0 \tag{5.6}$$

的相图如图 5–1 所示. 注意, 微分方程 (5.6) 等价于

$$\begin{cases}\dfrac{\mathrm{d}x}{\mathrm{d}t}=v,\\ \dfrac{\mathrm{d}v}{\mathrm{d}t}=-x.\end{cases}$$

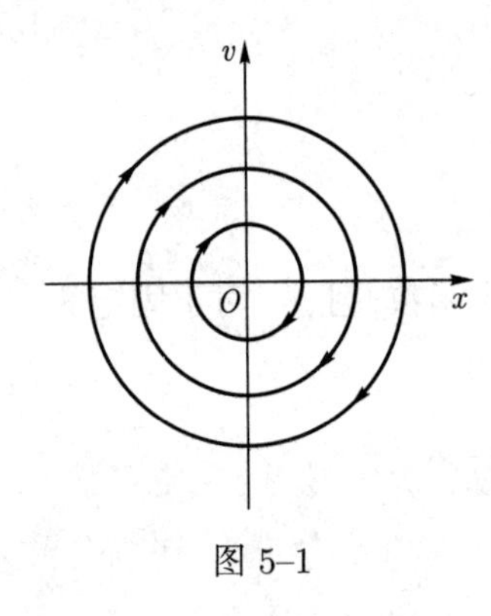

图 5–1

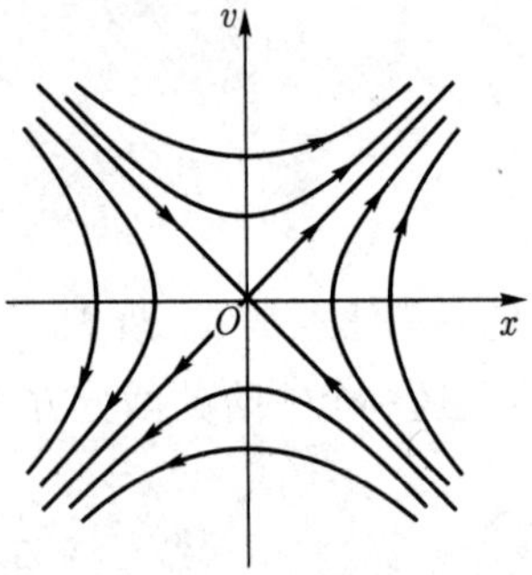

图 5–2

同样地, 可以作出微分方程

$$\frac{\mathrm{d}^2x}{\mathrm{d}t^2}-x=0$$

的相图如图 5–2 所示, 其中轨线的箭头方向是根据关系式

$$\frac{\mathrm{d}x}{\mathrm{d}t}=v$$

画出的, 它表示解在轨线上运动的方向. 在相图 5–1 中每条轨线都是封闭的, 这表明相应的运动具有周而复始的周期性, 而相图 5–2 所表示的运动就没有这种性质. 注意, 在上述两个相图中原点 O 都表示各自的静止状态, 它对应于各自微分方程的零解 (平凡解).

当 $f(x)$ 不是 x 的线性函数时, 要作出方程 (5.2) 的相图就不像上面那样简单了. 以下我们对自治的二阶微分方程 (5.2) 和相应的积分 (5.3) 介绍它的几何作图法:

首先, 在辅助平面 Oxu 上作出函数 $u=2F(x)$ 的图形 Δ; 其次, 对于任意固定的常数 C_1, 再考虑图形 Δ 在水平线 $u=C_1$ 之上的那部分 $\Delta^+(C_1)$, 即

$$2F(x)-C_1\geqslant 0;$$

然后, 根椐 (5.3) 式或 $v=\pm\sqrt{2F(x)-C_1}$ 把辅助平面 Oxu 上的图形 $\Delta^+(C_1)$ 变换成相平面 Oxv 上的图形, 即得相应的运动轨线 Γ_{C_1} (可能不止一条). 图 5–3 简明地表示了这种作图法.

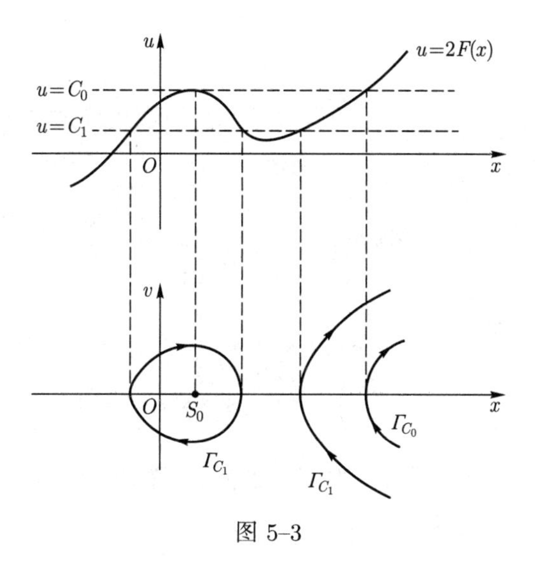

图 5–3

注意, 在图 5–3 中与 $\Delta^+(C_1)$ 对应的轨线 Γ_{C_1} 有两个分支, 其中之一是一封闭曲线. 特别地, 当 C_1 增加至 C_0 时, 相应的封闭曲线 Γ_{C_1} 就收缩到静止点 S_0. 请读者再考虑 $C_1 > C_0$ 的情况, 或 C_1 减少时轨线 Γ_{C_1} 变化的情况.

例 1　单摆方程: 设有一长度为 l 不能伸长的细线 (不计质量), 它的上端固定在空间中的 P_0 点, 而在下端悬挂一个质量为 m 的小球, 并让它在一竖直平面内自由摆动, 这里所说自由的含意是单摆除重力外不受其他外力的作用, 如图 5–4 所示.

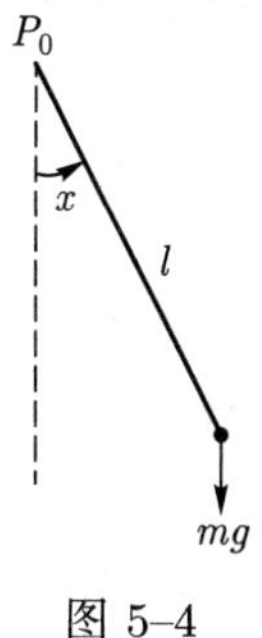

图 5–4

令细线与竖直线的有向夹角为 x, 而 $x = 0$ 对应于单摆下垂的位置. 显然, 摆锤将在以 P_0 为中心而以 l 为半径的圆周上来回摆动. 这时 $\dfrac{\mathrm{d}x}{\mathrm{d}t}$ 和 $\dfrac{\mathrm{d}^2x}{\mathrm{d}t^2}$ 分别表示单摆摆动的角速度和角加速度, 而摆锤沿圆周的切向加速度为 $l\dfrac{\mathrm{d}^2x}{\mathrm{d}t^2}$. 利用牛顿第二运动定律, 容易推出单摆的运动方程为

$$m\left(l\frac{\mathrm{d}^2x}{\mathrm{d}t^2}\right) = -mg\sin x,$$

或写成

$$\frac{\mathrm{d}^2x}{\mathrm{d}t^2} + a^2\sin x = 0, \tag{5.7}$$

其中常数 $a=\sqrt{\frac{g}{l}}>0$.

单摆方程 (5.7) 属于方程 (5.2) 的类型. 因此, 可以用前述方法求解. 其实还可以采用更直接的手法: 以 $\frac{\mathrm{d}x}{\mathrm{d}t}$ 乘方程 (5.7), 即得

$$\frac{\mathrm{d}x}{\mathrm{d}t}\frac{\mathrm{d}^2x}{\mathrm{d}t^2}+a^2\sin x\frac{\mathrm{d}x}{\mathrm{d}t}=0,$$

对它可以直接积分, 得到

$$\frac{1}{2}\left(\frac{\mathrm{d}x}{\mathrm{d}t}\right)^2-a^2\cos x=-\frac{1}{2}C_1.$$

我们把这种由高阶微分方程积分一次 (因而包含一个任意常数) 所得的关系式称为**首次积分** (严格的定义见第十章). 上式可改写为

$$\frac{\mathrm{d}x}{\mathrm{d}t}=\pm\sqrt{2a^2\cos x-C_1}. \tag{5.8}$$

由此分离变量, 就可得到通积分

$$\int\frac{\mathrm{d}x}{\pm\sqrt{2a^2\cos x-C_1}}=t+C_2.$$

因为这里出现了椭圆积分, 我们再往下推演时就碰到了困难.

为了克服这个困难, 我们利用 $\sin x$ 的泰勒 (Taylor, 1685—1731) 展开, 并取它的线性近似 (即一次近似): $\sin x\approx x$, 这样原来的单摆方程 (5.7) 经 "线性化" 后就变成

$$\frac{\mathrm{d}^2x}{\mathrm{d}t^2}+a^2x=0. \tag{5.9}$$

对于这个简单的 "线性化" 方程, 容易得到它的首次积分

$$\left(\frac{\mathrm{d}x}{\mathrm{d}t}\right)^2+a^2x^2=C_1^2 \quad (C_1>0),$$

因此, 我们有

$$\frac{\mathrm{d}x}{\mathrm{d}t}=\pm\sqrt{C_1^2-a^2x^2}.$$

再利用分离变量法, 可以得到通积分

$$\frac{1}{a}\arcsin\frac{ax}{C_1}=t+C_2,$$

由此求得通解

$$x=A\sin(at+D), \tag{5.10}$$

其中

$$A=\frac{C_1}{a}>0,\quad D=aC_2$$

是两个任意常数. 由方程 (5.9) 易见, $x=0$ 也是它的一个解, 这相当于在 (5.10) 式中允

许取 $A=0$, 此时我们得到单摆的静止状态: $x=0$ 和 $v=\dfrac{\mathrm{d}x}{\mathrm{d}t}=0$; 由通解 (5.10) 可见, 当 $A>0$ 时单摆将以 A 为振幅和以 a 为频率作简谐振动. 注意, 单摆摆动一次所需的时间为 $\dfrac{2\pi}{a}$, 它与振幅的大小无关. 这就是所谓单摆摆动的等时性, 它是古代摆钟的理论依据. 实验结果表明, 上面的结论对单摆的小振动 $\left(0<A<\dfrac{\pi}{6}\right)$ 是相当精确的.

但是, 通解 (5.10) 不能解释单摆在大振幅时出现的某些现象. 例如, 单摆的进动, 即 $\dfrac{\mathrm{d}x}{\mathrm{d}t}>0$ (或 <0), 且当 $t\to\infty$ 时 $x\to\infty$ (或 $-\infty$), 和单摆摆动实际上的不等时性. 因此, 需要回到原来的单摆方程 (5.7). 力学常识告诉我们, 单摆运动依赖于它的初始状态, 亦即初值条件

$$x(t_0)=x_0,\quad x'(t_0)=v_0, \tag{5.11}$$

其中常数 x_0 和 v_0 分别表示单摆在初始时刻 t_0 时的角位移和角速度. 设单摆的振幅为 A $(0<A<\pi)$, 则它在某一时刻 t_1 的运动状态应该是

$$x(t_1)=A,\quad x'(t_1)=0. \tag{5.12}$$

然后再利用 (5.8) 式, 就推出

$$\frac{\mathrm{d}x}{\mathrm{d}t}=\pm\sqrt{2}a\sqrt{\cos x-\cos A}.$$

设单摆摆动一次的周期为 $T=T(A)$, 则有

$$\frac{1}{4}T=\int_0^A\frac{\mathrm{d}x}{\sqrt{2}a\sqrt{\cos x-\cos A}},$$

或

$$T=\frac{2\sqrt{2}A}{a}\int_0^1\frac{\mathrm{d}u}{\sqrt{\cos Au-\cos A}}. \tag{5.13}$$

由这个公式可以用微积分的方法证明:

$$\lim_{A\to0}T(A)=\frac{2\pi}{a},\qquad \lim_{A\to\pi}T(A)=\infty.$$

这就证明单摆摆动的周期 T 与振幅 A 有关, 亦即单摆运动其实没有等时性. 另一方面, 利用 (5.8) 式不难画出单摆运动的相图 5–5.

由相图 5–5 可以清楚看到, Γ_A 表示以 A 为振幅的摆动轨线, 它的周期为 $T(A)$; 而 $\widetilde{\Gamma}_1$ 和 $\widetilde{\Gamma}_2$ 表示单摆进动的轨线. 请注意, 这相图关于 x 以 2π 为周期. $(0,0)$ 点和 $(\pi,0)$ 点是单摆的两个静止点; 前者是稳定的, 即附近的轨线不能远离它, 而后者是不稳定的.

例 2 悬链线方程: 设有一理想的柔软而不能伸缩的细线, 把它悬挂在两个定点 P_1 和 P_2 之间. 又设这细线只受重力作用, 而没有别的载荷. 试求悬链线的形状方程.

参看图 5–6, 设定点 P_1 和 P_2 在 Oxy 平面内, x 轴表示水平方向, 而 y 轴垂直向上. 令 γ 表示单位长细线所受的重力大小. 任取悬链线 $y=y(x)$ 上的一小段 $\widehat{PQ}$, 设

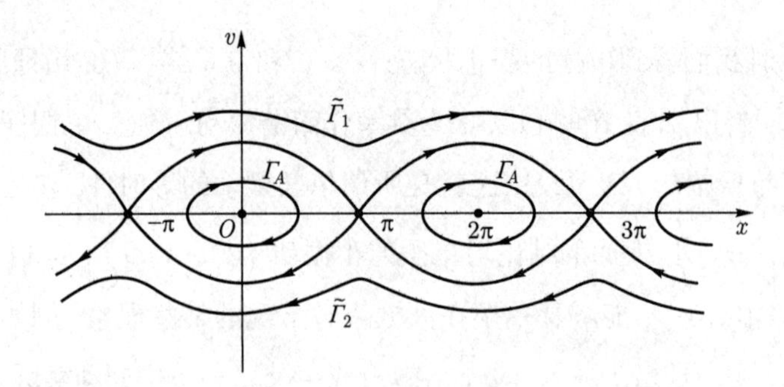

图 5–5

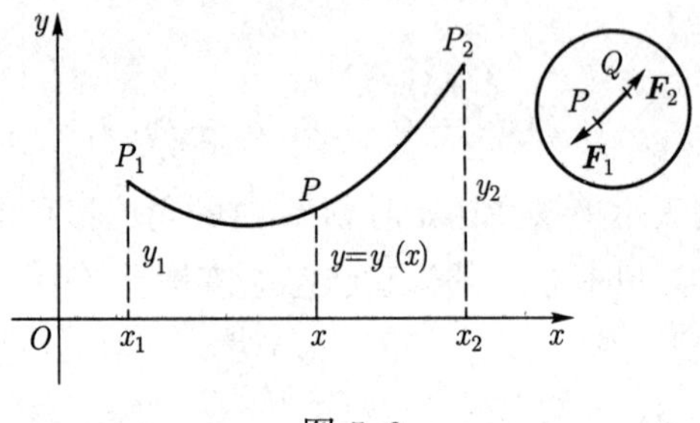

图 5–6

P 和 Q 的坐标分别为 $(x, y(x))$ 和 $(x+\Delta x, y(x+\Delta x))$, $\widehat{PQ}$ 的长度为 Δs, 其中 s 表示 $\widehat{P_1P}$ 的长度, 则小段 $\widehat{PQ}$ 所受的重力大小为

$$W = \gamma \cdot \Delta s,$$

其方向为竖直向下. 在 $\widehat{PQ}$ 上的作用力除重力外还有张力 $\boldsymbol{F}_1$ 和 $\boldsymbol{F}_2$, 它们分别在 P 点和 Q 点沿着切线方向 (参看图 5–6 右上角的附图). 令 $\boldsymbol{F}_1$ 和 $\boldsymbol{F}_2$ 的水平分量大小分别为 $H_1 = H(x)$ 和 $H_2 = H(x+\Delta x)$, 而垂直分量大小分别为 $V_1 = V(x)$ 和 $V_2 = V(x+\Delta x)$. 然后, 利用平衡条件, 我们推出

$$H_2 - H_1 = 0, \quad V_2 - V_1 - W = 0.$$

由此可知, $H(x) = H_0$ 为常数, 而

$$V(x+\Delta x) - V(x) = \gamma \cdot \Delta s.$$

再利用中值公式, 我们得到

$$V'(x+\theta \cdot \Delta x) \cdot \Delta x = \gamma \cdot \Delta s \quad (0 < \theta < 1).$$

令 $\Delta x \to 0$, 就有

$$V'(x) = \gamma \frac{\mathrm{d}s}{\mathrm{d}x}. \tag{5.14}$$

注意, 弧长满足公式

$$\frac{\mathrm{d}s}{\mathrm{d}x} = \sqrt{1 + (y'(x))^2},$$

而张力沿曲线的切线方向, 所以

$$V(x)=H(x)y'(x)=H_0\cdot y'(x).$$

把以上结果代入 (5.14) 式推出

$$H_0y''(x)=\gamma\sqrt{1+(y'(x))^2}.$$

由此得到悬链线 $y=y(x)$ 满足的微分方程

$$y''=a\sqrt{1+(y')^2}, \tag{5.15}$$

其中 $a=\dfrac{\gamma}{H_0}$ 是常数.

另外, 悬链线 $y=y(x)$ 自然满足条件

$$y(x_1)=y_1,\quad y(x_2)=y_2. \tag{5.16}$$

注意, 这条件不同于初值条件 $(y(x_0)=y_0,\, y'(x_0)=y_0')$; 它叫作**边值条件**. 因此, 求解悬链线的形状 $y=y(x)$ 就归结到求**边值问题** (5.15)+(5.16) 的解.

微分方程 (5.15) 是一个二阶的自治系统, 可按常规方法降阶. 不过对它还有更简捷的降阶法. 令 $z=y'$, 则方程 (5.15) 降为一阶方程

$$z'=a\sqrt{1+z^2},$$

而且它是变量分离的. 容易求出它的通解

$$z=\sinh a(x+C_1),$$

其中 C_1 是一个任意常数. 由此可再积分, 得到方程 (5.15) 的通解

$$y=\frac{1}{a}\cosh a(x+C_1)+C_2, \tag{5.17}$$

其中 C_2 是第二个任意常数.

利用通解 (5.17) 和边值条件 (5.16), 我们得到

$$\begin{cases}\dfrac{1}{a}\cosh a(x_1+C_1)+C_2=y_1,\\[2mm] \dfrac{1}{a}\cosh a(x_2+C_1)+C_2=y_2.\end{cases}$$

由此可唯一确定任意常数 C_1 和 C_2, 从而由 (5.17) 式给出所求的解, 它是一个双曲余弦函数.

看来好像问题已经解决, 其实不完全如此. 因为常数 a 依赖于未知的水平力大小 H_0, 所以需要先确定 a, 然后才能完全确定 C_1 和 C_2.

设悬链线的长度为 L, 自然要求

$$L > \sqrt{(x_2 - x_1)^2 + (y_2 - y_1)^2}. \tag{5.18}$$

利用曲线的弧长积分公式, 并利用 (5.15) 式和 (5.17) 式, 我们有

$$\begin{aligned} L &= \int_{x_1}^{x_2} \sqrt{1 + (y')^2}\mathrm{d}x = \frac{1}{a}\int_{x_1}^{x_2} y''(x)\mathrm{d}x \\ &= \frac{1}{a}[\sinh a(x_2 + C_1) - \sinh a(x_1 + C_1)] \\ &= \frac{2}{a}\sinh\frac{a(x_2 - x_1)}{2}\cosh\frac{a(x_1 + x_2) + 2C_1}{2}. \end{aligned}$$

另外, 我们已得到

$$\begin{aligned} y_2 - y_1 &= \frac{1}{a}[\cosh a(x_2 + C_1) - \cosh a(x_1 + C_1)] \\ &= \frac{2}{a}\sinh\frac{a(x_2 - x_1)}{2}\sinh\frac{a(x_1 + x_2) + 2C_1}{2}, \end{aligned}$$

由此推出

$$\sqrt{L^2 - (y_2 - y_1)^2} = \frac{2}{a}\sinh\frac{a(x_2 - x_1)}{2}. \tag{5.19}$$

注意, 由 (5.18) 式可知 (5.19) 式的左端是一个正的常数 K_0, 再令常数 $K_1 = x_2 - x_1 > 0$, 则 $K_0 > K_1$. 因此, 由 (5.19) 式得到

$$\frac{K_0}{2}a = \sinh\left(\frac{K_1}{2}a\right),$$

由此再利用简单的作图法 (亦即求曲线 $y = \dfrac{K_0}{2}x$ 和 $y = \sinh\left(\dfrac{K_1}{2}x\right)$ 的交点), 就可唯一地确定正数 a.

例 3 二体问题: 地球绕太阳的运动历来是受人们重视的问题之一. 为了简单起见, 我们将不考虑其他天体 (微小) 的影响. 设太阳 S 位于惯性坐标系 $Oxyz$ 的原点 O, 而地球 E 的坐标对应向量

$$\boldsymbol{r}(t) = (x(t), y(t), z(t)),$$

则 E 的运动速度和加速度分别为

$$\dot{\boldsymbol{r}}(t) = (\dot{x}(t), \dot{y}(t), \dot{z}(t)), \quad \ddot{\boldsymbol{r}}(t) = (\ddot{x}(t), \ddot{y}(t), \ddot{z}(t)).$$

令太阳和地球的质量分别为 m_s 和 m_e, 则地球的惯性力为

$$m_e\ddot{\boldsymbol{r}}(t) = m_e(\ddot{x}(t), \ddot{y}(t), \ddot{z}(t)).$$

另外, 由牛顿的万有引力定律得知, 地球受太阳的吸引力为

$$\boldsymbol{f}(t) = -G\frac{m_s m_e}{|\boldsymbol{r}(t)|^2}\frac{\boldsymbol{r}(t)}{|\boldsymbol{r}(t)|},$$

其中 G 是万有引力常量, 而 $|\boldsymbol{r}(t)|$ 表示 $\boldsymbol{r}(t)$ 的欧几里得模, 即

$$|\boldsymbol{r}(t)| = \sqrt{x^2(t)+y^2(t)+x^2(t)}.$$

再利用牛顿第二运动定律, 我们得到地球的运动微分方程

$$m_e\ddot{\boldsymbol{r}}(t) = \boldsymbol{f}(t),$$

亦即

$$\begin{cases} \ddot{x} = -\dfrac{Gm_s x}{(\sqrt{x^2+y^2+z^2})^3}, \\ \ddot{y} = -\dfrac{Gm_s y}{(\sqrt{x^2+y^2+z^2})^3}, \\ \ddot{z} = -\dfrac{Gm_s z}{(\sqrt{x^2+y^2+z^2})^3}. \end{cases} \tag{5.20}$$

它是一个自治的微分方程组, 其中未知函数为 $x=x(t), y=y(t)$ 和 $z=z(t)$. 注意, 这是一个 6 阶微分方程组.

由力学的知识可知, 地球的运动 $(x(t), y(t), z(t))$ 还取决于它的初始状态

$$\begin{cases} x(t_0)=x_0, \quad y(t_0)=y_0, \quad z(t_0)=z_0, \\ \dot{x}(t_0)=u_0, \quad \dot{y}(t_0)=v_0, \quad \dot{z}(t_0)=w_0. \end{cases} \tag{5.21}$$

因此, 为了解决地球的运动问题, 我们需要求解初值问题 (5.20)+(5.21).

由 (5.20) 式可以得到

$$z\ddot{y} - y\ddot{z} = 0,$$

亦即

$$\frac{\mathrm{d}}{\mathrm{d}t}(z\dot{y} - y\dot{z}) = 0.$$

由此得到一个首次积分

$$z\dot{y} - y\dot{z} = C_1, \tag{5.22}$$

其中 C_1 是任意常数. 类似地, 还可以求出另外两个首次积分

$$x\dot{z} - z\dot{x} = C_2, \tag{5.23}$$

和

$$y\dot{x} - x\dot{y} = C_3, \tag{5.24}$$

这里 C_2 和 C_3 都是任意常数, 以下设 $C_3 > 0$.

由 (5.22)—(5.24) 式推出

$$C_1 x + C_2 y + C_3 z = 0.$$

这证明了地球运动的轨道永远在一个平面上; 或者说, 二体问题是一个平面问题. 因此, 我们不妨设地球的轨道永远在平面 $z=0$ 上. 这样一来, 方程组 (5.20) 就可降为一个 4 阶方程组

$$\begin{cases} \ddot{x}+\mu x(\sqrt{x^2+y^2})^{-3}=0, \\ \ddot{y}+\mu y(\sqrt{x^2+y^2})^{-3}=0, \end{cases} \tag{5.25}$$

其中常数 $\mu=Gm_s$. 由此可得

$$(\dot{x}\ddot{x}+\dot{y}\ddot{y})+\mu(x\dot{x}+y\dot{y})(\sqrt{x^2+y^2})^{-3}=0,$$

亦即

$$\frac{\mathrm{d}}{\mathrm{d}t}(\dot{x}^2+\dot{y}^2)-2\mu\frac{\mathrm{d}}{\mathrm{d}t}\left(\frac{1}{\sqrt{x^2+y^2}}\right)=0.$$

由此又得到一个首次积分

$$\dot{x}^2+\dot{y}^2-\frac{2\mu}{\sqrt{x^2+y^2}}=C_4. \tag{5.26}$$

利用极坐标 $x=r\cos\theta, y=r\sin\theta$, 则 (5.26) 式变成

$$\left(\frac{\mathrm{d}r}{\mathrm{d}t}\right)^2+\left(r\frac{\mathrm{d}\theta}{\mathrm{d}t}\right)^2-\frac{2\mu}{r}=C_4, \tag{5.27}$$

而首次积分 (5.24) 变成

$$r^2\frac{\mathrm{d}\theta}{\mathrm{d}t}=-C_3. \tag{5.28}$$

然后, 由 (5.27) 式和 (5.28) 式可知

$$\left(\frac{\mathrm{d}r}{\mathrm{d}t}\right)^2=C_4+\left(\frac{\mu}{C_3}\right)^2-\left(\frac{C_3}{r}-\frac{\mu}{C_3}\right)^2,$$

它蕴涵积分常数 C_4 必须满足

$$C_4+\left(\frac{\mu}{C_3}\right)^2>0.$$

因此, 我们有

$$\frac{\mathrm{d}r}{\mathrm{d}t}=\pm\sqrt{C_4+\left(\frac{\mu}{C_3}\right)^2-\left(\frac{C_3}{r}-\frac{\mu}{C_3}\right)^2}.$$

再利用 (5.28) 式推出

$$\frac{\mathrm{d}r}{\mathrm{d}\theta}=\pm\frac{r^2}{C_3}\sqrt{C_4+\left(\frac{\mu}{C_3}\right)^2-\left(\frac{C_3}{r}-\frac{\mu}{C_3}\right)^2},$$

亦即

$$\frac{\mathrm{d}\left(\dfrac{C_3}{r}\right)}{\pm\sqrt{C_4+\left(\dfrac{\mu}{C_3}\right)^2-\left(\dfrac{C_3}{r}-\dfrac{\mu}{C_3}\right)^2}}=\mathrm{d}\theta.$$

由此, 我们得到

$$\arccos \frac{\dfrac{C_3}{r} - \dfrac{\mu}{C_3}}{\sqrt{C_4 + \left(\dfrac{\mu}{C_3}\right)^2}} = \theta - C_5,$$

从上式解出 r 作为 θ 的函数, 得到

$$r = \frac{p}{1 + e\cos(\theta - \theta_0)}, \tag{5.29}$$

其中常数

$$e = \frac{C_3}{\mu}\sqrt{C_4 + \left(\frac{\mu}{C_3}\right)^2} > 0, \quad p = \frac{C_3^2}{\mu} > 0, \quad \theta_0 = C_5.$$

由平面解析几何的知识得知方程 (5.29) 表示一条二次曲线. 当正数 $e < 1$ 时, 它是椭圆; 当 $e = 1$ 时, 它是抛物线; 当 $e > 1$ 时, 它是双曲线. 我们知道, 地球绕太阳的情形应该属于椭圆轨道, 亦即 $0 < e < 1$.

在历史上曾有许多人相信, 由于太阳巨大的引力, 地球绕太阳盘旋将最终跌落到太阳上. 因此, 牛顿对二体问题的数学解答有利于澄清这些违反科学的观点.

习题 5–1

1. 利用线性单摆方程估计读者所在地的重力加速度大小 g.

2. 如果在非线性单摆方程中取 $\sin x$ 的三次近似, 即

$$\sin x \approx x - \frac{1}{6}x^3,$$

则有单摆的三次近似方程

$$\frac{\mathrm{d}^2 x}{\mathrm{d}t^2} + a\left(x - \frac{1}{6}x^3\right) = 0.$$

由此证明单摆振动是不等时的, 而且它的相图表明可以发生进动.

3. 在悬链线问题中当 $L = \sqrt{(x_2 - x_1)^2 + (y_2 - y_1)^2}$ 时如何处理?

4. 微分方程组 (5.20) 表示二体问题的运动方程. 在前面求解过程中, 试适当选择积分常数, 使运动 $(x(t), y(t), z(t))$ 的轨道在一条直线上并且趋于 O 点 (即二体发生碰撞); 或者使轨道是一圆周.

§5.2 n 维线性空间中的微分方程

设 n 阶微分方程

$$\frac{\mathrm{d}^n y}{\mathrm{d}x^n} = F\left(x, y, \frac{\mathrm{d}y}{\mathrm{d}x}, \cdots, \frac{\mathrm{d}^{n-1} y}{\mathrm{d}x^{n-1}}\right), \tag{5.30}$$

这里 x 是自变量, 而 y 是未知函数.

令

$$y_1 = y, y_2 = \frac{\mathrm{d}y}{\mathrm{d}x}, \cdots, y_n = \frac{\mathrm{d}^{n-1}y}{\mathrm{d}x^{n-1}},$$

则微分方程 (5.30) 等价于 n 阶标准微分方程组

$$\begin{cases} \dfrac{\mathrm{d}y_1}{\mathrm{d}x} = y_2, \\ \cdots\cdots\cdots\cdots \\ \dfrac{\mathrm{d}y_{n-1}}{\mathrm{d}x} = y_n, \\ \dfrac{\mathrm{d}y_n}{\mathrm{d}x} = F(x, y_1, y_2, \cdots, y_n). \end{cases} \tag{5.31}$$

这里等价的含义是: 若函数 $y = \varphi(x)$ 是方程 (5.30) 的解, 则由它导出的函数组 $y_1 = \varphi(x), y_2 = \varphi'(x), \cdots, y_n = \varphi^{(n-1)}(x)$ 是方程组 (5.31) 的解; 反之, 若函数组 $y_1 = \varphi_1(x), y_2 = \varphi_2(x), \cdots, y_n = \varphi_n(x)$ 是方程组 (5.31) 的解, 则其中的第一个函数 $y = \varphi_1(x)$ 是方程 (5.30) 的解.

同样, 可以考虑多个未知函数的高阶微分方程组. 例如, 微分方程组

$$\begin{cases} \dfrac{\mathrm{d}^2u}{\mathrm{d}x^2} = F\left(x, u, \dfrac{\mathrm{d}u}{\mathrm{d}x}, v, w, \dfrac{\mathrm{d}w}{\mathrm{d}x}, \dfrac{\mathrm{d}^2w}{\mathrm{d}x^2}\right), \\ \dfrac{\mathrm{d}v}{\mathrm{d}x} = G\left(x, u, \dfrac{\mathrm{d}u}{\mathrm{d}x}, v, w, \dfrac{\mathrm{d}w}{\mathrm{d}x}, \dfrac{\mathrm{d}^2w}{\mathrm{d}x^2}\right), \\ \dfrac{\mathrm{d}^3w}{\mathrm{d}x^3} = H\left(x, u, \dfrac{\mathrm{d}u}{\mathrm{d}x}, v, w, \dfrac{\mathrm{d}w}{\mathrm{d}x}, \dfrac{\mathrm{d}^2w}{\mathrm{d}x^2}\right), \end{cases} \tag{5.32}$$

其中未知函数 u, v, w 的微商最高阶数分别为 2,1,3. 因此, 微分方程组 (5.32) 的阶数 $n = 6$.

令

$$\begin{cases} y_1 = u, \quad y_2 = \dfrac{\mathrm{d}u}{\mathrm{d}x}, \\ y_3 = v, \\ y_4 = w, \quad y_5 = \dfrac{\mathrm{d}w}{\mathrm{d}x}, \quad y_6 = \dfrac{\mathrm{d}^2w}{\mathrm{d}x^2}, \end{cases}$$

则方程组 (5.32) 等价于下面的 6 阶标准微分方程组:

$$\begin{cases} \dfrac{\mathrm{d}y_1}{\mathrm{d}x} = y_2, \\ \dfrac{\mathrm{d}y_2}{\mathrm{d}x} = F(x, y_1, \cdots, y_6), \\ \dfrac{\mathrm{d}y_3}{\mathrm{d}x} = G(x, y_1, \cdots, y_6), \\ \dfrac{\mathrm{d}y_4}{\mathrm{d}x} = y_5, \\ \dfrac{\mathrm{d}y_5}{\mathrm{d}x} = y_6, \\ \dfrac{\mathrm{d}y_6}{\mathrm{d}x} = H(x, y_1, \cdots, y_6). \end{cases} \tag{5.33}$$

微分方程组 (5.31) 和 (5.33) 的特点是未知函数的个数等于微分方程本身的阶数. 这类微分方程可以写成如下标准形式:

$$\begin{cases} \dfrac{\mathrm{d}y_1}{\mathrm{d}x} = f_1(x, y_1, y_2, \cdots, y_n), \\ \dfrac{\mathrm{d}y_2}{\mathrm{d}x} = f_2(x, y_1, y_2, \cdots, y_n), \\ \cdots\cdots\cdots\cdots \\ \dfrac{\mathrm{d}y_n}{\mathrm{d}x} = f_n(x, y_1, y_2, \cdots, y_n), \end{cases} \tag{5.34}$$

其中 $f_1, f_2, \cdots, f_n$ 是变元 $(x, y_1, y_2, \cdots, y_n)$ 在某个区域 D 内的连续函数.

以下我们将采用向量的记号, 使得微分方程组 (5.34) 可以写成更简洁的形式. 为此, 令 n 维的行向量

$$\boldsymbol{y} = (y_1, y_2, \cdots, y_n) \in \mathbb{R}^n,$$

又令

$$f_i(x, \boldsymbol{y}) = f_i(x, y_1, y_2, \cdots, y_n) \quad (i = 1, 2, \cdots, n)$$

和

$$\boldsymbol{f}(x, \boldsymbol{y}) = (f_1(x, \boldsymbol{y}), f_2(x, \boldsymbol{y}), \cdots, f_n(x, \boldsymbol{y})) \in \mathbb{R}^n,$$

而且规定

$$\frac{\mathrm{d}\boldsymbol{y}}{\mathrm{d}x} = \left(\frac{\mathrm{d}y_1}{\mathrm{d}x}, \frac{\mathrm{d}y_2}{\mathrm{d}x}, \cdots, \frac{\mathrm{d}y_n}{\mathrm{d}x}\right),$$

则微分方程组 (5.34) 的向量形式为

$$\frac{\mathrm{d}\boldsymbol{y}}{\mathrm{d}x} = \boldsymbol{f}(x, \boldsymbol{y}), \tag{5.35}$$

其中 $\boldsymbol{f}(x, \boldsymbol{y})$ 是关于变元 $(x, \boldsymbol{y}) \in D$ 的一个 n 维向量值函数; 也就是说, 微分方程 (5.35) 的未知函数 $\boldsymbol{y} = \boldsymbol{y}(x)$ 在 n 维线性空间 $\mathbb{R}^n$ 中取值. 这里假定 $\mathbb{R}^n$ 是实数域 $\mathbb{R}$ 上的线性空间.

为了确定微分方程 (5.35) 的解, 还需附加初值条件

$$\boldsymbol{y}(x_0) = \boldsymbol{y}_0, \tag{5.36}$$

其中的初值点 $(x_0, \boldsymbol{y_0}) \in D \subset \mathbb{R}^{n+1}$. 这样一来, 我们就需要研究初值问题 (5.35)+(5.36).

当 $n = 1$ 时, 在第三章中已经证明了这种初值问题解的存在性定理以及唯一性定理 (见皮卡定理和佩亚诺定理).

当 $n > 1$ 时, 只需要在线性空间 $\mathbb{R}^n$ 中对向量引进适当的模, 就可以用同样的方法对上述初值问题证明相应的皮卡定理和佩亚诺定理.

为此, 在 $\mathbb{R}^n$ 中任取 $\boldsymbol{y} = (y_1, y_2, \cdots, y_n)$, 令 $|\boldsymbol{y}|$ 表示 $\boldsymbol{y}$ 的模 (范数), 它可以按不同的方式来定义, 例如:

(1) $|\boldsymbol{y}| = \sqrt{y_1^2 + y_2^2 + \cdots + y_n^2}$;

(2) $|\boldsymbol{y}|=|y_1|+|y_2|+\cdots+|y_n|$;

(3) $|\boldsymbol{y}|=\max\{|y_1|,|y_2|,\cdots,|y_n|\}$.

注意, 上面的第一种定义是大家熟悉的欧几里得模. 在后两种定义中, 等式左边的 $|\cdot|$ 表示向量的模, 而右边的 $|\cdot|$ 则是数量的绝对值. 这种符号上的混杂对于细心的读者而言不致引起谬误.

我们可以按上述三种定义中的任何一种来理解 n 维向量的模, 其实它们都是等价的 (亦即, 由它们定义的开集分别是等价的). 通常定义 (3) 在应用上比较方便. 模的基本性质有下面两条:

1° 对任何 $\boldsymbol{y}\in\mathbb{R}^n$, $|\boldsymbol{y}|\geqslant 0$; 而且 $|\boldsymbol{y}|=0$ 当且仅当 $\boldsymbol{y}=\boldsymbol{0}$;

2° 对任何 $\boldsymbol{y},\boldsymbol{z}\in\mathbb{R}^n$, $|\boldsymbol{y}+\boldsymbol{z}|\leqslant|\boldsymbol{y}|+|\boldsymbol{z}|$.

在线性空间 $\mathbb{R}^n$ 中一旦引进模 (范数) 以后, $\mathbb{R}^n$ 就叫 n 维赋范 (有模) 线性空间. 而在 n 维赋范线性空间中用同样的方法可以建立大家熟知的微积分学和无穷级数一致收敛的概念, 并证明类似的阿斯科利引理. 自然地, 对函数 $\boldsymbol{f}(x,\boldsymbol{y})$, 可以定义在区域

$$R\colon |x-x_0|\leqslant a,\quad |\boldsymbol{y}-\boldsymbol{y}_0|\leqslant b$$

上的连续性以及相应的利普希茨条件

$$|\boldsymbol{f}(x,\boldsymbol{y})-\boldsymbol{f}(x,\boldsymbol{z})|\leqslant L|\boldsymbol{y}-\boldsymbol{z}|,$$

其中 $L\geqslant 0$ 是利普希茨常数.

这样一来, 在 $\mathbb{R}^n$ 中我们已经建立了在第三章中证明皮卡定理和佩亚诺定理时用到的所有有关的概念, 而且它们在形式上也是完全一样的. 所以我们可以照搬那里的方法来证明初值问题

$$\frac{\mathrm{d}\boldsymbol{y}}{\mathrm{d}x}=\boldsymbol{f}(x,\boldsymbol{y}),\quad \boldsymbol{y}(x_0)=\boldsymbol{y}_0$$

解的皮卡定理和佩亚诺定理. 具体的细节留作习题.

最后指出一点, 如果在方程组 (5.34) 中函数 $f_1,f_2,\cdots,f_n$ 都是 $y_1,y_2,\cdots,y_n$ 的线性函数, 即

$$f_k(x,y_1,y_2,\cdots,y_n)=\sum_{i=1}^{n}a_{ik}(x)y_i+e_k(x)\quad (k=1,2,\cdots,n),$$

则称微分方程 (5.34) (或 (5.35)) 是**线性**的; 否则, 称它是**非线性**的.

线性微分方程组

$$\frac{\mathrm{d}y_k}{\mathrm{d}x}=\sum_{i=1}^{n}a_{ik}(x)y_i+e_k(x)\quad (k=1,2,\cdots,n) \tag{5.37}$$

的向量形式可以写成

$$\frac{\mathrm{d}\boldsymbol{y}}{\mathrm{d}x}=\boldsymbol{y}\boldsymbol{A}(x)+\boldsymbol{e}(x), \tag{5.38}$$

其中向量 $\boldsymbol{y} = (y_1, y_2, \cdots, y_n)$ 和 $\boldsymbol{e}(x) = (e_1(x), e_2(x), \cdots, e_n(x))$, 而矩阵 $\boldsymbol{A}(x) = (a_{ik}(x))_{n\times n}$.

如果不是采用行向量的写法, 而是采用列向量的写法, 即

$$\boldsymbol{y} = \begin{pmatrix} y_1 \\ y_2 \\ \vdots \\ y_n \end{pmatrix}, \quad \boldsymbol{e}(x) = \begin{pmatrix} e_1(x) \\ e_2(x) \\ \vdots \\ e_n(x) \end{pmatrix},$$

则线性微分方程组 (5.37) 的向量形式为

$$\frac{\mathrm{d}\boldsymbol{y}}{\mathrm{d}x} = \boldsymbol{A}(x)\boldsymbol{y} + \boldsymbol{e}(x). \tag{5.39}$$

注意, (5.39) 式在形式上与 (5.38) 式是有区别的. 在一般文献中多采用列向量 (5.39) 的形式.

顺便指出, 设 $\boldsymbol{A}(x)$ 和 $\boldsymbol{e}(x)$ 在区间 (a, b) 上是连续的, 则利用第三章的方法容易证明线性微分方程 (5.39) 满足任何初值条件

$$\boldsymbol{y}(x_0) = \boldsymbol{y}_0 \quad (a < x_0 < b, \ \ \boldsymbol{y}_0 \in \mathbb{R}^n)$$

的解 $\boldsymbol{y} = \boldsymbol{y}(x)$ 在整个区间 (a, b) 上存在而且唯一.

习题 5–2

1. 将单摆方程 (5.7)、悬链线方程 (5.15) 和二体运动方程 (5.20) 分别写成标准微分方程组.
2. 对 n 维向量形式的微分方程, 叙述相应的皮卡存在和唯一性定理以及佩亚诺存在定理, 并写出证明的主要步骤.
3. 对 n 阶线性微分方程组的初值问题, 试叙述并证明解的存在和唯一性定理.

§5.3 解对初值和参数的连续依赖性

大家知道, 微分方程的解不仅取决于微分方程本身, 而且也取决于解的初值. 通常, 微分方程还可能包含某些参数. 因此, 我们需要考虑微分方程的解对初值和参数的依赖性.

例如, 线性单摆方程

$$\frac{\mathrm{d}^2 x}{\mathrm{d}t^2} + a^2 x = 0$$

满足初值条件

$$x(t_0) = x_0, \quad x'(t_0) = v_0$$

的解为

$$x = x_0 \cos a(t-t_0) + \frac{v_0}{a} \sin a(t-t_0).$$

显然, 它对初值 t_0, x_0, v_0 和参数 a 是连续的, 而且也是连续可微的. 注意, 参数 $a = \sqrt{\frac{g}{l}}$ 随重力加速度大小 g 和单摆长度 l 而定. 由于初值 x_0, v_0 和常数 g, l 都是由测量得到的, 而任何测量都难免存在误差. 所以上述解对 x_0, v_0 和 a 的连续性有明显的物理意义: 只要初值和参数的误差足够小, 相应的单摆振动只有很小的偏差.

上面这个简单的结论对非线性单摆方程也应该成立, 但它的数学证明就不是如此简单了.

其实, 我们可以讨论一般 n 阶微分方程的初值问题

$$\frac{\mathrm{d}\boldsymbol{y}}{\mathrm{d}x} = \boldsymbol{f}(x, \boldsymbol{y}, \boldsymbol{\lambda}), \quad \boldsymbol{y}(x_0) = \boldsymbol{y}_0 \tag{5.40}$$

的解 $\boldsymbol{y} = \boldsymbol{\varphi}(x; x_0, \boldsymbol{y}_0, \boldsymbol{\lambda})$ 关于初值 $(x_0, \boldsymbol{y}_0)$ 和参数 $\boldsymbol{\lambda}$ 的依赖性问题, 这里 $\boldsymbol{\lambda} = (\lambda_1, \lambda_2, \cdots, \lambda_m) \in K \subset \mathbb{R}^m$.

本节先考虑连续依赖性. 为此, 作变换

$$t = x - x_0, \quad \boldsymbol{u} = \boldsymbol{y} - \boldsymbol{y}_0,$$

其中 t 是新的自变量, 而 $\boldsymbol{u} = \boldsymbol{u}(t)$ 是未知函数. 则初值问题 (5.40) 变成

$$\frac{\mathrm{d}\boldsymbol{u}}{\mathrm{d}t} = \boldsymbol{f}(t + x_0, \boldsymbol{u} + \boldsymbol{y}_0, \boldsymbol{\lambda}), \quad \boldsymbol{u}(0) = \boldsymbol{0}. \tag{5.41}$$

注意, 原来的初值 $x_0, \boldsymbol{y}_0$ 在 (5.41) 式的微分方程中和 $\boldsymbol{\lambda}$ 一样以参数的形式出现, 而 (5.41) 式的初值条件是固定不变的. 因此, 不失一般性, 我们只讨论初值问题

$$(E_{\boldsymbol{\lambda}})\colon \frac{\mathrm{d}\boldsymbol{y}}{\mathrm{d}x} = \boldsymbol{f}(x, \boldsymbol{y}, \boldsymbol{\lambda}), \quad \boldsymbol{y}(0) = \boldsymbol{0} \tag{5.42}$$

的解 $\boldsymbol{y} = \boldsymbol{\varphi}(x, \boldsymbol{\lambda})$ 对参数 $\boldsymbol{\lambda}$ 的依赖性, 其中 $\boldsymbol{\lambda}$ 是 m 维的参数向量.

我们在下面讨论的思路将是: 先证明初值问题 $(E_{\boldsymbol{\lambda}})$ 的皮卡序列 $\{\boldsymbol{\varphi}_k(x, \boldsymbol{\lambda})\}$ 对参数 $\boldsymbol{\lambda}$ 的连续性 (和可微性); 再证明 $\boldsymbol{\varphi}_k(x, \boldsymbol{\lambda})$ 是一致收敛的, 而且它的极限函数 $\boldsymbol{y} = \boldsymbol{\varphi}(x, \boldsymbol{\lambda})$ 是 $(E_{\boldsymbol{\lambda}})$ 的解, 从而也就证明了解对参数 $\boldsymbol{\lambda}$ 的连续性 (和可微性).

定理 5.1　设 n 维向量值函数 $\boldsymbol{f}(x, \boldsymbol{y}, \boldsymbol{\lambda})$ 在区域

$$G\colon |x| \leqslant a, \quad |\boldsymbol{y}| \leqslant b, \quad |\boldsymbol{\lambda} - \boldsymbol{\lambda}_0| \leqslant c$$

上是连续的, 而且对 $\boldsymbol{y}$ 满足利普希茨条件

$$|\boldsymbol{f}(x, \boldsymbol{y}_1, \boldsymbol{\lambda}) - \boldsymbol{f}(x, \boldsymbol{y}_2, \boldsymbol{\lambda})| \leqslant L|\boldsymbol{y}_1 - \boldsymbol{y}_2|,$$

其中常数 $L \geqslant 0$. 令正数 M 为 $|\boldsymbol{f}(x, \boldsymbol{y}, \boldsymbol{\lambda})|$ 在区域 G 的一个上界, 而且令

$$h = \min\left\{a, \frac{b}{M}\right\},$$

则初值问题 $(E_{\boldsymbol{\lambda}})$ 的解 $\boldsymbol{y}=\boldsymbol{\varphi}(x,\boldsymbol{\lambda})$ 在区域

$$D\colon |x|\leqslant h,\quad |\boldsymbol{\lambda}-\boldsymbol{\lambda}_0|\leqslant c$$

上是连续的.

证明 由于这证明与第三章中皮卡定理的证明非常类似, 我们只列出下面的要点:

(1) 初值问题 $(E_{\boldsymbol{\lambda}})$ 等价于积分方程

$$\boldsymbol{y}=\int_0^x \boldsymbol{f}(x,\boldsymbol{y},\boldsymbol{\lambda})\mathrm{d}x. \tag{5.43}$$

(2) 由此可以作皮卡序列

$$\boldsymbol{\varphi}_{k+1}(x,\boldsymbol{\lambda})=\int_0^x \boldsymbol{f}(x,\boldsymbol{\varphi}_k(x,\boldsymbol{\lambda}),\boldsymbol{\lambda})\mathrm{d}x\quad (k=0,1,2,\cdots), \tag{5.44}$$

其中 $\boldsymbol{\varphi}_0(x,\boldsymbol{\lambda})=\mathbf{0}$ 和 $(x,\boldsymbol{\lambda})\in D$.

(3) 用归纳法证明 $\boldsymbol{\varphi}_k(x,\boldsymbol{\lambda})$ 对 $(x,\boldsymbol{\lambda})\in D$ 是连续的.

(4) 用归纳法证明

$$|\boldsymbol{\varphi}_{k+1}(x,\boldsymbol{\lambda})-\boldsymbol{\varphi}_k(x,\boldsymbol{\lambda})|\leqslant \frac{M}{L}\frac{(L|x|)^{k+1}}{(k+1)!},$$

它蕴涵皮卡序列 $\{\boldsymbol{\varphi}_k(x,\boldsymbol{\lambda})\}$ 对 $(x,\boldsymbol{\lambda})\in D$ 是一致收敛的.

(5) 令

$$\boldsymbol{\varphi}(x,\boldsymbol{\lambda})=\lim_{k\to\infty}\boldsymbol{\varphi}_k(x,\boldsymbol{\lambda}),\quad (x,\boldsymbol{\lambda})\in D.$$

则 $\boldsymbol{y}=\boldsymbol{\varphi}(x,\boldsymbol{\lambda})$ 是 $(E_{\boldsymbol{\lambda}})$ 的唯一解, 而且它对 $(x,\boldsymbol{\lambda})\in D$ 是连续的.

定理 5.1 由此得证. □

推论 设 n 维向量值函数 $\boldsymbol{f}(x,\boldsymbol{y})$ 在区域

$$R\colon |x-x_0|\leqslant a,\quad |\boldsymbol{y}-\boldsymbol{y}_0|\leqslant b$$

上连续, 而且对 $\boldsymbol{y}$ 满足利普希茨条件, 则微分方程初值问题

$$\frac{\mathrm{d}\boldsymbol{y}}{\mathrm{d}x}=\boldsymbol{f}(x,\boldsymbol{y}),\quad \boldsymbol{y}(x_0)=\boldsymbol{\eta} \tag{5.45}$$

的解 $\boldsymbol{y}=\boldsymbol{\varphi}(x,\boldsymbol{\eta})$ 在区域

$$Q\colon |x-x_0|\leqslant \frac{h}{2},\quad |\boldsymbol{\eta}-\boldsymbol{y}_0|\leqslant \frac{b}{2}$$

上是连续的, 其中

$$h=\min\left\{a,\frac{b}{M}\right\},$$

而正数 M 为 $|f(x,\boldsymbol{y})|$ 在区域 R 上的一个上界.

利用这个推论, 可以对微分方程 (5.45) 在 $(x_0,\boldsymbol{y}_0)$ 点邻域内的积分曲线族作局部"拉直". 为此, 考虑变换

$$T\colon x=x,\quad \boldsymbol{y}=\boldsymbol{\varphi}(x,\boldsymbol{\eta}),$$

这是一个从区域 Q 到区域 $T(Q)\subset R$ 的连续变换. 根据解的唯一性, 即只要 $\boldsymbol{\eta}_1\neq\boldsymbol{\eta}_2$ 就有 $\boldsymbol{\varphi}(x,\boldsymbol{\eta}_1)\neq\boldsymbol{\varphi}(x,\boldsymbol{\eta}_2)$, 可知 T 是一对一的变换. 因此, T 是一个拓扑变换. 对于任意固定的 $\overline{\boldsymbol{\eta}}$ $\left(|\overline{\boldsymbol{\eta}}-\boldsymbol{y}_0|\leqslant\dfrac{b}{2}\right)$, 变换 T 把区域 Q 内的直线段

$$L_{\overline{\boldsymbol{\eta}}}\colon |x-x_0|\leqslant\frac{h}{2},\quad \boldsymbol{\eta}=\overline{\boldsymbol{\eta}}$$

变换成微分方程 (5.45) 经过 $(x_0,\overline{\boldsymbol{\eta}})$ 点的一段积分曲线

$$\Gamma_{\overline{\boldsymbol{\eta}}}\colon |x-x_0|\leqslant\frac{h}{2},\quad \boldsymbol{y}=\boldsymbol{\varphi}(x,\overline{\boldsymbol{\eta}}).$$

(参看图 5–7, 它在 $n=1$ 的情形表示积分曲线族在常点附近局部拉直的几何解释.)

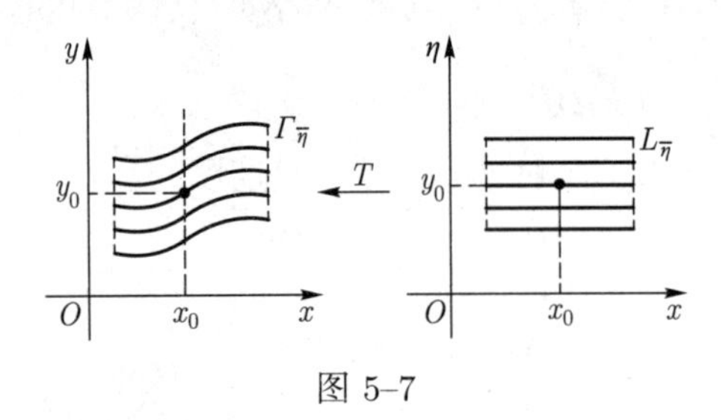

图 5–7

换句话说, T 的逆变换 T^{-1} 把微分方程 (5.45) 在 $(x_0,\boldsymbol{y}_0)$ 点邻域内的积分曲线族 $\Gamma_{\boldsymbol{\eta}}$ 拉直了. 因此, 在这个意义下微分方程 $\boldsymbol{y}'=\boldsymbol{f}(x,\boldsymbol{y})$ 在 $(x_0,\boldsymbol{y}_0)$ 点邻域内的积分曲线族可局部视作平行直线族.

我们知道, 解的存在性可以从局部延伸到大范围. 同样, 解对初值 (或参数) 的连续性 (和可微性) 也有类似的结论.

定理 5.2　设 n 维向量值函数 $\boldsymbol{f}(x,\boldsymbol{y})$ 在 $Ox\boldsymbol{y}$ 空间内的某个开区域 G 上是连续的, 而且对 $\boldsymbol{y}$ 满足局部利普希茨条件. 假设 $\boldsymbol{y}=\boldsymbol{\xi}(x)$ 是微分方程

$$\frac{\mathrm{d}\boldsymbol{y}}{\mathrm{d}x}=\boldsymbol{f}(x,\boldsymbol{y}) \tag{5.46}$$

的一个解, 令它的存在区间为 J. 现在, 在区间 J 内任取一个有界闭区间 $[a,b]$, 则存在常数 $\delta>0$, 使得对任何初值 $(x_0,\boldsymbol{y}_0)$ 且

$$a\leqslant x_0\leqslant b,\quad |\boldsymbol{y}_0-\boldsymbol{\xi}(x_0)|\leqslant\delta,$$

柯西问题

$$(E)\colon \frac{\mathrm{d}\boldsymbol{y}}{\mathrm{d}x}=\boldsymbol{f}(x,\boldsymbol{y}),\quad \boldsymbol{y}(x_0)=\boldsymbol{y}_0$$

的解 $\boldsymbol{y}=\boldsymbol{\varphi}(x;x_0,\boldsymbol{y}_0)$ 也至少在区间 $[a,b]$ 上存在, 并且它在闭区域

$$D_\delta\colon a\leqslant x\leqslant b,\quad a\leqslant x_0\leqslant b,\quad |\boldsymbol{y}_0-\boldsymbol{\xi}(x_0)|\leqslant\delta$$

上是连续的.

证明 我们仍利用皮卡逐次逼近法来证明这个定理. 下面仅指出其中不同于局部情形的地方, 而省略了推导的细节.

注意到积分曲线段

$$\Gamma = \{(x, \boldsymbol{y}) | \boldsymbol{y} = \boldsymbol{\xi}(x), a \leqslant x \leqslant b\}$$

是 G 内的一个有界闭集, 因此, 利用数学分析中的有限覆盖定理可知, 存在 $\sigma > 0$, 使得以 Γ 为 "中心线" 的闭 "管状" 邻域

$$\Sigma_\sigma: a \leqslant x \leqslant b, \quad |\boldsymbol{y} - \boldsymbol{\xi}(x)| \leqslant \sigma$$

含在开区域 G 内; 并且 $\boldsymbol{f}(x, \boldsymbol{y})$ 在 Σ_σ 内有整体利普希茨常数 L (见第三章 §3.3 的附注). 这样, 我们可以按常规方法构造 (E) 的皮卡序列:

$$\boldsymbol{\varphi}_{k+1}(x; x_0, \boldsymbol{y}_0) = \boldsymbol{y}_0 + \int_{x_0}^{x} \boldsymbol{f}(x, \boldsymbol{\varphi}_k(x; x_0, \boldsymbol{y}_0))\mathrm{d}x, \tag{5.47}$$

这里不同之处是我们选取

$$\boldsymbol{\varphi}_0(x; x_0, \boldsymbol{y}_0) = \boldsymbol{y}_0 + \boldsymbol{\xi}(x) - \boldsymbol{\xi}(x_0). \tag{5.48}$$

然后, 要证明

$$|\boldsymbol{\varphi}_k(x; x_0, \boldsymbol{y}_0) - \boldsymbol{\xi}(x)| < \sigma \tag{5.49}$$

和

$$\begin{aligned} &|\boldsymbol{\varphi}_{k+1}(x; x_0, \boldsymbol{y}_0) - \boldsymbol{\varphi}_k(x; x_0, \boldsymbol{y}_0)| \\ \leqslant\ & \frac{(L|x - x_0|)^{k+1}}{(k+1)!}|\boldsymbol{y}_0 - \boldsymbol{\xi}(x_0)| \quad (k = 0, 1, 2, \cdots). \end{aligned} \tag{5.50}$$

条件 (5.49) 保证所作皮卡序列 $\{\boldsymbol{y} = \varphi_k(x; x_0, \boldsymbol{y}_0)\}$ 都不超出区域 Σ_σ, 而条件 (5.50) 保证皮卡序列的一致收敛性.

现在, 我们取正数

$$\delta = \frac{1}{2}\mathrm{e}^{-L(b-a)}\sigma \tag{5.51}$$

(注意 $\delta < \sigma$), 则当 $(x; x_0, \boldsymbol{y}_0) \in D_\delta$ 时, 可以归纳地证明 (5.49) 式和 (5.50) 式成立.

事实上, 当 $k = 0$ 时, (5.49) 式可以从 (5.48) 式和 (5.51) 式直接得出. 为了证明 (5.50) 式对 $k = 0$ 为真, 注意 $\boldsymbol{y} = \boldsymbol{\xi}(x)$ 是方程 (5.46) 的解, 从而满足积分方程

$$\boldsymbol{\xi}(x) = \boldsymbol{\xi}(x_0) + \int_{x_0}^{x} \boldsymbol{f}(x, \boldsymbol{\xi}(x))\mathrm{d}x.$$

因此, 由 (5.47) 式 $(k = 0)$, (5.48) 式和上式可得

$$\boldsymbol{\varphi}_1(x; x_0, \boldsymbol{y}_0) - \boldsymbol{\varphi}_0(x; x_0, \boldsymbol{y}_0) = \int_{x_0}^{x} [\boldsymbol{f}(x, \boldsymbol{\varphi}_0(x; x_0, \boldsymbol{y}_0)) - \boldsymbol{f}(x, \boldsymbol{\xi}(x))]\mathrm{d}x,$$

再利用利普希茨条件即可得出 (5.50) 式对 $k = 0$ 成立.

现在设 (5.49) 式和 (5.50) 式对 $k \leqslant s-1$ 为真, 则当 $k=s$ 并且 $(x; x_0, \boldsymbol{y}_0) \in D_\delta$ 时, 由 (5.47) 式, (5.50) 式 $(k \leqslant s-1)$ 和 (5.51) 式可得

$$\begin{aligned}
&|\boldsymbol{\varphi}_s(x; x_0, \boldsymbol{y}_0) - \boldsymbol{\xi}(x)| \\
&= \left|\sum_{k=1}^{s}[\boldsymbol{\varphi}_k(x; x_0, \boldsymbol{y}_0) - \boldsymbol{\varphi}_{k-1}(x; x_0, \boldsymbol{y}_0)] + [\boldsymbol{\varphi}_0(x; x_0, \boldsymbol{y}_0) - \boldsymbol{\xi}(x)]\right| \\
&\leqslant \sum_{k=0}^{s} \frac{(L|x-x_0|)^k}{k!}|\boldsymbol{y}_0 - \boldsymbol{\xi}(x_0)| \leqslant \mathrm{e}^{L|x-x_0|}\delta \leqslant \mathrm{e}^{L(b-a)}\delta < \sigma.
\end{aligned}$$

因此, 不等式 (5.49) 对 $k=s$ 为真. 至于 (5.50) 式 $(k=s)$, 则可按常规方法由 (5.47) 式出发, 利用利普希茨条件和归纳法假设得到.

最后指出, $\boldsymbol{\varphi}_k(x; x_0, \boldsymbol{y}_0)$ 在 D_δ 上是一致收敛的, 从而可以推出极限函数 $\boldsymbol{\varphi}(x; x_0, \boldsymbol{y}_0)$ 就是满足定理所要求的柯西问题 (E) 的解.

附注 利用定理 5.2, 我们可以把微分方程的积分曲线族在常点 (即方程右端函数 $f(x, \boldsymbol{y})$ 在该点邻域内是连续的并且对 $\boldsymbol{y}$ 满足利普希茨条件) 附近的 "局部拉直" (见前面定理 5.1 的推论) , 推广为在积分曲线段 $\{(x, \boldsymbol{y}) \mid \boldsymbol{y} = \boldsymbol{\xi}(x), a \leqslant x \leqslant b\}$ 附近一个 "细长管域" 内的 "局部拉直".

习题 5–3

1. 证明定理 5.1 的推论.

2. 设 $\boldsymbol{f}(x, \boldsymbol{y})$ 在区域 R 上连续, 而且微分方程

$$\frac{\mathrm{d}\boldsymbol{y}}{\mathrm{d}x} = \boldsymbol{f}(x, \boldsymbol{y})$$

经过 R 内任何一个内点的积分曲线都是 (存在) 唯一的, 则上述微分方程的解对初值是连续依赖的. 这里区域 R 的定义见定理 5.1 的推论.

3. 试举例说明, 如果微分方程不满足解的唯一性条件, 则它的积分曲线族在局部范围内也不能视作平行直线族.

*§5.4 解对初值和参数的连续可微性

本节将讨论微分方程的解对初值和参数的连续可微性. 如上节一样, 不失一般性, 我们只考虑微分方程

$$\frac{\mathrm{d}\boldsymbol{y}}{\mathrm{d}x} = \boldsymbol{f}(x, \boldsymbol{y}, \boldsymbol{\lambda}) \tag{5.52}$$

满足初值条件

$$\boldsymbol{y}(0) = \boldsymbol{0}$$

的解 $\boldsymbol{y} = \varphi(x, \boldsymbol{\lambda})$ 对参数 $\boldsymbol{\lambda}$ 的连续可微性.

定理 5.3 设 $\boldsymbol{f}(x,\boldsymbol{y},\boldsymbol{\lambda})$ 在区域

$$G\colon |x|\leqslant a,\quad |\boldsymbol{y}|\leqslant b,\quad |\boldsymbol{\lambda}-\boldsymbol{\lambda_0}|\leqslant c$$

上连续, 而且对 $\boldsymbol{y}$ 和 $\boldsymbol{\lambda}$ 有连续的偏微商, 则微分方程 (5.52) 满足初值条件 $\boldsymbol{y}(0)=\boldsymbol{0}$ 的解 $\boldsymbol{y}=\boldsymbol{\varphi}(x,\boldsymbol{\lambda})$ 在区域

$$D\colon |x|\leqslant h,\quad |\boldsymbol{\lambda}-\boldsymbol{\lambda_0}|\leqslant c$$

上是连续可微的, 其中正数 h 的定义同上节定理 5.1.

证明 把上述微分方程的初值问题化成等价的积分方程

$$\boldsymbol{y}=\int_0^x \boldsymbol{f}(x,\boldsymbol{y},\boldsymbol{\lambda})\mathrm{d}x, \tag{5.53}$$

然后作皮卡序列

$$\boldsymbol{\varphi}_{k+1}(x,\boldsymbol{\lambda})=\int_0^x \boldsymbol{f}(x,\boldsymbol{\varphi}_k(x,\boldsymbol{\lambda}),\boldsymbol{\lambda})\mathrm{d}x\quad (k=0,1,2,\cdots), \tag{5.54}$$

其中 $\boldsymbol{\varphi}_0(x,\boldsymbol{\lambda})=\boldsymbol{0}$ 和 $(x,\boldsymbol{\lambda})\in D$.

显然, 定理 5.3 的条件蕴涵定理 5.1 的条件, 所以皮卡序列 $\{\boldsymbol{\varphi}_k(x,\boldsymbol{\lambda})\}$ 在区域 D 上一致收敛到积分方程 (5.53) 的 (唯一) 解 $\boldsymbol{y}=\boldsymbol{\varphi}(x,\boldsymbol{\lambda})$. (这里我们先声明一下, 不熟悉向量分析的读者在理解下面的符号时或许有些困难. 在这种情况下, 不妨假定 $\boldsymbol{y}$ 和 $\boldsymbol{\lambda}$ 都是标量 (即 $n=1$ 和 $m=1$), 那么一切都是很自然的.)

另一方面, 用归纳法由 (5.54) 式易证 $\boldsymbol{\varphi}_k=\boldsymbol{\varphi}_k(x,\boldsymbol{\lambda})$ 对 $(x,\boldsymbol{\lambda})\in D$ 是连续可微的, 而且

$$\frac{\partial\boldsymbol{\varphi}_{k+1}}{\partial\boldsymbol{\lambda}}=\int_0^x\left[\frac{\partial\boldsymbol{f}}{\partial\boldsymbol{y}}(x,\boldsymbol{\varphi}_k,\boldsymbol{\lambda})\frac{\partial\boldsymbol{\varphi}_k}{\partial\boldsymbol{\lambda}}+\frac{\partial\boldsymbol{f}}{\partial\boldsymbol{\lambda}}(x,\boldsymbol{\varphi}_k,\boldsymbol{\lambda})\right]\mathrm{d}x\quad (k=0,1,2,\cdots). \tag{5.55}$$

因此, 为了证明 $\boldsymbol{y}=\boldsymbol{\varphi}(x,\boldsymbol{\lambda})$ 对 $\boldsymbol{\lambda}$ 有连续的偏微商 $\dfrac{\partial\boldsymbol{\varphi}}{\partial\boldsymbol{\lambda}}(x,\boldsymbol{\lambda})$, 只需证明序列 $\left\{\dfrac{\partial\boldsymbol{\varphi}_k}{\partial\boldsymbol{\lambda}}(x,\boldsymbol{\lambda})\right\}$ 对 $(x,\boldsymbol{\lambda})\in D$ 是一致收敛的.

因为 $\boldsymbol{f}(x,\boldsymbol{y},\boldsymbol{\lambda})$ 在区域 G 上对 $\boldsymbol{y}$ 和 $\boldsymbol{\lambda}$ 有连续的偏微商, 所以存在常数 $\alpha>0$, 使得不等式

$$\left|\frac{\partial\boldsymbol{f}}{\partial\boldsymbol{y}}(x,\boldsymbol{y},\boldsymbol{\lambda})\right|\leqslant\alpha,\quad \left|\frac{\partial\boldsymbol{f}}{\partial\boldsymbol{\lambda}}(x,\boldsymbol{y},\boldsymbol{\lambda})\right|\leqslant\alpha \tag{5.56}$$

在区域 G 上成立.

注意, $\boldsymbol{\varphi}_0(x,\boldsymbol{\lambda})=\boldsymbol{0}$. 因此, 由 (5.55) 式和 (5.56) 式推出

$$\left|\frac{\partial\boldsymbol{\varphi}_1}{\partial\boldsymbol{\lambda}}\right|\leqslant\left|\int_0^x\left|\frac{\partial\boldsymbol{f}}{\partial\boldsymbol{\lambda}}(x,\boldsymbol{0},\boldsymbol{\lambda})\right|\mathrm{d}x\right|\leqslant\alpha|x|,$$

再利用归纳法容易证明

$$\left|\frac{\partial\boldsymbol{\varphi}_k}{\partial\boldsymbol{\lambda}}\right|\leqslant\alpha|x|+\frac{(\alpha|x|)^2}{2!}+\cdots+\frac{(\alpha|x|)^k}{k!}\quad (k=1,2,\cdots).$$

由此推出不等式

$$\left|\frac{\partial \boldsymbol{\varphi}_k}{\partial \boldsymbol{\lambda}}\right| \leqslant \beta \leqslant \mathrm{e}^{\alpha h} \quad (k=1,2,\cdots) \tag{5.57}$$

对 $(x,\boldsymbol{\lambda}) \in D$ 成立.

对任意正整数 s, 令

$$v_{k,s} = \left|\frac{\partial \boldsymbol{\varphi}_{k+s}}{\partial \boldsymbol{\lambda}} - \frac{\partial \boldsymbol{\varphi}_k}{\partial \boldsymbol{\lambda}}\right|.$$

根据柯西准则, 为了证明序列 $\left\{\dfrac{\partial \boldsymbol{\varphi}_k}{\partial \boldsymbol{\lambda}}\right\}$ 对 $(x,\boldsymbol{\lambda}) \in D$ 的一致收敛性, 我们只需证明: 当 $k \to \infty$ 时, 序列 $\{v_{k,s}\}$ 对 $(x,\boldsymbol{\lambda}) \in D$ 和 $s \in \mathbb{N}_+$ (这里 $\mathbb{N}_+$ 表示正整数的集合) 一致趋于零.

利用 (5.55) 式可以推出

$$v_{k+1,s} \leqslant \left|\int_0^x \left|\frac{\partial \boldsymbol{f}}{\partial \boldsymbol{y}}(x,\boldsymbol{\varphi},\boldsymbol{\lambda})\right| v_{k,s} \mathrm{d}x\right| + d_{k,s}(x,\boldsymbol{\lambda}), \tag{5.58}$$

其中

$$\begin{aligned} d_{k,s}(x,\boldsymbol{\lambda}) = & \left|\int_0^x \left(\frac{\partial \boldsymbol{f}}{\partial \boldsymbol{y}}(x,\boldsymbol{\varphi}_{k+s},\boldsymbol{\lambda}) - \frac{\partial \boldsymbol{f}}{\partial \boldsymbol{y}}(x,\boldsymbol{\varphi},\boldsymbol{\lambda})\right) \frac{\partial \boldsymbol{\varphi}_{k+s}}{\partial \boldsymbol{\lambda}} \mathrm{d}x\right| + \\ & \left|\int_0^x \left(\frac{\partial \boldsymbol{f}}{\partial \boldsymbol{y}}(x,\boldsymbol{\varphi},\boldsymbol{\lambda}) - \frac{\partial \boldsymbol{f}}{\partial \boldsymbol{y}}(x,\boldsymbol{\varphi}_k,\boldsymbol{\lambda})\right) \frac{\partial \boldsymbol{\varphi}_k}{\partial \boldsymbol{\lambda}} \mathrm{d}x\right| + \\ & \left|\int_0^x \left(\frac{\partial \boldsymbol{f}}{\partial \boldsymbol{\lambda}}(x,\boldsymbol{\varphi}_{k+s},\boldsymbol{\lambda}) - \frac{\partial \boldsymbol{f}}{\partial \boldsymbol{\lambda}}(x,\boldsymbol{\varphi}_k,\boldsymbol{\lambda})\right) \mathrm{d}x\right|. \end{aligned}$$

注意, 当 $k \to \infty$ 时, 序列 $\{\boldsymbol{\varphi}_k(x,\boldsymbol{\lambda})\}$ 对 $(x,\boldsymbol{\lambda}) \in D$ 一致收敛于 $\boldsymbol{\varphi} = \boldsymbol{\varphi}(x,\boldsymbol{\lambda})$, 又偏微商 $\boldsymbol{f}'_{\boldsymbol{y}}(x,\boldsymbol{y},\boldsymbol{\lambda})$ 和 $\boldsymbol{f}'_{\boldsymbol{\lambda}}(x,\boldsymbol{y},\boldsymbol{\lambda})$ 对 $(x,\boldsymbol{y},\boldsymbol{\lambda}) \in G$ 是连续的. 由此并利用 (5.57) 式可以推出: 当 $k \to \infty$ 时, $d_{k,s}(x,\boldsymbol{\lambda})$ 对 $(x,\boldsymbol{\lambda}) \in D$ 和 $s \in \mathbb{N}_+$ 一致趋于 0. 因此, 存在正的常数序列 $\{\varepsilon_k\}$ $(\varepsilon_k \to 0)$, 使得

$$d_{k,s}(x,\boldsymbol{\lambda}) < \varepsilon_k \quad (k=1,2,\cdots).$$

然后, 由 (5.58) 式得到

$$v_{k+1,s} \leqslant \alpha \left|\int_0^x v_{k,s} \mathrm{d}x\right| + \varepsilon_k. \tag{5.59}$$

注意, $v_{k,s} = v_{k,s}(x,\boldsymbol{\lambda}) \geqslant 0$ 对 $(x,\boldsymbol{\lambda}) \in D$ 是连续的, 并且由不等式 (5.57) 可见

$$v_{k,s} \leqslant 2\beta \quad (k,s=1,2,\cdots). \tag{5.60}$$

另一方面, 因为正的常数序列 $\{\varepsilon_k\}$ 收敛于 0, 所以序列

$$\delta_k = \sup\{\varepsilon_k, \varepsilon_{k+1}, \varepsilon_{k+2}, \cdots\}$$

单调趋于 0.

由 (5.59) 式和 (5.60) 式可见

$$v_{k+1,s} \leqslant 2\alpha\beta|x| + \varepsilon_k,$$

再利用 (5.59) 式推出

$$v_{k+2,s} \leqslant 2\beta\frac{(\alpha|x|)^2}{2!} + \varepsilon_k\alpha|x| + \varepsilon_{k+1},$$

并且由归纳法可得

$$v_{k+m,s} \leqslant 2\beta\frac{(\alpha|x|)^m}{m!} + \sum_{j=0}^{m-1}\varepsilon_{k+m-1-j}\frac{(\alpha|x|)^j}{j!}.$$

由此推出

$$v_{k+m,s} \leqslant 2\beta\frac{(\alpha|h|)^m}{m!} + \mathrm{e}^{\alpha h}\delta_k. \tag{5.61}$$

显然, 任给 $\varepsilon > 0$, 存在 $N > 0$, 使得只要 $m > \dfrac{N}{2}$,

$$2\beta\frac{(\alpha h)^m}{m!} < \frac{\varepsilon}{2},$$

和只要 $k > \dfrac{N}{2}$,

$$\mathrm{e}^{\alpha h}\delta_k < \frac{\varepsilon}{2}.$$

因此, 由 (5.61) 式推出只要 $k, m > \dfrac{N}{2}$,

$$v_{k+m,s} = v_{k+m,s}(x,\boldsymbol{\lambda}) < \varepsilon,$$

或只要 $k > N$,

$$v_{k,s} < \varepsilon.$$

这就证明了 $v_{k,s}(x,\boldsymbol{\lambda})$ 对 $(x,\boldsymbol{\lambda}) \in D$ 和 $s \in \mathbb{N}_+$ 一致趋于零. 从而序列 $\left\{\dfrac{\partial\boldsymbol{\varphi}_k}{\partial\boldsymbol{\lambda}}(x,\boldsymbol{\lambda})\right\}$ 对 $(x,\boldsymbol{\lambda}) \in D$ 是一致收敛的, 而且有

$$\frac{\partial\boldsymbol{\varphi}}{\partial\boldsymbol{\lambda}}(x,\boldsymbol{\lambda}) = \lim_{k\to\infty}\frac{\partial\boldsymbol{\varphi}_k}{\partial\boldsymbol{\lambda}}(x,\boldsymbol{\lambda}),$$

所以它对 $(x,\boldsymbol{\lambda}) \in D$ 是连续的.

另外, 由于 $\boldsymbol{y} = \boldsymbol{\varphi}(x,\boldsymbol{\lambda})$ 是积分方程 (5.53) 的解, 从而我们有

$$\frac{\partial\boldsymbol{\varphi}}{\partial x}(x,\boldsymbol{\lambda}) = \boldsymbol{f}(x,\boldsymbol{\varphi}(x,\boldsymbol{\lambda}),\boldsymbol{\lambda}),$$

它蕴涵 $\dfrac{\partial\boldsymbol{\varphi}}{\partial x}(x,\boldsymbol{\lambda})$ 对 $(x,\boldsymbol{\lambda}) \in D$ 也是连续的. 这就证明了 $\boldsymbol{y} = \boldsymbol{\varphi}(x,\boldsymbol{\lambda})$ 对 $(x,\boldsymbol{\lambda}) \in D$ 是连续可微的. 定理 5.3 到此证完. □

推论 设 n 维向量值函数 $\boldsymbol{f}(x,\boldsymbol{y})$ 在区域

$$R\colon |x-x_0|\leqslant a,\quad |\boldsymbol{y}-\boldsymbol{y}_0|\leqslant b$$

上连续, 而且对 $\boldsymbol{y}$ 有连续的偏微商 $\boldsymbol{f}'_{\boldsymbol{y}}(x,\boldsymbol{y})$, 则初值问题

$$\frac{\mathrm{d}\boldsymbol{y}}{\mathrm{d}x}=\boldsymbol{f}(x,\boldsymbol{y}),\quad \boldsymbol{y}(x_0)=\boldsymbol{\eta}$$

的解 $\boldsymbol{y}=\boldsymbol{\varphi}(x,\boldsymbol{\eta})$ 在区域

$$D\colon |x-x_0|\leqslant \frac{h}{2},\quad |\boldsymbol{\eta}-\boldsymbol{y}_0|\leqslant \frac{b}{2}$$

上是连续可微的.

附注 假设未知函数 y 和参数 λ 都是一维的, 并且定理 5.3 及其推论的条件成立, 则初值问题

$$\frac{\mathrm{d}y}{\mathrm{d}x}=f(x,y,\lambda),\quad y(x_0)=y_0 \tag{5.62}$$

的解 $y=\varphi(x;x_0,y_0,\lambda)$ 对初值 x_0,y_0 及参数 λ 的偏导数 $\dfrac{\partial\varphi}{\partial x_0},\dfrac{\partial\varphi}{\partial y_0}$ 和 $\dfrac{\partial\varphi}{\partial\lambda}$ 分别在它们有定义的区域内连续.

考虑与 (5.62) 式等价的积分方程

$$\varphi(x;x_0,y_0,\lambda)=y_0+\int_{x_0}^{x} f(x,\varphi(x;x_0,y_0,\lambda),\lambda)\mathrm{d}x. \tag{5.63}$$

在 (5.63) 式两侧分别对 x_0,y_0 和 λ 求偏导数, 就可得到

$$\begin{aligned}\frac{\partial\varphi}{\partial x_0}&=-f(x_0,y_0,\lambda)+\int_{x_0}^{x}A(x,x_0,y_0,\lambda)\frac{\partial\varphi}{\partial x_0}\mathrm{d}x,\\ \frac{\partial\varphi}{\partial y_0}&=1+\int_{x_0}^{x}A(x,x_0,y_0,\lambda)\frac{\partial\varphi}{\partial y_0}\mathrm{d}x\end{aligned}$$

和

$$\frac{\partial\varphi}{\partial\lambda}=\int_{x_0}^{x}\left(A(x,x_0,y_0,\lambda)\frac{\partial\varphi}{\partial\lambda}+B(x,x_0,y_0,\lambda)\right)\mathrm{d}x,$$

其中

$$\begin{aligned}A(x,x_0,y_0,\lambda)&=\frac{\partial f}{\partial y}(x,\varphi(x;x_0,y_0,\lambda),\lambda),\\ B(x,x_0,y_0,\lambda)&=\frac{\partial f}{\partial\lambda}(x,\varphi(x;x_0,y_0,\lambda),\lambda).\end{aligned}$$

因此, $z=\dfrac{\partial\varphi}{\partial x_0}$ 满足初值问题

$$\frac{\mathrm{d}z}{\mathrm{d}x}=A(x,x_0,y_0,\lambda)z,\quad z(x_0)=-f(x_0,y_0,\lambda); \tag{5.64}$$

$z = \dfrac{\partial \varphi}{\partial y_0}$ 满足初值问题

$$\frac{\mathrm{d}z}{\mathrm{d}x} = A(x, x_0, y_0, \lambda)z, \quad z(x_0) = 1; \tag{5.65}$$

而 $z = \dfrac{\partial \varphi}{\partial \lambda}$ 满足初值问题

$$\frac{\mathrm{d}z}{\mathrm{d}x} = A(x, x_0, y_0, \lambda)z + B(x, x_0, y_0, \lambda), \quad z(x_0) = 0. \tag{5.66}$$

在初值问题 (5.64)—(5.66) 中的三个微分方程都是从原方程 (5.62) 导出来的, 并且都是一阶线性方程. 通常把这些方程称为方程 (5.62) 分别关于初值 x_0, y_0 和参数 λ 的**变分方程**.

例 1 设初值问题

$$\frac{\mathrm{d}y}{\mathrm{d}x} + p(x)y = q(x), \quad y(x_0) = y_0 \tag{5.67}$$

的解为 $y = \varphi(x; x_0, y_0)$, 其中 $p(x)$ 和 $q(x)$ 是连续函数. 那么无需求出这个初值问题的解, 也能求得这个解的偏微商 $\dfrac{\partial \varphi}{\partial x_0}$ 和 $\dfrac{\partial \varphi}{\partial y_0}$.

事实上, 利用上面的附注可知, $z = \dfrac{\partial \varphi}{\partial x_0}$ 满足初值问题

$$\frac{\mathrm{d}z}{\mathrm{d}x} = -p(x)z, \quad z(x_0) = p(x_0)y_0 - q(x_0).$$

因此, 求解此初值问题, 容易得出

$$\frac{\partial \varphi}{\partial x_0} = (p(x_0)y_0 - q(x_0))\mathrm{e}^{-\int_{x_0}^{x} p(t)\mathrm{d}t}.$$

类似地, 可以求得

$$\frac{\partial \varphi}{\partial y_0} = \mathrm{e}^{-\int_{x_0}^{x} p(t)\mathrm{d}t}.$$

应该指出, 例 1 中能够完全求出 $\dfrac{\partial \varphi}{\partial x_0}$ 和 $\dfrac{\partial \varphi}{\partial y_0}$, 是由于 (5.67) 式是一个线性微分方程. 一般而言, $\dfrac{\partial \varphi}{\partial x_0}, \dfrac{\partial \varphi}{\partial y_0}$ 和 $\dfrac{\partial \varphi}{\partial \lambda}$ 依赖于原方程 (5.62) 的解 $y = \varphi(x; x_0, y_0, \lambda)$. 尽管如此, 我们仍然可以利用它们作某些理论上的探讨, 或对某些取定的 x_0 和 y_0 来算出这些偏导数. 请看下面的例子.

例 2 设函数 $y = \varphi(x; x_0, y_0, \lambda)$ 是初值问题

$$\frac{\mathrm{d}y}{\mathrm{d}x} = \sin(\lambda x y), \quad y(x_0) = y_0 \tag{5.68}$$

的解. 试求 $\left.\dfrac{\partial \varphi}{\partial x_0}\right|_{x_0=y_0=0}, \left.\dfrac{\partial \varphi}{\partial y_0}\right|_{x_0=y_0=0}$ 和 $\left.\dfrac{\partial \varphi}{\partial \lambda}\right|_{x_0=y_0=0}$.

事实上, 设 $\varphi=\varphi(x;x_0,y_0,\lambda)$ 是 (5.68) 式的解, 则从初值问题

$$\frac{\mathrm{d}z}{\mathrm{d}x}=\lambda x\cos(\lambda x\varphi)z,\quad z(x_0)=-\sin(\lambda x_0y_0)$$

可以解得

$$\frac{\partial\varphi}{\partial x_0}=-\sin(\lambda x_0y_0)\mathrm{e}^{\int_{x_0}^{x}\lambda x\cos(\lambda x\varphi)\mathrm{d}x},$$

因此

$$\left.\frac{\partial\varphi}{\partial x_0}\right|_{x_0=y_0=0}=0.$$

类似地, 可从初值问题

$$\frac{\mathrm{d}z}{\mathrm{d}x}=\lambda x\cos(\lambda x\varphi)z,\quad z(x_0)=1$$

解得

$$\frac{\partial\varphi}{\partial y_0}=\mathrm{e}^{\int_{x_0}^{x}\lambda x\cos(\lambda x\varphi(x;x_0,y_0,\lambda))\mathrm{d}x}.$$

再注意 $\varphi(x;0,0,\lambda)\equiv 0$, 因此

$$\left.\frac{\partial\varphi}{\partial y_0}\right|_{x_0=y_0=0}=\mathrm{e}^{\int_0^x\lambda x\mathrm{d}x}=\mathrm{e}^{\frac{\lambda}{2}x^2}.$$

利用类似的方法, 读者不难得出

$$\left.\frac{\partial\varphi}{\partial\lambda}\right|_{x_0=y_0=0}=0.$$

这里需要指出, 前面的附注对高维的情形也是成立的. 见本节习题 1 和习题 2.

习题 5–4

1. 利用定理 5.3 (在 $\boldsymbol{y}$ 为列向量的情况) 证明

$$\boldsymbol{z}=\frac{\partial\boldsymbol{\varphi}}{\partial\boldsymbol{\lambda}}(x,\boldsymbol{\lambda})=\left(\frac{\partial\varphi_i}{\partial\lambda_k}(x,\boldsymbol{\lambda})\right)_{n\times m}$$

满足线性 (变分) 方程

$$\frac{\mathrm{d}\boldsymbol{z}}{\mathrm{d}x}=\boldsymbol{A}(x,\boldsymbol{\lambda})\boldsymbol{z}+\boldsymbol{B}(x,\boldsymbol{\lambda})$$

和初值条件 $\boldsymbol{z}(x_0,\boldsymbol{\lambda})=\boldsymbol{0}$, 其中

$$\boldsymbol{A}(x,\boldsymbol{\lambda})=\boldsymbol{f}'_{\boldsymbol{y}}(x,\boldsymbol{\varphi}(x,\boldsymbol{\lambda}),\boldsymbol{\lambda})=\left(\frac{\partial f_i}{\partial y_j}(x,\boldsymbol{\varphi}(x,\boldsymbol{\lambda}),\boldsymbol{\lambda})\right)_{n\times n},$$

和

$$\boldsymbol{B}(x,\boldsymbol{\lambda})=\boldsymbol{f}'_{\boldsymbol{\lambda}}(x,\boldsymbol{\varphi}(x,\boldsymbol{\lambda}),\boldsymbol{\lambda})=\left(\frac{\partial f_i}{\partial\lambda_k}(x,\boldsymbol{\varphi}(x,\boldsymbol{\lambda}),\boldsymbol{\lambda})\right)_{n\times m}.$$

试在 $\boldsymbol{y}$ 为行向量的情况考虑相应的变分方程.

2. 在本节最后的推论中, 试求 $\boldsymbol{z}=\dfrac{\partial\boldsymbol{\varphi}}{\partial\boldsymbol{\eta}}(x,\boldsymbol{\eta})$ 所满足的微分方程和初值条件. (只要求作形式的

计算.)

3. 设标量函数 $y=y(x,\eta)$ (η 为实参数) 是微分方程初值问题

$$\frac{\mathrm{d}y}{\mathrm{d}x}=\sin(xy),\quad y(0)=\eta$$

的解. 证明: 不等式

$$\frac{\partial y}{\partial \eta}(x,\eta)>0$$

对一切 x 和 η 都成立.

延伸阅读

第六章 线性微分方程组

在数学的一些实际应用中有许多涉及非线性微分方程的问题. 通常对它们采用线性化的方法简化为关于线性微分方程的问题, 这样往往可以获得比较简捷的解答 (如上一章单摆之例). 本章的主题是线性微分方程组的一般理论和一些解法. 它们是微分方程实际应用的工具, 而且也是理论分析的基础.

我们首先在 §6.1 介绍线性微分方程组的一般理论, 然后在 §6.2 讨论常系数线性微分方程组的初等解法, 并在 §6.3 把上两节的结果应用到线性的高阶微分方程.

§6.1 一 般 理 论

考虑标准形式的 n 阶线性微分方程组

$$\frac{\mathrm{d}y_i}{\mathrm{d}x}=\sum_{j=1}^{n}a_{ij}(x)y_j+f_i(x)\quad(i=1,2,\cdots,n),$$

其中系数函数 $a_{ij}(x)$ 和 $f_i(x)$ $(i,j=1,2,\cdots,n)$ 在区间 (a,b) 上都是连续的. 在上一章的 §5.2 中我们已指出, 只要采用矩阵

$$\boldsymbol{A}(x)=\left(a_{ij}(x)\right)_{n\times n}$$

和向量

$$\boldsymbol{y}=\begin{pmatrix}y_1\\y_2\\\vdots\\y_n\end{pmatrix},\quad \boldsymbol{f}(x)=\begin{pmatrix}f_1(x)\\f_2(x)\\\vdots\\f_n(x)\end{pmatrix}$$

的记号, 就可以把上面的线性微分方程组写成向量的形式

$$\frac{\mathrm{d}\boldsymbol{y}}{\mathrm{d}x}=\boldsymbol{A}(x)\boldsymbol{y}+\boldsymbol{f}(x).\tag{6.1}$$

当 $\boldsymbol{f}(x)$ $(a<x<b)$ 不恒为零时, 称 (6.1) 式是**非齐次**线性微分方程组; 当 $\boldsymbol{f}(x)\equiv\boldsymbol{0}$, 亦即

$$\frac{\mathrm{d}\boldsymbol{y}}{\mathrm{d}x}=\boldsymbol{A}(x)\boldsymbol{y}\tag{6.2}$$

时, 称它是 (相应的) **齐次**线性微分方程组.

我们在这里指出, n 阶线性微分方程组的向量表达式 (6.1) 在形式上与第二章 §2.3 的一阶线性微分方程 (2.28) 是相似的. 本节将阐明, 这种相似性不仅是形式上的, 而且在第二章 §2.3 中有关一阶线性微分方程 (2.28) 的性质 1—5 及其通解公式 (2.32) 都可推广到这里的 (向量形式) 线性微分方程组 (6.1).

下面的定理是本章的理论基础, 其证明要点与第三章定理 3.1 相同 (注意, 由 $\boldsymbol{A}(x)$ 的连续性可知, 在含 x 的任意有限闭区间上, 函数 $\boldsymbol{A}(x)\boldsymbol{y}$ 对 $\boldsymbol{y}$ 满足利普希茨条件).

存在和唯一性定理 线性微分方程组 (6.1) 满足初值条件

$$\boldsymbol{y}(x_0) = \boldsymbol{y}_0 \tag{6.3}$$

的解 $\boldsymbol{y} = \boldsymbol{y}(x)$ 在区间 (a, b) 上是存在和唯一的, 其中初值 $x_0 \in (a, b)$ 和 $\boldsymbol{y}_0 \in \mathbb{R}^n$ 是任意给定的. □

在讨论非齐次线性微分方程组 (6.1) 之前, 我们先研究齐次线性微分方程组 (6.2).

§6.1.1 齐次线性微分方程组

引理 6.1 设 $\boldsymbol{y} = \boldsymbol{y}_1(x)$ 和 $\boldsymbol{y} = \boldsymbol{y}_2(x)$ 是齐次线性微分方程组 (6.2) 的解, 则它们的线性组合

$$\boldsymbol{y} = C_1\boldsymbol{y}_1(x) + C_2\boldsymbol{y}_2(x) \tag{6.4}$$

也是方程组 (6.2) 的解, 其中 C_1 和 C_2 是 (实的) 任意常数.

证明 只要把 (6.4) 式直接代入线性微分方程组 (6.2) 就得到一个恒等式. □

以下令齐次线性微分方程组 (6.2) 在区间 (a, b) 上所有的解所组成的集合为 $\mathcal{S}$, 则由引理 6.1 可知: 集合 $\mathcal{S}$ 是一个线性空间. 所以我们可以用线性代数的语言来描述 $\mathcal{S}$ 的结构.

引理 6.2 线性空间 $\mathcal{S}$ 是 n 维的 (这里 n 是微分方程组 (6.2) 的阶数).

证明 令 $x_0 \in (a, b)$ 是固定的, 则由上面的存在和唯一性定理推出, 对于任何常数向量 $\boldsymbol{y_0} \in \mathbb{R}^n$, 在 $\mathcal{S}$ 中存在唯一的元素 $\boldsymbol{y}(x)$, 使得 $\boldsymbol{y}(x_0) = \boldsymbol{y}_0$. 这样一来, 我们就得到一个映射

$$H\colon \boldsymbol{y_0} \mapsto \boldsymbol{y}(x); \quad \mathbb{R}^n \to \mathcal{S}. \tag{6.5}$$

显然, 对于任何 $\boldsymbol{y}(x) \in \mathcal{S}$, 我们有

$$\boldsymbol{y}(x_0) \in \mathbb{R}^n, \quad H(\boldsymbol{y}(x_0)) = \boldsymbol{y}(x).$$

所以映射 H 是满的. 又对于任意 $\boldsymbol{y}_1^0, \boldsymbol{y}_2^0 \in \mathbb{R}^n$, 令

$$\boldsymbol{y}_1(x) = H(\boldsymbol{y}_1^0), \quad \boldsymbol{y}_2(x) = H(\boldsymbol{y}_2^0).$$

则由解的唯一性推出

$$\boldsymbol{y}_1(x) \neq \boldsymbol{y}_2(x)\ \ (a<x<b) \quad \text{当且仅当}\ \ \boldsymbol{y}_1^0 \neq \boldsymbol{y}_2^0.$$

所以映射 H 也是一对一的. 另外, 利用引理 6.1 和解的唯一性, 我们不难证明

$$H(C_1\boldsymbol{y}_1^0 + C_2\boldsymbol{y}_2^0) = C_1H(\boldsymbol{y}_1^0) + C_2H(\boldsymbol{y}_2^0),$$

亦即映射 H 是线性的.

因此, H 是一个从 $\mathbb{R}^n$ 到 $\mathcal{S}$ 的同构映射, 它把线性空间 $\mathbb{R}^n$ 的结构迁移到线性空间 $\mathcal{S}$. 换句话说, 就线性空间的结构而言, 它们是线性同构的, 即 $\mathcal{S} \cong \mathbb{R}^n$. 所以 $\mathcal{S}$ 的维数等于 $\mathbb{R}^n$ 的维数 n, 它就是微分方程组 (6.2) 的阶数. 引理证完. □

不难看出, 映射 (6.5) 有明显的几何意义: 映射

$$H^{-1}\colon \mathcal{S} \to \mathbb{R}^n$$

把方程组 (6.2) 在 $(n+1)$ 维空间 $Ox\boldsymbol{y}$ 中的积分曲线 $\varGamma\colon \{(x,\boldsymbol{y})|\boldsymbol{y}=\boldsymbol{y}(x)\in\mathcal{S}\}$ 映到它与 n 维超平面 $\varSigma_{x_0}\colon \{(x,\boldsymbol{y})|x=x_0\}$ 的交点 $\boldsymbol{y}_0=\boldsymbol{y}(x_0)$, 而且 $\varGamma$ 与 $\varSigma_{x_0}$ 在 $\boldsymbol{y}_0$ 点是 "横截" 相交的; 再利用初值问题解的唯一性可知, 映射 H^{-1} 是一对一的.

例如, 图 6–1 和图 6–2 分别表示了 $n=1$ 和 $n=2$ 两种情形的几何意义 (参见第一章 §1.2).

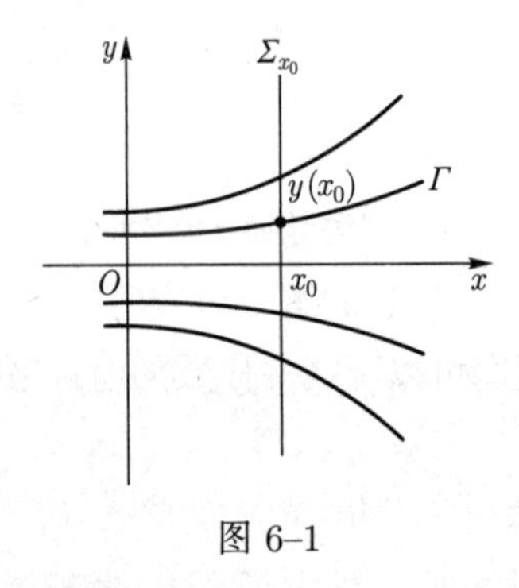

图 6–1

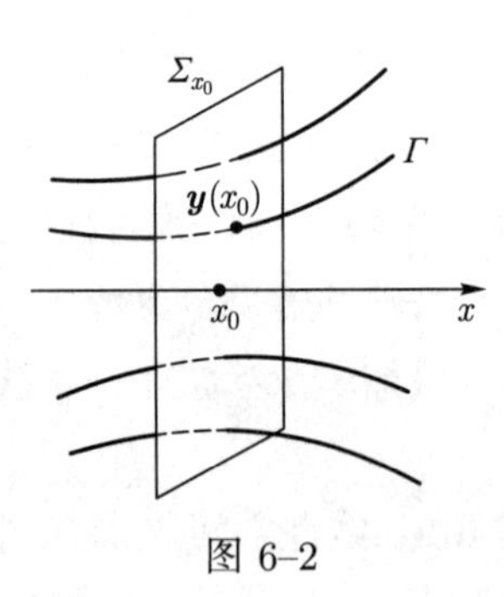

图 6–2

注意, 线性空间 $\mathbb{R}^n$ 有唯一的零向量 $\mathbf{0}$; 而线性空间 $\mathcal{S}$ 也有唯一的零元素, 为了方便仍记作 $\mathbf{0}$ (而它的含义为: $\boldsymbol{y}=\mathbf{0}$ $(a<x<b)$ 是齐次线性微分方程组 (6.2) 的零解). 易知 $H(\mathbf{0})=\mathbf{0}$. 请留心记号 $\mathbf{0}$ 在不同场合的含义.

令 $\boldsymbol{y}_k^0\in\mathbb{R}^n$ 和 $\boldsymbol{y}_k(x)=H(\boldsymbol{y}_k^0)$ $(k=1,2,\cdots,m)$, 则 $\boldsymbol{y}_1^0,\boldsymbol{y}_2^0,\cdots,\boldsymbol{y}_m^0$ 在 $\mathbb{R}^n$ 中的线性无关性等价于 $\boldsymbol{y}_1(x),\boldsymbol{y}_2(x),\cdots,\boldsymbol{y}_m(x)$ 在 $\mathcal{S}$ 中的线性无关性: 前者的线性无关性是指

$$C_1\boldsymbol{y}_1^0 + C_2\boldsymbol{y}_2^0 + \cdots + C_m\boldsymbol{y}_m^0 = \mathbf{0},$$

蕴涵 $C_1=0, C_2=0,\cdots,C_m=0$. 而后者的线性无关性是指

$$C_1\boldsymbol{y}_1(x) + C_2\boldsymbol{y}_2(x) + \cdots + C_m\boldsymbol{y}_m(x) = \mathbf{0} \quad (a<x<b),$$

也蕴涵 $C_1 = 0, C_2 = 0, \cdots, C_m = 0$.

现在, 我们来证本节的主要结论.

定理 6.1 齐次线性微分方程组 (6.2) 在区间 (a,b) 上有 n 个线性无关的解

$$\boldsymbol{\varphi}_1(x), \boldsymbol{\varphi}_2(x), \cdots, \boldsymbol{\varphi}_n(x), \tag{6.6}$$

而且它的通解为

$$\boldsymbol{y} = C_1\boldsymbol{\varphi}_1(x) + C_2\boldsymbol{\varphi}_2(x) + \cdots + C_n\boldsymbol{\varphi}_n(x), \tag{6.7}$$

其中 $C_1, C_2, \cdots, C_n$ 是任意常数.

证明 利用引理 6.2, 我们可以得到 $\mathcal{S}$ 的一个基, 不妨把它记作 (6.6) 式. 因此, 它的线性组合生成整个线性空间 $\mathcal{S}$. 这就是说, (6.7) 式表示齐次线性微分方程组 (6.2) 的通解. □

通常称齐次线性微分方程组 (6.2) 的 n 个线性无关的解为一个**基本解组**. 因此, 求微分方程组 (6.2) 的通解只需求它的一个基本解组.

假设已知

$$\boldsymbol{y}_1(x), \boldsymbol{y}_2(x), \cdots, \boldsymbol{y}_n(x) \tag{6.8}$$

是微分方程组 (6.2) 的 n 个解, 则问题归于判别它们是否线性无关. 下面介绍一个在理论上比较简明的判别法 (即定理 6.2).

设在 (6.8) 式中诸解的分量形式为

$$\boldsymbol{y}_1(x) = \begin{pmatrix} y_{11}(x) \\ y_{21}(x) \\ \vdots \\ y_{n1}(x) \end{pmatrix}, \quad \cdots \quad, \quad \boldsymbol{y}_n(x) = \begin{pmatrix} y_{1n}(x) \\ y_{2n}(x) \\ \vdots \\ y_{nn}(x) \end{pmatrix},$$

称行列式

$$W(x) = \begin{vmatrix} y_{11}(x) & y_{12}(x) & \cdots & y_{1n}(x) \\ y_{21}(x) & y_{22}(x) & \cdots & y_{2n}(x) \\ \vdots & \vdots & & \vdots \\ y_{n1}(x) & y_{n2}(x) & \cdots & y_{nn}(x) \end{vmatrix}$$

为解组 (6.8) 的**朗斯基 (Wronsky, 1776—1853) 行列式**.

引理 6.3 上述朗斯基行列式满足如下**刘维尔公式**:

$$W(x) = W(x_0)\mathrm{e}^{\int_{x_0}^{x} \mathrm{tr}[\boldsymbol{A}(x)]\mathrm{d}x} \quad (a < x < b), \tag{6.9}$$

其中 $x_0 \in (a,b)$, 而 $\mathrm{tr}[\boldsymbol{A}(x)]$ 表示矩阵 $\boldsymbol{A}(x)$ 的迹, 即

$$\mathrm{tr}[\boldsymbol{A}(x)] = \sum_{j=1}^{n} a_{jj}(x).$$

证明　利用行列式的基本性质可得

$$
\begin{aligned}
\frac{\mathrm{d}W}{\mathrm{d}x} &= \sum_{i=1}^{n}\begin{vmatrix} y_{11} & y_{12} & \cdots & y_{1n} \\ \vdots & \vdots & & \vdots \\ \dfrac{\mathrm{d}y_{i1}}{\mathrm{d}x} & \dfrac{\mathrm{d}y_{i2}}{\mathrm{d}x} & \cdots & \dfrac{\mathrm{d}y_{in}}{\mathrm{d}x} \\ \vdots & \vdots & & \vdots \\ y_{n1} & y_{n2} & \cdots & y_{nn} \end{vmatrix} \\
&= \sum_{i=1}^{n}\begin{vmatrix} y_{11} & y_{12} & \cdots & y_{1n} \\ \vdots & \vdots & & \vdots \\ \sum\limits_{j=1}^{n} a_{ij}y_{j1} & \sum\limits_{j=1}^{n} a_{ij}y_{j2} & \cdots & \sum\limits_{j=1}^{n} a_{ij}y_{jn} \\ \vdots & \vdots & & \vdots \\ y_{n1} & y_{n2} & \cdots & y_{nn} \end{vmatrix} \\
&= \sum_{i=1}^{n} a_{ii}W = \mathrm{tr}[\boldsymbol{A}(x)]W,
\end{aligned}
$$

亦即 $W' = \mathrm{tr}[\boldsymbol{A}(x)]W$. 这是关于 W 的一阶线性微分方程. 由此解出 W, 即得 (6.9) 式. □

附注 1　由刘维尔公式 (6.9) 可见, 解组 (6.8) 的朗斯基行列式 $W(x)$ 在区间 (a,b) 上只有两种可能: 恒等于零, 或恒不等于零. 下面的定理说明, 这两种可能性分别相应于解组 (6.8) 的线性相关性与线性无关性.

定理 6.2　线性微分方程组 (6.2) 的解组 (6.8) 是线性无关的充要条件为

$$W(x) \neq 0 \quad (a < x < b). \tag{6.10}$$

证明　由刘维尔公式可知, 条件 (6.10) 等价于 $W(x_0) \neq 0$, 而后者又等价于初值向量组

$$\boldsymbol{y}_1(x_0), \boldsymbol{y}_2(x_0), \cdots, \boldsymbol{y}_n(x_0) \tag{6.11}$$

在 $\mathbb{R}^n$ 中是线性无关的. 从引理 6.2 的证明中可见,

$$H(C_1\boldsymbol{y}_1(x_0) + C_2\boldsymbol{y}_2(x_0) + \cdots + C_n\boldsymbol{y}_n(x_0)) = C_1\boldsymbol{y}_1(x) + C_2\boldsymbol{y}_2(x) + \cdots + C_n\boldsymbol{y}_n(x).$$

因此, 利用 $H(\mathbf{0}) = \mathbf{0}$, 易知向量组 (6.11) 在 $\mathbb{R}^n$ 中是线性无关的, 当且仅当解组 (6.8) 在 $\mathcal{S}$ 中是线性无关的. □

推论 1　解组 (6.8) 是线性相关的充要条件为

$$W(x) \equiv 0 \quad (a < x < b). \quad \square$$

由刘维尔公式可知, 朗斯基行列式 $W(x) \equiv 0$ 等价于在某一特殊点 x_0 处 $W(x_0) = 0$. 因此, 在应用中我们只需计算 $W(x_0)$ 是否等于零, 就可得知解组 (6.8) 是否是线性相关的.

例 1 验证微分方程组

$$\frac{\mathrm{d}}{\mathrm{d}x}\begin{pmatrix} y_1 \\ y_2 \end{pmatrix} = \begin{pmatrix} \cos^2 x & \dfrac{1}{2}\sin 2x - 1 \\ \dfrac{1}{2}\sin 2x + 1 & \sin^2 x \end{pmatrix}\begin{pmatrix} y_1 \\ y_2 \end{pmatrix} \tag{6.12}$$

的通解为

$$\begin{pmatrix} y_1 \\ y_2 \end{pmatrix} = C_1\begin{pmatrix} \mathrm{e}^x\cos x \\ \mathrm{e}^x\sin x \end{pmatrix} + C_2\begin{pmatrix} -\sin x \\ \cos x \end{pmatrix}. \tag{6.13}$$

事实上, 不难验证

$$\begin{pmatrix} \mathrm{e}^x\cos x \\ \mathrm{e}^x\sin x \end{pmatrix}, \quad \begin{pmatrix} -\sin x \\ \cos x \end{pmatrix} \tag{6.14}$$

是齐次线性微分方程组 (6.12) 在区间 $(-\infty, +\infty)$ 上的两个解, 而且它们的朗斯基行列式 $W(x)$ 在 $x=0$ 处的值为

$$W(0) = \begin{vmatrix} 1 & 0 \\ 0 & 1 \end{vmatrix} = 1 \neq 0.$$

所以 (6.14) 式是一个基本解组, 从而 (6.13) 式是通解.

最后, 我们顺便引进一些记号, 为今后的讨论提供方便.

对应于解组 (6.8), 令矩阵 $\boldsymbol{Y}(x) = (y_{ij}(x))_{n\times n}$, 它叫作方程组 (6.2) 的**解矩阵**. 易知

$$\begin{aligned} \frac{\mathrm{d}\boldsymbol{Y}(x)}{\mathrm{d}x} &= \left(\frac{\mathrm{d}y_{ij}(x)}{\mathrm{d}x}\right)_{n\times n} = \left(\sum_{k=1}^{n} a_{ik}(x)y_{kj}(x)\right)_{n\times n} \\ &= (a_{ij}(x))_{n\times n}(y_{ij}(x))_{n\times n} = \boldsymbol{A}(x)\boldsymbol{Y}(x), \end{aligned}$$

即方程组 (6.2) 的解矩阵 $\boldsymbol{Y}(x)$ 是方程组 (6.2) 的矩阵解. 反之亦然.

当解组 (6.8) 是一个基本解组时, 称相应的解矩阵 $\boldsymbol{Y}(x)$ 为一个**基 (本) 解矩阵**. 若已知方程组 (6.2) 的一个基解矩阵 $\boldsymbol{\Phi}(x)$, 则由定理 6.1 可知, 它的通解为

$$\boldsymbol{y} = \boldsymbol{\Phi}(x)\boldsymbol{c}, \tag{6.15}$$

其中 $\boldsymbol{c}$ 是 n 维的任意常数列向量.

从定理 6.1、定理 6.2 和 (6.15) 式, 不难得到下述结果:

推论 2 (1) 设 $\boldsymbol{\Phi}(x)$ 是方程组 (6.2) 的一个基解矩阵, 则对于任一个非奇异的 n 阶常数矩阵 $\boldsymbol{C}$, 矩阵

$$\boldsymbol{\Psi}(x) = \boldsymbol{\Phi}(x)\boldsymbol{C} \tag{6.16}$$

也是 (6.2) 的一个基解矩阵;

(2) 设 $\boldsymbol{\Phi}(x)$ 和 $\boldsymbol{\Psi}(x)$ 都是方程组 (6.2) 的基解矩阵, 则必存在一个非奇异的 n 阶常数矩阵 $\boldsymbol{C}$, 使得 (6.16) 式成立. □

§6.1.2 非齐次线性微分方程组

现在, 我们可以利用 §6.1.1 的结果来推导非齐次 n 阶线性微分方程组 (6.1) 的通解结构.

引理 6.4 如果 $\boldsymbol{\Phi}(x)$ 是与方程组 (6.1) 相应的齐次线性微分方程组 (6.2) 的一个基解矩阵, $\boldsymbol{\varphi}^*(x)$ 是方程组 (6.1) 的一个特解, 则方程组 (6.1) 的任一解 $\boldsymbol{y}=\boldsymbol{\varphi}(x)$ 可以表示为

$$\boldsymbol{\varphi}(x)=\boldsymbol{\Phi}(x)\boldsymbol{c}+\boldsymbol{\varphi}^*(x),$$

其中 $\boldsymbol{c}$ 是一个与 $\boldsymbol{\varphi}(x)$ 有关的常数列向量.

证明 容易验证 $\boldsymbol{\varphi}(x)-\boldsymbol{\varphi}^*(x)$ 是方程组 (6.2) 的一个解. 因此, 由 (6.15) 式可知, 存在常数列向量 $\boldsymbol{c}$, 使得

$$\boldsymbol{\varphi}(x)-\boldsymbol{\varphi}^*(x)=\boldsymbol{\Phi}(x)\boldsymbol{c},$$

这正是所要证明的结论. □

引理 6.4 说明, 为了得出方程组 (6.1) 的通解, 需要知道方程组 (6.2) 的一个基解矩阵 $\boldsymbol{\Phi}(x)$ 和方程组 (6.1) 的一个特解 $\boldsymbol{\varphi}^*(x)$. 而且, 利用下述**常数变易法**, 我们只要知道 $\boldsymbol{\Phi}(x)$ 就足够了.

假定方程组 (6.1) 有如下形式的特解:

$$\boldsymbol{\varphi}^*(x)=\boldsymbol{\Phi}(x)\boldsymbol{c}(x),\tag{6.17}$$

其中 $\boldsymbol{c}(x)$ 是待定的向量函数. 把 (6.17) 式代入方程组 (6.1), 得到

$$\boldsymbol{\Phi}'(x)\boldsymbol{c}(x)+\boldsymbol{\Phi}(x)\boldsymbol{c}'(x)=\boldsymbol{A}(x)\boldsymbol{\Phi}(x)\boldsymbol{c}(x)+\boldsymbol{f}(x).\tag{6.18}$$

另一方面, 由于 $\boldsymbol{\Phi}(x)$ 是方程组 (6.2) 的解矩阵, 亦即

$$\boldsymbol{\Phi}'(x)=\boldsymbol{A}(x)\boldsymbol{\Phi}(x).$$

因此由 (6.18) 式消去相应的项, 就可得到

$$\boldsymbol{\Phi}(x)\boldsymbol{c}'(x)=\boldsymbol{f}(x).\tag{6.19}$$

又由于 $\boldsymbol{\Phi}(x)$ 是方程组 (6.2) 的基解矩阵, 所以它所对应的朗斯基行列式 $\det[\boldsymbol{\Phi}(x)]\neq 0$ $(a<x<b)$. 这蕴涵 $\boldsymbol{\Phi}(x)$ 是可逆矩阵. 因此, 可由 (6.19) 式推出

$$\boldsymbol{c}'(x)=\boldsymbol{\Phi}^{-1}(x)\boldsymbol{f}(x),$$

从而

$$\boldsymbol{c}(x)=\int_{x_0}^{x}\boldsymbol{\Phi}^{-1}(s)\boldsymbol{f}(s)\mathrm{d}s.$$

把上式代回 (6.17) 式, 就得到非齐次线性微分方程组 (6.1) 的一个特解

$$\boldsymbol{\varphi}^*(x) = \boldsymbol{\Phi}(x)\int_{x_0}^{x}\boldsymbol{\Phi}^{-1}(s)\boldsymbol{f}(s)\mathrm{d}s. \tag{6.20}$$

这样我们就得到下面的

引理 6.5 设 $\boldsymbol{\Phi}(x)$ 是方程组 (6.2) 的一个基解矩阵, 则 (6.20) 式给出非齐次线性微分方程组 (6.1) 的一个特解. □

结合引理 6.4 和引理 6.5, 我们就有如下结论:

定理 6.3 设 $\boldsymbol{\Phi}(x)$ 是方程组 (6.2) 的一个基解矩阵, 则非齐次线性微分方程组 (6.1) 在区间 (a,b) 上的通解可以表示为

$$\boldsymbol{y} = \boldsymbol{\Phi}(x)\left(\boldsymbol{c} + \int_{x_0}^{x}\boldsymbol{\Phi}^{-1}(s)\boldsymbol{f}(s)\mathrm{d}s\right), \tag{6.21}$$

其中 $\boldsymbol{c}$ 是 n 维的任意常数列向量; 而且方程组 (6.1) 满足初值条件 $\boldsymbol{y}(x_0) = \boldsymbol{y}_0$ 的解为

$$\boldsymbol{y} = \boldsymbol{\Phi}(x)\boldsymbol{\Phi}^{-1}(x_0)\boldsymbol{y}_0 + \boldsymbol{\Phi}(x)\int_{x_0}^{x}\boldsymbol{\Phi}^{-1}(s)\boldsymbol{f}(s)\mathrm{d}s, \tag{6.22}$$

其中 $x_0 \in (a,b)$. □

例 2 求解初值问题:

$$\begin{cases} \dfrac{\mathrm{d}}{\mathrm{d}x}\begin{pmatrix} y_1 \\ y_2 \end{pmatrix} = \begin{pmatrix} \cos^2 x & \dfrac{1}{2}\sin 2x - 1 \\ \dfrac{1}{2}\sin 2x + 1 & \sin^2 x \end{pmatrix}\begin{pmatrix} y_1 \\ y_2 \end{pmatrix} + \begin{pmatrix} \cos x \\ \sin x \end{pmatrix}, \\ \begin{pmatrix} y_1(0) \\ y_2(0) \end{pmatrix} = \begin{pmatrix} 0 \\ 1 \end{pmatrix}. \end{cases}$$

事实上, 从例 1 知道, 相应齐次线性微分方程组有一个基解矩阵

$$\boldsymbol{\Phi}(x) = \begin{pmatrix} \mathrm{e}^x\cos x & -\sin x \\ \mathrm{e}^x\sin x & \cos x \end{pmatrix}.$$

容易求出

$$\boldsymbol{\Phi}^{-1}(x) = \begin{pmatrix} \mathrm{e}^{-x}\cos x & \mathrm{e}^{-x}\sin x \\ -\sin x & \cos x \end{pmatrix}, \quad \boldsymbol{\Phi}^{-1}(0) = \begin{pmatrix} 1 & 0 \\ 0 & 1 \end{pmatrix}.$$

利用公式 (6.22), 就得到所求初值问题的解为

$$\begin{aligned} \begin{pmatrix} y_1 \\ y_2 \end{pmatrix} &= \boldsymbol{\Phi}(x)\left[\begin{pmatrix} 0 \\ 1 \end{pmatrix} + \int_0^x \begin{pmatrix} \mathrm{e}^{-s}\cos s & \mathrm{e}^{-s}\sin s \\ -\sin s & \cos s \end{pmatrix}\begin{pmatrix} \cos s \\ \sin s \end{pmatrix}\mathrm{d}s\right] \\ &= \begin{pmatrix} (\mathrm{e}^x - 1)\cos x - \sin x \\ (\mathrm{e}^x - 1)\sin x + \cos x \end{pmatrix}. \end{aligned}$$

附注 2 我们利用上面的常数变易法得到公式 (6.21) 和 (6.22). 它们相当于在第二章 §2.3 中公式 (2.32) 和 (2.35) 的推广. 但是两者有一个很大的区别: 那里的公式

(2.32) 和 (2.35) 对一阶线性方程提供了实际求解的**计算公式**; 而这里的公式 (6.21) 和 (6.22) 却依赖于方程组 (6.2) 的一个基解矩阵 $\boldsymbol{\Phi}(x)$. 一般而言, 我们无法求出 $\boldsymbol{\Phi}(x)$ 的有限形式 (像例 2 那样的简单情形并不多见). 也就是说, 公式 (6.21) 和 (6.22) 所提供的仅是一种结构性的公式. 尽管如此, 它们在微分方程以及相关的数学分支中 (特别在一些理论问题的研究中) 仍是常用的重要公式. 在某些特殊情形下, 针对矩阵 $\boldsymbol{A}(x)$ 的特点, 可以求出方程组 (6.2) 的一个基解矩阵的有限形式.

例 3 试求微分方程组

$$\frac{\mathrm{d}}{\mathrm{d}x}\begin{pmatrix} y_1 \\ y_2 \end{pmatrix} = \begin{pmatrix} 1 & 1 \\ 0 & \dfrac{1}{x} \end{pmatrix}\begin{pmatrix} y_1 \\ y_2 \end{pmatrix} \tag{6.23}$$

的一个基解矩阵, 并求出它的通解. 上式中自变量 x 的取值区间为 $(-\infty, 0) \cup (0, +\infty)$.

其实, 方程组 (6.23) 的分量形式为

$$\frac{\mathrm{d}y_1}{\mathrm{d}x} = y_1 + y_2, \quad \frac{\mathrm{d}y_2}{\mathrm{d}x} = \frac{1}{x}y_2.$$

从后一式容易求出通解 $y_2 = kx$, 其中 k 为任意常数. 可分别取 $y_2 = 0$ 和 $y_2 = x$, 代入前一式得到两个相应的特解 $y_1 = \mathrm{e}^x$ 和 $y_1 = -(x+1)$. 这样就求得方程组 (6.23) 的一个解矩阵为

$$\boldsymbol{\Phi}(x) = \begin{pmatrix} \mathrm{e}^x & -(x+1) \\ 0 & x \end{pmatrix}.$$

显然, 当 $x \neq 0$ 时, $\det[\boldsymbol{\Phi}(x)] = x\mathrm{e}^x \neq 0$. 因此, $\boldsymbol{\Phi}(x)$ 是方程组 (6.23) 的一个基解矩阵. 根据定理 6.1, 方程组 (6.23) 的通解为

$$\begin{pmatrix} y_1 \\ y_2 \end{pmatrix} = C_1\begin{pmatrix} \mathrm{e}^x \\ 0 \end{pmatrix} + C_2\begin{pmatrix} -x-1 \\ x \end{pmatrix}.$$

注意, 这里基解矩阵的朗斯基行列式在 $x = 0$ 的值为 $\det[\boldsymbol{\Phi}(0)] = 0$. 试问: 这是否与定理 6.2 的结论不相容?

习题 6–1

1. 求出齐次线性微分方程组

$$\frac{\mathrm{d}\boldsymbol{y}}{\mathrm{d}t} = \boldsymbol{A}(t)\boldsymbol{y}$$

的通解, 其中 $\boldsymbol{A}(t)$ 分别为

(1) $\boldsymbol{A}(t) = \begin{pmatrix} \dfrac{1}{t} & 0 \\ 0 & \dfrac{1}{t} \end{pmatrix}$, $t \neq 0$;　(2) $\boldsymbol{A}(t) = \begin{pmatrix} 1 & 1 \\ 0 & 1 \end{pmatrix}$;

(3) $\boldsymbol{A}(t) = \begin{pmatrix} 0 & 1 \\ -1 & 0 \end{pmatrix}$;　(4) $\boldsymbol{A}(t) = \begin{pmatrix} 0 & 0 & 1 \\ 0 & 1 & 0 \\ 1 & 0 & 0 \end{pmatrix}$.

2. 求解非齐次线性微分方程组的初值问题:

(1) $\begin{cases} \dfrac{\mathrm{d}x}{\mathrm{d}t} = 1 - \dfrac{2}{t}x, \quad \dfrac{\mathrm{d}y}{\mathrm{d}t} = x + y - 1 + \dfrac{2}{t}x \quad (t > 0), \\ x(1) = \dfrac{1}{3}, \quad y(1) = -\dfrac{1}{3}; \end{cases}$

(2) $\begin{cases} \dfrac{\mathrm{d}x}{\mathrm{d}t} = \dfrac{2t}{1+t^2}x, \quad \dfrac{\mathrm{d}y}{\mathrm{d}t} = -\dfrac{1}{t}y + x + t \quad (t > 0), \\ x(1) = 0, \quad y(1) = \dfrac{4}{3}. \end{cases}$

3. 试证向量函数组

$$\begin{pmatrix} 1 \\ 0 \\ 0 \end{pmatrix}, \begin{pmatrix} x \\ 0 \\ 0 \end{pmatrix}, \begin{pmatrix} x^2 \\ 0 \\ 0 \end{pmatrix}$$

在任意区间 (a, b) 上线性无关. (显然, 它们的朗斯基行列式 $W(x) \equiv 0$. 对照定理 6.2 可知, 上述三个线性无关的向量函数不可能同时满足任何一个三阶的齐次线性微分方程组.)

4. 试证基解矩阵完全决定齐次线性微分方程组, 即如果方程组

$$\frac{\mathrm{d}\boldsymbol{y}}{\mathrm{d}x} = \boldsymbol{A}(x)\boldsymbol{y} \quad 与 \quad \frac{\mathrm{d}\boldsymbol{y}}{\mathrm{d}x} = \boldsymbol{B}(x)\boldsymbol{y}$$

有一个相同的基解矩阵, 则 $\boldsymbol{A}(x) \equiv \boldsymbol{B}(x)$.

5. 设 $\boldsymbol{\Phi}(x)$ 是线性齐次微分方程组 (6.2) 的一个基解矩阵, 并且 n 维向量函数 $\boldsymbol{f}(x, \boldsymbol{y})$ 在区域 $E = \{(x, y) | a < x < b, |y| < +\infty\}$ 上连续, 则求解初值问题

$$\begin{cases} \dfrac{\mathrm{d}\boldsymbol{y}}{\mathrm{d}x} = \boldsymbol{A}(x)\boldsymbol{y} + \boldsymbol{f}(x, \boldsymbol{y}), \\ \boldsymbol{y}(x_0) = \boldsymbol{y}_0 \end{cases}$$

等价于求解 (向量形式的) 积分方程

$$\boldsymbol{y}(x) = \boldsymbol{\Phi}(x)\boldsymbol{\Phi}^{-1}(x_0)\boldsymbol{y}_0 + \int_{x_0}^{x} \boldsymbol{\Phi}(x)\boldsymbol{\Phi}^{-1}(s)\boldsymbol{f}(s, \boldsymbol{y}(s))\mathrm{d}s,$$

其中 $x_0 \in (a, b)$.

6. 设当 $a < x < b$ 时, 非齐次线性微分方程组 (6.1) 中的 $\boldsymbol{f}(x)$ 不恒为零. 证明: 方程组 (6.1) 有且至多有 $(n+1)$ 个线性无关解.

§6.2 常系数线性微分方程组

我们已在上一节指出, 由于基解矩阵 $\boldsymbol{\Phi}(x)$ 只有理论上的存在性, 所以公式 (6.21) 和 (6.22) 并没有完全解决微分方程组 (6.1) 的求解问题. 本节把讨论的范围限于常系数的情形, 则我们可以利用矩阵的指数函数解决相应的求解问题.

所谓**常系数**线性微分方程组, 指的是线性微分方程组

$$\frac{\mathrm{d}\boldsymbol{y}}{\mathrm{d}x} = \boldsymbol{A}\boldsymbol{y} + \boldsymbol{f}(x) \tag{6.24}$$

中的系数矩阵 $\boldsymbol{A}$ 为 n 阶**常数矩阵**, 而 $\boldsymbol{f}(x)$ 是在区间 (a, b) 上连续的向量函数. 我们已经知道, 求解线性微分方程组 (6.24) 的关键是求出相应齐次线性微分方程组

$$\frac{\mathrm{d}\boldsymbol{y}}{\mathrm{d}x} = \boldsymbol{A}\boldsymbol{y} \tag{6.25}$$

的一个基解矩阵. 当 $n=1$ 时, 矩阵 $\boldsymbol{A}$ 就是一个实数 a, 这时方程 (6.25) 成为

$$\frac{\mathrm{d}y}{\mathrm{d}x}=ay, \tag{6.26}$$

它的通解为 $y=C\mathrm{e}^{ax}$, 其中 C 为任意常数. 换句话说, e^{ax} 是方程 (6.26) 的一个 (一阶的) 基解矩阵. 由此引申出一个设想: 常系数线性微分方程组 (6.25) 有一个基解矩阵为 $\mathrm{e}^{x\boldsymbol{A}}$. 这里首先需要弄清, 把一个矩阵放在指数的位置上是什么意思?

§6.2.1　矩阵指数函数的定义和性质

令 $\mathcal{M}$ 表示由一切 n 阶 (实常数) 矩阵组成的集合. 在线性代数中, 我们知道 $\mathcal{M}$ 是一个 n^2 维的线性空间.

对 $\mathcal{M}$ 中的任何元素

$$\boldsymbol{A}=(a_{ij})_{n\times n},$$

定义它的模为

$$\|\boldsymbol{A}\|=\sum_{i,j=1}^{n}|a_{ij}|,$$

则我们容易证明:

(1) $\|\boldsymbol{A}\|\geqslant 0$, 而且 $\|\boldsymbol{A}\|=0$ 当且仅当 $\boldsymbol{A}=\boldsymbol{O}$ (零矩阵);

(2) 对于任意 $\boldsymbol{A},\boldsymbol{B}\in\mathcal{M}$, 有不等式

$$\|\boldsymbol{A}+\boldsymbol{B}\|\leqslant\|\boldsymbol{A}\|+\|\boldsymbol{B}\|.$$

现在, 我们在 $\mathcal{M}$ 中有了这个模 $\|\cdot\|$, 就可以仿照实数域中的数学分析来定义矩阵序列、柯西矩阵序列和矩阵无穷级数及其收敛性的概念. 而且容易证明, 在 $\mathcal{M}$ 中任何柯西序列都是收敛的, 即线性空间 $\mathcal{M}$ 关于模 $\|\cdot\|$ 是完备的.

另外, 在 $\mathcal{M}$ 中还特别有乘法运算, 即对于任意 $\boldsymbol{A},\boldsymbol{B}\in\mathcal{M}$, 有 $\boldsymbol{AB}\in\mathcal{M}$. 而且

(3) $\|\boldsymbol{AB}\|\leqslant\|\boldsymbol{A}\|\cdot\|\boldsymbol{B}\|$.

利用上述性质, 我们有

$$\|\boldsymbol{A}^k\|\leqslant\|\boldsymbol{A}\|^k\quad(k\geqslant 1).$$

通常令 $\boldsymbol{A}^0$ 为 n 阶单位矩阵 $\boldsymbol{E}$. 这样, 上面的不等式对 $k=0$ 不能成立.

由此不难证明下述

命题 1　矩阵 $\boldsymbol{A}$ 的幂级数

$$\boldsymbol{E}+\boldsymbol{A}+\frac{1}{2!}\boldsymbol{A}^2+\cdots+\frac{1}{k!}\boldsymbol{A}^k+\cdots$$

是绝对收敛的.

现以记号 $\mathrm{e}^{\boldsymbol{A}}$ (或 $\exp \boldsymbol{A}$) 表示上述矩阵幂级数的和, 并称它为**矩阵 $\boldsymbol{A}$ 的指数函数**, 即

$$\mathrm{e}^{\boldsymbol{A}} = \sum_{k=0}^{\infty} \frac{\boldsymbol{A}^k}{k!}.$$

注意, $\mathrm{e}^{\boldsymbol{A}} \in \mathcal{M}$. 另外, 当 $\boldsymbol{A}$ 是一阶矩阵 (即实数) 时, $\mathrm{e}^{\boldsymbol{A}}$ 就是通常的指数函数.

现在, 我们考察一般矩阵指数函数的性质.

命题 2 矩阵指数函数有如下性质:

(1) 若矩阵 $\boldsymbol{A}$ 和 $\boldsymbol{B}$ 是可交换的 (即 $\boldsymbol{AB} = \boldsymbol{BA}$), 则

$$\mathrm{e}^{\boldsymbol{A}+\boldsymbol{B}} = \mathrm{e}^{\boldsymbol{A}}\mathrm{e}^{\boldsymbol{B}};$$

(2) 对任何矩阵 $\boldsymbol{A}$, 指数函数 $\mathrm{e}^{\boldsymbol{A}}$ 是可逆的, 且

$$(\mathrm{e}^{\boldsymbol{A}})^{-1} = \mathrm{e}^{-\boldsymbol{A}};$$

(3) 若 $\boldsymbol{P}$ 是一个非奇异的 n 阶矩阵, 则

$$\mathrm{e}^{\boldsymbol{PAP}^{-1}} = \boldsymbol{P}\mathrm{e}^{\boldsymbol{A}}\boldsymbol{P}^{-1}.$$

证明 留给读者. □

§6.2.2 常系数齐次线性微分方程组的基解矩阵

现在, 我们可以利用矩阵指数函数求得常系数齐次线性微分方程组的基解矩阵, 从而得到它的通解.

定理 6.4 矩阵指数函数 $\boldsymbol{\Phi}(x) = \mathrm{e}^{x\boldsymbol{A}}$ 是常系数齐次线性微分方程组 (6.25) 的一个**标准基解矩阵** (即基解矩阵 $\boldsymbol{\Phi}(x)$ 满足 $\boldsymbol{\Phi}(0) = \boldsymbol{E}$).

证明 在自变量 x 取值的任意有限区间上, 易知矩阵指数函数

$$\boldsymbol{\Phi}(x) = \mathrm{e}^{x\boldsymbol{A}} = \boldsymbol{E} + x\boldsymbol{A} + \frac{x^2}{2!}\boldsymbol{A}^2 + \cdots + \frac{x^k}{k!}\boldsymbol{A}^k + \cdots$$

是一致收敛的, 而且可以利用逐项微分法则, 得到

$$\begin{aligned}
\frac{\mathrm{d}\boldsymbol{\Phi}(x)}{\mathrm{d}x} &= \frac{\mathrm{d}}{\mathrm{d}x}\mathrm{e}^{x\boldsymbol{A}} = \boldsymbol{A} + x\boldsymbol{A}^2 + \frac{x^2}{2!}\boldsymbol{A}^3 + \cdots + \frac{x^{k-1}}{(k-1)!}\boldsymbol{A}^k + \cdots \\
&= \boldsymbol{A}\left(\boldsymbol{E} + x\boldsymbol{A} + \frac{x^2}{2!}\boldsymbol{A}^2 + \cdots + \frac{x^{k-1}}{(k-1)!}\boldsymbol{A}^{k-1} + \cdots\right) \\
&= \boldsymbol{A}\mathrm{e}^{x\boldsymbol{A}} = \boldsymbol{A\Phi}(x).
\end{aligned}$$

这说明 $\boldsymbol{\Phi}(x)$ 是方程组 (6.25) 的一个解矩阵.

另一方面, 由于 $\boldsymbol{\Phi}(0) = \boldsymbol{E}$, 所以 $\det[\boldsymbol{\Phi}(0)] = 1$. 这就证明了 $\boldsymbol{\Phi}(x)$ 是方程组 (6.25) 的一个基解矩阵, 且是标准的. 定理证完. □

把定理 6.4 应用到定理 6.3, 并注意到命题 2 中的结论 (1) 和 (2), 则立即可得

推论 3 常系数非齐次线性微分方程组 (6.24) 在区间 (a,b) 上的通解为

$$\boldsymbol{y}=\mathrm{e}^{x\boldsymbol{A}}\boldsymbol{c}+\int_{x_0}^{x}\mathrm{e}^{(x-s)\boldsymbol{A}}\boldsymbol{f}(s)\mathrm{d}s, \tag{6.27}$$

其中 $\boldsymbol{c}$ 为任意的常数列向量; 而方程组 (6.24) 满足初值条件 $\boldsymbol{y}(x_0)=\boldsymbol{y}_0$ 的解为

$$\boldsymbol{y}=\mathrm{e}^{(x-x_0)\boldsymbol{A}}\boldsymbol{y}_0+\int_{x_0}^{x}\mathrm{e}^{(x-s)\boldsymbol{A}}\boldsymbol{f}(s)\mathrm{d}s, \tag{6.28}$$

其中 $x_0\in(a,b)$. □

现在, 我们要进一步解决的问题是, 这种用矩阵无穷级数定义的指数函数 $\mathrm{e}^{x\boldsymbol{A}}$, 是否可以用初等函数的有限形式表达出来. 如果可能的话, 应该怎样计算它呢? 让我们先看两个例子.

例 1 设

$$\boldsymbol{A}=\begin{pmatrix}a_1&&&\\&a_2&&\\&&\ddots&\\&&&a_n\end{pmatrix}$$

为一个对角矩阵, 则不难推出

$$\begin{aligned}\mathrm{e}^{x\boldsymbol{A}}&=\boldsymbol{E}+x\begin{pmatrix}a_1&&&\\&a_2&&\\&&\ddots&\\&&&a_n\end{pmatrix}+\frac{x^2}{2!}\begin{pmatrix}a_1^2&&&\\&a_2^2&&\\&&\ddots&\\&&&a_n^2\end{pmatrix}+\cdots\\&=\begin{pmatrix}\mathrm{e}^{a_1x}&&&\\&\mathrm{e}^{a_2x}&&\\&&\ddots&\\&&&\mathrm{e}^{a_nx}\end{pmatrix}.\end{aligned}$$

例 2 设

$$\boldsymbol{A}=\begin{pmatrix}1&1\\0&1\end{pmatrix},$$

试求矩阵指数函数 $\mathrm{e}^{x\boldsymbol{A}}$.

容易看出, 矩阵 $\boldsymbol{A}$ 可以分解成两个矩阵之和

$$\boldsymbol{A}=\boldsymbol{E}+\boldsymbol{Z},$$

其中

$$\boldsymbol{E}=\begin{pmatrix}1&0\\0&1\end{pmatrix},\quad \boldsymbol{Z}=\begin{pmatrix}0&1\\0&0\end{pmatrix}.$$

$\boldsymbol{E}$ 为**单位矩阵**, 而 $\boldsymbol{Z}$ 为**幂零矩阵** (即它的某一方幂为零矩阵). 由于单位矩阵 $\boldsymbol{E}$ 与任一矩阵是可交换的, 则由命题 2 中的 (1) 可知

$$\mathrm{e}^{x\boldsymbol{A}} = \mathrm{e}^{x(\boldsymbol{E}+\boldsymbol{Z})} = \mathrm{e}^{x\boldsymbol{E}}\mathrm{e}^{x\boldsymbol{Z}}. \tag{6.29}$$

另一方面, 利用例 1 的结果, 对于单位矩阵 $\boldsymbol{E}$, 我们有

$$\mathrm{e}^{x\boldsymbol{E}} = \begin{pmatrix} \mathrm{e}^x & 0 \\ 0 & \mathrm{e}^x \end{pmatrix} = \mathrm{e}^x\boldsymbol{E}. \tag{6.30}$$

再利用矩阵指数函数的定义和幂零矩阵的性质可得

$$\begin{aligned} \mathrm{e}^{x\boldsymbol{Z}} &= \boldsymbol{E} + x\begin{pmatrix} 0 & 1 \\ 0 & 0 \end{pmatrix} + \frac{x^2}{2!}\begin{pmatrix} 0 & 0 \\ 0 & 0 \end{pmatrix} + \cdots \\ &= \boldsymbol{E} + x\begin{pmatrix} 0 & 1 \\ 0 & 0 \end{pmatrix} = \begin{pmatrix} 1 & x \\ 0 & 1 \end{pmatrix}. \end{aligned} \tag{6.31}$$

由此看出, 幂零矩阵的指数函数展开式实际上是一个有限和. 这是我们解决问题的关键所在.

这样, 只要把结果 (6.30) 和 (6.31) 代入 (6.29) 式, 最后就得到

$$\mathrm{e}^{x\boldsymbol{A}} = \mathrm{e}^x\begin{pmatrix} 1 & x \\ 0 & 1 \end{pmatrix} = \begin{pmatrix} \mathrm{e}^x & x\mathrm{e}^x \\ 0 & \mathrm{e}^x \end{pmatrix},$$

它是初等函数的有限形式.

我们对例 2 进行细致的分析, 是因为它的方法有普遍意义. 大家知道, 任一矩阵 $\boldsymbol{A}$ 在相似变换下都可以化成它的若尔当 (Jordan, 1838—1922) 标准形 $\boldsymbol{J}$, 而 $\boldsymbol{J}$ 的每一若尔当块又都可分解成矩阵 $\lambda\boldsymbol{E}$ 和一个幂零矩阵之和. 因此, $\mathrm{e}^{x\boldsymbol{J}}$ 可以表示成初等函数有限和的形式. 另一方面, $\mathrm{e}^{x\boldsymbol{A}}$ 和 $\mathrm{e}^{x\boldsymbol{J}}$ 之间可以由命题 2 中的结论 (3) 建立联系. 下面我们就对刚才的说法进行详细的论证.

§6.2.3　利用若尔当标准形求基解矩阵

根据一般线性代数教科书的结果, 对于每一个 n 阶矩阵 $\boldsymbol{A}$, 存在 n 阶非奇异矩阵 $\boldsymbol{P}$, 使得

$$\boldsymbol{A} = \boldsymbol{P}\boldsymbol{J}\boldsymbol{P}^{-1},$$

其中

$$\boldsymbol{J} = \begin{pmatrix} \boldsymbol{J}_1 & & & \\ & \boldsymbol{J}_2 & & \\ & & \ddots & \\ & & & \boldsymbol{J}_m \end{pmatrix}$$

为若尔当标准形. 假设若尔当块

$$J_i = \begin{pmatrix} \lambda_i & 1 & & \\ & \lambda_i & \ddots & \\ & & \ddots & 1 \\ & & & \lambda_i \end{pmatrix}$$

是 n_i 阶的 $(i = 1, 2, \cdots, m; n_1 + n_2 + \cdots + n_m = n)$, 则 J_i 有如下分解式:

$$J_i = \begin{pmatrix} \lambda_i & & & \\ & \lambda_i & & \\ & & \ddots & \\ & & & \lambda_i \end{pmatrix} + \begin{pmatrix} 0 & 1 & & \\ & 0 & \ddots & \\ & & \ddots & 1 \\ & & & 0 \end{pmatrix},$$

其中右侧第一个矩阵具有 $\lambda_i E$ 的形式, 而第二个矩阵是幂零的 (它的 n_i 次幂为零矩阵). 由于矩阵 $\lambda_i E$ 与任何矩阵都是可交换的, 因此用例 2 的方法容易得出

$$e^{xJ_i} = e^{\lambda_i x} \left\{ E + x \begin{pmatrix} 0 & 1 & & & \\ & \ddots & \ddots & & \\ & & \ddots & \ddots & \\ & & & \ddots & 1 \\ & & & & 0 \end{pmatrix} + \frac{x^2}{2!} \begin{pmatrix} 0 & 0 & 1 & & \\ & \ddots & \ddots & \ddots & \\ & & \ddots & \ddots & 1 \\ & & & \ddots & 0 \\ & & & & 0 \end{pmatrix} + \cdots + \right.$$

$$\left. \frac{x^{n_i-1}}{(n_i-1)!} \begin{pmatrix} 0 & \cdots & \cdots & 0 & 1 \\ & 0 & \cdots & \cdots & 0 \\ & & \ddots & & \vdots \\ & & & \ddots & \vdots \\ & & & & 0 \end{pmatrix} \right\},$$

由此得到它的初等函数有限和的形式, 即

$$e^{xJ_i} = e^{\lambda_i x} \begin{pmatrix} 1 & x & \frac{x^2}{2!} & \cdots & \cdots & \frac{x^{n_i-1}}{(n_i-1)!} \\ & 1 & x & \cdots & \cdots & \frac{x^{n_i-2}}{(n_i-2)!} \\ & & \ddots & \ddots & & \vdots \\ & & & \ddots & \ddots & \vdots \\ & & & & \ddots & x \\ & & & & & 1 \end{pmatrix} \quad (i = 1, 2, \cdots, m). \tag{6.32}$$

再用例 1 的方法容易得到

$$e^{x\boldsymbol{J}} = \begin{pmatrix} e^{x\boldsymbol{J}_1} & & & \\ & e^{x\boldsymbol{J}_2} & & \\ & & \ddots & \\ & & & e^{x\boldsymbol{J}_m} \end{pmatrix}.$$

另一方面, 由命题 2 中的结论 (3) 可知

$$e^{x\boldsymbol{A}} = e^{x\boldsymbol{P}\boldsymbol{J}\boldsymbol{P}^{-1}} = \boldsymbol{P}e^{x\boldsymbol{J}}\boldsymbol{P}^{-1}. \tag{6.33}$$

公式 (6.33) 提供了实际计算方程组 (6.25) 的基解矩阵 $e^{x\boldsymbol{A}}$ 的一个方法. 另外, 利用 $\boldsymbol{P}$ 的可逆性和在 §6.1 中的推论 2, 我们知道 $e^{x\boldsymbol{A}}\boldsymbol{P}$ 也是方程组 (6.25) 的一个基解矩阵, 而且由 (6.33) 式得到

$$e^{x\boldsymbol{A}}\boldsymbol{P} = \boldsymbol{P}e^{x\boldsymbol{J}}, \tag{6.34}$$

亦即

$$e^{x\boldsymbol{A}}\boldsymbol{P} = \boldsymbol{P} \begin{pmatrix} e^{x\boldsymbol{J}_1} & & & \\ & e^{x\boldsymbol{J}_2} & & \\ & & \ddots & \\ & & & e^{x\boldsymbol{J}_m} \end{pmatrix} \tag{6.35}$$

是方程组 (6.25) 的一个基解矩阵, 其中 $e^{x\boldsymbol{J}_i}$ $(1 \leqslant i \leqslant m)$ 由 (6.32) 式给出.

从 (6.34) 式或 (6.35) 式来求方程组 (6.25) 的基解矩阵, 与 (6.33) 式相比, 可以避免求逆矩阵并减少一次矩阵乘法的运算. 尽管如此, 求若尔当标准形 $\boldsymbol{J}$ 及过渡矩阵 $\boldsymbol{P}$ 的计算量一般仍然是很大的, 所以有必要寻找比较简便的替代方法.

§6.2.4 待定指数函数法

现在, 我们可以把上面由理论分析所得的公式 (6.35) 应用于下面的**待定系数法**, 以便确定方程组 (6.25) 相应的基解矩阵.

由于矩阵 $\boldsymbol{A}$ 的若尔当标准形依赖于它的特征根的重数, 因此我们将区分两种不同的情形.

(1) $\boldsymbol{A}$ 只有单的特征根.

设 $\boldsymbol{A}$ 的特征根 $\lambda_1, \lambda_2, \cdots, \lambda_n$ 均为单根, 因此它们互不相同, 则 $\boldsymbol{A}$ 的若尔当标准形 $\boldsymbol{J}$ 就是一个对角矩阵, 由 (6.34) 式和例 1 得到相应的基解矩阵

$$\boldsymbol{\Phi}(x) = e^{x\boldsymbol{A}}\boldsymbol{P} = \boldsymbol{P} \begin{pmatrix} e^{\lambda_1 x} & & & \\ & e^{\lambda_2 x} & & \\ & & \ddots & \\ & & & e^{\lambda_n x} \end{pmatrix},$$

注意, $\boldsymbol{\Phi}(0)=\boldsymbol{P}$. 由此可见

$$\mathrm{e}^{x\boldsymbol{A}}=\boldsymbol{\Phi}(x)\boldsymbol{\Phi}^{-1}(0). \tag{6.36}$$

因此, 问题归于如何确定矩阵 $\boldsymbol{P}$. 令 $\boldsymbol{r}_i$ 表示 $\boldsymbol{P}$ 的第 i 列的向量, 则基解矩阵

$$\boldsymbol{\Phi}(x)=\left(\mathrm{e}^{\lambda_1 x}\boldsymbol{r}_1,\mathrm{e}^{\lambda_2 x}\boldsymbol{r}_2,\cdots,\mathrm{e}^{\lambda_n x}\boldsymbol{r}_n\right).$$

它告诉我们方程组 (6.25) 有如下形式的解:

$$\mathrm{e}^{\lambda_i x}\boldsymbol{r}_i,$$

其中 $\boldsymbol{r}_i$ 是一个待定的常数列向量. 下面的引理给出了一个求 $\boldsymbol{r}_i$ 的方法.

引理 6.6 微分方程组 (6.25) 有非零解 $\boldsymbol{y}=\mathrm{e}^{\lambda x}\boldsymbol{r}$, 当且仅当 λ 是矩阵 $\boldsymbol{A}$ 的特征根, 而 $\boldsymbol{r}$ 是与 λ 相应的特征向量.

证明 用直接代入法推出: $\boldsymbol{y}=\mathrm{e}^{\lambda x}\boldsymbol{r}$ 是微分方程组 (6.25) 的解, 当且仅当

$$\lambda\mathrm{e}^{\lambda x}\boldsymbol{r}=\boldsymbol{A}\mathrm{e}^{\lambda x}\boldsymbol{r},\quad \forall x\in(a,b);$$

它等价于求齐次线性 (代数) 方程组

$$(\boldsymbol{A}-\lambda\boldsymbol{E})\boldsymbol{r}=\boldsymbol{0}$$

的非零解 $\boldsymbol{r}$, 即与 $\boldsymbol{A}$ 的特征根 λ 相应的特征向量. □

定理 6.5 设 n 阶矩阵 $\boldsymbol{A}$ 有 n 个互不相同的特征根 $\lambda_1,\lambda_2,\cdots,\lambda_n$, 则矩阵函数

$$\boldsymbol{\Phi}(x)=\left(\mathrm{e}^{\lambda_1 x}\boldsymbol{r}_1,\mathrm{e}^{\lambda_2 x}\boldsymbol{r}_2,\cdots,\mathrm{e}^{\lambda_n x}\boldsymbol{r}_n\right)$$

是方程组 (6.25) 的一个基解矩阵, 其中 $\boldsymbol{r}_i$ 是 $\boldsymbol{A}$ 的与 λ_i 相应的特征向量.

证明 由引理 6.6, $\boldsymbol{\Phi}(x)$ 是方程组 (6.25) 的解矩阵. 另一方面, 由线性代数的结果, 对应于不同特征根的特征向量组是线性无关的, 所以

$$\det[\boldsymbol{\Phi}(0)]=\det[\boldsymbol{r}_1,\boldsymbol{r}_2,\cdots,\boldsymbol{r}_n]\neq 0.$$

再由定理 6.2 可知, $\boldsymbol{\Phi}(x)$ 是微分方程组 (6.25) 的一个基解矩阵. 定理得证. □

附注 1 利用引理 6.6 的结果和定理 6.5 的证明方法容易看出, 定理 6.5 的结果可以得到加强, 即我们有

定理 6.5* 设 $\boldsymbol{r}_1,\boldsymbol{r}_2,\cdots,\boldsymbol{r}_n$ 是矩阵 $\boldsymbol{A}$ 的 n 个线性无关的特征向量, 则矩阵函数

$$\boldsymbol{\Phi}(x)=\left(\mathrm{e}^{\lambda_1 x}\boldsymbol{r}_1,\mathrm{e}^{\lambda_2 x}\boldsymbol{r}_2,\cdots,\mathrm{e}^{\lambda_n x}\boldsymbol{r}_n\right)$$

是方程组 (6.25) 的一个基解矩阵, 其中 $\lambda_1,\lambda_2,\cdots,\lambda_n$ 是矩阵 $\boldsymbol{A}$ 的与 $\boldsymbol{r}_1,\boldsymbol{r}_2,\cdots,\boldsymbol{r}_n$ 相应的特征根. 它们不必互不相同. □

虽然定理 6.5* 的结果强于定理 6.5, 但它的应用却不如定理 6.5 那样方便. 问题在于: 当矩阵 $\boldsymbol{A}$ 有重特征根时, 我们并不知道 $\boldsymbol{A}$ 是否仍有 n 个线性无关的特征向量. 在很多情况下, 这是一个复杂的问题.

附注 2 虽然 $\boldsymbol{A}$ 是实矩阵, 但它可能有 (共轭的) 复特征根, 从而定理 6.5 中的矩阵 $\boldsymbol{\Phi}(x)$ 可能是复的. 但是, 容易看出, 当 $\boldsymbol{A}$ 为实矩阵时, 矩阵 $\mathrm{e}^{x\boldsymbol{A}}$ 是实的. 因此, 我们可以利用公式 (6.36), 从复矩阵 $\boldsymbol{\Phi}(x)$ 得到所需的实基解矩阵 $\mathrm{e}^{x\boldsymbol{A}}$.

不过, 由于在公式 (6.36) 中需要计算逆矩阵 $\boldsymbol{\Phi}^{-1}(0)$, 这在应用上并不是太方便的 (特别当 n 较大时). 下面再介绍一个从复值解求实值解的方法.

设微分方程组 (6.25) 有一个复值解

$$\boldsymbol{y}_1 = \boldsymbol{u}(x) + \mathrm{i}\boldsymbol{v}(x),$$

则利用在方程组 (6.25) 两侧取共轭的方法 (并注意到矩阵 $\boldsymbol{A}$ 是实的) 易知, $\boldsymbol{y}_1$ 的共轭

$$\boldsymbol{y}_2 = \boldsymbol{u}(x) - \mathrm{i}\boldsymbol{v}(x)$$

也是方程组 (6.25) 的一个复值解. 从而它们的实部

$$\boldsymbol{u}(x) = \frac{1}{2}(\boldsymbol{y_1} + \boldsymbol{y_2})$$

和虚部

$$\boldsymbol{v}(x) = \frac{1}{2\mathrm{i}}(\boldsymbol{y_1} - \boldsymbol{y_2})$$

都是方程组 (6.25) 的实值解. 这样, 我们从一对共轭的复值解可以得到两个实值解. 而且不难看出, 用这种方法可把解矩阵 $\boldsymbol{\Phi}(x)$ 中的所有复值解都换成实值解, 最后得到 n 个线性无关的实值解.

例 3 求微分方程组

$$\frac{\mathrm{d}\boldsymbol{y}}{\mathrm{d}x} = \begin{pmatrix} 5 & -28 & -18 \\ -1 & 5 & 3 \\ 3 & -16 & -10 \end{pmatrix} \boldsymbol{y}$$

的通解.

容易算出

$$\det[\boldsymbol{A} - \lambda\boldsymbol{E}] = \lambda(1 - \lambda^2).$$

因此, 矩阵 $\boldsymbol{A}$ 有特征根 $\lambda_1 = 0, \lambda_2 = 1$ 和 $\lambda_3 = -1$. 通过简单的计算可知, 与它们相对应的特征向量可以取为

$$\boldsymbol{r}_1 = \begin{pmatrix} -2 \\ -1 \\ 1 \end{pmatrix}, \quad \boldsymbol{r}_2 = \begin{pmatrix} 2 \\ -1 \\ 2 \end{pmatrix}, \quad \boldsymbol{r}_3 = \begin{pmatrix} 3 \\ 0 \\ 1 \end{pmatrix}.$$

因此, 所求的通解为

$$\boldsymbol{y} = C_1 \begin{pmatrix} -2 \\ -1 \\ 1 \end{pmatrix} + C_2 \begin{pmatrix} 2 \\ -1 \\ 2 \end{pmatrix} \mathrm{e}^x + C_3 \begin{pmatrix} 3 \\ 0 \\ 1 \end{pmatrix} \mathrm{e}^{-x},$$

其中 C_1, C_2 和 C_3 为任意常数.

例 4 求解微分方程组

$$\frac{\mathrm{d}\boldsymbol{y}}{\mathrm{d}x}=\begin{pmatrix}1 & 1\\ -1 & 1\end{pmatrix}\boldsymbol{y}. \tag{6.37}$$

易知

$$\det[\boldsymbol{A}-\lambda\boldsymbol{E}]=\lambda^2-2\lambda+2.$$

因此矩阵 $\boldsymbol{A}$ 有特征根 $\lambda_1=1+\mathrm{i}$ 和 $\lambda_2=1-\mathrm{i}$, 而且相应的特征向量可分别取为

$$\boldsymbol{r}_1=\begin{pmatrix}1\\ \mathrm{i}\end{pmatrix},\quad \boldsymbol{r}_2=\begin{pmatrix}\mathrm{i}\\ 1\end{pmatrix}.$$

所以解矩阵可取为

$$\boldsymbol{\Phi}(x)=\begin{pmatrix}\mathrm{e}^{(1+\mathrm{i})x} & \mathrm{i}\mathrm{e}^{(1-\mathrm{i})x}\\ \mathrm{i}\mathrm{e}^{(1+\mathrm{i})x} & \mathrm{e}^{(1-\mathrm{i})x}\end{pmatrix}=\mathrm{e}^x\begin{pmatrix}\mathrm{e}^{\mathrm{i}x} & \mathrm{i}\mathrm{e}^{-\mathrm{i}x}\\ \mathrm{i}\mathrm{e}^{\mathrm{i}x} & \mathrm{e}^{-\mathrm{i}x}\end{pmatrix}.$$

这是一个复值矩阵. 代入 (6.36) 式, 可得实的基解矩阵

$$\begin{aligned}\mathrm{e}^{x\boldsymbol{A}}&=\boldsymbol{\Phi}(x)\boldsymbol{\Phi}^{-1}(0)\\ &=\mathrm{e}^x\begin{pmatrix}\mathrm{e}^{\mathrm{i}x} & \mathrm{i}\mathrm{e}^{-\mathrm{i}x}\\ \mathrm{i}\mathrm{e}^{\mathrm{i}x} & \mathrm{e}^{-\mathrm{i}x}\end{pmatrix}\cdot\frac{1}{2}\begin{pmatrix}1 & -\mathrm{i}\\ -\mathrm{i} & 1\end{pmatrix}\\ &=\mathrm{e}^x\begin{pmatrix}\cos x & \sin x\\ -\sin x & \cos x\end{pmatrix}.\end{aligned}$$

由此可以得到方程组 (6.37) 的通解

$$\boldsymbol{y}=C_1\mathrm{e}^x\begin{pmatrix}\cos x\\ -\sin x\end{pmatrix}+C_2\mathrm{e}^x\begin{pmatrix}\sin x\\ \cos x\end{pmatrix}, \tag{6.38}$$

其中 C_1 和 C_2 是任意常数.

现在, 我们顺便利用本节附注 2 的方法, 从复值解提取所需的实值解. 从上面的 $\boldsymbol{\Phi}(x)$ 可以看出, 它的第一列

$$\boldsymbol{y}_1=\mathrm{e}^x\begin{pmatrix}\mathrm{e}^{\mathrm{i}x}\\ \mathrm{i}\mathrm{e}^{\mathrm{i}x}\end{pmatrix}=\mathrm{e}^x\begin{pmatrix}\cos x\\ -\sin x\end{pmatrix}+\mathrm{i}\mathrm{e}^x\begin{pmatrix}\sin x\\ \cos x\end{pmatrix}$$

是一个复值解. 因此, 它的实部和虚部是两个线性无关解, 由此同样可以得到通解 (6.38). 注意, $\boldsymbol{y}_1$ 的共轭 $\boldsymbol{y}_2=\overline{\boldsymbol{y}}_1$ 虽没在 $\boldsymbol{\Phi}(x)$ 中出现, 其实它与 $\boldsymbol{\Phi}(x)$ 的第二列只差一个因子 i.

(2) $\boldsymbol{A}$ 有重特征根.

假设矩阵 $\boldsymbol{A}$ 的互不相同的特征根为 $\lambda_1,\lambda_2,\cdots,\lambda_s$, 相应的重数分别为正整数 n_1, $n_2,\cdots,n_s$ $(n_1+n_2+\cdots+n_s=n)$. 在 $\boldsymbol{A}$ 的若尔当标准形 $\boldsymbol{J}$ 中, 与 λ_i 相对应的若尔当块可能不止一个, 但这些若尔当块的阶数之和为 n_i $(i=1,2,\cdots,s)$. 从 (6.35) 式可

以推出, 在方程组 (6.25) 的基解矩阵 $\mathrm{e}^{x\boldsymbol{A}}\boldsymbol{P}$ 的所有列向量中, 与 λ_i 相关的 n_i 列都具有如下形式:

$$\boldsymbol{y}=\mathrm{e}^{\lambda_i x}\left(\boldsymbol{r}_0+\frac{x}{1!}\boldsymbol{r}_1+\frac{x^2}{2!}\boldsymbol{r}_2+\cdots+\frac{x^{n_i-1}}{(n_i-1)!}\boldsymbol{r}_{n_i-1}\right), \tag{6.39}$$

其中 $\boldsymbol{r}_j$ $(j=0,1,\cdots,n_i-1)$ 是 n 维常数列向量. 下面的引理给出确定诸 $\boldsymbol{r}_j$ 的方法.

引理 6.7 设 λ_i 是矩阵 $\boldsymbol{A}$ 的 n_i 重特征根, 则方程组 (6.25) 有形如 (6.39) 式的非零解的充要条件是: $\boldsymbol{r}_0$ 是齐次线性 (代数) 方程组

$$(\boldsymbol{A}-\lambda_i\boldsymbol{E})^{n_i}\boldsymbol{r}=\boldsymbol{0} \tag{6.40}$$

的一个非零解, 而且 (6.39) 式中的 $\boldsymbol{r}_1,\boldsymbol{r}_2,\cdots,\boldsymbol{r}_{n_i-1}$ 是由下面的关系式逐次确定的:

$$\begin{cases}\boldsymbol{r}_1=(\boldsymbol{A}-\lambda_i\boldsymbol{E})\boldsymbol{r}_0,\\ \boldsymbol{r}_2=(\boldsymbol{A}-\lambda_i\boldsymbol{E})\boldsymbol{r}_1,\\ \cdots\cdots\cdots\cdots\\ \boldsymbol{r}_{n_i-1}=(\boldsymbol{A}-\lambda_i\boldsymbol{E})\boldsymbol{r}_{n_i-2}.\end{cases} \tag{6.41}$$

证明 假设微分方程组 (6.25) 有形如 (6.39) 式的非零解, 则把 (6.39) 式代入方程组 (6.25) 后得到

$$\begin{aligned}&\lambda_i\mathrm{e}^{\lambda_i x}\left(\boldsymbol{r}_0+\frac{x}{1!}\boldsymbol{r}_1+\cdots+\frac{x^{n_i-1}}{(n_i-1)!}\boldsymbol{r}_{n_i-1}\right)+\\ &\mathrm{e}^{\lambda_i x}\left(\boldsymbol{r}_1+\frac{x}{1!}\boldsymbol{r}_2+\cdots+\frac{x^{n_i-2}}{(n_i-2)!}\boldsymbol{r}_{n_i-1}\right)\\ =&\boldsymbol{A}\mathrm{e}^{\lambda_i x}\left(\boldsymbol{r}_0+\frac{x}{1!}\boldsymbol{r}_1+\cdots+\frac{x^{n_i-1}}{(n_i-1)!}\boldsymbol{r}_{n_i-1}\right),\end{aligned}$$

消去 $\mathrm{e}^{\lambda_i x}$, 即得

$$\begin{aligned}&(\boldsymbol{A}-\lambda_i\boldsymbol{E})\left(\boldsymbol{r}_0+\frac{x}{1!}\boldsymbol{r}_1+\cdots+\frac{x^{n_i-1}}{(n_i-1)!}\boldsymbol{r}_{n_i-1}\right)\\ =&\boldsymbol{r}_1+\frac{x}{1!}\boldsymbol{r}_2+\cdots+\frac{x^{n_i-2}}{(n_i-2)!}\boldsymbol{r}_{n_i-1}.\end{aligned}$$

比较 x 的同次幂系数可得

$$\begin{cases}(\boldsymbol{A}-\lambda_i\boldsymbol{E})\boldsymbol{r}_0=\boldsymbol{r}_1,\\ (\boldsymbol{A}-\lambda_i\boldsymbol{E})\boldsymbol{r}_1=\boldsymbol{r}_2,\\ \cdots\cdots\cdots\cdots\\ (\boldsymbol{A}-\lambda_i\boldsymbol{E})\boldsymbol{r}_{n_i-2}=\boldsymbol{r}_{n_i-1},\\ (\boldsymbol{A}-\lambda_i\boldsymbol{E})\boldsymbol{r}_{n_i-1}=\boldsymbol{0},\end{cases}$$

亦即

$$\begin{cases}(\boldsymbol{A}-\lambda_i\boldsymbol{E})\boldsymbol{r}_0=\boldsymbol{r}_1,\\ (\boldsymbol{A}-\lambda_i\boldsymbol{E})^2\boldsymbol{r}_0=\boldsymbol{r}_2,\\ \cdots\cdots\cdots\cdots\\ (\boldsymbol{A}-\lambda_i\boldsymbol{E})^{n_i-1}\boldsymbol{r}_0=\boldsymbol{r}_{n_i-1},\\ (\boldsymbol{A}-\lambda_i\boldsymbol{E})^{n_i}\boldsymbol{r}_0=\boldsymbol{0}.\end{cases}$$

因此, $\boldsymbol{r}_0$ 是方程组 (6.40) 的非零解 (否则 (6.39) 式是方程组 (6.25) 的零解), 而 $\boldsymbol{r}_1, \cdots, \boldsymbol{r}_{n_i-1}$ 满足方程组 (6.41). 注意, 在 $\boldsymbol{r}_0, \boldsymbol{r}_1, \cdots, \boldsymbol{r}_{n_i-1}$ 中只有前 m 个是非零向量, 以后的全是零向量, 其中 m 可能是 1, 2, 等等, 但最多是 n_i.

以上的推理过程可以全部倒推回去. 从而引理得证. □

现在, 我们需要线性代数中的如下结果 (它的证明可见一般的代数教程):

命题 3　设矩阵 $\boldsymbol{A}$ 的互不相同的特征根为 $\lambda_1, \lambda_2, \cdots, \lambda_s$, 它们的重数分别是 $n_1, n_2, \cdots, n_s$ $(n_1+n_2+\cdots+n_s=n)$; 记 n 维常数列向量所组成的线性空间为 $\mathbb{V}$, 则

(1) $\mathbb{V}$ 的子集合

$$\mathbb{V}_i=\{\boldsymbol{r}\in\mathbb{V}\,|\,(\boldsymbol{A}-\lambda_i\boldsymbol{E})^{n_i}\ \boldsymbol{r}=\boldsymbol{0}\}$$

是矩阵 $\boldsymbol{A}$ 的 n_i $(i=1,2,\cdots,s)$ 维不变子空间, 并且

(2) $\mathbb{V}$ 有直和分解

$$\mathbb{V}=\mathbb{V}_1\oplus\mathbb{V}_2\oplus\cdots\oplus\mathbb{V}_s. \qquad \square$$

下面的定理是本节的主要结果.

定理 6.6　设 n 阶实值常数矩阵 $\boldsymbol{A}$ 在复域中互不相同的特征根是 $\lambda_1, \lambda_2, \cdots, \lambda_s$, 而且相应的重数分别为 $n_1, n_2, \cdots, n_s$ $(n_1+n_2+\cdots+n_s=n)$, 则常系数齐次线性微分方程组 (6.25), 即

$$\frac{\mathrm{d}\boldsymbol{y}}{\mathrm{d}x}=\boldsymbol{A}\boldsymbol{y}$$

有基解矩阵 $\boldsymbol{\Phi}(x)$ 为

$$\left(\mathrm{e}^{\lambda_1 x}\boldsymbol{P}_1^{(1)}(x), \cdots, \mathrm{e}^{\lambda_1 x}\boldsymbol{P}_{n_1}^{(1)}(x); \cdots; \mathrm{e}^{\lambda_s x}\boldsymbol{P}_1^{(s)}(x), \cdots, \mathrm{e}^{\lambda_s x}\boldsymbol{P}_{n_s}^{(s)}(x)\right), \tag{6.42}$$

其中

$$\boldsymbol{P}_j^{(i)}(x)=\boldsymbol{r}_{j0}^{(i)}+\frac{x}{1!}\boldsymbol{r}_{j1}^{(i)}+\frac{x^2}{2!}\boldsymbol{r}_{j2}^{(i)}+\cdots+\frac{x^{n_i-1}}{(n_i-1)!}\boldsymbol{r}_{j,n_i-1}^{(i)} \tag{6.43}$$

是与 λ_i 相应的第 j 个向量多项式 $(i=1,2,\cdots,s; j=1,2,\cdots,n_i)$, 而 $\boldsymbol{r}_{10}^{(i)}, \boldsymbol{r}_{20}^{(i)}, \cdots, \boldsymbol{r}_{n_i0}^{(i)}$ 是齐次线性代数方程组 (6.40) 的 n_i 个线性无关的解, 且 $\boldsymbol{r}_{jk}^{(i)}$ $(i=1,2,\cdots,s; j=1,2,\cdots,n_i; k=1,2,\cdots,n_i-1)$ 是把 $\boldsymbol{r}_{j0}^{(i)}$ 代替 (6.41) 式中的 $\boldsymbol{r}_0$ 而依次得出的 $\boldsymbol{r}_k$.

此外, 当所得出的 $\boldsymbol{\Phi}(x)$ 是复值时, 可利用本节附注 2 所述的方法从 $\boldsymbol{\Phi}(x)$ 提取实值基解矩阵.

证明　由引理 6.7 可知, 在 (6.42) 式中矩阵 $\boldsymbol{\Phi}(x)$ 的每一列都是方程组 (6.25) 的解. 因此, 我们只需证明 $\boldsymbol{\Phi}(x)$ 的各列线性无关即可. 从 (6.42) 式和 (6.43) 式不难看出

$$\boldsymbol{\Phi}(0)=\left(\boldsymbol{r}_{10}^{(1)}, \cdots, \boldsymbol{r}_{n_10}^{(1)}; \cdots; \boldsymbol{r}_{10}^{(s)}, \cdots, \boldsymbol{r}_{n_s0}^{(s)}\right). \tag{6.44}$$

由命题 3 的 (1) 知, 我们可以适当选取 $\{\boldsymbol{r}_{j0}^{(i)}\}$, 使得相应于同一个 λ_i 的 $\boldsymbol{r}_{10}^{(i)}, \boldsymbol{r}_{20}^{(i)}, \cdots, \boldsymbol{r}_{n_i0}^{(i)}$ 是线性无关的; 再由命题 3 的 (2) 可见, 矩阵 $\boldsymbol{\Phi}(0)$ 中的各列构成了 n 维线性空间 $\mathbb{V}$ 的一组基, 从而 $\det[\boldsymbol{\Phi}(0)]\neq 0$. 因此, $\boldsymbol{\Phi}(x)$ 是微分方程组 (6.25) 的一个基解矩阵 (见定理 6.2). □

例 5 求解方程组

$$\frac{\mathrm{d}\boldsymbol{y}}{\mathrm{d}x}=\begin{pmatrix}3&1&0\\-4&-1&0\\4&-8&-2\end{pmatrix}\boldsymbol{y}.$$

易知相应的特征多项式为

$$\det[\boldsymbol{A}-\lambda\boldsymbol{E}]=\begin{vmatrix}3-\lambda&1&0\\-4&-1-\lambda&0\\4&-8&-2-\lambda\end{vmatrix}=-(\lambda+2)(\lambda-1)^2.$$

所以 $\boldsymbol{A}$ 有单特征根 $\lambda_1=-2$ 和二重特征根 $\lambda_2=1$.

对于单特征根 $\lambda_1=-2$, 可以算出

$$\boldsymbol{A}-\lambda_1\boldsymbol{E}=\begin{pmatrix}5&1&0\\-4&1&0\\4&-8&0\end{pmatrix}\to\begin{pmatrix}1&0&0\\0&1&0\\0&0&0\end{pmatrix},$$

(上面的符号 “$\to$” 表示对矩阵施行初等行变换的过程). 因此与 λ_1 相应的特征向量可取为

$$\boldsymbol{\eta}_1=\begin{pmatrix}0\\0\\1\end{pmatrix}.$$

对于二重特征根 $\lambda_2=1$, 可以算出

$$(\boldsymbol{A}-\lambda_2\boldsymbol{E})^2=\begin{pmatrix}2&1&0\\-4&-2&0\\4&-8&-3\end{pmatrix}^2=\begin{pmatrix}0&0&0\\0&0&0\\28&44&9\end{pmatrix},$$

因此, 方程 $(\boldsymbol{A}-\lambda_2\boldsymbol{E})^2\boldsymbol{r}=\boldsymbol{0}$ 有两个线性无关的解为

$$\boldsymbol{r}_{10}=\begin{pmatrix}11\\-7\\0\end{pmatrix},\quad \boldsymbol{r}_{20}=\begin{pmatrix}3\\-6\\20\end{pmatrix}.$$

把它们分别代入 (6.41) 式, 并注意 $n_i=2$, 就可得到

$$\boldsymbol{r}_{11}=\begin{pmatrix}2&1&0\\-4&-2&0\\4&-8&-3\end{pmatrix}\begin{pmatrix}11\\-7\\0\end{pmatrix}=\begin{pmatrix}15\\-30\\100\end{pmatrix}$$

和

$$\boldsymbol{r}_{21}=\begin{pmatrix}2&1&0\\-4&-2&0\\4&-8&-3\end{pmatrix}\begin{pmatrix}3\\-6\\20\end{pmatrix}=\begin{pmatrix}0\\0\\0\end{pmatrix}.$$

把以上结果代入 (6.42) 式, 可得到一个基解矩阵

$$\boldsymbol{\Phi}(x)=\begin{pmatrix}0 & (11+15x)\mathrm{e}^{x} & 3\mathrm{e}^{x}\\ 0 & (-7-30x)\mathrm{e}^{x} & -6\mathrm{e}^{x}\\ \mathrm{e}^{-2x} & 100x\mathrm{e}^{x} & 20\mathrm{e}^{x}\end{pmatrix}.$$

因此, 所求的通解为

$$\boldsymbol{y}=\boldsymbol{\Phi}(x)\boldsymbol{c},$$

其中 $\boldsymbol{c}$ 为任意常数列向量. 这个通解也可以改写成下面更清晰的形式:

$$\boldsymbol{y}=C_1\begin{pmatrix}0\\0\\1\end{pmatrix}\mathrm{e}^{-2x}+C_2\begin{pmatrix}11+15x\\-7-30x\\100x\end{pmatrix}\mathrm{e}^{x}+C_3\begin{pmatrix}3\\-6\\20\end{pmatrix}\mathrm{e}^{x},$$

其中 C_1, C_2 和 C_3 是任意常数.

例 6 求解方程组

$$\frac{\mathrm{d}\boldsymbol{y}}{\mathrm{d}x}=\begin{pmatrix}-5 & -10 & -20\\ 5 & 5 & 10\\ 2 & 4 & 9\end{pmatrix}\boldsymbol{y}.$$

先求相应的特征多项式

$$\det[\boldsymbol{A}-\lambda\boldsymbol{E}]=-(\lambda-5)(\lambda^2-4\lambda+5).$$

所以 $\boldsymbol{A}$ 有单特征根 5 和单共轭复特征根 $2+\mathrm{i}$ 与 $2-\mathrm{i}$. 再求出与这三个特征根相应的特征向量, 并把它们分别作为列向量, 就可得到一个复值的基解矩阵

$$\boldsymbol{\Phi}(x)=\begin{pmatrix}-2\mathrm{e}^{5x} & (3+\mathrm{i})\mathrm{e}^{(2+\mathrm{i})x} & (3-\mathrm{i})\mathrm{e}^{(2-\mathrm{i})x}\\ 0 & (2-\mathrm{i})\mathrm{e}^{(2+\mathrm{i})x} & (2+\mathrm{i})\mathrm{e}^{(2-\mathrm{i})x}\\ \mathrm{e}^{5x} & -2\mathrm{e}^{(2+\mathrm{i})x} & -2\mathrm{e}^{(2-\mathrm{i})x}\end{pmatrix}.$$

采用本节附注 2 的方法, 从 $\boldsymbol{\Phi}(x)$ 的第二 (或第三) 列提取实部与虚部, 再与第一列合在一起, 就得到一个实值的基解矩阵

$$\widetilde{\boldsymbol{\Phi}}(x)=\begin{pmatrix}-2\mathrm{e}^{5x} & (3\cos x-\sin x)\mathrm{e}^{2x} & (\cos x+3\sin x)\mathrm{e}^{2x}\\ 0 & (2\cos x+\sin x)\mathrm{e}^{2x} & (-\cos x+2\sin x)\mathrm{e}^{2x}\\ \mathrm{e}^{5x} & -2\cos x\mathrm{e}^{2x} & -2\sin x\mathrm{e}^{2x}\end{pmatrix}.$$

也可以直接验证,

$$\det[\widetilde{\boldsymbol{\Phi}}(0)]=\begin{vmatrix}-2 & 3 & 1\\ 0 & 2 & -1\\ 1 & -2 & 0\end{vmatrix}\neq 0.$$

所以, 所求的通解为

$$\boldsymbol{y}=\widetilde{\boldsymbol{\Phi}}(x)\boldsymbol{c},$$

其中 $\boldsymbol{c}$ 为三维的任意常数列向量.

例 7 求解方程组

$$\frac{\mathrm{d}\boldsymbol{y}}{\mathrm{d}x}=\begin{pmatrix}2 & 2 & 0\\ 0 & -1 & 1\\ 0 & 0 & 2\end{pmatrix}\boldsymbol{y}. \tag{6.45}$$

容易看出, 上面的矩阵 $\boldsymbol{A}$ 有单特征根 -1 和二重特征根 2, 因此可用例 5 的方法求解. 但是, 我们可以充分利用矩阵 $\boldsymbol{A}$ 的特点, 采用较简捷的方法. 例如, 注意到 (6.45) 式的第三个 (分量) 方程是

$$\frac{\mathrm{d}y_3}{\mathrm{d}x}=2y_3,$$

因而很容易求得

$$y_3=C_1\mathrm{e}^{2x}.$$

把它代入第二个方程, 得到

$$\frac{\mathrm{d}y_2}{\mathrm{d}x}=-y_2+C_1\mathrm{e}^{2x},$$

这是关于 y_2 的一阶线性方程, 可求出它的解

$$y_2=C_2\mathrm{e}^{-x}+\frac{1}{3}C_1\mathrm{e}^{2x}.$$

最后, 再把 y_2 的表达式代入第一个方程, 得到

$$\frac{\mathrm{d}y_1}{\mathrm{d}x}=2y_1+2C_2\mathrm{e}^{-x}+\frac{2}{3}C_1\mathrm{e}^{2x},$$

同样可求得它的解

$$y_1=C_3\mathrm{e}^{2x}-\frac{2}{3}C_2\mathrm{e}^{-x}+\frac{2}{3}C_1x\mathrm{e}^{2x}.$$

这样, 方程组 (6.45) 的通解为

$$\boldsymbol{y}=C_1\begin{pmatrix}\frac{2}{3}x\\ \frac{1}{3}\\ 1\end{pmatrix}\mathrm{e}^{2x}+C_2\begin{pmatrix}-\frac{2}{3}\\ 1\\ 0\end{pmatrix}\mathrm{e}^{-x}+C_3\begin{pmatrix}1\\ 0\\ 0\end{pmatrix}\mathrm{e}^{2x},$$

其中 C_1, C_2 和 C_3 是任意常数.

习题 6–2

1. 求出常系数齐次线性微分方程组 (6.25) 的通解, 其中的矩阵 $\boldsymbol{A}$ 分别为:

(1) $\begin{pmatrix}3 & 4\\ 5 & 2\end{pmatrix}$;　　(2) $\begin{pmatrix}0 & a\\ -a & 0\end{pmatrix}$;

(3) $\begin{pmatrix} -1 & 1 & 0 \\ 0 & -1 & 0 \\ 1 & 0 & -4 \end{pmatrix}$; (4) $\begin{pmatrix} 1 & \frac{2}{3} & -\frac{2}{3} \\ 0 & \frac{2}{3} & \frac{1}{3} \\ 0 & -\frac{1}{3} & \frac{4}{3} \end{pmatrix}$;

(5) $\begin{pmatrix} 1 & 1 & 1 & 1 \\ 1 & 1 & -1 & -1 \\ 1 & -1 & 1 & -1 \\ 1 & -1 & -1 & 1 \end{pmatrix}$.

2. 求出常系数非齐次线性微分方程组 (6.24) 的通解, 其中:

(1) $\boldsymbol{A} = \begin{pmatrix} 2 & 1 \\ 0 & 2 \end{pmatrix}$, $\boldsymbol{f}(x) = \begin{pmatrix} 1 \\ 0 \end{pmatrix}$;

(2) $\boldsymbol{A} = \begin{pmatrix} 0 & -n^2 \\ -n^2 & 0 \end{pmatrix}$, $\boldsymbol{f}(x) = \begin{pmatrix} \cos nx \\ \sin nx \end{pmatrix}$;

(3) $\boldsymbol{A} = \begin{pmatrix} 2 & -1 \\ 1 & 0 \end{pmatrix}$, $\boldsymbol{f}(x) = \begin{pmatrix} 0 \\ 2\mathrm{e}^x \end{pmatrix}$;

(4) $\boldsymbol{A} = \begin{pmatrix} 2 & 1 & -2 \\ -1 & 0 & 0 \\ 1 & 1 & -1 \end{pmatrix}$, $\boldsymbol{f}(x) = \begin{pmatrix} 2-x \\ 0 \\ 1-x \end{pmatrix}$;

(5) $\boldsymbol{A} = \begin{pmatrix} -1 & -1 & 0 \\ 0 & -1 & -1 \\ 0 & 0 & -1 \end{pmatrix}$, $\boldsymbol{f}(x) = \begin{pmatrix} x^2 \\ 2x \\ x \end{pmatrix}$.

3. 求出微分方程组 (6.24) 满足初值条件 $\boldsymbol{y}(0) = \boldsymbol{\eta}$ 的解, 其中:

(1) $\boldsymbol{A} = \begin{pmatrix} -5 & -1 \\ 1 & -3 \end{pmatrix}$, $\boldsymbol{f}(x) = \begin{pmatrix} \mathrm{e}^x \\ \mathrm{e}^{2x} \end{pmatrix}$, $\boldsymbol{\eta} = \begin{pmatrix} 1 \\ 0 \end{pmatrix}$;

(2) $\boldsymbol{A} = \begin{pmatrix} 0 & -2 \\ 2 & 0 \end{pmatrix}$, $\boldsymbol{f}(x) = \begin{pmatrix} 3x \\ 4 \end{pmatrix}$, $\boldsymbol{\eta} = \begin{pmatrix} 2 \\ 3 \end{pmatrix}$;

(3) $\boldsymbol{A} = \begin{pmatrix} 4 & -3 \\ 2 & -1 \end{pmatrix}$, $\boldsymbol{f}(x) = \begin{pmatrix} \sin x \\ -2\cos x \end{pmatrix}$, $\boldsymbol{\eta} = \begin{pmatrix} 0 \\ 0 \end{pmatrix}$;

(4) $\boldsymbol{A} = \begin{pmatrix} 16 & 14 & 38 \\ -9 & -7 & -18 \\ -4 & -4 & -11 \end{pmatrix}$, $\boldsymbol{f}(x) = \begin{pmatrix} -2\mathrm{e}^{-x} \\ -3\mathrm{e}^{-x} \\ 2\mathrm{e}^{-x} \end{pmatrix}$, $\boldsymbol{\eta} = \begin{pmatrix} 0 \\ 0 \\ 0 \end{pmatrix}$.

4. 求解微分方程组

$$\frac{\mathrm{d}}{\mathrm{d}t}\begin{pmatrix} x \\ y \end{pmatrix} = \begin{pmatrix} a & -b \\ b & a \end{pmatrix}\begin{pmatrix} x \\ y \end{pmatrix},$$

其中 a 和 b 为实常数, 而且 $b \neq 0$.

5. 证明: 常系数齐次线性微分方程组 (6.25) 的任何解当 $x \to +\infty$ 时都趋于零, 当且仅当它的系数矩阵 $\boldsymbol{A}$ 的所有特征根都具有负的实部.

§6.3 高阶线性微分方程

本节讨论仅含一个未知函数 $y=y(x)$ 的 n 阶线性微分方程

$$y^{(n)}+a_1(x)y^{(n-1)}+\cdots+a_{n-1}(x)y'+a_n(x)y=f(x), \tag{6.46}$$

其中 $a_1(x),a_2(x),\cdots,a_n(x)$ 和 $f(x)$ 都是区间 (a,b) 上的连续函数. 当 $f(x)$ 不恒为零时, 称 (6.46) 式为**非齐次**线性微分方程; 与它相应的**齐次**线性微分方程是

$$y^{(n)}+a_1(x)y^{(n-1)}+\cdots+a_{n-1}(x)y'+a_n(x)y=0. \tag{6.47}$$

如 §5.2 所指出的, 如果引进新的未知函数

$$y_1=y,\ y_2=y',\ \cdots,\ y_n=y^{(n-1)}, \tag{6.48}$$

则方程 (6.46) 等价于如下线性微分方程组:

$$\frac{\mathrm{d}\boldsymbol{y}}{\mathrm{d}x}=\boldsymbol{A}(x)\boldsymbol{y}+\boldsymbol{f}(x), \tag{6.49}$$

其中

$$\boldsymbol{y}=\begin{pmatrix} y_1\\ y_2\\ \vdots\\ y_{n-1}\\ y_n\end{pmatrix},\quad \boldsymbol{f}(x)=\begin{pmatrix} 0\\ 0\\ \vdots\\ 0\\ f(x)\end{pmatrix}$$

和

$$\boldsymbol{A}(x)=\begin{pmatrix} 0 & 1 & 0 & \cdots & 0\\ 0 & 0 & 1 & \cdots & 0\\ \vdots & \vdots & \vdots & & \vdots\\ 0 & 0 & 0 & \cdots & 1\\ -a_n(x) & -a_{n-1}(x) & -a_{n-2}(x) & \cdots & -a_1(x)\end{pmatrix};$$

而齐次线性微分方程 (6.47) 也相应地转换成

$$\frac{\mathrm{d}\boldsymbol{y}}{\mathrm{d}x}=\boldsymbol{A}(x)\boldsymbol{y}. \tag{6.50}$$

这样一来, 本章前两节的结果都可以应用到方程组 (6.50) 和 (6.49) 上来. 而且, 利用这时 $\boldsymbol{A}(x)$ 和 $\boldsymbol{f}(x)$ 的特殊形式, 我们能够获得某些进一步的结果. 然后, 在有关的向量公式中, 只要取第一个分量, 就可得到方程 (6.47) 和 (6.46) 的相应结果. 特别地, 我们可以推出, 微分方程 (6.46) 满足初值条件

$$y(x_0)=y_0,\ y'(x_0)=y_0',\ \cdots,\ y^{(n-1)}(x_0)=y_0^{(n-1)}$$

的解在区间 (a,b) 上存在而且唯一.

§6.3.1 高阶线性微分方程的一般理论

假设 (标量) 函数组

$$\varphi_1(x), \varphi_2(x), \cdots, \varphi_n(x) \tag{6.51}$$

分别是齐次线性微分方程 (6.47) 的 n 个解, 则由 (6.48) 式可得到方程组 (6.50) 的 n 个相应的解为

$$\begin{pmatrix} \varphi_1(x) \\ \varphi_1'(x) \\ \vdots \\ \varphi_1^{(n-1)}(x) \end{pmatrix}, \begin{pmatrix} \varphi_2(x) \\ \varphi_2'(x) \\ \vdots \\ \varphi_2^{(n-1)}(x) \end{pmatrix}, \cdots, \begin{pmatrix} \varphi_n(x) \\ \varphi_n'(x) \\ \vdots \\ \varphi_n^{(n-1)}(x) \end{pmatrix}. \tag{6.52}$$

它们的朗斯基行列式为

$$W(x) = \begin{vmatrix} \varphi_1(x) & \varphi_2(x) & \cdots & \varphi_n(x) \\ \varphi_1'(x) & \varphi_2'(x) & \cdots & \varphi_n'(x) \\ \vdots & \vdots & & \vdots \\ \varphi_1^{(n-1)}(x) & \varphi_2^{(n-1)}(x) & \cdots & \varphi_n^{(n-1)}(x) \end{vmatrix}. \tag{6.53}$$

注意, 在上面的行列式中, 从第二行开始的各行都是由第一行元素逐次求导而得. 因此, 它事实上是由第一行元素所决定的. 所以, 我们也把 (6.53) 式称为 (标量) 函数组 (6.51) 的朗斯基行列式.

同样的道理, 利用关系式 (6.48) 容易得到如下命题:

命题 4 方程 (6.47) 的解组 (6.51) 在区间 (a, b) 上是线性无关 (相关) 的, 当且仅当由它们作出的向量函数组 (6.52) (它是方程组 (6.50) 的解组) 在区间 (a, b) 上是线性无关 (相关) 的. □

现在, 我们可以把 §6.1 对齐次线性微分方程组得到的两个定理自然地转述到高阶方程的情形.

定理 6.1* 齐次线性微分方程 (6.47) 在区间 (a, b) 上存在 n 个线性无关的解. 如果这 n 个线性无关的解如 (6.51) 式所示, 则方程 (6.47) 的通解为

$$y = C_1\varphi_1(x) + C_2\varphi_2(x) + \cdots + C_n\varphi_n(x),$$

其中 $C_1, C_2, \cdots, C_n$ 为任意常数. □

定理 6.2* 方程 (6.47) 的解组 (6.51) 是线性无关的充要条件为它的朗斯基行列式 (6.53) 在区间 (a, b) 上恒不为零. □

和方程组的情形一样, 我们把齐次线性微分方程 (6.47) 的 n 个线性无关的解称为一个**基本解组**. 定理 6.1* 肯定了基本解组的存在性, 而定理 6.2* 告诉我们怎样判断一个解组是否为基本解组.

附注 1 借助于微分方程 (6.50) 中矩阵 $\boldsymbol{A}(x)$ 的特点, 即 $\operatorname{tr}[\boldsymbol{A}(x)] = -a_1(x)$, 在 §6.1 中的刘维尔公式 (6.9) 现在就取较简单的形式:

$$W(x) = W(x_0)\mathrm{e}^{-\int_{x_0}^{x} a_1(s)\mathrm{d}s} \quad (a < x < b), \tag{6.54}$$

其中 $W(x)$ 是方程 (6.47) 的解组 (6.51) 的朗斯基行列式 (6.53), 而 $x_0 \in (a,b)$. 值得注意的是当 $n = 2$ 时, 从方程 (6.47) 的一个非零解可以利用 (6.54) 式导出它的通解. 请看下面的例子.

例 1 设 $y = \varphi(x)$ 是二阶齐次线性微分方程

$$y'' + p(x)y' + q(x)y = 0 \tag{6.55}$$

的一个非零解, 其中 $p(x)$ 和 $q(x)$ 是区间 (a,b) 上的连续函数, 则方程 (6.55) 的通解为

$$y = \varphi(x)\left[C_1 + C_2\int_{x_0}^{x} \frac{1}{\varphi^2(s)}\mathrm{e}^{-\int_{x_0}^{s} p(t)\mathrm{d}t}\mathrm{d}s\right], \tag{6.56}$$

其中 C_1 和 C_2 为任意常数.

证明 为简单起见, 我们设 $y = \varphi(x)$ 在区间 (a,b) 上恒不为零 (一般情形见本节习题 4). 设 $y = y(x)$ 是方程 (6.55) 的任一解, 则由刘维尔公式 (6.54) 得出

$$\begin{vmatrix} \varphi & y \\ \varphi' & y' \end{vmatrix} = C\mathrm{e}^{-\int p(x)\mathrm{d}x}$$

(其中常数 $C \neq 0$), 亦即

$$\varphi y' - \varphi' y = C\mathrm{e}^{-\int p(x)\mathrm{d}x}.$$

以积分因子 $\dfrac{1}{\varphi^2}$ 乘上式两端, 就可推出

$$\frac{\mathrm{d}}{\mathrm{d}x}\left(\frac{y}{\varphi}\right) = \frac{C}{\varphi^2}\mathrm{e}^{-\int p(x)\mathrm{d}x},$$

积分上式, 就可得出 (6.56) 式. □

现在, 只要把 §6.1 中非齐次线性微分方程组的常数变易公式应用于方程 (6.46), 我们就可得出如下结论:

定理 6.3* 设 $\varphi_1(x), \varphi_2(x), \cdots, \varphi_n(x)$ 是齐次线性微分方程 (6.47) 在区间 (a,b) 上的一个基本解组, 则非齐次线性微分方程 (6.46) 的通解为

$$y = C_1\varphi_1(x) + C_2\varphi_2(x) + \cdots + C_n\varphi_n(x) + \varphi^*(x), \tag{6.57}$$

其中 $C_1, C_2, \cdots, C_n$ 是任意常数, 而

$$\varphi^*(x) = \sum_{k=1}^{n} \varphi_k(x) \cdot \int_{x_0}^{x} \frac{W_k(s)}{W(s)} f(s)\mathrm{d}s \tag{6.58}$$

是方程 (6.46) 的一个特解. 这里 $W(x)$ 是 $\varphi_1(x), \varphi_2(x), \cdots, \varphi_n(x)$ 的朗斯基行列式 (6.53), 而 $W_k(x)$ 是 $W(x)$ 中第 n 行第 k 列元素的代数余子式 (亦即, 以 $(0,0,\cdots,0,1)$ 的转置替换 $W(x)$ 中的第 k 列后所得到的行列式).

证明 对于与方程 (6.46) 和 (6.47) 分别等价的微分方程组 (6.49) 和 (6.50) 应用定理 6.3, 得到公式 (6.21), 其中基解矩阵 $\boldsymbol{\Phi}(x)$ 是由向量函数组 (6.52) 作为列向量所组成的. 然后, 取 (6.21) 式的第一个分量, 就得出 (6.57) 式. 余下只需要证明 (6.21) 式中的向量函数

$$\boldsymbol{\Phi}(x)\int_{x_0}^{x}\boldsymbol{\Phi}^{-1}(s)\boldsymbol{f}(s)\mathrm{d}s$$

的第一个分量就是由 (6.58) 式给出的函数 $\varphi^*(x)$.

事实上, 利用方程组 (6.49) 中 $\boldsymbol{f}(x)$ 的特殊性, 我们有

$$\begin{aligned}&\int_{x_0}^{x}\boldsymbol{\Phi}(x)\boldsymbol{\Phi}^{-1}(s)\boldsymbol{f}(s)\mathrm{d}s\\ &=\int_{x_0}^{x}\frac{\boldsymbol{\Phi}(x)}{W(s)}\begin{pmatrix}* & \cdots & * & W_1(s)\\ * & \cdots & * & W_2(s)\\ \vdots & & \vdots & \vdots\\ * & \cdots & * & W_n(s)\end{pmatrix}\begin{pmatrix}0\\ \vdots\\ 0\\ f(s)\end{pmatrix}\mathrm{d}s\\ &=\int_{x_0}^{x}\frac{f(s)}{W(s)}\begin{pmatrix}\varphi_1(x) & \cdots & \varphi_n(x)\\ * & \cdots & *\\ \vdots & & \vdots\\ * & \cdots & *\end{pmatrix}\begin{pmatrix}W_1(s)\\ W_2(s)\\ \vdots\\ W_n(s)\end{pmatrix}\mathrm{d}s.\end{aligned}$$

显然, 上式乘开后的第一个分量就是由 (6.58) 式给出的函数 $\varphi^*(x)$ (在上面的矩阵中我们笼统地用 $*$ 表示无需写出的元素). □

例 2 若已知二阶线性微分方程

$$y''+p(x)y'+q(x)y=f(x) \tag{6.59}$$

的相应齐次方程的两个线性无关的特解 $y=\varphi_1(x)$ 与 $y=\varphi_2(x)$, 试求它的通解. 这里 $p(x),q(x)$ 和 $f(x)$ 都是区间 (a,b) 上的连续函数.

只要直接利用公式 (6.57) 和 (6.58), 就可得到方程 (6.59) 在区间 (a,b) 上的通解为

$$y=C_1\varphi_1(x)+C_2\varphi_2(x)+\int_{x_0}^{x}\frac{\varphi_1(s)\varphi_2(x)-\varphi_1(x)\varphi_2(s)}{\varphi_1(s)\varphi_2'(s)-\varphi_2(s)\varphi_1'(s)}f(s)\mathrm{d}s, \tag{6.60}$$

其中 C_1 和 C_2 为任意常数.

为了使读者加深对高阶线性方程的常数变易法的了解, 我们用该方法来重新推导 (6.60) 式.

我们知道, 与方程 (6.59) 相应的齐次方程的通解是

$$y=C_1\varphi_1(x)+C_2\varphi_2(x),$$

其中 C_1 和 C_2 为任意常数. 现在假定非齐次方程 (6.59) 也有如上形式的解, 但其中 C_1 和 C_2 变易为 x 的函数, 即

$$y=C_1(x)\varphi_1(x)+C_2(x)\varphi_2(x). \tag{6.61}$$

求导一次后, 得到

$$y' = C_1(x)\varphi_1'(x) + C_2(x)\varphi_2'(x) + C_1'(x)\varphi_1(x) + C_2'(x)\varphi_2(x).$$

在上式中令

$$C_1'(x)\varphi_1(x) + C_2'(x)\varphi_2(x) = 0 \tag{6.62}$$

(与 (6.19) 式相对照, 并注意 $\boldsymbol{f}(x)$ 前 $(n-1)$ 个分量都为零, 可以看出上面的假定是合理的), 则有

$$y' = C_1(x)\varphi_1'(x) + C_2(x)\varphi_2'(x). \tag{6.63}$$

再求导一次, 然后把所得结果连同 (6.61) 式和 (6.63) 式代入微分方程 (6.59), 可以推出

$$C_1'(x)\varphi_1'(x) + C_2'(x)\varphi_2'(x) = f(x). \tag{6.64}$$

把 (6.62) 式和 (6.64) 式联立, 可以解出

$$C_1'(x) = -\frac{\varphi_2(x)f(x)}{W(x)}, \quad C_2'(x) = \frac{\varphi_1(x)f(x)}{W(x)}.$$

然后积分上式, 并把得到的 $C_1(x)$ 和 $C_2(x)$ 代回 (6.61) 式, 再经整理后就可以得到 (6.60) 式.

§6.3.2 常系数高阶线性微分方程

现在, 讨论 n 阶线性常系数微分方程

$$y^{(n)} + a_1 y^{(n-1)} + \cdots + a_{n-1}y' + a_n y = f(x) \tag{6.65}$$

和相应的齐次线性方程

$$y^{(n)} + a_1 y^{(n-1)} + \cdots + a_{n-1}y' + a_n y = 0, \tag{6.66}$$

其中 $a_1, a_2, \cdots, a_n$ 是实常数, 而 $f(x)$ 是区间 (a,b) 上的实值连续函数.

我们知道, 问题的关键是设法求出齐次线性微分方程 (6.66) 的一个基本解组. 为此, 先把方程 (6.66) 转化为齐次线性微分方程组, 然后应用上一节的结果, 并在向量式中取第一个分量, 就可得出方程 (6.66) 的相应结果.

利用变换 (6.48) 引进与 y 相关的未知函数, 亦即

$$y_1 = y,\ y_2 = y',\ \cdots,\ y_n = y^{(n-1)},$$

则方程 (6.66) 等价于常系数齐次线性微分方程组

$$\frac{\mathrm{d}\boldsymbol{y}}{\mathrm{d}x} = \boldsymbol{A}\boldsymbol{y}, \tag{6.67}$$

其中

$$A=\begin{pmatrix}0&1&0&\cdots&0&0\\0&0&1&\cdots&0&0\\\vdots&\vdots&\vdots&&\vdots&\vdots\\0&0&0&\cdots&0&1\\-a_n&-a_{n-1}&-a_{n-2}&\cdots&-a_2&-a_1\end{pmatrix}. \tag{6.68}$$

注意矩阵 A 的特征行列式为

$$\det[\lambda E-A]=\begin{vmatrix}\lambda&-1&0&\cdots&0&0\\0&\lambda&-1&\cdots&0&0\\\vdots&\vdots&\vdots&&\vdots&\vdots\\0&0&0&\cdots&\lambda&-1\\a_n&a_{n-1}&a_{n-2}&\cdots&a_2&\lambda+a_1\end{vmatrix}. \tag{6.69}$$

因此, 矩阵 A 的**特征方程**为

$$\det[\lambda E-A]=\lambda^n+a_1\lambda^{n-1}+\cdots+a_{n-1}\lambda+a_n=0, \tag{6.70}$$

这恰是在微分方程 (6.66) 中把 $y^{(k)}$ 分别换成 λ^k $(k=0,1,\cdots,n)$ 所得出的代数方程. 所以, 方程 (6.70) 也叫作微分方程 (6.66) 的特征方程.

定理 6.6* 设常系数齐次线性微分方程 (6.66) 的特征方程 (6.70) 在复数域中共有 s 个互不相同的根 $\lambda_1,\lambda_2,\cdots,\lambda_s$, 而且相应的重数分别为 $n_1,n_2,\cdots,n_s$ $(n_1+n_2+\cdots+n_s=n)$, 则函数组

$$\begin{cases}e^{\lambda_1 x},xe^{\lambda_1 x},\cdots,x^{n_1-1}e^{\lambda_1 x};\\e^{\lambda_2 x},xe^{\lambda_2 x},\cdots,x^{n_2-1}e^{\lambda_2 x};\\\cdots\cdots\cdots\cdots\\e^{\lambda_s x},xe^{\lambda_s x},\cdots,x^{n_s-1}e^{\lambda_s x}\end{cases} \tag{6.71}$$

是微分方程 (6.66) 的一个基本解组.

证明 我们只需找出方程组 (6.67) 的一个基解矩阵, 使其第一行元素恰为 (6.71) 式.

由于行列式 (6.69) 右上角的 $(n-1)$ 阶子式取值 1 或 -1, 所以矩阵 $\lambda E-A$ 的各 $(n-1)$ 阶行列式的公因子是 1, 从而阶数低于 $n-1$ 的各阶行列式的公因子都是 1. 因此, 在 A 的若尔当标准形 J 中相应于特征根 λ_k 的若尔当块只有一个, 从而它是 n_k 阶的, 并有如下标准形式:

$$J_k=\begin{pmatrix}\lambda_k&1&&\\&\lambda_k&\ddots&\\&&\ddots&1\\&&&\lambda_k\end{pmatrix}\quad(k=1,2,\cdots,s).$$

假设化 $\boldsymbol{A}$ 为若尔当标准形 $\boldsymbol{J}$ 的过渡矩阵为 $\boldsymbol{P}$, 并且

$$\boldsymbol{AP}=\boldsymbol{PJ}=\boldsymbol{P}\begin{pmatrix}\boldsymbol{J}_1 & & & \\ & \boldsymbol{J}_2 & & \\ & & \ddots & \\ & & & \boldsymbol{J}_s\end{pmatrix}, \tag{6.72}$$

则我们可以断言, 矩阵 $\boldsymbol{P}=(p_{ij})$ 的第一行元素满足如下性质:

$$p_{1m_j}\neq 0 \quad (j=1,2,\cdots,s), \tag{6.73}$$

其中

$$m_1=1,\ m_2=n_1+1,\ \cdots,\ m_s=n_1+n_2+\cdots+n_{s-1}+1.$$

事实上, 若某个 $p_{1m_j}=0$, 则由矩阵 $\boldsymbol{A}$ 的特殊形式 (6.68) 及 (6.72) 式易知, $\boldsymbol{P}$ 的第 m_j 列元素都等于零, 这与过渡矩阵 $\boldsymbol{P}$ 的非奇异性相矛盾.

现在利用 (6.35) 式和 (6.32) 式不难看出, 方程组 (6.67) 的基解矩阵 $\mathrm{e}^{x\boldsymbol{A}}\boldsymbol{P}$ 中的第一行元素依次是

$$\begin{aligned}&p_{1m_1}\mathrm{e}^{\lambda_1 x}, *\mathrm{e}^{\lambda_1 x}+p_{1m_1}x\mathrm{e}^{\lambda_1 x},\cdots,*\mathrm{e}^{\lambda_1 x}+\cdots+\frac{p_{1m_1}x^{n_1-1}}{(n_1-1)!}\mathrm{e}^{\lambda_1 x},\\ &\cdots,\\ &p_{1m_s}\mathrm{e}^{\lambda_s x}, *\mathrm{e}^{\lambda_s x}+p_{1m_s}x\mathrm{e}^{\lambda_s x},\cdots,*\mathrm{e}^{\lambda_s x}+\cdots+\frac{p_{1m_s}x^{n_s-1}}{(n_s-1)!}\mathrm{e}^{\lambda_s x},\end{aligned}$$

其中 $*$ 表示常值系数. 把上式与 (6.71) 式相比较, 容易看出: 只要利用条件 (6.73) 和齐次线性微分方程解的叠加原理 (引理 6.1), 就可以对矩阵 $\mathrm{e}^{x\boldsymbol{A}}\boldsymbol{P}$ 进行适当的初等列变换, 依次消去在第一行中含 $*$ 的各项, 从而得到方程 (6.67) 的另一个基解矩阵, 而它恰以 (6.71) 式为其第一行元素. 定理 6.6* 证完. □

附注 2 当特征方程 (6.70) 有复根时, 它们必然成对共轭出现, 而 (6.71) 式中与之相应的复值函数也将成对共轭出现. 此时采用在 §6.2 中附注 2 所说的提取实部和虚部的方法就可得到相应的实值解.

例 3 求解微分方程

$$y'''-y''-2y'=0.$$

利用 (6.70) 式可得特征方程为

$$\lambda^3-\lambda^2-2\lambda=\lambda(\lambda+1)(\lambda-2)=0,$$

因此特征根为 0,−1 和 2, 它们均为单根. 由定理 6.6*, 方程的一个基本解组是

$$1,\ \mathrm{e}^{-x},\ \mathrm{e}^{2x}.$$

所以方程的通解是

$$y=C_1+C_2\mathrm{e}^{-x}+C_3\mathrm{e}^{2x}.$$

例 4 求解微分方程

$$y^{(5)}-3y^{(4)}+4y'''-4y''+3y'-y=0.$$

特征方程为

$$\lambda^5-3\lambda^4+4\lambda^3-4\lambda^2+3\lambda-1=(\lambda-1)^3(\lambda^2+1)=0,$$

因此, $\lambda=1$ 是三重特征根, 而 $\lambda=\pm\mathrm{i}$ 是一对共轭复根; 我们得到一个基本解组

$$\mathrm{e}^x, x\mathrm{e}^x, x^2\mathrm{e}^x, \mathrm{e}^{\mathrm{i}x}, \mathrm{e}^{-\mathrm{i}x}.$$

取复值解

$$\mathrm{e}^{\pm\mathrm{i}x}=\cos x\pm\mathrm{i}\sin x$$

的实部和虚部, 就得到两个实值解 $\cos x$ 和 $\sin x$, 它们与原有的三个实值解构成了一个实的基本解组. 所以, 原方程的通解是

$$y=(C_1+C_2x+C_3x^2)\mathrm{e}^x+C_4\cos x+C_5\sin x.$$

例 5 求解微分方程

$$y''+\beta^2y=f(x), \tag{6.74}$$

其中 $\beta>0$ 是常数, 而 $f(x)$ 是区间 (a,b) 上的连续函数.

由于相应齐次线性微分方程的特征方程是

$$\lambda^2+\beta^2=0,$$

不难按上例的方法求得齐次方程的一个基本解组

$$\varphi_1(x)=\cos\beta x,\quad \varphi_2(x)=\sin\beta x.$$

然后, 利用常数变易公式 (6.60), 我们在区间 (a,b) 上得到非齐次方程 (6.74) 的通解为

$$y=C_1\cos\beta x+C_2\sin\beta x+\frac{1}{\beta}\int_{x_0}^{x}f(s)\sin\beta(x-s)\mathrm{d}s,$$

其中 C_1 和 C_2 为任意常数.

一般而言, 我们可以先应用定理 6.6* 求出齐次线性微分方程 (6.66) 的一个基本解组, 然后再应用公式 (6.57) 和 (6.58) 得到相应的非齐次线性微分方程 (6.65) 的通解. 但是, 当 $f(x)$ 取某些特殊形式时, 我们可以凭经验推测相应特解 $\varphi^*(x)$ 所具有的形式. 然后, 根据这样的形式, 再利用**待定系数法**来确定这种特解.

例如, 设方程 (6.65) 中的非齐次项为

$$f(x)=P_m(x)\mathrm{e}^{\mu x},$$

其中 $P_m(x)$ 表示 x 的 m 次多项式. 那么当 μ 不是方程 (6.66) 的特征根时, 我们预测微分方程 (6.65) 有如下形式的特解:

$$\varphi^*(x) = Q_m(x)\mathrm{e}^{\mu x},$$

其中 m 次多项式 $Q_m(x)$ 的系数待定: 把 $\varphi^*(x)$ 代入相应的方程 (6.65), 就可确定 $Q_m(x)$ 的系数, 从而最后得到所求的特解; 而当 μ 是 k 重特征根时, 则须令

$$\varphi^*(x) = x^k Q_m(x)\mathrm{e}^{\mu x},$$

代入方程后也一样可以确定多项式 $Q_m(x)$ 的系数.

又如, 设

$$f(x) = [A_m(x)\cos\beta x + B_l(x)\sin\beta x]\mathrm{e}^{\alpha x},$$

其中 $A_m(x)$ 和 $B_l(x)$ 分别是 x 的 m 次和 l 次多项式. 那么相应特解的形式是

$$\varphi^*(x) = x^k[C_n(x)\cos\beta x + D_n(x)\sin\beta x]\mathrm{e}^{\alpha x},$$

其中的非负整数 k 是 $\alpha \pm \mathrm{i}\beta$ 作为方程 (6.66) 的特征根的重数 (当 $\alpha \pm \mathrm{i}\beta$ 不是特征根时取 $k = 0$), $n = \max\{m, l\}$, 而 n 次多项式 $C_n(x)$ 和 $D_n(x)$ 的系数待定.

例 6 求解微分方程

$$y''' + 3y'' + 3y' + y = \mathrm{e}^{-x}(x - 5).$$

特征方程为

$$\lambda^3 + 3\lambda^2 + 3\lambda + 1 = (\lambda + 1)^3 = 0,$$

它有三重特征根 $\lambda = -1$. 因此, 设方程有特解

$$y^* = x^3(a + bx)\mathrm{e}^{-x} = (ax^3 + bx^4)\mathrm{e}^{-x},$$

其中常数 a 和 b 待定. 把它代入微分方程, 得出

$$(6a + 24bx)\mathrm{e}^{-x} = (x - 5)\mathrm{e}^{-x},$$

由此推知

$$a = -\frac{5}{6}, \quad b = \frac{1}{24}.$$

所以, 原方程的通解为

$$y = \left(C_1 + C_2x + C_3x^2 - \frac{5}{6}x^3 + \frac{1}{24}x^4\right)\mathrm{e}^{-x}.$$

例 7 求解微分方程

$$y'' + 4y' + 4y = \cos 2x.$$

特征方程为

$$\lambda^2+4\lambda+4=(\lambda+2)^2=0,$$

它有二重特征根 $\lambda=-2$. 另一方面, 方程的非齐次项为 $\cos 2x=\frac{1}{2}(\mathrm{e}^{\mathrm{i}2x}+\mathrm{e}^{-\mathrm{i}2x})$. 由此可见, 相应的 $\mu=\pm 2\mathrm{i}$ 与特征根 $\lambda=-2$ 是不相等的. 因此, 我们可设方程有特解

$$y^*=a\cos 2x+b\sin 2x,$$

其中常数 a 和 b 待定. 把它代入原方程, 得出

$$8b\cos 2x-8a\sin 2x=\cos 2x,$$

由此推知

$$a=0,\quad b=\frac{1}{8}.$$

所以, 原方程的通解为

$$y=(C_1+C_2x)\mathrm{e}^{-2x}+\frac{1}{8}\sin 2x.$$

在某些情形下, 采用类似于代数方程组的消元法, 我们可以把多个未知函数的线性微分方程组化为其中某一个未知函数的高阶微分方程来求解.

例 8 求解线性微分方程组

$$\begin{cases}\dfrac{\mathrm{d}x}{\mathrm{d}t}=x-5y,\\[2mm] \dfrac{\mathrm{d}y}{\mathrm{d}t}=2x-y.\end{cases}$$

从第一个方程可得

$$y=\frac{1}{5}\left(x-\frac{\mathrm{d}x}{\mathrm{d}t}\right),\tag{6.75}$$

把它代入第二个方程, 就得到关于 x 的二阶方程

$$\frac{\mathrm{d}^2x}{\mathrm{d}t^2}+9x=0.$$

不难求出它的一个基本解组为

$$x_1=\cos 3t,\quad x_2=\sin 3t,$$

把 x_1 和 x_2 分别代入 (6.75) 式, 得出 y 的两个相应的解为

$$y_1=\frac{1}{5}(\cos 3t+3\sin 3t),\quad y_2=\frac{1}{5}(\sin 3t-3\cos 3t).$$

由此得到原来微分方程组的通解为

$$\begin{pmatrix}x\\y\end{pmatrix}=C_1\begin{pmatrix}5\cos 3t\\\cos 3t+3\sin 3t\end{pmatrix}+C_2\begin{pmatrix}5\sin 3t\\\sin 3t-3\cos 3t\end{pmatrix},$$

其中 C_1 和 C_2 为任意常数.

习题 6–3

1. 证明函数组

$$\varphi_1(x)=\begin{cases}x^2, & x\geqslant 0,\\ 0, & x<0;\end{cases}\qquad \varphi_2(x)=\begin{cases}0, & x\geqslant 0,\\ x^2, & x<0\end{cases}$$

在区间 $(-\infty,+\infty)$ 上线性无关, 但它们的朗斯基行列式恒等于零. 这与本节的定理 6.2* 是否矛盾? 如果并不矛盾, 那么它说明了什么?

2. 试证命题 5.

3. 考虑微分方程 $y''+q(x)y=0$.

(1) 设 $y=\varphi(x)$ 与 $y=\psi(x)$ 是它的任意两个解, 试证 $\varphi(x)$ 与 $\psi(x)$ 的朗斯基行列式恒等于一个常数.

(2) 已知方程有一个特解为 $y=\mathrm{e}^x$, 试求这方程的通解, 并确定 $q(x)$.

4. 考虑微分方程

$$y''+p(x)y'+q(x)y=0, \tag{6.76}$$

其中 $p(x)$ 和 $q(x)$ 是区间 $I=(a,b)$ 上的连续函数.

(1) 设 $y=\varphi(x)$ 是方程 (6.76) 在区间 I 上的一个非零解 (即 $\varphi(x)$ 在区间 I 上不恒等于零), 试证 $\varphi(x)$ 在区间 I 上只有简单零点 (即: 如果存在 $x_0\in I$, 使得 $\varphi(x_0)=0$, 那么必有 $\varphi'(x_0)\neq 0$). 并由此进一步证明, $\varphi(x)$ 在任意有限闭区间上至多有有限个零点, 从而每一个零点都是孤立的.

(2) 在例 1 中, 对一般的情形证明相应的结论.

5. 设函数 $u(x)$ 和 $v(x)$ 是方程 (6.76) 的一个基本解组, 试证:

(1) 方程的系数函数 $p(x)$ 和 $q(x)$ 能由这个基本解组唯一地确定.

(2) $u(x)$ 和 $v(x)$ 没有共同的零点.

6. 试用常数变易法证明定理 6.3*.

7. 设欧拉方程

$$x^ny^{(n)}+a_1x^{n-1}y^{(n-1)}+\cdots+a_{n-1}xy'+a_ny=0,$$

其中 $a_1,a_2,\cdots,a_n$ 都是常数, $x>0$. 试利用适当的变换把它化成常系数齐次线性微分方程.

8. 求解有阻尼的弹簧振动方程

$$m\frac{\mathrm{d}^2x}{\mathrm{d}t^2}+r\frac{\mathrm{d}x}{\mathrm{d}t}+kx=0,$$

其中 m,r 和 k 都是正的常数. 并就 $\Delta=r^2-4mk$ 大于、等于和小于零的不同情况, 说明相应解的物理意义.

9. 求解弹簧振子在无阻尼下的强迫振动方程

$$m\frac{\mathrm{d}^2x}{\mathrm{d}t^2}+kx=p\cos\omega t,$$

其中 m,k,p 和 ω 都是正的常数. 并对外加频率 $\omega\neq\omega_0$ 和 $\omega=\omega_0$ 两种不同的情况, 说明解的物理意义, 这里 $\omega_0=\sqrt{\dfrac{k}{m}}$ 是弹簧振子的固有频率.

10. 求解下列常系数线性微分方程:

(1) $y''+y'-2y=2x, y(0)=0, y'(0)=1$;

(2) $2y'' - 4y' - 6y = 3\mathrm{e}^{2x}$;

(3) $y'' + 2y' = 3 + 4\sin 2x$;

(4) $y''' + 3y' - 4y = 0$;

(5) $y''' - 2y'' - 3y' + 10y = 0$;

(6) $y''' - 3ay'' + 3a^2y' - a^3y = 0$;

(7) $y^{(4)} - 4y''' + 8y'' - 8y' + 3y = 0$;

(8) $y^{(5)} + 2y''' + y' = 0$;

(9) $y^{(4)} + 2y'' + y = \sin x, y(0) = 1, y'(0) = -2, y''(0) = 3, y'''(0) = 0$;

(10) $y^{(4)} + y = 2\mathrm{e}^x, y(0) = y'(0) = y''(0) = y'''(0) = 1$;

(11) $y'' - 2y' + 2y = 4\mathrm{e}^x \cos x$;

(12) $y'' - 5y' + 6y = (12x - 7)\mathrm{e}^{-x}$;

(13) $x^2y'' + 5xy' + 13y = 0\ (x > 0)$;

(14) $(2x + 1)^2y'' - 4(2x + 1)y' + 8y = 0$.

延伸阅读

第七章 幂级数解法

通过前几章的讨论, 我们已经知道, 能用初等函数的有限形式求解的微分方程只局限于某些特殊的类型. 因此, 欲扩大微分方程的求解范围, 应该不局限于"有限形式"的解, 而应尝试寻求"无限形式"的解, 例如无穷级数解. 事实上, 牛顿和莱布尼茨早就用级数解法求解过某些微分方程. 欧拉也曾用级数解法研究过两类重要的微分方程, 后来柯尼斯堡天文台台长贝塞尔详细地探讨了其中一类方程, 现在称之为贝塞尔方程; 而另一类方程, 即所谓超几何方程, 则由高斯 (Gauss, 1777—1855) 等人作了进一步研究. 人们对这些方程的级数解法有很大兴趣, 一个重要的原因是, 它们的级数解所代表的函数在数学物理中有特殊的应用, 而且它们一般已不是初等函数. 因此称它们为特殊函数或高级超越函数, 以示与普通初等函数的区别. 本章的主要内容是, 用幂级数解法求解勒让德 (Legendre, 1752—1833) 方程和用广义幂级数解法求解贝塞尔方程, 并讨论相关的正交勒让德多项式系和正交贝塞尔函数系的级数展开问题. 它们是三角级数理论的推广, 属于数学物理方法的经典内容.

*§7.1 柯西定理

第一个从理论上研究初值问题有唯一收敛的幂级数解的人, 正是我们在第三章中提到过的柯西. 他在 1820—1830 年间用欧拉折线法证明了初值问题解的存在定理 (这定理后来由利普希茨和佩亚诺等人作了发展) 之后, 又在 1839—1842 年间用优级数法成功地建立了初值问题收敛的幂级数解的存在和唯一性定理. 下面我们将介绍这个定理. 为了叙述的简便, 我们只讨论一阶的微分方程

$$\frac{\mathrm{d}y}{\mathrm{d}x} = f(x,y),$$

其中函数 $f(x,y)$ 在区域 $G \in \mathbb{R}^2$ 内**解析**; 亦即, 对于 G 内的任意一点 (x_0, y_0), 存在正的常数 a 和 b, 使得函数 $f(x,y)$ 在邻域

$$\{(x,y) \big| |x-x_0| \leqslant a, |y-y_0| \leqslant b\}$$

内可以展成 $(x-x_0)$ 和 $(y-y_0)$ 的 (收敛) 幂级数

$$f(x,y)=\sum_{i,j=0}^{\infty}a_{ij}(x-x_0)^i(y-y_0)^j.$$

以下我们研究初值问题

$$(E)\colon \frac{\mathrm{d}y}{\mathrm{d}x}=f(x,y),\quad y(x_0)=y_0.$$

显然, 初值问题 (E) 满足皮卡存在和唯一性定理的条件. 因此, 它的解 $y=y(x)$ 在 x_0 点的某个邻域 $\{x||x-x_0|\leqslant h\}$ 内是存在且唯一的. 不过, 现在的问题是要进一步证明: 上述初值问题 (E) 的解 $y=y(x)$ 在 x_0 点附近是**解析的**, 即 $y=y(x)$ 在 x_0 点的某邻域内可以展开成 $(x-x_0)$ 的 (收敛) 幂级数

$$y=\sum_{n=0}^{\infty}C_n(x-x_0)^n.$$

这个结果最早是由柯西对复解析的微分方程证明的. 其实, 他的证明也适用于实解析的微分方程. 下面我们考虑实解析的情况.

假设有两个幂级数

$$\sum_{i,j=0}^{\infty}a_{ij}(x-x_0)^i(y-y_0)^j \tag{7.1}$$

和

$$\sum_{i,j=0}^{\infty}A_{ij}(x-x_0)^i(y-y_0)^j\quad (A_{ij}\geqslant 0), \tag{7.2}$$

其中系数 a_{ij} 和 A_{ij} 满足不等式

$$|a_{ij}|\leqslant A_{ij}\quad (i,j=0,1,2,\cdots),$$

则称幂级数 (7.2) 是 (7.1) 的一个**优级数** (或**强级数**). 如果幂级数 (7.2) 在区域 $D\colon |x-x_0|<\alpha,\ |y-y_0|<\beta$ 内又是收敛的, 则它的和函数 $F(x,y)$ 叫作幂级数 (7.1) 在 D 内的一个**优函数** (或**强函数**).

引理 7.1 设函数 $f(x,y)$ 在矩形区域

$$R\colon |x-x_0|<\alpha,\quad |y-y_0|<\beta$$

上可以展成 $(x-x_0)$ 和 $(y-y_0)$ 的一个收敛的幂级数, 则存在常数 $M>0$, 使得函数

$$F(x,y)=\frac{M}{\left(1-\dfrac{x-x_0}{a}\right)\left(1-\dfrac{y-y_0}{b}\right)} \tag{7.3}$$

在矩形区域

$$R_0\colon |x-x_0|<a,\quad |y-y_0|<b$$

内是 $f(x,y)$ 的一个优函数, 其中正数 $a<\alpha$ 和 $b<\beta$.

证明 由于 $f(x,y)$ 可以在 R 上展成一个收敛的幂级数

$$f(x,y)=\sum_{i,j=0}^{\infty}a_{ij}(x-x_0)^i(y-y_0)^j,$$

所以对于任意取定的正数 $a<\alpha$ 和 $b<\beta$, 正项级数

$$\sum_{i,j=0}^{\infty}|a_{ij}|a^ib^j$$

是收敛的. 从而它的通项有界, 即存在常数 $M>0$, 使得

$$|a_{ij}|a^ib^j\leqslant M,\quad \text{亦即}\quad |a_{ij}|\leqslant\frac{M}{a^ib^j},\tag{7.4}$$

其中 $i,j=0,1,\cdots$.

然后, 我们在 R_0 内考虑由 (7.3) 式定义的函数 $F(x,y)$. 易知, 当 $(x,y)\in R_0$ 时, 我们有如下收敛幂级数展开式:

$$F(x,y)=\sum_{i,j=0}^{\infty}\frac{M}{a^ib^j}(x-x_0)^i(y-y_0)^j.$$

容易看出, 不等式 (7.4) 蕴涵 $F(x,y)$ 是 $f(x,y)$ 在 R_0 内的优函数.

引理 7.1 从而得证. □

引理 7.2 设在 R_0 上由 (7.3) 式给定 $F(x,y)$, 则初值问题

$$(\widehat{E})\colon\ \frac{\mathrm{d}y}{\mathrm{d}x}=F(x,y),\quad y(x_0)=y_0$$

在区间 $(x_0-\rho,x_0+\rho)$ 内存在一个解析解 $y=\widehat{y}(x)$, 其中常数 $\rho=a(1-\mathrm{e}^{-b/2aM})$, 而正数 a,b 和 M 的意义同上.

证明 利用分离变量法求解 $(\widehat{E})$, 我们有

$$\int_{y_0}^{y}\left(1-\frac{y-y_0}{b}\right)\mathrm{d}y=\int_{x_0}^{x}\frac{M}{1-\dfrac{x-x_0}{a}}\mathrm{d}x,$$

再由积分推出

$$\frac{b}{2}\left(1-\frac{y-y_0}{b}\right)^2-\frac{b}{2}=aM\ln\left(1-\frac{x-x_0}{a}\right).$$

由此解出 $(\widehat{E})$ 的解为

$$y=\widehat{y}(x)=y_0+b-b\sqrt{1+\frac{2aM}{b}\ln\left(1-\frac{x-x_0}{a}\right)}.\tag{7.5}$$

由于 $\rho<a$, 因此当 $|x-x_0|<\rho$ 时, $\ln\left(1-\dfrac{x-x_0}{a}\right)$ 可以展成 $(x-x_0)$ 的幂级数. 另一方面, 当 $|s|<1$ 时, $\sqrt{1+s}$ 可以展成 s 的幂级数. 因为当 $|x-x_0|<\rho$ 时, 我们可以证明

$$\left|\frac{2aM}{b}\ln\left(1-\frac{x-x_0}{a}\right)\right|<1,$$

所以利用幂级数代入幂级数的法则可知, 函数 (7.5) 当 $|x-x_0|<\rho$ 时可以展成 $(x-x_0)$ 的收敛的幂级数; 从而 $y=\widehat{y}(x)(|x-x_0|<\rho)$ 是 $(\widehat{E})$ 的解析解. □

现在, 我们可以陈述并证明本节的主要定理了.

定理 7.1 (柯西定理) 如果函数 $f(x,y)$ 在矩形区域 R 上可以展开成 $(x-x_0)$ 和 $(y-y_0)$ 的一个收敛的幂级数, 则初值问题 (E) 在 x_0 点的邻域 $(x_0-\rho, x_0+\rho)$ 内有一个解析解 $y=y(x)$, 而且它是唯一的. 此处区域 R 和常数 ρ 的意义同上.

证明 首先, 根据假设可以在 R 上把 $f(x,y)$ 展成 (收敛的) 幂级数 (泰勒级数)

$$f(x,y)=\sum_{i,j=0}^{\infty} a_{ij}(x-x_0)^i(y-y_0)^j. \tag{7.6}$$

其次, 作 (E) 的**形式解**[1]

$$y=y_0+\sum_{n=1}^{\infty} C_n(x-x_0)^n, \tag{7.7}$$

则可以通过直接计算得到

$$\begin{aligned}
&C_1=y'(x_0)=f(x_0,y_0)=a_{00},\\
&C_2=\frac{1}{2!}y''(x_0)=\frac{f'_x(x_0,y_0)+f'_y(x_0,y_0)y'(x_0)}{2!}=\frac{a_{10}+a_{01}a_{00}}{2!},\\
&\cdots.
\end{aligned}$$

一般地, 我们有

$$C_n=\frac{1}{n!}y^{(n)}(x_0)=P_n(a_{00},a_{01},a_{10},\cdots,a_{n-1,0}), \tag{7.8}$$

其中 $n=1,2,\cdots$, 而 P_n 是关于 $a_{00},a_{01},a_{10},\cdots,a_{n-1,0}$ 的多项式, 而且多项式 P_n 的系数都是正数, 它们只与标号 n 有关而与函数 $f(x,y)$ 无关. 按这种方式可以唯一地确定形式解 (7.7). 因此, 这形式解是唯一的; 由此直接推出 (E) 的解析解是唯一的.

为了证明解析解的存在性, 我们只需证明形式解 (7.7) 的收敛性. 为此, 考虑初值问题

$$(\widehat{E})\colon\ \frac{\mathrm{d}y}{\mathrm{d}x}=F(x,y),\quad y(x_0)=y_0,$$

其中

$$F(x,y)=\frac{M}{\left(1-\dfrac{x-x_0}{a}\right)\left(1-\dfrac{y-y_0}{b}\right)},$$

而常数 a,b 和 M 的意义见引理 7.1. 根据引理 7.1 知道, 在 R_0 内 $F(x,y)$ 是 $f(x,y)$ 的优函数, 即 $F(x,y)$ 在 R_0 内可展成幂级数

$$F(x,y)=\sum_{i,j=0}^{\infty} A_{ij}(x-x_0)^i(y-y_0)^j, \tag{7.9}$$

[1] 这里形式解的含义是: 假如幂级数 (7.7) 是收敛的, 那么对它施行的幂级数运算才是正确的. 在这样的意义下, 下面得到的幂级数解 (7.7) 称为初值问题 (E) 的形式解. 因此, 只要能够证明形式解 (7.7) 的收敛性, 那么它所表达的就是初值问题 (E) 的 (真正) 解析解.

而且

$$|a_{ij}| \leqslant A_{ij} \quad (i,j=0,1,2,\cdots). \tag{7.10}$$

再作 $(\widehat{E})$ 的形式解

$$y=\widehat{y}(x)=y_0+\sum_{n=1}^{\infty}\widehat{C}_n(x-x_0)^n, \tag{7.11}$$

则由 (7.8) 式中多项式 P_n 的性质易知

$$\widehat{C}=P_n(A_{00},A_{01},A_{10},\cdots,A_{n-1,0}).$$

因此, 再利用不等式 (7.10) 可推出

$$\begin{aligned}\widehat{C}_n&=P_n(A_{00},A_{01},A_{10},\cdots,A_{n-1,0})\\&\geqslant|P_n(a_{00},a_{01},a_{10},\cdots,a_{n-1,0})|=|C_n| \quad (n=1,2,\cdots).\end{aligned}$$

这说明级数 (7.11) 是 (7.7) 的一个优级数. 而引理 7.2 告诉我们, 级数 (7.11) 在邻域 $(x_0-\rho,x_0+\rho)$ 内收敛. 因此, 级数 (7.7) 也至少在区间 $(x_0-\rho,x_0+\rho)$ 内收敛. 这就完成了定理 7.1 的证明. □

附注 1 非解析的微分方程可能没有形式的幂级数解. 例如

$$\frac{\mathrm{d}y}{\mathrm{d}x}=\frac{y-x}{x}, \quad y(0)=0.$$

事实上, 假设它有收敛的幂级数解

$$y=C_1x+C_2x^2+\cdots,$$

则把它代入方程, 并且比较常数项, 就推出 $C_1=C_1-1$. 这矛盾说明上面初值问题没有形式的幂级数解.

附注 2 非解析的微分方程的形式解可能不收敛. 例如

$$x^2\frac{\mathrm{d}y}{\mathrm{d}x}=y-x, \quad y(0)=0$$

有形式解

$$y=x+x^2+2!x^3+\cdots+n!x^{n+1}+\cdots,$$

但是它对任意 $x\neq0$ 都不收敛.

附注 3 优级数方法也可以应用于微分方程组的情形. 事实上, 考虑微分方程组的初值问题

$$\frac{\mathrm{d}y_k}{\mathrm{d}x}=f_k(x,y_1,\cdots,y_n), \quad y_k(0)=0 \quad (k=1,2,\cdots,n). \tag{7.12}$$

不失一般性, 这里取自变量和未知函数的初值均为零.

假设右端函数 f_k 在区域

$$|x| \leqslant \alpha, \quad |y_1| \leqslant \beta, \quad \cdots, \quad |y_n| \leqslant \beta$$

内可以展成收敛的幂级数

$$f_k(x, y_1, \cdots, y_n) = \sum_{i, j_1, \cdots, j_n = 0}^{\infty} a_{i, j_1, \cdots, j_n}^{(k)} x^i y_1^{j_1} \cdots y_n^{j_n} \quad (k = 1, 2, \cdots, n), \tag{7.13}$$

则与引理 7.1 类似, 可证对于正数 $a < \alpha$ 和 $b < \beta$, 存在 $M > 0$, 使得函数

$$G(x, y_1, \cdots, y_n) = \frac{M}{\left(1 - \dfrac{x}{a}\right)\left(1 - \dfrac{y_1}{b}\right) \cdots \left(1 - \dfrac{y_n}{b}\right)}$$

是幂级数 (7.13) (对任意的 $k, 1 \leqslant k \leqslant n$) 在区域

$$|x| \leqslant a, \quad |y_1| \leqslant b, \quad \cdots, \quad |y_n| \leqslant b$$

内的一个优函数. 我们用与定理 7.1 同样的推理可知: 为了证明初值问题 (7.12) 在 $x = 0$ 的某邻域内有收敛的幂级数解, 只需证明相关的初值问题

$$\frac{\mathrm{d}y_k}{\mathrm{d}x} = G(x, y_1, \cdots, y_n), \quad y_k(0) = 0 \quad (k = 1, 2, \cdots, n) \tag{7.14}$$

在 $x = 0$ 的某邻域内有收敛的幂级数解即可. 注意, 方程组 (7.14) 的右端函数 G 与 k 无关. 因此, 只要标量函数 y 的初值问题

$$\frac{\mathrm{d}y}{\mathrm{d}x} = \frac{M}{\left(1 - \dfrac{x}{a}\right)\left(1 - \dfrac{y}{b}\right)^n}, \quad y(0) = 0 \tag{7.15}$$

有解 $y = y(x)$, 则 $y_i = y(x) (i = 1, 2, \cdots, n)$ 就是方程组 (7.14) 的解. 再与引理 7.2 类似可证, 初值问题 (7.15) 在 $x = 0$ 的某邻域内确有收敛的幂级数解. 这样, 就可以推断出微分方程组 (7.12) 有收敛的幂级数解.

习题 7–1

1. 陈述并详细证明解析的微分方程组的柯西定理.

2. 设初值问题

$$(E): y'' + p(x)y' + q(x)y = 0, \quad y(x_0) = y_0, \ y'(x_0) = y_0',$$

其中 $p(x)$ 和 $q(x)$ 在区间 $(x_0 - a, x_0 + a)$ 内可以展成 $(x - x_0)$ 的收敛的幂级数, 则 (E) 的解析解 $y = y(x)$ 在 $(x_0 - a, x_0 + a)$ 内存在且唯一.

3. 叙述并证明解析的微分方程的解关于初值和参数的解析性定理.

§7.2 幂级数解法

从本节开始, 我们限于讨论二阶齐次线性微分方程

$$A(x)y'' + B(x)y' + C(x)y = 0, \tag{7.16}$$

其中 $A(x), B(x)$ 和 $C(x)$ 都在区间 $(x_0 - r, x_0 + r)$ 内解析 (下文实际考虑的都是多项式的情形). 如果它们有公因子 $(x - x_0)$, 那么在方程 (7.16) 中我们不妨先把它约去. 如果 $A(x_0) \neq 0$, 那么在 x_0 点附近 $A(x) \neq 0$, 因此方程 (7.16) 可以写成如下形式:

$$y'' + p(x)y' + q(x)y = 0, \tag{7.17}$$

其中系数函数

$$p(x) = \frac{B(x)}{A(x)}, \quad q(x) = \frac{C(x)}{A(x)}$$

在 x_0 点附近是解析的. 我们称这样的点 x_0 为微分方程 (7.16) 的**常点**. 如果 $A(x_0) = 0$, 则 $B(x_0)$ 和 $C(x_0)$ 中至少有一个不等于零 (因为它们的公因子 $(x - x_0)$ 已约去). 因此, $p(x)$ 和 $q(x)$ 中至少有一个在 x_0 点是不连续的 (此时方程 (7.17) 在 x_0 点的邻域可能没有解析解). 这样的点 x_0 称为微分方程 (7.17) 或 (7.16) 的**奇点**.

本节先考虑常点的情形. 利用微分方程组的柯西定理, 直接可得下面的结果 (见习题 7–1 中的 1 和 2).

定理 7.2 设微分方程 (7.17) 中的系数函数 $p(x)$ 和 $q(x)$ 在区间 $(x_0 - r, x_0 + r)$ 内可以展成 $(x - x_0)$ 的收敛的幂级数, 则 (7.17) 在区间 $(x_0 - r, x_0 + r)$ 内有收敛的幂级数解

$$y = \sum_{n=0}^{\infty} C_n (x - x_0)^n,$$

其中 C_0 和 C_1 是两个任意常数 (它们可通过在 x_0 点的初值条件来决定, 即 $C_0 = y_0$ 和 $C_1 = y_0'$), 而 $C_n (n \geqslant 2)$ 可以从 C_0 和 C_1 出发依次由递推公式确定. □

例 1 用幂级数解法求解艾里 (Airy, 1801—1892) 方程

$$y'' = xy \quad (-\infty < x < +\infty). \tag{7.18}$$

由定理 7.1, 我们可设方程 (7.18) 有幂级数解

$$y = \sum_{n=0}^{\infty} a_n x^n \quad (-\infty < x < +\infty). \tag{7.19}$$

对 (7.19) 式进行逐项微分, 并调整求和指标, 得出

$$y' = \sum_{n=1}^{\infty} n a_n x^{n-1} = \sum_{n=0}^{\infty} (n+1) a_{n+1} x^n,$$

$$y'' = \sum_{n=2}^{\infty} n(n-1) a_n x^{n-2} = \sum_{n=0}^{\infty} (n+2)(n+1) a_{n+2} x^n.$$

把上面的 y 和 y'' 代入方程 (7.18), 并调整 xy 的级数展开式中的求和指标 (令 $a_{-1}=0$), 得到

$$\sum_{n=0}^{\infty}(n+2)(n+1)a_{n+2}x^n=\sum_{n=0}^{\infty}a_{n-1}x^n.$$

因此, 由幂级数的唯一性, 就得到如下**递推公式**:

$$(n+2)(n+1)a_{n+2}=a_{n-1}\quad(n=0,1,2,\cdots).$$

亦即

$$\begin{aligned}2a_2&=0,\\ 3\cdot 2a_3&=a_0,\\ 4\cdot 3a_4&=a_1,\\ 5\cdot 4a_5&=a_2,\\ 6\cdot 5a_6&=a_3,\\ &\cdots.\end{aligned}$$

由此不难推出

$$\begin{aligned}&a_2=a_5=\cdots=a_{3n+2}=\cdots=0;\\ &a_3=\frac{a_0}{3\cdot 2},\quad a_6=\frac{a_0}{6\cdot 5\cdot 3\cdot 2},\quad\cdots,\\ &a_{3n}=\frac{a_0}{(3n)(3n-1)(3n-3)(3n-4)\cdot\ \cdots\ \cdot 6\cdot 5\cdot 3\cdot 2},\quad\cdots;\\ &a_4=\frac{a_1}{4\cdot 3},\quad a_7=\frac{a_1}{7\cdot 6\cdot 4\cdot 3},\quad\cdots,\\ &a_{3n+1}=\frac{a_1}{(3n+1)(3n)(3n-2)(3n-3)\cdot\ \cdots\ \cdot 7\cdot 6\cdot 4\cdot 3},\quad\cdots.\end{aligned}$$

所以, 我们得到艾里方程 (7.18) 的幂级数解为

$$\begin{aligned}y=a_0&\left[1+\sum_{n=1}^{\infty}\frac{x^{3n}}{(3n)(3n-1)(3n-3)(3n-4)\cdot\ \cdots\ \cdot 6\cdot 5\cdot 3\cdot 2}\right]+\\ a_1&\left[x+\sum_{n=1}^{\infty}\frac{x^{3n+1}}{(3n+1)(3n)(3n-2)(3n-3)\cdot\ \cdots\ \cdot 7\cdot 6\cdot 4\cdot 3}\right].\end{aligned}$$

利用达朗贝尔 (d'Alembert, 1717—1783) 判别法, 可以直接验证这个幂级数对任何 x 都是收敛的. 因此, 它是方程 (7.18) 的通解 (注意 a_0 和 a_1 为任意常数).

例 2 求艾里方程 (7.18) 在 $x=1$ 处展开的幂级数解.

为此, 把方程 (7.18) 改写成

$$y''=[1+(x-1)]y,\tag{7.20}$$

并求它的形如

$$y = \sum_{n=0}^{\infty} a_n (x-1)^n \tag{7.21}$$

的解. 由 (7.21) 式, 我们有

$$y'' = \sum_{n=0}^{\infty} (n+2)(n+1)a_{n+2}(x-1)^n. \tag{7.22}$$

把 (7.21) 式和 (7.22) 式代入 (7.20) 式, 即得

$$\sum_{n=0}^{\infty} (n+2)(n+1)a_{n+2}(x-1)^n = a_0 + \sum_{n=1}^{\infty} (a_n + a_{n-1})(x-1)^n.$$

由此利用幂级数展式的唯一性, 得到递推公式

$$(n+2)(n+1)a_{n+2} = a_n + a_{n-1}, \tag{7.23}$$

其中 $a_{-1} = 0$, 而 $n = 0, 1, 2, \cdots$. 如果给定 a_0 和 a_1, 则由上面的递推公式推出

$$a_2 = \frac{a_0}{2}, \qquad a_3 = \frac{a_0}{6} + \frac{a_1}{6},$$
$$a_4 = \frac{a_0}{24} + \frac{a_1}{12}, \qquad a_5 = \frac{a_0}{30} + \frac{a_1}{120}, \cdots.$$

因此, 所求的幂级数解为

$$y = a_0 \left[1 + \frac{(x-1)^2}{2} + \frac{(x-1)^3}{6} + \frac{(x-1)^4}{24} + \frac{(x-1)^5}{30} + \cdots \right] + a_1 \left[(x-1) + \frac{(x-1)^3}{6} + \frac{(x-1)^4}{12} + \frac{(x-1)^5}{120} + \cdots \right].$$

一般说来, 当递推公式包含三个或更多的系数时 (例如递推公式 (7.23)), 要像例 1 那样明确地写出 a_n 的表达式是有困难的.

例 3 求解**勒让德方程**

$$(1-x^2)y'' - 2xy' + n(n+1)y = 0, \tag{7.24}$$

其中 n 是常数.

易知 $x = 0$ 是勒让德方程的一个常点. 由定理 7.2 知, 当 $|x| < 1$ 时, 该方程有幂级数解

$$y = \sum_{k=0}^{\infty} C_k x^k. \tag{7.25}$$

与例 1 的计算相类似, 把 (7.25) 式代入方程 (7.24), 可以推得

$$\sum_{k=0}^{\infty} [(k+2)(k+1)C_{k+2} + (n+k+1)(n-k)C_k] x^k = 0.$$

由此得到递推公式

$$(k+2)(k+1)C_{k+2}+(n+k+1)(n-k)C_k=0 \quad (k=0,1,2,\cdots). \tag{7.26}$$

从而得出

$$C_{2m}=(-1)^m A_m C_0, \quad C_{2m+1}=(-1)^m B_m C_1,$$

其中

$$A_m=\frac{(n-2m+2)\cdots(n-2)n(n+1)(n+3)\cdots(n+2m-1)}{(2m)!},$$

$$B_m=\frac{(n-2m+1)\cdots(n-3)(n-1)(n+2)(n+4)\cdots(n+2m)}{(2m+1)!} \quad (m=1,2,3,\cdots).$$

因此, 我们得到勒让德方程的幂级数解

$$y=\sum_{k=0}^{\infty}(C_{2k}x^{2k}+C_{2k+1}x^{2k+1}). \tag{7.27}$$

注意, $x=\pm 1$ 是方程 (7.24) 的两个奇点. 可以猜测, 在 (7.27) 式中, 当 $x\to\pm 1$ 时, y 的变化是比较复杂的. 当 n 是非负整数时, 我们将在下一节比较详细地讨论勒让德方程的幂级数解 (7.27).

上述对二阶齐次线性微分方程的幂级数解法可以自然地推广到 n 阶的情形, 并且对非齐次线性微分方程也是适用的. 这里不要求读者具备复变函数论的基础, 因而我们把讨论只局限在实变量的范围内. 但是, 整个讨论都可以在复变量的范围内进行. 实际上, 作为 19 世纪常微分方程主要成就之一的解析理论, 就是研究复变域中的微分方程, 它利用复变函数论的方法来研究微分方程解的解析性质. 对此有兴趣的读者可以参考有关微分方程解析理论的著作, 例如文献 [5] 和 [7].

习题 7–2

1. 求出下列微分方程在 $x=x_0$ 处展开的两个线性无关的幂级数解, 并写出相应的递推公式:

(1) $y''-xy'-y=0, \quad x_0=0;$

(2) $y''-xy'-y=0, \quad x_0=1;$

(3) $(1-x)y''+y=0, \quad x_0=0.$

2. 对于下列初值问题求出 $y''(x_0), y^{(3)}(x_0)$ 和 $y^{(4)}(x_0)$, 从而写出相应初值问题的解在 x_0 点的泰勒级数的前几项:

(1) $y''+xy'+y=0; \quad y(0)=1,\ y'(0)=0;$

(2) $y''+(\sin x)y'+(\cos x)y=0; \quad y(0)=0,\ y'(0)=1;$

3. 求解埃尔米特 (Hermite, 1822—1901) 方程

$$y''-2xy'+\lambda y=0 \quad (-\infty<x<+\infty),$$

其中 λ 是常数.

4. 求微分方程

$$y'' + (\sin x)y = 0$$

在 $x = 0$ 处展开的两个线性无关的幂级数解.

*§7.3 勒让德多项式

在 §7.2 的例 3 中, 我们得到勒让德方程

$$(1 - x^2)y'' - 2xy' + n(n+1)y = 0 \tag{7.28}$$

的幂级数解

$$y = C_0 y_1(x) + C_1 y_2(x) \quad (-1 < x < 1), \tag{7.29}$$

其中 C_0 和 C_1 是任意常数, 而

$$y_1(x) = 1 - \frac{n(n+1)}{2!}x^2 + \frac{(n-2)n(n+1)(n+3)}{4!}x^4 - \cdots$$

和

$$y_2(x) = x - \frac{(n-1)(n+2)}{3!}x^3 + \frac{(n+3)(n-1)(n+2)(n+4)}{5!}x^5 - \cdots.$$

显然, $y_1(x)$ 和 $y_2(x)$ 是线性无关的, 而且当 n (设 $n \geqslant 0$) 是偶数时, $y_1(x) = \mathrm{P}_n(x)$ 是一个 n 次多项式; 而当 n 是奇数时, $y_2(x) = \mathrm{P}_n(x)$ 是一个 n 次多项式. 通过直接验证, 我们得知: 除了一个常数因子外, 可以把上述 $\mathrm{P}_n(x)$ 写成如下统一的形式:

$$\mathrm{P}_n(x) = \frac{1}{2^n}\sum_{k=0}^{\left[\frac{n}{2}\right]} \frac{(-1)^k(2n-2k)!}{k!(n-k)!(n-2k)!}x^{n-2k}, \tag{7.30}$$

其中 $\left[\dfrac{n}{2}\right]$ 表示 $\dfrac{n}{2}$ 的整数部分 $(n = 0, 1, 2, \cdots)$.

这样, 对任意的非负整数 n, 由公式 (7.30) 所表达的 n 次多项式 $\mathrm{P}_n(x)$ 是相应勒让德方程 (7.28) 的解. 它们叫作**勒让德多项式**.

由 (7.30) 式容易算出

$$\begin{aligned}
&\mathrm{P}_0(x) = 1,\\
&\mathrm{P}_1(x) = x,\\
&\mathrm{P}_2(x) = \frac{1}{2}(3x^2 - 1),\\
&\mathrm{P}_3(x) = \frac{1}{2}(5x^3 - 3x),\\
&\mathrm{P}_4(x) = \frac{1}{8}(35x^4 - 30x^2 + 3),\\
&\mathrm{P}_5(x) = \frac{1}{8}(63x^5 - 70x^3 + 15x),
\end{aligned}$$

等等; 而且显然有

$$\mathrm{P}_n(-x)=(-1)^n\mathrm{P}_n(x),$$

即 $\mathrm{P}_{2m}(x)$ 是偶函数, 而 $\mathrm{P}_{2m+1}(x)$ 是奇函数 $(m=0,1,2,\cdots)$. 在数学物理方法中有时要考虑一个函数关于勒让德多项式系

$$\mathrm{P}_0(x),\ \mathrm{P}_1(x),\ \mathrm{P}_2(x),\ \cdots \tag{7.31}$$

的展开问题. 为此, 我们需要讨论勒让德多项式的一些性质.

性质 1　$\mathrm{P}_n(x)$ 满足罗德里格斯 (Rodrigues, 1795—1851) 公式

$$\mathrm{P}_n(x)=\frac{1}{2^n n!}\frac{\mathrm{d}^n}{\mathrm{d}x^n}(x^2-1)^n, \tag{7.32}$$

从而容易得出

$$\mathrm{P}_n(1)=1\quad 和\quad \mathrm{P}_n(-1)=(-1)^n. \tag{7.33}$$

证明　利用二项式公式, 并注意当 $\left[\frac{n}{2}\right]\leqslant k\leqslant n$ 时, 有

$$\frac{\mathrm{d}^n}{\mathrm{d}x^n}x^{2n-2k}=0,$$

因此我们有

$$\begin{aligned}\frac{\mathrm{d}^n}{\mathrm{d}x^n}(x^2-1)^n&=\frac{\mathrm{d}^n}{\mathrm{d}x^n}\sum_{k=0}^{n}\frac{(-1)^k n!}{k!(n-k)!}x^{2n-2k}\\&=\sum_{k=0}^{\left[\frac{n}{2}\right]}\frac{(-1)^k n!(2n-2k)!}{k!(n-k)!(n-2k)!}x^{n-2k},\end{aligned}$$

再应用 (7.30) 式, 就可得到公式 (7.32). □

性质 2　勒让德函数系 (7.31) 是正交的, 即

$$\int_{-1}^{1}\mathrm{P}_n(x)\mathrm{P}_m(x)\mathrm{d}x=\begin{cases}0, & m\neq n,\\ \sigma_n>0, & m=n,\end{cases} \tag{7.34}$$

并且可以算出 $\sigma_n=\dfrac{2}{2n+1}$.

证明　不妨设 $n\leqslant m$. 令

$$u_n=(x^2-1)^n,\quad u_n^{(s)}=\frac{\mathrm{d}^s}{\mathrm{d}x^s}u_n,$$

则罗德里格斯公式 (7.32) 成为

$$\mathrm{P}_n(x)=\frac{1}{2^n n!}u_n^{(n)}.$$

因此, 先后利用 m 次分部积分法并应用 (7.33) 式可得

$$\begin{aligned}\int_{-1}^{1}\mathrm{P}_n(x)\mathrm{P}_m(x)\mathrm{d}x&=\frac{1}{2^{n+m}n!m!}\int_{-1}^{1}u_n^{(n)}u_m^{(m)}\mathrm{d}x\\&=\frac{-1}{2^{n+m}n!m!}\int_{-1}^{1}u_n^{(n+1)}u_m^{(m-1)}\mathrm{d}x\\&=\cdots\\&=\frac{(-1)^m}{2^{n+m}n!m!}\int_{-1}^{1}u_n^{(n+m)}u_m\mathrm{d}x,\end{aligned}$$

当 $n<m$ 时, $u_n^{(n+m)}=\dfrac{\mathrm{d}^{n+m}}{\mathrm{d}x^{n+m}}(x^2-1)^n=0$, 因此 (7.34) 式的第一种情形得证; 而当 $n=m$ 时, 由上式进一步计算可得

$$\begin{aligned}\int_{-1}^{1}(\mathrm{P}_n(x))^2\mathrm{d}x&=\frac{(-1)^n}{(2^nn!)^2}\int_{-1}^{1}u_n^{(2n)}u_n\mathrm{d}x\\&=\frac{(-1)^n(2n)!}{(2^nn!)^2}\int_{-1}^{1}(x^2-1)^n\mathrm{d}x\\&=\frac{(2n)!}{(2^nn!)^2}\cdot\frac{(n!)^2}{(2n)!(2n+1)}\cdot 2^{2n+1}\\&=\frac{2}{2n+1},\end{aligned}$$

因此 (7.34) 式的第二种情形也得证. □

利用性质 2, 仿照傅里叶 (Fourier, 1768—1830) 级数的理论, 我们可以讨论函数 $f(x)$ 关于勒让德正交多项式系 (7.31) 的展开问题:

设 $f(x)$ 在区间 $[-1,1]$ 上可积, 则可作 $f(x)$ 关于 $\mathrm{P}_n(x)$ 的**广义傅里叶级数**

$$f(x)\sim\sum_{n=0}^{\infty}a_n\mathrm{P}_n(x),\tag{7.35}$$

其中广义傅里叶系数

$$a_n=\frac{2n+1}{2}\int_{-1}^{1}f(x)\mathrm{P}_n(x)\mathrm{d}x.$$

广义傅里叶级数不一定收敛; 即使是收敛的, 也不一定收敛到 $f(x)$.

我们在这里不加证明地引用与傅里叶级数的收敛性相平行的一些结果. 如果函数 $(1-x^2)^{-1/4}f(x)$ 在区间 $[-1,1]$ 上绝对可积, 并且下列条件之一成立:

(1) **狄利克雷 (Dirichlet, 1805—1859) 条件**: $f(x)$ 在 x_0 点附近的一个区间上分段单调, 并且在这区间上不连续点的个数至多是一个有限数;

(2) **迪尼 (Dini, 1845—1918) 条件**: 对于某一常数 $h>0$, 积分

$$\int_0^h\frac{|f(x_0+t)-f(x_0+0)+f(x_0-t)-f(x_0-0)|}{t}\mathrm{d}t$$

存在;

(3) **赫尔德 (Hölder, 1859—1937) 条件**: $f(x)$ 在 x_0 点连续, 并且对于充分小的 $t>0$, 不等式

$$|f(x_0 \pm t) - f(x_0)| \leqslant Lt^{\alpha}$$

成立, 其中 L 与 α 都是正的常数, 且 $\alpha \leqslant 1$ (当 $\alpha = 1$ 时就是利普希茨条件),

那么 (7.35) 式右侧的广义傅里叶级数在 $x=\xi\ (-1<\xi<1)$ 收敛到

$$\frac{1}{2}[f(\xi+0)+f(\xi-0)].$$

特别地, 如果 $f(x)$ 还在 $x=\xi$ 连续, 则它的广义傅里叶级数在 $x=\xi$ 就收敛到 $f(\xi)$.

习题 7–3

*1. 令函数

$$G(x,t) = (1-2xt+t^2)^{-1/2},$$

则 $G(x,t)$ 关于 t 展开的幂级数为

$$G(x,t) = \sum_{n=0}^{\infty} \mathrm{P}_n(x)t^n,$$

其中 $\mathrm{P}_n(x)$ 是勒让德多项式 (函数 $G(x,t)$ 称为勒让德多项式的母函数).

2. 利用上题中的 $G(x,t)$ 所满足的恒等式

$$(1-2xt+t^2)\frac{\partial G}{\partial t} = (x-t)G,$$

证明递推公式

$$(n+1)\mathrm{P}_{n+1}(x) - (2n+1)x\mathrm{P}_n(x) + n\mathrm{P}_{n-1}(x) = 0 \quad (n \geqslant 1).$$

*3. 利用刘维尔公式 (见 §6.1) 求出勒让德方程的另一个与 $\mathrm{P}_n(x)$ 线性无关的解 $Q_n(x)$, 并且证明: 当 $x<1$ 而 $x \to 1$ 时, $|Q_n(x)| \to +\infty$.

§7.4 广义幂级数解法

在 §7.2 中, 我们已经证明, 微分方程

$$A(x)y'' + B(x)y' + C(x)y = 0 \tag{7.36}$$

在常点 x_0 的邻域内存在幂级数解. 这里 $A(x), B(x)$ 和 $C(x)$ 是 x 的多项式 (或在 x_0 附近可以展成 $(x-x_0)$ 的幂级数), 而且它们没有公因式 $(x-x_0)$. 本节将进一步证明, 微分方程 (7.36) 在某一类特殊奇点的邻域内存在广义幂级数解 (见下面的定理 7.3).

设 x_0 是方程 (7.36) 的一个奇点, 则 $A(x)$ 含有因子 $(x-x_0)^k\ (k \geqslant 1)$, 而 $B(x_0) \neq 0$ 或 $C(x_0) \neq 0$. 一般而言, 方程 (7.36) 在奇点附近不再有幂级数形式的通解, 而且在奇点 x_0 的初值问题可能是无解的. 让我们先看几个例子.

例 1 讨论微分方程

$$x^2y'' - 2y = 0 \tag{7.37}$$

在奇点 $x=0$ 附近解的性态.

微分方程 (7.37) 是欧拉方程 (见习题 6–3, 第 7 题), 所以容易求出它的通解为

$$y = C_1x^2 + \frac{C_2}{x} \quad (x \neq 0).$$

因此, 方程 (7.37) 当 $x \to 0$ 时的有界解只可能是

$$y = Cx^2 \quad (C \text{ 是任意常数}),$$

它们都满足 $y(0) = y'(0) = 0$. 这说明方程 (7.37) 不可能有满足 $y(0) = 1, y'(0) = 0$ 的解. 因此, 在方程 (7.37) 的奇点 $x=0$ 提一般的初值问题不一定有解. 此外, 方程 (7.37) 的解 $y = \dfrac{1}{x}$ 当 $x \to 0$ 时是无界的, 从而它在 $x=0$ 点不能展成幂级数.

例 2 讨论微分方程

$$x^2y'' + (3x-1)y' + y = 0 \tag{7.38}$$

在奇点 $x=0$ 附近存在幂级数解的可能性.

设方程 (7.38) 有幂级数解

$$y = \sum_{n=0}^{\infty} C_nx^n \quad (C_0 \neq 0),$$

代入方程, 推出递推公式

$$C_{n+1} = (n+1)C_n \quad (n = 0, 1, 2, \cdots).$$

由此得到方程 (7.38) 的形式幂级数解为

$$y = C_0\sum_{n=0}^{\infty} n!x^n,$$

易知此幂级数是发散的 (只要 $x \neq 0$). 此例表明, 不能在奇点用普通幂级数解法求解方程 (7.38).

例 3 求解微分方程

$$x^2y'' + xy' + \left(x^2 - \frac{1}{4}\right)y = 0. \tag{7.39}$$

方程 (7.39) 也以 $x=0$ 为唯一的奇点. 令

$$y = \frac{1}{\sqrt{x}}u,$$

则 $u = u(x)$ 满足方程

$$u'' + u = 0,$$

它有两个线性无关的解

$$u_1 = \cos x \quad 和 \quad u_2 = \sin x.$$

因此, 我们得到方程 (7.39) 的两个线性无关的解

$$y_1 = \frac{\cos x}{\sqrt{x}} = \sum_{k=0}^{\infty} \frac{(-1)^k}{(2k)!} x^{2k-\frac{1}{2}}, \tag{7.40}$$

和

$$y_2 = \frac{\sin x}{\sqrt{x}} = \sum_{k=0}^{\infty} \frac{(-1)^k}{(2k+1)!} x^{2k+\frac{1}{2}}. \tag{7.41}$$

注意, (7.40) 式和 (7.41) 式都不是普通意义下的幂级数, 它们属于以下形式的**广义幂级数**

$$\sum_{n=0}^{\infty} C_n (x-x_0)^{n+\rho} \quad (C_0 \neq 0),$$

其中常数 ρ 叫作**指标**. 例如, 广义幂级数 (7.40) 对应于 $x_0 = 0$ 和 $\rho = -\frac{1}{2}$; 而广义幂级数 (7.41) 对应于 $x_0 = 0$ 和 $\rho = \frac{1}{2}$.

设微分方程 (7.36) 可以改写成如下形式:

$$(x-x_0)^2 P(x) y'' + (x-x_0) Q(x) y' + R(x) y = 0, \tag{7.42}$$

其中 $P(x), Q(x)$ 和 $R(x)$ 是多项式 (或它们在 x_0 点附近可以展成 $(x-x_0)$ 的幂级数); 并且 $P(x_0) \neq 0$, 而 $Q(x_0)$ 与 $R(x_0)$ 不同时等于零, 则称 x_0 为微分方程 (7.36) 的**正则奇点**.

定理 7.3 微分方程 (7.36) 在正则奇点 x_0 的邻域内有收敛的广义幂级数解

$$y = \sum_{k=0}^{\infty} C_k (x-x_0)^{k+\rho} \quad (C_0 \neq 0), \tag{7.43}$$

其中指标 ρ 和系数 $C_k\ (k \geqslant 1)$ 可以用代入法确定.

证明 在 x_0 点的某一邻域 $(x_0 - r, x_0 + r)$ 内, 我们可以把方程 (7.42) 改写为

$$(x-x_0)^2 y'' + (x-x_0) \sum_{k=0}^{\infty} a_k (x-x_0)^k y' + \sum_{k=0}^{\infty} b_k (x-x_0)^k y = 0.$$

假设它有 (形式) 广义幂级数解 (7.43), 则代入方程后可得

$$\begin{aligned}(x-x_0)^{\rho} \Bigg\{ &\sum_{k=0}^{\infty} (k+\rho)(k+\rho-1) C_k (x-x_0)^k + \\ &\sum_{k=0}^{\infty} a_k (x-x_0)^k \cdot \sum_{k=0}^{\infty} (k+\rho) C_k (x-x_0)^k + \\ &\sum_{k=0}^{\infty} b_k (x-x_0)^k \cdot \sum_{k=0}^{\infty} C_k (x-x_0)^k \Bigg\} = 0,\end{aligned}$$

消去因式 $(x-x_0)^\rho$, 再利用幂级数的唯一性比较系数, 就得到如下递推公式:

$$\begin{cases} C_0 f_0(\rho) = 0, \\ C_1 f_0(\rho+1) + C_0 f_1(\rho) = 0, \\ \cdots\cdots\cdots\cdots \\ C_k f_0(\rho+k) + C_{k-1} f_1(\rho+k-1) + \cdots + C_0 f_k(\rho) = 0, \\ \cdots\cdots\cdots\cdots \end{cases} \tag{7.44}$$

其中

$$\begin{cases} f_0(\rho) \equiv \rho(\rho-1) + a_0\rho + b_0, \\ f_j(\rho) \equiv a_j\rho + b_j \quad (j \geqslant 1). \end{cases}$$

由于 $C_0 \neq 0$, 所以由公式 (7.44) 的第一式得到**指标方程**

$$\rho(\rho-1) + a_0\rho + b_0 = 0,$$

并设 ρ_1 和 ρ_2 是指标方程的两个根 (称为**指标根**). 当两个指标根都为实数时, 不妨令 $\rho_1 \geqslant \rho_2$; 否则, 它们是一对共轭的复根, 这时记 ρ_1 为其中任一根.

这样, 我们有

$$\begin{cases} f_0(\rho_1) = 0, \\ f_0(\rho_1 + j) \neq 0 \quad (j \geqslant 1). \end{cases}$$

因此, 对应于指标根 $\rho = \rho_1$, 可以从公式 (7.44) 的第二式开始, 依次确定系数 $C_1, C_2, \cdots,$ $C_k, \cdots$, 从而得到方程 (7.42) 的一个 (形式) 广义幂级数解

$$y = \sum_{k=0}^{\infty} C_k (x-x_0)^{k+\rho_1} \quad (C_0 \neq 0). \tag{7.45}$$

我们来证明: (7.45) 式在 x_0 附近是收敛的 (可能不包含 x_0 点, 这是因为当 $x = x_0$ 时 $(x-x_0)^{\rho_1}$ 可能无意义, 例如对 $\rho_1 = -1$ 的情形).

设 $\rho_1 - \rho_2 = m$, 则由上述 ρ_1 的选取可知 $\mathrm{Re}(m) \geqslant 0$. 因为级数

$$\sum_{k=0}^{\infty} a_k (x-x_0)^k \quad 和 \quad \sum_{k=0}^{\infty} b_k (x-x_0)^k$$

都在区间 $(x_0 - r, x_0 + r)$ 内收敛, 所以对于取定的 r_1 $(0 < r_1 < r)$, 存在 $M > 0$ (不妨设 $M \geqslant 1$), 使得

$$|a_k| \leqslant \frac{M}{r_1^k}, \quad |b_k| \leqslant \frac{M}{r_1^k}, \quad |\rho_1 a_k + b_k| \leqslant \frac{M}{r_1^k} \quad (k = 0, 1, 2, \cdots). \tag{7.46}$$

由此我们可以得到

$$|C_k| \leqslant \left(\frac{M}{r_1}\right)^k \quad (k = 1, 2, \cdots). \tag{7.47}$$

事实上, 由于 $f_0(\rho_1) = 0$ 以及 $\rho_1 + \rho_2 = 1 - a_0$ 和 $\rho_1 - \rho_2 = m$, 我们有

$$f_0(\rho_1 + k) = k(k+m), \tag{7.48}$$

再利用 (7.46) 式推出

$$|C_1| = \frac{|\rho_1 a_1 + b_1|}{|f_0(\rho_1+1)|} \leqslant \frac{M}{r_1|m+1|} \leqslant \frac{M}{r_1},$$

即 (7.47) 式对 $k=1$ 成立. 现在设 (7.47) 对 $k=1,2,\cdots,s-1$ 成立, 则由递推公式 (7.44) 并利用 (7.46) 式和 (7.48) 式得出

$$\begin{aligned}|C_s| &= \frac{\left|\sum_{j=1}^{s-1} C_j f_{s-j}(\rho_1+j) + C_0 f_s(\rho_1)\right|}{s|s+m|} \quad (\text{取 } C_0=1)\\ &\leqslant \frac{\sum_{j=1}^{s-1}|C_j|\cdot|(\rho_1+j)a_{s-j}+b_{s-j}| + |\rho_1 a_s + b_s|}{s^2}\\ &\leqslant \frac{\sum_{j=0}^{s-1}|C_j|\left(|\rho_1 a_{s-j}+b_{s-j}| + |j a_{s-j}|\right)}{s^2}\\ &\leqslant \frac{\frac{1}{2}s(s+1)\left(\frac{M}{r_1}\right)^s}{s^2} < \left(\frac{M}{r_1}\right)^s.\end{aligned}$$

这就证明了 (7.47) 式对所有的正整数 k 都成立. 因此, 对于任意的常数 r_2 $(0<r_2<r_1)$, 所得广义幂级数 (7.45) 当 $0<|x-x_0|\leqslant \dfrac{r_2}{M}$ 时是收敛的.

最后还应指出, 当指标根 ρ_1 是复数时, 我们得到的 (7.45) 式是一个复的广义幂级数解. 由于方程 (7.42) 是实系数的, 所以用分离实部和虚部的方法, 原则上可以从 (7.45) 式得出两个实的级数解 (参见 §6.2 的附注 2). □

附注 当 ρ_1 和 ρ_2 都是实数并且 $\rho_1-\rho_2=m$ 为正整数或零时, 一般不能从 ρ_2 出发再得到一个与 (7.45) 式不同的广义幂级数解 (这时 $f_0(\rho_2+m)=f_0(\rho_1)=0$, 因此由递推公式 (7.44) 确定系数 C_m 时将遇到困难). 但我们可以利用刘维尔公式 (见第六章的公式 (6.56)), 从与 ρ_1 相对应的广义幂级数解 (7.45) 出发, 得到另一个与其线性无关的解.

例 4 求解**贝塞尔方程**

$$x^2y''+xy'+(x^2-n^2)y=0, \tag{7.49}$$

其中常数 $n\geqslant 0$.

注意, $x=0$ 是贝塞尔方程 (7.49) 的正则奇点. 由定理 7.3, 它有广义幂级数解

$$y=\sum_{k=0}^{\infty} C_k x^{k+\rho} \quad (C_0\neq 0),$$

其中系数 C_k $(k\geqslant 1)$ 和指标 ρ 待定. 把这个级数代入方程 (7.49), 我们就推得

$$\sum_{k=0}^{\infty}[(\rho+n+k)(\rho-n+k)C_k + C_{k-2}]x^{k+\rho}=0,$$

其中约定 $C_{-1}=C_{-2}=0$. 由此得出递推公式

$$(\rho+n+k)(\rho-n+k)C_k+C_{k-2}=0 \quad (k=0,1,2,\cdots). \tag{7.50}$$

由于已设 $C_0\neq 0$, 且 $C_{-1}=C_{-2}=0$, 所以由上面的第一式 $(k=0)$ 推出指标方程

$$(\rho+n)(\rho-n)=0.$$

由此得到两个指标根 $\rho_1=n$ 和 $\rho_2=-n$.

对应于 $\rho=\rho_1=n$, 递推公式 (7.50) 成为

$$(2n+k)kC_k+C_{k-2}=0 \quad (k=1,2,\cdots), \tag{7.51}$$

其中 C_k 的系数 $(2n+k)k\neq 0$, 因此可以依次确定 C_k. 具体地说, 在 (7.51) 式中取 $k=1$, 得 $(2n+1)C_1=0$, 从而得到 $C_1=0$, 并进而推出

$$C_3=C_5=\cdots=C_{2k+1}=\cdots=0;$$

再在 (7.51) 式中取 $k=2,4,6,\cdots$, 则可依次得到

$$\begin{aligned}
&C_2=\frac{-1}{2^2(n+1)}C_0,\\
&C_4=\frac{1}{2^4(n+1)(n+2)2!}C_0,\\
&\cdots,\\
&C_{2k}=\frac{(-1)^k}{2^{2k}(n+1)(n+2)\cdots(n+k)k!}C_0,\\
&\cdots.
\end{aligned}$$

下面再利用 Γ 函数的记号 $\Gamma(x)$ 和公式

$$\begin{aligned}
&\Gamma(n+k+1)=(n+k)\cdots(n+2)(n+1)\Gamma(n+1),\\
&\Gamma(k+1)=k!,
\end{aligned}$$

并取

$$C_0=\frac{1}{2^n\Gamma(n+1)},$$

我们就可以把上面 C_{2k} 的表达式改写为

$$C_{2k}=\frac{(-1)^k}{\Gamma(n+k+1)\Gamma(k+1)}\frac{1}{2^{2k+n}}.$$

这样, 对应于指标根 $\rho_1=n$, 我们得到贝塞尔方程 (7.49) 的一个广义幂级数解

$$y=\mathrm{J}_n(x)=\sum_{k=0}^{\infty}\frac{(-1)^k}{\Gamma(n+k+1)\Gamma(k+1)}\left(\frac{x}{2}\right)^{2k+n}. \tag{7.52}$$

容易看出, 广义幂级数 (7.52) 对任何 x 都是收敛的, 它叫作**第一类贝塞尔函数**.

对应于指标根 $\rho=\rho_2=-n\ (n>0)$, 递推公式 (7.50) 成为

$$k(k-2n)C_k+C_{k-2}=0 \quad (k=1,2,\cdots). \tag{7.53}$$

对此要区分两种情形进行讨论:

(1) $2n$ 不等于任何整数.

这时在 (7.53) 式中 C_k 的系数 $k(k-2n)\neq 0$. 类似于上面的讨论, 只要取

$$C_0=\frac{1}{2^{-n}\Gamma(-n+1)},$$

则可得出贝塞尔方程的另一个广义幂级数解

$$y=\mathrm{J}_{-n}(x)=\sum_{k=0}^{\infty}\frac{(-1)^k}{\Gamma(-n+k+1)\Gamma(k+1)}\left(\frac{x}{2}\right)^{2k-n}, \tag{7.54}$$

它叫作**第二类贝塞尔函数**. 注意, 当 $x\to 0$ 时, $\mathrm{J}_{-n}(x)$ 是无界的.

(2) $2n$ 等于某个整数 N.

此时在 (7.53) 式中 C_N 的系数 $N(N-2n)=0$. 因此由 (7.53) 式来确定 C_N 就有困难. 此时我们再区分两种情况进行讨论:

(a) $2n$ 等于一个奇数 $2s+1$, 即 n 为半整数 $s+\dfrac{1}{2}$. 这时由 (7.53) 式可知, 当 k 为偶数时, C_k 的系数 $k(k-2n)\neq 0$. 因此, 与情形 (1) 一样可确定 C_k. 而当 k 为奇数时, 若 $k<2s+1$, 则 $C_k(k\geqslant 1)$ 的系数 $k(k-2n)$ 仍不等于零, 因此有

$$C_1=C_3=\cdots=C_{2s-1}=0;$$

若 $k\geqslant 2s+1$, 则由 (7.53) 式得知 C_{2s+1} 的系数为零, 而且有

$$\begin{aligned}&(2s+1)(-2n+2s+1)C_{2s+1}=0,\\&(2s+3)(-2n+2s+3)C_{2s+3}+C_{2s+1}=0,\\&\cdots.\end{aligned}$$

因此, 只要令 $C_{2s+1}=0$, 则仍有 $C_{2s+3}=C_{2s+5}=\cdots=0$. 所以, 当 n 为半整数时, 对应于 $\rho_2=-n$, 我们仍可得到一个广义幂级数解 $y=\mathrm{J}_{-n}(x)$ (它的表达式同 (7.54) 式).

(b) $2n$ 等于一个偶数, 即 n 为整数. 这时可由 (7.53) 式推出

$$C_2\neq 0,\ C_4\neq 0,\ \cdots,\ C_{2n-2}\neq 0,$$

以及

$$2n(2n-2n)C_{2n}+C_{2n-2}=0,$$

从而 $C_{2n-2}=0$. 这与前面的结论是矛盾的. 因此, 对应于 $\rho_2=-n$ 不可能从递推公式 (7.53) 求出方程 (7.49) 的广义幂级数解.

此时, 为了求出与 $\mathrm{J}_n(x)$ 线性无关的另一个解, 对应于这个整数 $n \geqslant 0$, 我们取参数 $\alpha \neq n$, 但 α 充分接近 n, 则 $\mathrm{J}_\alpha(x)$ 和 $\mathrm{J}_{-\alpha}(x)$ 都有意义, 而且函数

$$y_\alpha(x) = \frac{\mathrm{J}_\alpha(x)\cos\alpha\pi - \mathrm{J}_{-\alpha}(x)}{\sin\alpha\pi} \quad (\sin\alpha\pi \neq 0)$$

是贝塞尔方程 (7.49) (把方程中的 n 改写为 α 时) 的一个解, 并且它在 $x=0$ 的邻域内是无界的. 注意, 当 $\alpha \to n$ 时, 上述 $y_\alpha(x)$ 是一个 $\dfrac{0}{0}$ 型不定式. 我们对其应用洛必达法则, 令

$$\mathrm{Y}_n(x) = \lim_{\alpha\to n} y_\alpha(x),$$

即

$$\mathrm{Y}_n(x) = \lim_{\alpha\to n} \frac{\mathrm{J}_\alpha(x)\cos\alpha\pi - \mathrm{J}_{-\alpha}(x)}{\sin\alpha\pi}. \tag{7.55}$$

可以证明, $y = \mathrm{Y}_n(x)$ 是贝塞尔方程 (7.49) 的解, 且与第一类贝塞尔函数 $\mathrm{J}_n(x)$ 线性无关. 它称为**诺伊曼 (Neumann, 1832—1925) 函数**或 (相应于整数 n 的) **第二类贝塞尔函数**.

对贝塞尔方程的求解已经完成, 在下节我们将对贝塞尔函数作简单的讨论.

习题 7–4

1. 试判别 $x=-1,0,1$ 是下列微分方程的什么点 (常点, 正则奇点或非正则奇点)?

(1) $xy'' + (1-x)y' + xy = 0$;

(2) $(1-x^2)y'' - 2xy' + n(n+1)y = 0$;

(3) $2x^4(1-x^2)y'' + 2xy' + 3x^2y = 0$;

(4) $x^2(1-x^2)y'' + 2x^{-1}y' + 4y = 0$;

(5) $y'' + \left(\dfrac{x}{1+x}\right)^2 y' + 3(1+x)^2y = 0$.

2. 用广义幂级数求解下列微分方程:

(1) $2xy'' + y' + xy = 0$;

(2) $x^2y'' + xy' + \left(x^2 - \dfrac{1}{9}\right)y = 0$;

(3) $2x^2y'' - xy' + (1+x)y = 0$;

(4) $xy'' + y = 0$;

(5) $xy'' + y' - y = 0$.

3. 设**超几何方程**

$$x(1-x)y'' + [\gamma - (1+\alpha+\beta)x]y' - \alpha\beta y = 0,$$

其中 α,β,γ 是常数.

(1) 证明: $x=0$ 是一个正则奇点, 相应的指标根为

$$\rho_1 = 0 \quad 和 \quad \rho_2 = 1-\gamma;$$

(2) 证明: $x=1$ 也是一个正则奇点, 相应的指标根为

$$\rho_1 = 0 \quad 和 \quad \rho_2 = \gamma - \alpha - \beta;$$

(3) 设 $1-\gamma$ 不是正整数, 证明: 超几何方程在 $x=0$ 的邻域内有一个幂级数解为 (**超几何级数**)

$$y_1 = 1 + \frac{\alpha\beta}{\gamma\cdot 1!}x + \frac{\alpha(\alpha+1)\beta(\beta+1)}{\gamma(\gamma+1)\cdot 2!}x^2 + \cdots .$$

试问它的收敛半径是什么?

(4) 设 $1-\gamma$ 不是整数, 证明: 第二个解是

$$y_2 = x^{1-\gamma}\left[1 + \frac{(\alpha-\gamma+1)(\beta-\gamma+1)}{(2-\gamma)\cdot 1!}x + \frac{(\alpha-\gamma+1)(\alpha-\gamma+2)(\beta-\gamma+1)(\beta-\gamma+2)}{(2-\gamma)(3-\gamma)\cdot 2!}x^2 + \cdots\right].$$

*§7.5　贝塞尔函数

在上一节中, 我们求出了贝塞尔方程

$$x^2y'' + xy' + (x^2 - n^2)y = 0 \tag{7.56}$$

的广义幂级数解 (其中常数 $n \geqslant 0$), 并且用它定义了两个重要的特殊函数: 第一类贝塞尔函数 $y = \mathrm{J}_n(x)$ (见 (7.52) 式) 和第二类贝塞尔函数 $y = \mathrm{J}_{-n}(x)$ (当 n 不是整数时, 见 (7.54) 式) 或 $y = \mathrm{Y}_n(x)$ (当 n 是整数时, 见 (7.55) 式; $\mathrm{Y}_n(x)$ 又名诺伊曼函数). 由于在实用上主要是 n 为整数的情况, 所以我们在下面都假设 n 为非负整数. 通常称 $\mathrm{J}_n(x)$ 为 n **阶贝塞尔函数**, 而称 $\mathrm{Y}_n(x)$ 为 n **阶诺伊曼函数**. 本节主要讨论有关这两个函数的某些性质.

性质 1　当 $x \to +\infty$ 时, $\mathrm{J}_n(x)$ 和 $\mathrm{Y}_n(x)$ 有如下**渐近式**:

$$\mathrm{J}_n(x) = \frac{A_n}{\sqrt{x}}[\sin(x+\alpha_n) + o(1)] \tag{7.57}$$

和

$$\mathrm{Y}_n(x) = \frac{B_n}{\sqrt{x}}[\cos(x+\beta_n) + o(1)], \tag{7.58}$$

其中 $o(1)$ 表示一个无穷小量, 而 A_n, B_n, α_n 和 β_n 都是只与 n 有关的常数, 且 $A_n > 0, B_n > 0$.

证明　令

$$\mathrm{J}_n(x) = \frac{u(x)}{\sqrt{x}} \quad (x>0), \tag{7.59}$$

则代入贝塞尔方程 (7.56) 后推出 $u(x)$ 所满足的方程为

$$u''(x) + \left(1 - \frac{n^2 - \frac{1}{4}}{x^2}\right)u(x) = 0. \tag{7.60}$$

因为 $\mathrm{J}_n(x)$ 是方程 (7.56) 的非零解, 所以 $u(x)$ 是二阶线性微分方程 (7.60) 的非零解, 从而 $u(x)$ 和 $u'(x)$ 不同时为零 (见习题 6–3 第 4 题), 即

$$r(x)=\sqrt{[u(x)]^2+[u'(x)]^2}>0.$$

因此, 我们可以把 $u(x)$ 和 $u'(x)$ 表示成极坐标的形式

$$\begin{cases} u(x)=r(x)\sin\theta(x), \\ u'(x)=r(x)\cos\theta(x), \end{cases} \tag{7.61}$$

代入 (7.60) 式可以得出关于 $r(x)$ 和 $\theta(x)$ 的微分方程组

$$\begin{cases} r'(x)=\dfrac{n^2-\dfrac{1}{4}}{x^2}r(x)\sin\theta(x)\cos\theta(x), \\ \theta'(x)=1-\dfrac{n^2-\dfrac{1}{4}}{x^2}\sin^2\theta(x). \end{cases} \tag{7.62}$$

令

$$\theta(x)=x+\varphi(x),$$

则 (7.62) 式的第二个方程成为

$$\varphi'(x)=\frac{\dfrac{1}{4}-n^2}{x^2}\sin^2(x+\varphi(x)),$$

取积分可得

$$\varphi(x)-\varphi(1)=\int_1^x\left(\frac{1}{4}-n^2\right)\frac{1}{t^2}\sin^2(t+\varphi(t))\mathrm{d}t.$$

上式右侧的积分当 $x\to+\infty$ 时是收敛的, 因此极限 $\lim\limits_{x\to+\infty}\varphi(x)=\alpha_n$ 存在. 从而得到渐近式

$$\theta(x)=x+\alpha_n+o(1). \tag{7.63}$$

再由 (7.62) 式的第一个方程可得

$$r(x)=r(1)\exp\left(\int_1^x\psi_n(t)\sin\theta(t)\cos\theta(t)\mathrm{d}t\right),$$

其中 $\psi_n(t)=\left(n^2-\dfrac{1}{4}\right)\dfrac{1}{t^2}$. 因为 $|\sin\theta(t)\cos\theta(t)|\leqslant\dfrac{1}{2}$, 所以在上式指数中的积分当 $x\to+\infty$ 时是收敛的, 从而极限

$$\lim_{x\to+\infty}r(x)=A_n=r(1)\mathrm{e}^{\int_1^{+\infty}\psi_n(t)\sin\theta(t)\cos\theta(t)\mathrm{d}t}>0$$

存在. 因此, $r(x)$ 的渐近式为

$$r(x)=A_n+o(1). \tag{7.64}$$

把 (7.63) 式和 (7.64) 式代入 (7.61) 式, 我们得到

$$u(x) = A_n \sin(x + \alpha_n) + o(1)$$

和

$$u'(x) = A_n \cos(x + \alpha_n) + o(1).$$

从而由 (7.59) 式推出渐近式 (7.57) 成立. 此外, 再利用上面两式还可得出

$$\mathrm{J}_n'(x) = \frac{u'(x)}{\sqrt{x}} - \frac{1}{2} \cdot \frac{u(x)}{x^{3/2}} = \frac{1}{\sqrt{x}}[u'(x) + o(1)],$$

从而得到 $\mathrm{J}_n'(x)$ 的渐近式

$$\mathrm{J}_n'(x) = \frac{A_n}{\sqrt{x}}[\cos(x + \alpha_n) + o(1)].$$

它可以看作是从渐近式 (7.57) 直接求导数而来的; 或者说, 我们可以对渐近式 (7.57) 进行求导的运算.

同样可证渐近式 (7.58) 成立, 并且对它也可以进行导数的运算. □

从性质 1 可见, $\mathrm{J}_n(x)$ 和 $\mathrm{Y}_n(x)$ 都有无穷多个零点 (而且, 它们的零点是相互交错的 (见第九章定理 9.1)). 另外, 由 $\mathrm{J}_n(x)$ 的表达式可知

$$\mathrm{J}_0(0) = 1, \quad \mathrm{J}_n(0) = 0 \ (n \geqslant 1);$$

并可证明

$$\lim_{x \to 0+} \mathrm{Y}_n(x) = -\infty.$$

由此可见, $\mathrm{J}_n(x)$ 和 $\mathrm{Y}_n(x)$ 是线性无关的. 图 7–1 和图 7–2 分别表示了 $\mathrm{J}_n(x)$ 和 $\mathrm{Y}_n(x)$ (当 $n = 0$ 和 1 时) 的草图.

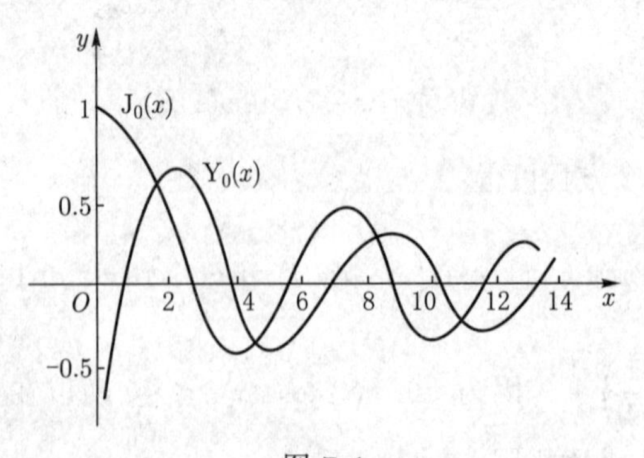

图 7–1

我们已经知道 $\mathrm{J}_n(x)$ 有无穷多个零点, 并且它们都是简单的 (否则将推出 $\mathrm{J}_n(x)$ 为零解). 设这些零点依次排列为

$$0 < \beta_1 < \beta_2 < \cdots < \beta_k < \cdots (\to +\infty),$$

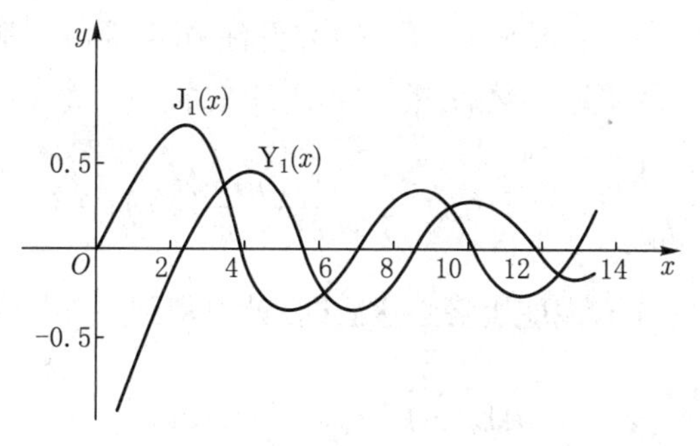

图 7–2

注意, 它们与 n 有关. 现在, 在关于 t 的区间 $[0,1]$ 上考虑函数系

$$\mathrm{J}_n(\beta_1 t), \mathrm{J}_n(\beta_2 t), \cdots, \mathrm{J}_n(\beta_k t), \cdots, \tag{7.65}$$

则有下面的

性质 2 函数系 (7.65) 在区间 $[0,1]$ 上是一个以 t 为权函数的**正交系**, 即

$$\int_0^1 t\mathrm{J}_n(\beta_j t)\mathrm{J}_n(\beta_k t)\mathrm{d}t = \begin{cases} 0, & j \neq k, \\ \tau_{n,k} > 0, & j = k, \end{cases} \tag{7.66}$$

并且可以算出 $\tau_{n,k} = \dfrac{1}{2}[\mathrm{J}_n'(\beta_k)]^2$.

证明 令

$$u(t) = \mathrm{J}_n(at), \quad v(t) = \mathrm{J}_n(bt),$$

并以 “·” 表示对 t 求导数, 则由贝塞尔方程 (7.56) 推出

$$t^2\ddot{u} + t\dot{u} + (a^2t^2 - n^2)u = 0$$

和

$$t^2\ddot{v} + t\dot{v} + (b^2t^2 - n^2)v = 0.$$

由上面两式容易得出

$$t^2(v\ddot{u} - u\ddot{v}) + t(v\dot{u} - u\dot{v}) + t^2(a^2 - b^2)uv = 0,$$

消去因子 t, 可把上式改写为

$$\frac{\mathrm{d}}{\mathrm{d}t}[t(v\dot{u} - u\dot{v})] + t(a^2 - b^2)uv = 0.$$

积分上式, 并注意 $u(0)$, $v(0)$, $\dot{u}(0)$ 和 $\dot{v}(0)$ 是有界的, 我们得到

$$(a^2 - b^2)\int_0^1 tuv\mathrm{d}t = u(1)\dot{v}(1) - v(1)\dot{u}(1). \tag{7.67}$$

由于

$$u(1) = \mathrm{J}_n(a), \quad \dot{u}(1) = a\mathrm{J}_n'(a),$$
$$v(1) = \mathrm{J}_n(b), \quad \dot{v}(1) = b\mathrm{J}_n'(b),$$

所以在 (7.67) 式中取 $a=\beta_j$ 和 $b=\beta_k(j\neq k)$, 并注意 β_j 和 β_k 都是 $\mathrm{J}_n(x)$ 的零点, 就可得出 (7.66) 式中的第一部分. 然后, 在 (7.67) 式中取 $b=\beta_k$ 和 $a\neq\beta_k$, 则有

$$\int_0^1 t\mathrm{J}_n(at)\mathrm{J}_n(\beta_k t)\mathrm{d}t=\frac{\beta_k}{a^2-\beta_k^2}\mathrm{J}_n(a)\mathrm{J}'_n(\beta_k).$$

在上式中令 $a\to\beta_k$, 并在右端应用洛必达法则, 就可得到

$$\int_0^1 t[\mathrm{J}_n(\beta_k t)]^2\mathrm{d}t=\frac{1}{2}[\mathrm{J}'_n(\beta_k)]^2.$$

因为 β_k 是 $\mathrm{J}_n(x)$ 的简单零点, 所以上式右端是一个正数. 这就证明了 (7.66) 式中的第二部分. □

因此, 与傅里叶级数相仿, 我们也可以讨论函数 $f(t)$ 在区间 $[0,1]$ 上关于贝塞尔正交函数系 (7.65) 的展开问题. 设函数 $f(x)$ 在区间 $[0,1]$ 上可积, 则可考虑它关于贝塞尔正交函数系 (7.65) 的如下展开:

$$f(x)\sim\sum_{k=1}^{\infty}a_k\mathrm{J}_n(\beta_k x),\tag{7.68}$$

其中广义傅里叶系数

$$a_k=\frac{2}{[\mathrm{J}'_n(\beta_k)]^2}\int_0^1 tf(t)\mathrm{J}_n(\beta_k t)\mathrm{d}t.$$

可以证明, 如果 $\sqrt{x}f(x)$ 在 $[0,1]$ 上绝对可积, 并且在 §7.3 末所列的条件之一成立, 则 (7.68) 式右侧的广义傅里叶级数在 $x=x_0$ 点 $(0<x_0<1)$ 收敛到 $\dfrac{1}{2}[f(x_0-0)+f(x_0+0)]$; 特别地, 如果 $f(x)$ 还在 x_0 点连续, 则它的广义傅里叶级数就收敛到 $f(x_0)$.

在数学物理方法的应用中, 关于贝塞尔正交函数系的傅里叶级数 (7.68) 是经常用到的公式.

习题 7–5

1. 试证:

$$\frac{\mathrm{d}}{\mathrm{d}x}[x^{-n}\mathrm{J}_n(x)]=-x^{-n}\mathrm{J}_{n+1}(x),$$
$$\frac{\mathrm{d}}{\mathrm{d}x}[x^{n}\mathrm{J}_n(x)]=x^{n}\mathrm{J}_{n-1}(x).$$

2. 证明: 半整数阶的贝塞尔函数为

$$\mathrm{J}_{\frac{1}{2}}(x)=\sqrt{\frac{2}{\pi x}}\sin x,\quad \mathrm{J}_{-\frac{1}{2}}(x)=\sqrt{\frac{2}{\pi x}}\cos x\ (\text{并作图}),$$
$$\mathrm{J}_{n+\frac{1}{2}}(x)=\frac{(-1)^n}{\sqrt{\pi}}(2x)^{n+\frac{1}{2}}\frac{\mathrm{d}^n}{(\mathrm{d}x^2)^n}\frac{\sin x}{x},$$
$$\mathrm{J}_{-n-\frac{1}{2}}(x)=\frac{1}{\sqrt{\pi}}(2x)^{n+\frac{1}{2}}\frac{\mathrm{d}^n}{(\mathrm{d}x^2)^n}\frac{\cos x}{x}\ (n=0,1,2,\cdots).$$

*3. 用贝塞尔函数表达微分方程

$$y'' + xy = 0$$

的通解.

延伸阅读

第八章 定性理论与分支理论初步

由法国数学家庞加莱 (Poincaré, 1854—1912) 在 19 世纪 80 年代所开创的微分方程定性理论, 不借助于对微分方程的求解, 而是从微分方程本身的一些特点来推断其解的性质 (例如周期性, 稳定性等), 因而它是研究非线性微分方程的一个有效的手段, 自 20 世纪以来已成为常微分方程理论发展的主流. 与庞加莱同时期的俄国数学家李雅普诺夫 (Lyapunov, 1857—1918) 对微分方程解的稳定性所作的深入研究, 是定性理论的又一个重要工作.

近年来, 人们不仅关心微分方程的某一个解在初值或参数扰动下的稳定性 (即李雅普诺夫稳定性), 以及这种稳定性遭到破坏时所可能出现的混沌现象, 而且关心在一定范围内解族的拓扑结构在微分方程的扰动下的稳定性 (即结构稳定性), 以及这种稳定性遭到破坏时所出现的分支现象. 电子计算机的广泛应用和日新月异的进展为研究这些现象提供了有力的新工具, 并且使得对微分方程的定量研究又有了可能. 然而, 作为任何一种定量计算的基础, 对解族的定性分析仍是不可替代的一步.

鉴于微分方程定性理论的应用已深入到许多自然学科和社会学科的领域, 我们似有必要在本书中对它的一些基本概念和基本方法作一个初步的介绍. 有意涉足这一领域的读者可参考文献 [6, 9, 12, 20—22, 26—28, 30, 31, 34—37] 等.

§8.1 动力系统, 相空间与轨线

假设一个运动质点 M 在时刻 t 的空间坐标为 $\boldsymbol{x}=(x_1,x_2,\cdots,x_n)$, 并且已知它在 $\boldsymbol{x}$ 点的运动速度 $\boldsymbol{v}(\boldsymbol{x})=(v_1(\boldsymbol{x}),v_2(\boldsymbol{x}),\cdots,v_n(\boldsymbol{x}))$ 只与空间坐标 $\boldsymbol{x}$ 有关, 则我们推得质点 M 的运动方程为

$$\frac{\mathrm{d}\boldsymbol{x}}{\mathrm{d}t}=\boldsymbol{v}(\boldsymbol{x}), \tag{8.1}$$

它是一个自治微分方程 (见 §5.1). 如果函数 $\boldsymbol{v}(\boldsymbol{x})$ 满足微分方程解的存在和唯一性定理的条件, 则对于任何初值条件

$$\boldsymbol{x}(t_0)=\boldsymbol{x}_0, \tag{8.2}$$

方程 (8.1) 存在唯一的满足初值条件 (8.2) 的解

$$\boldsymbol{x}=\boldsymbol{\varphi}(t,t_0,\boldsymbol{x}_0), \tag{8.3}$$

它描述了质点 M 在 t_0 时刻经过 $\boldsymbol{x}_0$ 点的运动. 我们称 $\boldsymbol{x}$ 取值的空间 $\mathbb{R}^n$ 为**相空间**, 而称 $(t,\boldsymbol{x})$ 取值的空间 $\mathbb{R}^1\times\mathbb{R}^n$ 为**增广相空间**. 按照微分方程的几何解释, 方程 (8.1) 在增广相空间中定义了一个线素场, 而解 (8.3) 在增广相空间中的图像是一条通过点 $(t_0,\boldsymbol{x}_0)$ 与线素场吻合的光滑曲线 (亦即积分曲线).

现在我们从运动的观点给出另一种几何解释: 方程 (8.1) 在相空间中的每一点 $\boldsymbol{x}$, 给定了一个速度向量

$$\boldsymbol{v}(\boldsymbol{x})=(v_1(\boldsymbol{x}),v_2(\boldsymbol{x}),\cdots,v_n(\boldsymbol{x})),\tag{8.4}$$

因而它在相空间中定义了一个**速度场** (或称**向量场**); 而解的表达式 (8.3) 在相空间中给出了一条与速度场 (8.4) 吻合的光滑曲线 (称它为**轨线**), 其中时间 t 为参数, 且参数 t_0 对应于轨线上的点 $\boldsymbol{x}_0$. 随着时间 t 的演变, 质点的坐标 $\boldsymbol{x}(t)$ 在相空间中沿着轨线变动, 通常用箭头在轨线上标明相应于时间 t 增大时质点的运动方向.

须要注意, 积分曲线是增广相空间中的曲线, 而轨线则是相空间中的曲线. 容易看出, 积分曲线沿 t 轴向相空间的投影就是相应的轨线. 而且轨线有明显的力学意义: 它是质点 M 运动的轨迹.

由于在一般情形下得不出解 (8.3) 的明显表达式, 所以我们面对的任务是: 从向量场 (8.4) 的特性出发, 去获取轨线的几何特征, 或者更进一步, 去弄清轨线族的拓扑结构图 (称为**相图**). 因此, 微分方程的定性理论又称作**几何理论**.

如果 $\boldsymbol{x}_0$ 是速度场 (8.4) 的零点, 即 $\boldsymbol{v}(\boldsymbol{x}_0)=\boldsymbol{0}$, 则显然方程 (8.1) 有一个定常解 $\boldsymbol{x}=\boldsymbol{x}_0$. 换句话说, 点 $\boldsymbol{x}_0$ 就是一条 (退化的) 轨线. 这时我们称点 $\boldsymbol{x}_0$ 为方程 (8.1) 的一个**平衡点**, 它表示了运动的一种平衡态. 今后我们会看到, 在平衡点附近的轨线可能出现各种奇怪的分布, 而且当 $t\to+\infty$ (或 $-\infty$) 时, 其他轨线有可能趋于 (或远离) 平衡点. 通常, 把方程 (8.1) 的平衡点叫作**奇点**.

如果解 (8.3) 是一个非定常的周期运动, 即存在 $T>0$, 使得

$$\boldsymbol{\varphi}(t+T,t_0,\boldsymbol{x}_0)\equiv\boldsymbol{\varphi}(t,t_0,\boldsymbol{x}_0),$$

则它在相空间中的轨线是一条闭曲线, 亦即**闭轨**. 随着 $t\to+\infty$, 质点 M 在闭轨上做周而复始的运动.

在定性理论中, 对奇点和闭轨的分析是一个基本的问题.

例 1　设质点 $M(x,y)$ 在 Oxy 平面上运动, 已知它在 (x,y) 点的速度 $\boldsymbol{v}(x,y)$ 具有如下水平与垂直分量:

$$v_x=-y+x(x^2+y^2-1),\quad v_y=x+y(x^2+y^2-1),$$

则质点的运动方程为

$$\begin{cases}\dfrac{\mathrm{d}x}{\mathrm{d}t}=-y+x(x^2+y^2-1),\\[2mm]\dfrac{\mathrm{d}y}{\mathrm{d}t}=x+y(x^2+y^2-1).\end{cases}\tag{8.5}$$

应用极坐标, 令 $x = r\cos\theta, y = r\sin\theta$, 则可以把方程 (8.5) 转化为

$$\frac{\mathrm{d}r}{\mathrm{d}t} = r(r^2-1), \quad \frac{\mathrm{d}\theta}{\mathrm{d}t} = 1.$$

然后由此积分得

$$r = \frac{1}{\sqrt{1-C_1\mathrm{e}^{2t}}}, \quad \theta = t + C_2.$$

设初值 $r(0) = r_0, \theta(0) = \theta_0$ (相应于 $x(0) = x_0, y(0) = y_0$), 则 $C_1 = \dfrac{1}{r_0^2}(r_0^2 - 1)$. 因此, 当 (x_0, y_0) 点位于单位圆周 $\varGamma$ 之内时, $C_1 < 0$; 当 (x_0, y_0) 点位于单位圆周 $\varGamma$ 之外时, $C_1 > 0$; 而当 (x_0, y_0) 点位于单位圆周 $\varGamma$ 之上时, $C_1 = 0$. 依初值 (x_0, y_0) 的不同, 系统 (8.5) 的轨线有如下四种不同的类型:

(1) 当 $(x_0, y_0) = (0,0)$ 时, 轨线就是奇点 $(0,0)$. 此时, $(0,0)$ 是系统 (8.5) 的唯一平衡点.

(2) 当 (x_0, y_0) 点在单位圆周 $\varGamma$ 之上时, 相应的轨线就是闭轨 $\varGamma$, 它以逆时针方向为正向.

(3) 当 (x_0, y_0) 点在 $\varGamma$ 之内并且不同于点 $(0,0)$ 时, 相应的轨线是 $\varGamma$ 内的非闭曲线. 当 $t \to +\infty$ 时, 它逆时针盘旋趋于平衡点 $(0,0)$; 而当 $t \to -\infty$ 时, 它顺时针盘旋趋于闭轨 $\varGamma$.

(4) 当 (x_0, y_0) 点在 $\varGamma$ 之外时, 相应的轨线就是 $\varGamma$ 外部的非闭曲线, 而且当 $t \to -\infty$ 时, 它顺时针盘旋趋于 $\varGamma$.

图 8–1 是系统 (8.5) 的相图, 而图 8–2 则显示了相应解的两种不同的几何解释——积分曲线和相轨线之间的联系.

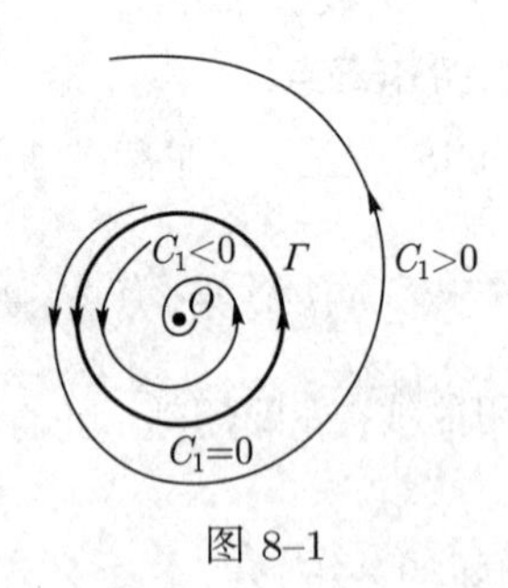

图 8–1

现在, 我们要着重指出: 任何一个自治微分方程都具有 (8.1) 式的形式, 而且只要右端函数满足解的存在和唯一性条件, 就可以对它作出如上动力学解释 (不管它的自变量 t 是否代表时间), 并可沿袭相空间、轨线、平衡点 (奇点) 和闭轨等概念. 在这个意义下, 我们也把微分方程 (8.1) 称为一个**动力系统**.

下面是动力系统的几个基本性质.

1° **积分曲线的平移不变性**: 即系统 (8.1) 的积分曲线在增广相空间中沿 t 轴任意平移后还是 (8.1) 的积分曲线. 事实上, 设 $\boldsymbol{x} = \boldsymbol{\varphi}(t)$ 是系统 (8.1) 的一个解, 则由方程的自治性可以直接验证: 对任意的常数 $C, \boldsymbol{x} = \boldsymbol{\varphi}(t + C)$ 也是 (8.1) 的解.

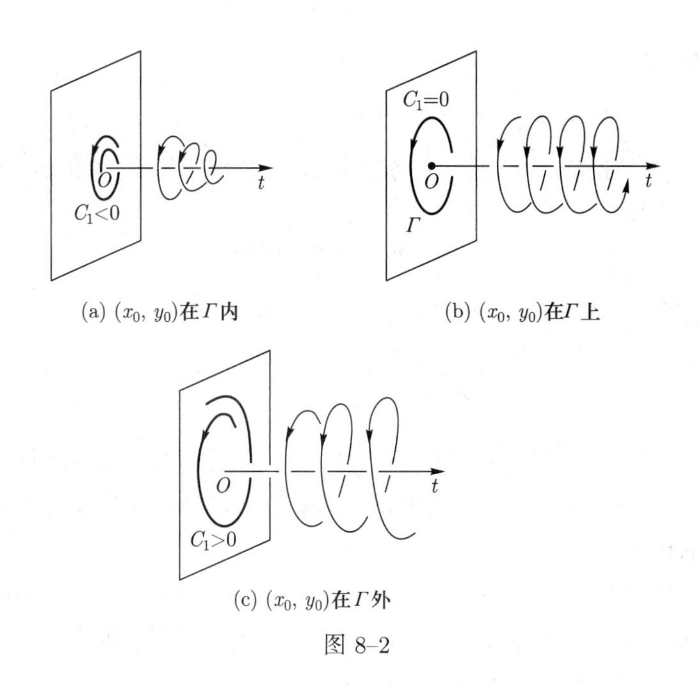

(a) (x_0, y_0)在Γ内　(b) (x_0, y_0)在Γ上

(c) (x_0, y_0)在Γ外

图 8–2

2° **过相空间每一点轨线的唯一性**: 即过相空间中的任一点, 系统 (8.1) 存在唯一的轨线通过此点. 事实上, 轨线的存在性是显然的. 因此, 下面只证轨线的唯一性. 假设在相空间的 $\boldsymbol{x}_0$ 点附近有两条不同的轨线段 l_1 和 l_2 都通过 $\boldsymbol{x}_0$ 点. 则在增广相空间中至少存在两条不同的积分曲线段 Γ_1 和 Γ_2 (它们有可能属于同一条积分曲线), 使得它们在相空间中的投影分别是 l_1 和 l_2 (见图 8–3, 这里不妨设 $t_1 < t_2$). 现在把 Γ_1 所在的积分曲线沿 t 轴向右平移 $t_2 - t_1$, 则由性质 1° 知道, 平移后得到的 $\widetilde{\Gamma}_1$ 仍是系统 (8.1) 的积分曲线, 并且它与 Γ_2 至少有一个公共点. 因此, 利用解的唯一性, $\widetilde{\Gamma}_1$ 和 Γ_2 应完全重合, 从而它们在相空间中有相同的投影. 另一方面, Γ_1 与 $\widetilde{\Gamma}_1$ 在相空间显然也有相同的投影. 这蕴涵 Γ_1 和 Γ_2 在相空间中的 $\boldsymbol{x}_0$ 点附近有相同的投影, 而这与上面的假设相矛盾. 因此, 轨线的唯一性得证.

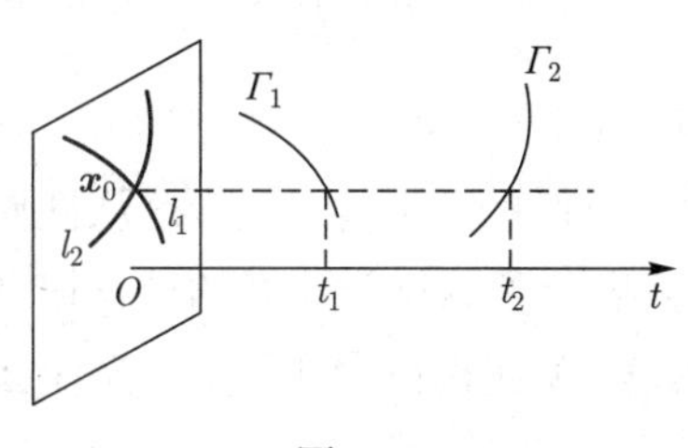

图 8–3

性质 1° 和性质 2° 说明, 每条轨线都是增广相空间中沿 t 轴可平移重合的一族积分曲线在相空间中的投影, 而且只是这族积分曲线的投影.

此外, 由性质 1° 还可知道, 系统 (8.1) 的解 (8.3) 的一个平移 $\boldsymbol{\varphi}(t - t_0, 0, \boldsymbol{x}_0)$ 也是 (8.1) 的解, 并且容易看出它与 (8.3) 一样满足相同的初值条件 (8.2), 从而由解的唯一

性, 它们应该恒等, 即

$$\boldsymbol{\varphi}(t-t_0,0,\boldsymbol{x}_0)\equiv\boldsymbol{\varphi}(t,t_0,\boldsymbol{x}_0).$$

因此, 在系统 (8.1) 的解族中我们只需考虑相应于初始时刻 $t_0=0$ 的解, 并简记为

$$\boldsymbol{\varphi}(t,\boldsymbol{x}_0)\xlongequal{\text{def}}\boldsymbol{\varphi}(t,0,\boldsymbol{x}_0).$$

3° **群的性质**: 系统 (8.1) 的解 $\boldsymbol{\varphi}(t,\boldsymbol{x}_0)$ 满足关系式

$$\boldsymbol{\varphi}(t_2,\boldsymbol{\varphi}(t_1,\boldsymbol{x}_0))=\boldsymbol{\varphi}(t_2+t_1,\boldsymbol{x}_0). \tag{8.6}$$

此式的含意是: 在相空间中, 如果从 $\boldsymbol{x}_0$ 出发的运动沿轨线经过时间 t_1 到达 $\boldsymbol{x}_1=\boldsymbol{\varphi}(t_1,\boldsymbol{x}_0)$, 再经过时间 t_2 到达 $\boldsymbol{x}_2=\boldsymbol{\varphi}(t_2,\boldsymbol{\varphi}(t_1,x_0))$, 那么从 $\boldsymbol{x}_0$ 出发的运动沿轨线经过时间 t_1+t_2 也到达 $\boldsymbol{x}_2$.

事实上, 由性质 1° 可知 $\boldsymbol{\varphi}(t+t_1,\boldsymbol{x}_0)$ 是系统 (8.1) 的解, 而且易知它与解 $\boldsymbol{\varphi}(t,\boldsymbol{\varphi}(t_1,\boldsymbol{x}_0))$ 在 $t=0$ 时的初值都等于 $\boldsymbol{\varphi}(t_1,\boldsymbol{x}_0)$. 因此, 由解的唯一性得知它们应恒等: $\boldsymbol{\varphi}(t,\boldsymbol{\varphi}(t_1,\boldsymbol{x}_0))\equiv\boldsymbol{\varphi}\ (t+t_1,\boldsymbol{x}_0)$. 特别地, 取 $t=t_2$, 就得到 (8.6) 式.

附注 1　假设对于任意的 $\boldsymbol{x}_0\in\mathbb{R}^n$, 系统 (8.1) 的解 $\boldsymbol{\varphi}(t,\boldsymbol{x}_0)$ 都在 $-\infty<t<+\infty$ 时存在 (不难证明: 如果 (8.1) 不具有此性质, 那么系统

$$\frac{\mathrm{d}\boldsymbol{x}}{\mathrm{d}t}=\frac{\boldsymbol{v}(\boldsymbol{x})}{\sqrt{1+|\boldsymbol{v}(\boldsymbol{x})|^2}}$$

具有此性质, 而后者与前者有相同的轨线), 则对任意固定的 t, 解 $\boldsymbol{\varphi}(t,\boldsymbol{x}_0)$ 给出了一个从 $\mathbb{R}^n$ 到 $\mathbb{R}^n$ 的变换 $\boldsymbol{\varphi}_t$, 它把 $\boldsymbol{x}_0$ 变到 $\boldsymbol{\varphi}(t,\boldsymbol{x}_0)$. 因此, $\Sigma\xlongequal{\text{def}}\{\boldsymbol{\varphi}_t|t\in\mathbb{R}^1\}$ 是一个单参数的变换集合, 它具有性质:

(1) $\boldsymbol{\varphi}_0$ 是 $\mathbb{R}^n$ 上的恒同变换;

(2) $\boldsymbol{\varphi}_s\circ\boldsymbol{\varphi}_t=\boldsymbol{\varphi}_{s+t}$; 亦即,

$$\boldsymbol{\varphi}_s\left(\boldsymbol{\varphi}_t(\boldsymbol{x}_0)\right)=\boldsymbol{\varphi}_{s+t}(\boldsymbol{x}_0),\quad \forall\boldsymbol{x}_0\in\mathbb{R}^n,\ \forall s,t\in\mathbb{R}^1;$$

(3) $\boldsymbol{\varphi}_t(\boldsymbol{x}_0)$ 对 $(t,\boldsymbol{x}_0)\in\mathbb{R}^1\times\mathbb{R}^n$ 是连续的.

注意, 性质 (2) 是前面性质 3° 的一个等价写法. 从性质 (2) 不仅看出集合 Σ 中元素对复合运算的封闭性, 而且显示了对复合运算的结合律和交换律; 这使得 Σ 在变换的复合运算下作成一个加法群 (现在得以明了, 我们为什么把性质 3° 叫作群的性质). 性质 (1) 说明, $\boldsymbol{\varphi}_0$ 是群中的单位元, 而从性质 (1) 和 (2) 不难得出, $\boldsymbol{\varphi}_{-t}$ 是 $\boldsymbol{\varphi}_t$ 的逆元. 这种具有性质 (1)—(3) 的单参数连续变换群称为一个**抽象动力系统** (**拓扑动力系统**); 如果再要求 $\boldsymbol{\varphi}_t$ 是可微的, 则称它为**微分动力系统**. 这是近二三十年来发展很快的一个研究方向.

附注 2　对于**非自治**系统

$$\frac{\mathrm{d}\boldsymbol{x}}{\mathrm{d}t}=\boldsymbol{v}(t,\boldsymbol{x}), \tag{8.7}$$

前面的性质 1°—3° 不再成立. 但我们可以把它视为高一维空间上的自治系统. 事实上, 令

$$\boldsymbol{y} = \begin{pmatrix} \boldsymbol{x} \\ s \end{pmatrix}, \quad \boldsymbol{w}(\boldsymbol{y}) = \begin{pmatrix} \boldsymbol{v}(s, \boldsymbol{x}) \\ 1 \end{pmatrix},$$

则系统 (8.7) 等价于 $(n+1)$ 维相空间中的自治系统

$$\frac{\mathrm{d}\boldsymbol{y}}{\mathrm{d}t} = \boldsymbol{w}(\boldsymbol{y}).$$

当然, 维数的升高一般会使讨论的难度增大.

§8.2 解的稳定性

§8.2.1 李雅普诺夫稳定性的概念

在 §5.3 中, 我们讨论了微分方程的解对初值的连续依赖性, 并指出了这个问题的实际意义. 那里的讨论方法只适用于自变量在有限闭区间内取值的情况. 如果自变量扩展到无穷区间上, 那么解对初值不一定有连续依赖性. 庞加莱最早提出了这个问题 (见文献 [34] 第三章), 李雅普诺夫研究了这种自变量扩展到无穷区间上解对初值的连续依赖性问题. 而这种连续性的破坏可以导致解对初值的敏感依赖, 甚至混沌现象的出现. 这是近年来一个热门的研究课题. 下面我们仅就李雅普诺夫稳定性做一个简要的介绍.

首先考察上一节中的例 1. 从图 8–1 可以看出, 系统 (8.5) 的平衡点 $(0,0)$ 有一个重要特征: 从它附近 (单位圆周 $\varGamma$ 内部) 的任一点出发的轨线当 $t \to +\infty$ 时都趋于 $(0,0)$ 点. 换句话说, 初值点的小的偏差不影响解的最终趋势. 因此, 我们把系统 (8.5) 的平衡点 $(0,0)$ (或相应的解 $x=0, y=0$) 称为渐近稳定的.

其次, 我们再考察 §5.1 中无阻尼单摆的振动问题. 那里得到的振动方程为

$$\frac{\mathrm{d}^2 x}{\mathrm{d}t^2} + a^2 \sin x = 0,$$

或写成如下的等价形式:

$$\frac{\mathrm{d}x}{\mathrm{d}t} = y, \quad \frac{\mathrm{d}y}{\mathrm{d}t} = -a^2 \sin x. \tag{8.8}$$

这是一个二维的动力系统, 第五章的图 5–5 是它的相图. 容易看出, 虽然 $(0,0)$ 点和 $(\pi,0)$ 点都是系统 (8.8) 的平衡点, 但联系到周围轨线的分布就会发现, 它们具有迥然不同的特征: 从 $(0,0)$ 点附近出发的轨线可以停留在 $(0,0)$ 点的任意小的邻域内, 只要相应的初值点足够靠近 $(0,0)$; 而 $(\pi,0)$ 点附近的轨线 (除两条外) 都要跑出 $(\pi,0)$ 点的某个邻域, 无论相应的初值点多么靠近 $(\pi,0)$. 这两种情形的力学含义是: 只要摆球偏离下垂平衡位置 (初值) 足够小, 而且初始角速度足够小, 它将在下垂平衡位置附近作小

振幅的周期摆动; 但当摆球处于上举平衡位置时, 无论是多么小的初值偏离 (除两个特例外), 它将开始进动或作大振幅的周期摆动 (依初始偏离位置和初始角速度的大小而定). 针对上述不同的特征, 我们称平衡点 $(0,0)$ (或定常解 $x=0, y=0$) 是稳定的 (但不是渐近稳定的), 而称平衡点 $(\pi,0)$ (或定常解 $x=\pi, y=0$) 是不稳定的.

现在, 我们考虑一般的方程

$$\frac{\mathrm{d}\boldsymbol{x}}{\mathrm{d}t}=\boldsymbol{f}(t,\boldsymbol{x}), \tag{8.9}$$

其中函数 $\boldsymbol{f}(t,\boldsymbol{x})$ 对 $\boldsymbol{x}\in G\subset\mathbb{R}^n$ 和 $t\in(-\infty,+\infty)$ 连续, 并对 $\boldsymbol{x}$ 满足利普希茨条件. 又假设方程 (8.9) 有一个解 $\boldsymbol{x}=\boldsymbol{\varphi}(t)$ 在 $t_0\leqslant t<+\infty$ 时有定义. 如果对任意给定的 $\varepsilon>0$, 都存在 $\delta=\delta(\varepsilon)>0$, 使得只要

$$|\boldsymbol{x}_0-\boldsymbol{\varphi}(t_0)|<\delta, \tag{8.10}$$

方程 (8.9) 以 $\boldsymbol{x}(t_0)=\boldsymbol{x}_0$ 为初值的解 $\boldsymbol{x}(t,t_0,\boldsymbol{x}_0)$ 就也在 $t\geqslant t_0$ 时有定义, 并且满足

$$|\boldsymbol{x}(t,t_0,\boldsymbol{x}_0)-\boldsymbol{\varphi}(t)|<\varepsilon,\quad \forall t\geqslant t_0, \tag{8.11}$$

则称方程 (8.9) 的解 $\boldsymbol{x}=\boldsymbol{\varphi}(t)$ 是 (在李雅普诺夫意义下) **稳定的**. 假设 $\boldsymbol{x}=\boldsymbol{\varphi}(t)$ 是稳定的, 而且存在 $\delta_1(0<\delta_1\leqslant\delta)$, 使得只要

$$|\boldsymbol{x}_0-\boldsymbol{\varphi}(t_0)|<\delta_1, \tag{8.12}$$

就有

$$\lim_{t\to+\infty}(\boldsymbol{x}(t,t_0,\boldsymbol{x}_0)-\boldsymbol{\varphi}(t))=0, \tag{8.13}$$

则称解 $\boldsymbol{x}=\boldsymbol{\varphi}(t)$ 是 (在李雅普诺夫意义下) **渐近稳定的**. 如果解 $\boldsymbol{x}=\boldsymbol{\varphi}(t)$ 不是稳定的, 则称它是**不稳定的**.

此外, 如果把条件 (8.12) 改为: 当 $\boldsymbol{x}_0$ 在区域 D 内时, 就有 (8.13) 式成立 (这里假设 $\boldsymbol{\varphi}(t_0)\in D$), 则称 D 为解 $\boldsymbol{x}=\boldsymbol{\varphi}(t)$ 的**渐近稳定域** (或**吸引域**). 如果吸引域是全空间, 则称解 $\boldsymbol{x}=\boldsymbol{\varphi}(t)$ 是**全局渐近稳定的**. 例如上节例 1 中的定常解 $x=0, y=0$ 的吸引域是单位圆内整个开区域, 该定常解不是全局渐近稳定的.

附注 1　如果把上面定义中的 $t\to+\infty$ 改为 $t\to-\infty$ (相应地, 要假设解在 $t\leqslant t_0$ 时的存在性), 则可得出负向渐近稳定、负向稳定和负向不稳定的相应定义. 一般情况下, 我们考虑正向稳定性, 而且省略 "正向" 两字. 本节的中心内容是: 对于给定的方程 (8.9), 设法 (不通过求通解) 判断某个已知特解的稳定性. 我们将介绍两种方法: 线性近似方法和李雅普诺夫第二方法.

为了简化讨论, 我们在下文中只考虑方程 (8.9) 的零解 $\boldsymbol{x}=\boldsymbol{0}$ 的稳定性 (即假设 $\boldsymbol{f}(t,\boldsymbol{0})\equiv\boldsymbol{0}$). 事实上, 在变换 $\boldsymbol{y}=\boldsymbol{x}-\boldsymbol{\varphi}(t)$ 之下, 总可以把上述一般问题化成这种特殊的情形.

§8.2.2 按线性近似判断稳定性

我们把方程 (8.9) 右端的函数 $\boldsymbol{f}(t,\boldsymbol{x})$ (注意, $\boldsymbol{f}(t,\boldsymbol{0})\equiv\boldsymbol{0}$) 展开成关于 $\boldsymbol{x}$ 的线性部分 $\boldsymbol{A}(t)\boldsymbol{x}$ 和非线性部分 $\boldsymbol{N}(t,\boldsymbol{x})$ ($\boldsymbol{x}$ 的高次项) 之和, 即考虑方程

$$\frac{\mathrm{d}\boldsymbol{x}}{\mathrm{d}t}=\boldsymbol{A}(t)\boldsymbol{x}+\boldsymbol{N}(t,\boldsymbol{x}),\tag{8.14}$$

其中 $\boldsymbol{A}(t)$ 是一个 $n\times n$ 矩阵函数, 对 $t\geqslant t_0$ 连续; 而函数 $\boldsymbol{N}(t,\boldsymbol{x})$ 对 t 和 $\boldsymbol{x}$ 在区域

$$G\colon t\geqslant t_0,\quad |\boldsymbol{x}|\leqslant M\tag{8.15}$$

上连续, 对 $\boldsymbol{x}$ 满足利普希茨条件, 并且还满足 $\boldsymbol{N}(t,\boldsymbol{0})\equiv\boldsymbol{0}$ $(t\geqslant t_0)$ 和

$$\lim_{|\boldsymbol{x}|\to 0}\frac{|\boldsymbol{N}(t,\boldsymbol{x})|}{|\boldsymbol{x}|}=0\quad(\text{对 } t\geqslant t_0 \text{ 一致成立}).\tag{8.16}$$

由于我们考虑的是方程 (8.14) 的零解 $\boldsymbol{x}=\boldsymbol{0}$ 的稳定性, 因而只考察当 $|\boldsymbol{x}_0|$ 较小时以 $(t_0,\boldsymbol{x}_0)$ 为初值的解. 可以预料: 在一定的条件下, 方程 (8.14) 的零解的稳定性与其线性化方程

$$\frac{\mathrm{d}\boldsymbol{x}}{\mathrm{d}t}=\boldsymbol{A}(t)\boldsymbol{x}\tag{8.17}$$

的零解的稳定性之间有密切的联系.

当 $\boldsymbol{A}(t)$ 是常矩阵时, 利用 §6.2 中有关常系数齐次线性微分方程组基解矩阵的结果, 容易得到对线性化系统的下述结论:

定理 8.1 设线性方程 (8.17) 中的矩阵 $\boldsymbol{A}(t)$ 为常矩阵, 则

(1) 零解是渐近稳定的, 当且仅当矩阵 $\boldsymbol{A}$ 的全部特征根都有负的实部;

(2) 零解是稳定的, 当且仅当矩阵 $\boldsymbol{A}$ 的全部特征根的实部是非正的, 并且那些实部为零的特征根所对应的若尔当块都是一阶的.

(3) 零解是不稳定的, 当且仅当矩阵 $\boldsymbol{A}$ 的特征根中至少有一个实部为正; 或者至少有一个实部为零, 且它所对应的若尔当块是高于一阶的. □

一般而言, 非线性微分方程 (8.14) 的零解可能与其线性化方程 (8.17) 的零解有不同的稳定性. 但李雅普诺夫指出, 当 $\boldsymbol{A}(t)=\boldsymbol{A}$ 为常矩阵, 且 $\boldsymbol{A}$ 的特征根全部具有负实部或至少有一个具有正实部时, 方程 (8.14) 的零解的稳定性由它的线性化方程 (8.17) 所决定. 具体地, 我们有如下两个定理:

定理 8.2 设方程 (8.14) 中的 $\boldsymbol{A}(t)=\boldsymbol{A}$ 为常矩阵, 而且 $\boldsymbol{A}$ 的全部特征根都具有负的实部, 则 (8.14) 的零解是渐近稳定的. □

定理 8.3 设方程 (8.14) 中的 $\boldsymbol{A}(t)=\boldsymbol{A}$ 为常矩阵, 而且 $\boldsymbol{A}$ 的特征根中至少有一个具有正的实部, 则 (8.14) 的零解是不稳定的. □

当方程 (8.14) 中的 $\boldsymbol{N}(t,\boldsymbol{x})$ 不显含 t 时, 定理 8.2 与定理 8.3 可从定理 8.1 和下节的定理 8.7 直接得到; 对一般情形的证明, 则需要利用推广的格朗沃尔 (Gronwall, 1877—1932) 不等式, 例如可以参考专著 [10] 或 [28].

§8.2.3　李雅普诺夫第二方法

李雅普诺夫在他的 "运动稳定性的一般问题" 中创立了处理稳定性问题的两种方法: **第一方法**要利用微分方程的级数解, 在他之后没有得到大的发展; 而**第二方法**则巧妙地利用一个与微分方程相联系的所谓**李雅普诺夫函数**来直接判定解的稳定性, 因此又称为**直接方法**. 它在许多实际问题中得到了成功的应用.

为了介绍李雅普诺夫第二方法, 我们先看一个例子.

例 1　再次考察 §8.1 的例 1 中的方程

$$\begin{cases} \dfrac{\mathrm{d}x}{\mathrm{d}t} = -y + x(x^2+y^2-1), \\ \dfrac{\mathrm{d}y}{\mathrm{d}t} = x + y(x^2+y^2-1). \end{cases} \tag{8.18}$$

我们已利用它的通解判断出平衡点 $(0,0)$ 是渐近稳定的. 现在我们可以不解方程, 而利用李雅普诺夫函数方法来直接推断这个结论.

为了便于理解, 我们不如把微分方程 (8.18) 写成一般的形式

$$\begin{cases} \dfrac{\mathrm{d}x}{\mathrm{d}t} = f(x,y), \\ \dfrac{\mathrm{d}y}{\mathrm{d}t} = g(x,y), \end{cases}$$

并设 $x=x(t), y=y(t)$ 是该方程的任何一解, 且它的轨线为 $\varGamma$.

现在, 设 $V=V(x,y)$ 是一个连续可微的函数. 我们考虑它在轨线 $\varGamma$ 上的值

$$V = V(x(t),y(t)),$$

及其对 t 的导数

$$\begin{aligned} \frac{\mathrm{d}V}{\mathrm{d}t} &= \frac{\mathrm{d}V(x(t),y(t))}{\mathrm{d}t} = \frac{\partial V}{\partial x}\frac{\mathrm{d}x}{\mathrm{d}t} + \frac{\partial V}{\partial y}\frac{\mathrm{d}y}{\mathrm{d}t} \\ &= \frac{\partial V}{\partial x}f(x,y) + \frac{\partial V}{\partial y}g(x,y), \end{aligned}$$

它表示函数 $V=V(x,y)$ 沿着轨线 $\varGamma$ 的方向导数. 请注意, 这方向导数的计算只依赖于函数 V 以及相关的向量场 $(f(x,y),g(x,y))$ 在 (x,y) 点的值, 而无须求解方程 (即求解轨线 $\varGamma$ 的表达式). 这将是很有用的公式. 我们特别称它为函数 V 关于微分方程 (8.18) 对 t 的**全导数**, 并记作

$$\left.\frac{\mathrm{d}V}{\mathrm{d}t}\right|_{(8.18)} \xlongequal{\text{def}} \frac{\partial V}{\partial x}f(x,y) + \frac{\partial V}{\partial y}g(x,y),$$

它的几何意义如同上述.

显然, 函数 $V=\dfrac{1}{2}(x^2+y^2)$ 满足如下两个条件:

条件 1 当 $(x,y)\neq(0,0)$ 时, $V(x,y)>0$; 而且 $V(0,0)=0$.

条件 2 当 $0<x^2+y^2<1$ 时, 全导数

$$\left.\frac{\mathrm{d}V}{\mathrm{d}t}\right|_{(8.18)}=(x^2+y^2)(x^2+y^2-1)<0.$$

根据条件 1 和条件 2, 我们就可以断言方程 (8.18) 的平衡点 (0,0) 是渐近稳定的.

事实上, 条件 1 蕴涵了函数 $V(x,y)$ 的一个几何特性: 对任意的常数 $C>0$ (且 C 足够小), $V(x,y)=C$ 在相平面上的图形是一条环绕原点的闭曲线 $\gamma(C)$ (它是函数 $V=\dfrac{1}{2}(x^2+y^2)$ 的等高线). 并且当 $C_1\neq C_2$ 时, $\gamma(C_1)$ 与 $\gamma(C_2)$ 不相交; 而当 $C\to 0$ 时, $\gamma(C)$ 收缩到 (0,0) 点 (见图 8–4).

而条件 2 则表示在 (0,0) 点附近轨线 Γ 与等高线 $\gamma(C)$ 之间的关系: 沿着轨线 Γ 的正向 (即沿着 t 增大的方向), 函数 $V=V(x(t),y(t))$ 的值严格递减, 而且

$$V(x(t),y(t))\to 0\quad(t\to+\infty).$$

换句话说, 随着 $t\to+\infty$, 轨线 Γ 将由外向内穿入所有遇到的 $\gamma(C)$ $(C>0)$, 最终趋于 (0,0) 点 (见图 8–5). 这就说明平衡点 (0,0) 是渐近稳定的.

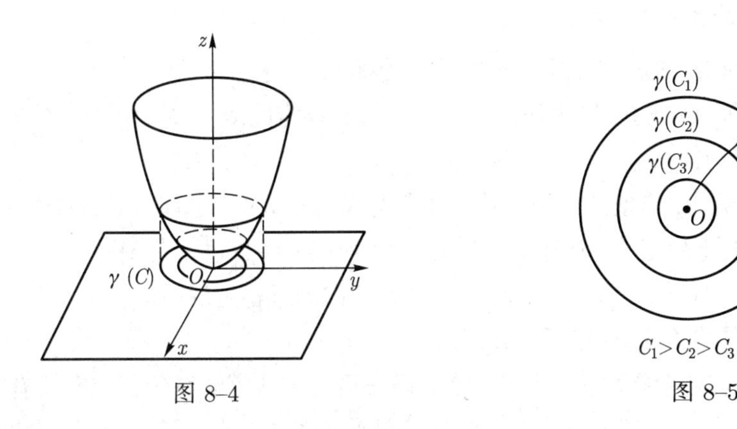

图 8–4　　图 8–5

事实上, 假设不然, 那么我们有

$$V(x(t),y(t))\to C_0>0\quad(t\to+\infty),$$

其中正数 $C_0<\dfrac{1}{2}$. 因此, 我们有

$$\begin{aligned}\left.\frac{\mathrm{d}V}{\mathrm{d}t}\right|_{(8.18)}&=[x^2(t)+y^2(t)][x^2(t)+y^2(t)-1]\\&\to -2C_0(1-2C_0)<0\quad(t\to+\infty).\end{aligned}$$

而后者蕴涵 $V(x(t),y(t))\to-\infty$, 这是一个矛盾. 由此可见, 方程 (8.18) 的平衡点 (0,0) 是渐近稳定的.

现在, 不难把例 1 中的思想提炼成一个一般的判别法则, 这就是李雅普诺夫的第二方法. 我们把它陈述在下面, 读者不难给出严格的分析证明 (也可参见 [10], [12] 或 [28]). 为了简明起见, 我们只考虑自治系统

$$\frac{\mathrm{d}\boldsymbol{x}}{\mathrm{d}t}=\boldsymbol{f}(\boldsymbol{x}), \tag{8.19}$$

其中自变量 $\boldsymbol{x}\in\mathbb{R}^n$, 而函数 $\boldsymbol{f}(\boldsymbol{x})=(f_1(\boldsymbol{x}),f_2(\boldsymbol{x}),\cdots,f_n(\boldsymbol{x}))$ 满足初值问题解的存在和唯一性条件.

假设存在标量函数 $V(\boldsymbol{x})$, 它在区域 $\{|\boldsymbol{x}|\leqslant M\}$ 上有定义, 并且有连续的偏导数. 先对 V 提出如下几组条件:

条件 I $V(\mathbf{0})=0;V(\boldsymbol{x})>0,\boldsymbol{x}\neq\mathbf{0}$ (称 V 为**定正函数**).

条件 II $\left.\dfrac{\mathrm{d}V}{\mathrm{d}t}\right|_{(8.19)}=\dfrac{\partial V}{\partial x_1}f_1+\dfrac{\partial V}{\partial x_2}f_2+\cdots+\dfrac{\partial V}{\partial x_n}f_n<0,\boldsymbol{x}\neq\mathbf{0}$ (称 $\left.\dfrac{\mathrm{d}V}{\mathrm{d}t}\right|_{(8.19)}$ 为**定负函数**).

条件 II* $\left.\dfrac{\mathrm{d}V}{\mathrm{d}t}\right|_{(8.19)}\leqslant 0$ (称 $\left.\dfrac{\mathrm{d}V}{\mathrm{d}t}\right|_{(8.19)}$ 为**常负函数**).

条件 III $\left.\dfrac{\mathrm{d}V}{\mathrm{d}t}\right|_{(8.19)}>0,\boldsymbol{x}\neq\mathbf{0}$ (即 $\left.\dfrac{\mathrm{d}V}{\mathrm{d}t}\right|_{(8.19)}$ 为**定正函数**).

定理 8.4 李雅普诺夫的稳定性判定:

(1) 若条件 I 和 II 成立, 则方程 (8.19) 的零解是渐近稳定的;

(2) 若条件 I 和 II* 成立, 则方程 (8.19) 的零解是稳定的;

(3) 若条件 I 和 III 成立, 则方程 (8.19) 的零解是不稳定的. □

附注 2 不难看出, 当条件 I—III 中的不等号全部反向时, 定理 8.4 仍然成立. 注意, 对于判定零解的不稳定性, 定理 8.4 的结论 (3) 所提的条件过于苛刻. 实际上, 当条件 I 和条件 III 成立时, 微分方程 (8.19) 的零解是负向渐近稳定的; 作为一般的不稳定性判定, 可以提较弱的条件, 这里不再详述.

在结束本节之前还应指出, 虽然用李雅普诺夫第二方法判断解的稳定性具有直接而简明的优点, 但却没有一般的方法去具体寻找李雅普诺夫函数, 尽管它的存在性在很多情形下是已经证明了的 (这就是所谓李雅普诺夫稳定性定理的反问题). 因此, 对于给定的微分方程, 如何构造李雅普诺夫函数, 从而判断其解的稳定性, 至今仍是一个吸引人的研究课题.

习题 8–2

1. 证明: 线性方程零解的渐近稳定性等价于它的全局渐近稳定性.
2. 设 x 与 t 都是标量, 试求出方程

$$\frac{\mathrm{d}x}{\mathrm{d}t}=a(t)x$$

的零解为稳定或渐近稳定的充要条件.

3. 对于极坐标下的方程

$$\dot{\theta}=1,\quad \dot{\theta}=\begin{cases} r^2\sin\dfrac{1}{r}, & r>0,\\ 0, & r=0,\end{cases}$$

试作出原点附近的相图, 并研究平衡点 $r=0$ 的稳定性质.

4. 设二阶常系数线性方程

$$\frac{\mathrm{d}\boldsymbol{x}}{\mathrm{d}t}=\boldsymbol{A}\boldsymbol{x},$$

其中 $\boldsymbol{A}$ 是一个 2×2 的常矩阵. 记

$$\begin{cases} p=-\mathrm{tr}[\boldsymbol{A}] & (\text{与矩阵 } \boldsymbol{A} \text{ 的迹反号}),\\ q=\det[\boldsymbol{A}] & (\text{矩阵 } \boldsymbol{A} \text{ 的行列式}).\end{cases}$$

再设 $p^2+q^2\neq 0$, 试证:

(1) 当 $p>0$ 且 $q>0$ 时, 零解是渐近稳定的;

(2) 当 $p>0$ 且 $q=0$, 或 $p=0$ 且 $q>0$ 时, 零解是稳定的, 但不是渐近稳定的;

(3) 在其他情形下, 零解都是不稳定的.

5. 讨论二维的微分方程组

$$\begin{cases} \dot{x}=y-xf(x,y),\\ \dot{y}=-x-yf(x,y)\end{cases}$$

零解的稳定性, 其中函数 $f(x,y)$ 在 $(0,0)$ 点附近是连续可微的.

6. 设 $x\in\mathbb{R}^1$, 函数 $g(x)$ 连续, 且当 $x\neq 0$ 时, $xg(x)>0$. 试证方程

$$\ddot{x}+g(x)=0$$

的零解是稳定的, 但不是渐近稳定的.

7. 研究二维微分方程组

$$\begin{cases} \dot{x}=y,\\ \dot{y}=-1+x^2\end{cases}$$

的两个平衡点的稳定性.

8. 讨论下列方程零解的稳定性:

(1) $\begin{cases} \dot{x}=-y-xy^2,\\ \dot{y}=x-x^4y;\end{cases}$

(2) $\begin{cases} \dot{x}=-y^3-x^5,\\ \dot{y}=x^3-y^5;\end{cases}$

(3) $\begin{cases} \dot{x}=-x+2x(x+y)^2,\\ \dot{y}=-y^3+2y^3(x+y)^2;\end{cases}$

(4) $\begin{cases} \dot{x}=2x^2y+y^3,\\ \dot{y}=-xy^2+2x^5.\end{cases}$

§8.3　平面上的动力系统, 奇点与极限环

本节讨论平面上的动力系统

$$\begin{cases} \dfrac{\mathrm{d}x}{\mathrm{d}t} = X(x,y), \\ \dfrac{\mathrm{d}y}{\mathrm{d}t} = Y(x,y), \end{cases} \tag{8.20}$$

其中 $X(x,y)$ 和 $Y(x,y)$ 在 Oxy 平面上连续, 并且满足进一步的条件, 以保证初值问题的解唯一. 由于平面的某些特性, 特别是由于若尔当定理在平面上成立 (即: 平面上的简单闭曲线 γ 把平面分成两部分, 连接这两部分中任意点的连续路径必定与 γ 相交), 就使得平面动力系统的轨线分布比较单纯: 如果一条轨线既不是闭轨也不是奇点, 那么在轨线上的任何一点都有一个小邻域, 使得轨线在走出这邻域以后永不复还. 而在三维 (或更高维) 相空间中轨线的分布可以没有这种单纯的性质. 所以平面动力系统的理论也比较单纯和完善.

如果从系统 (8.20) 中消去 t, 则得到方程

$$\frac{\mathrm{d}y}{\mathrm{d}x} = \frac{Y(x,y)}{X(x,y)}. \tag{8.21}$$

显然, 系统 (8.20) 的奇点就是我们在 §1.2 中对形如 (8.21) 式的方程所定义的奇异点; 当方程 (8.21) 的积分曲线不含奇 (异) 点时, 它就是系统 (8.20) 的一条轨线, 而当方程 (8.21) 的积分曲线跨越奇 (异) 点时, 它被奇点所分割的每一个连通分支都是系统 (8.21) 的一条轨线. 不是奇点的相点称为**常点**. 利用 §5.3 中对方程 (8.21) 在常点邻域内积分曲线的 "局部拉直" 可知, 系统 (8.20) 在常点附近的轨线结构是平凡的, 即它拓扑同胚于一个平行直线族. 这里拓扑同胚的含意是, 存在一个 1–1 的连续变换 T, 把系统 (8.20) 的轨线变成直线. 对于给定的系统 (8.20), 我们的目标是获得它的相图 (从而得到解族的特性). 上面对常点的分析表明, 在研究相图的局部结构时, 困难集中在奇点附近. 此外, 容易明了, 在研究相图的整体结构时, (除了奇点以外) 闭轨将起重要的作用. 下面, 我们就分别介绍平面系统 (8.20) 的奇点和闭轨.

§8.3.1　初等奇点

我们先考察以 (0,0) 点为奇点的线性系统

$$\frac{\mathrm{d}}{\mathrm{d}t}\begin{pmatrix} x \\ y \end{pmatrix} = \boldsymbol{A}\begin{pmatrix} x \\ y \end{pmatrix}, \tag{8.22}$$

其中 $\boldsymbol{A} = \begin{pmatrix} a & b \\ c & d \end{pmatrix}$ 为常矩阵.

当矩阵 $\boldsymbol{A}$ 非退化 (即 $\boldsymbol{A}$ 不以零为特征根) 时, 称 $(0,0)$ 点为系统 (8.22) 的**初等奇点**. 否则, 称它为**高阶奇点**. 初等奇点都是孤立奇点, 而线性高阶奇点都是非孤立的 (见本节习题 1). 当加上高阶项之后, 原来的高阶奇点也可以是孤立的, 此时它常可视为两个或多个初等奇点的复合 (见后面的 §8.4.2, 详见 [26] 的 §2.7 与 [37] 的 §4.3). 本节只讨论初等奇点.

作线性变换

$$\begin{pmatrix} x \\ y \end{pmatrix} = \boldsymbol{T}\begin{pmatrix} \xi \\ \eta \end{pmatrix} \quad (\boldsymbol{T} \text{ 为可逆矩阵}),$$

则系统 (8.22) 变为

$$\frac{\mathrm{d}}{\mathrm{d}t}\begin{pmatrix} \xi \\ \eta \end{pmatrix} = \boldsymbol{T}^{-1}\boldsymbol{A}\boldsymbol{T}\begin{pmatrix} \xi \\ \eta \end{pmatrix}, \tag{8.23}$$

适当选取 $\boldsymbol{T}$, 可使 $\boldsymbol{T}^{-1}\boldsymbol{A}\boldsymbol{T}$ 成为 $\boldsymbol{A}$ 的若尔当标准形. 这样, 就可以在 $O\xi\eta$ 平面上得到系统 (8.23) 的简单相图. 然后, 再经过 $\boldsymbol{T}$ (即仿射变换) 的作用, 就可返回到 Oxy 平面而得到系统 (8.22) 的轨线结构.

因此, 我们不妨假定系统 (8.22) 中的矩阵 $\boldsymbol{A}$ 已是实的若尔当标准形, 即它具有下列形式之一:

$$\begin{pmatrix} \lambda & 0 \\ 0 & \mu \end{pmatrix}, \quad \begin{pmatrix} \lambda & 0 \\ 1 & \lambda \end{pmatrix}, \quad \begin{pmatrix} \alpha & -\beta \\ \beta & \alpha \end{pmatrix},$$

其中 λ, μ 和 β 均不等于零. 下面分别就每一情况讨论奇点附近的轨线结构.

(I) $\boldsymbol{A} = \begin{pmatrix} \lambda & 0 \\ 0 & \mu \end{pmatrix} \quad (\lambda\mu \neq 0)$.

此时与系统 (8.22) 相应的方程 (8.21) 是变量分离的, 容易得到它的解为

$$y = C|x|^{\mu/\lambda} \quad \text{和} \quad x = 0, \tag{8.24}$$

其中 C 为任意常数. 下面再区分三种情形:

(1) $\lambda = \mu$, 即矩阵 $\boldsymbol{A}$ 有两个相同的实特征根, 且若尔当块都是一阶的.

利用方程 (8.21) 的积分曲线族与系统 (8.20) 的轨线之间的联系可知, 过奇点 $(0,0)$ 的直线束被奇点 $(0,0)$ 所分割的每条射线都是系统 (8.22) 的轨线. 若 $\lambda < 0$, 则沿着每一条轨线当 $t \to +\infty$ 时, 运动 $(x(t), y(t)) \to (0,0)$, 故奇点 $(0,0)$ 是渐近稳定的, 我们得到相图 8–6; 若 $\lambda > 0$, 则情形相反, 即奇点 $(0,0)$ 是不稳定的, 见图 8–7. 在这两种情形下, 我们把奇点 $(0,0)$ 称为**星形结点** (或**临界结点**).

(2) $\lambda \neq \mu$ 且 $\lambda\mu > 0$, 即矩阵 $\boldsymbol{A}$ 有两个同号且不相等的实特征根.

这时曲线族 (8.24) 中除了 x 轴和 y 轴之外, 都是以 (0,0) 为顶点的 "抛物线", 当 $\left|\dfrac{\mu}{\lambda}\right| > 1$ 时, 它们均与 x 轴相切, 而当 $\left|\dfrac{\mu}{\lambda}\right| < 1$ 时, 它们均与 y 轴相切. 族 (8.24) 中的每一条曲线都被奇点 (0,0) 分割成系统的两条轨线. 显然, 当 λ 和 μ 取负值时, 奇点 (0,0) 是渐近稳定的; 而当 λ 和 μ 取正值时, 奇点 (0,0) 是不稳定的. 由于所有的轨线都是沿

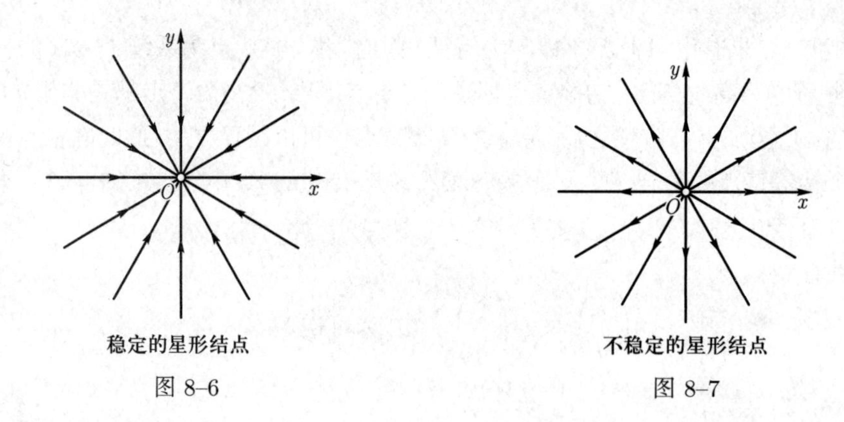

图 8–6　　　　图 8–7

着两个方向进入 (或离开) 奇点, 我们称奇点 (0,0) 为**两向结点** (或简称**结点**), 见图 8–8 与图 8–9.

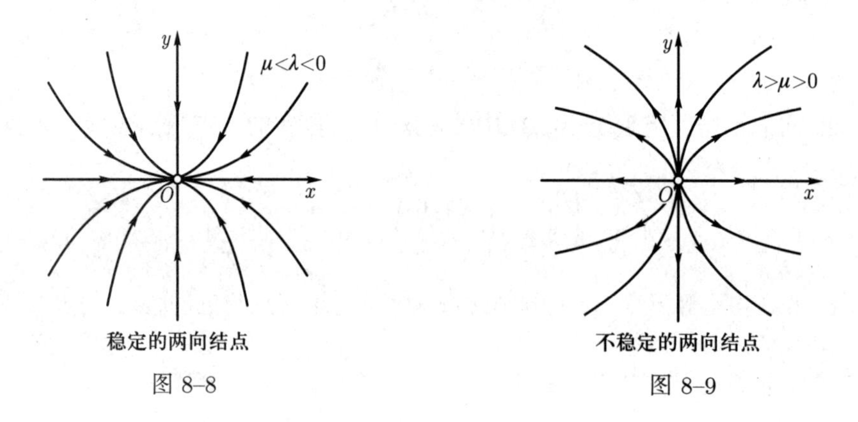

图 8–8　　　　图 8–9

(3) $\lambda\mu < 0$, 即矩阵 $\boldsymbol{A}$ 有两个异号的实特征根.

这时曲线族 (8.24), 除了直线 $x = 0$ 和 $y = 0$ 之外, 是一个以坐标轴为渐近线的 "双曲线" 族. 因此, 系统的轨线由正负 x 轴, 正负 y 轴, 以及上述 "双曲线" 族所组成. 沿着每一条 "双曲线" 形轨线, 当 $t \to +\infty$ 时, 运动 $(x(t), y(t))$ 都最终远离 $(0, 0)$ 点, 故奇点 (0,0) 是不稳定的. 它的相图见图 8–10, 这种奇点 (0,0) 称为**鞍点**.

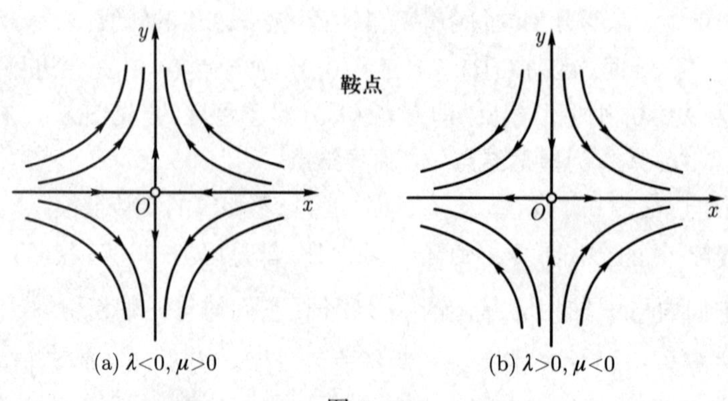

(a) $\lambda<0, \mu>0$　　　　(b) $\lambda>0, \mu<0$

图 8–10

(II) $\boldsymbol{A}=\begin{pmatrix}\lambda & 0\\ 1 & \lambda\end{pmatrix}$ $(\lambda\neq 0)$, 即矩阵 $\boldsymbol{A}$ 有二重非零实特征根, 且相应的若尔当块是二阶的.

此时相应的方程 (8.21) 是一阶线性的, 它的解为

$$y=Cx+\frac{x}{\lambda}\ln|x| \quad 和 \quad x=0, \tag{8.25}$$

其中 C 为任意常数. 由 (8.25) 式不难推出

$$\lim_{x\to 0}y=0 \quad 和 \quad \lim_{x\to 0}\frac{\mathrm{d}y}{\mathrm{d}x}=\begin{cases}+\infty, & \lambda<0,\\ -\infty, & \lambda>0.\end{cases}$$

因此, 曲线族 (8.25) 中的每一曲线 (包括 y 轴) 都在 (0,0) 点与 y 轴相切. 这时称 (0,0) 为系统的**单向结点** (或**退化结点**). 图 8–11 和图 8–12 分别给出稳定与不稳定单向结点的相图.

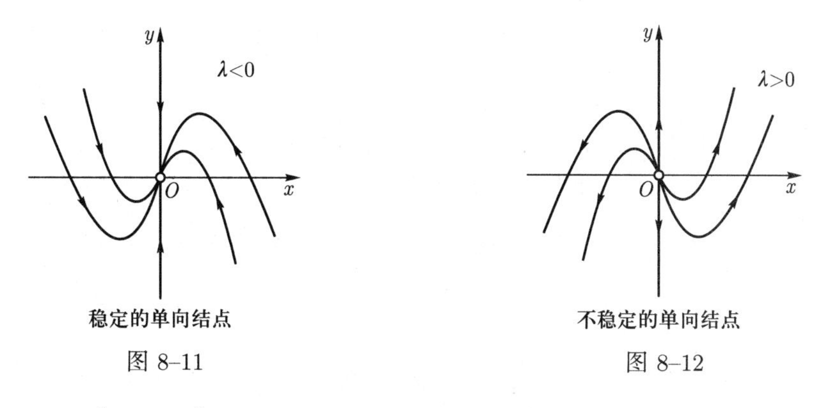

图 8–11　　图 8–12

(III) $\boldsymbol{A}=\begin{pmatrix}\alpha & -\beta\\ \beta & \alpha\end{pmatrix}$ $(\beta\neq 0)$, 即矩阵 $\boldsymbol{A}$ 有一对共轭的复特征根.

此时取极坐标 $x=r\cos\theta, y=r\sin\theta$, 则系统 (8.22) 化为

$$\frac{\mathrm{d}r}{\mathrm{d}t}=\alpha r, \quad \frac{\mathrm{d}\theta}{\mathrm{d}t}=\beta. \tag{8.26}$$

容易得出系统 (8.26) 的通解为

$$r=C\exp\left(\frac{\alpha}{\beta}\theta\right), \tag{8.27}$$

其中任意常数 $C\geqslant 0$. 当 $C>0$ 时, 曲线族 (8.27) 中的曲线不通过奇点 $r=0$, 因此 (8.27) 就是系统 (8.26) 的轨线族. 由 (8.26) 的第二式易见, β 的符号决定轨线的盘旋方向 (奇点除外): $\beta>0$ 时沿逆时针方向; $\beta<0$ 时沿顺时针方向. 相图依 α 的不同符号分为三种: 当 $\alpha<0$ 时, (8.27) 式是螺线族, 并且随着 $t\to+\infty$, 每一螺线都趋于奇点 $r=0$, 因而称这种奇点为**稳定焦点** (它是渐近稳定的); 当 $\alpha>0$ 时, (8.27) 式仍为螺线族, 但奇点 $r=0$ 成为负向渐近稳定的, 因而称作**不稳定焦点**; 而当 $\alpha=0$ 时, (8.27) 式

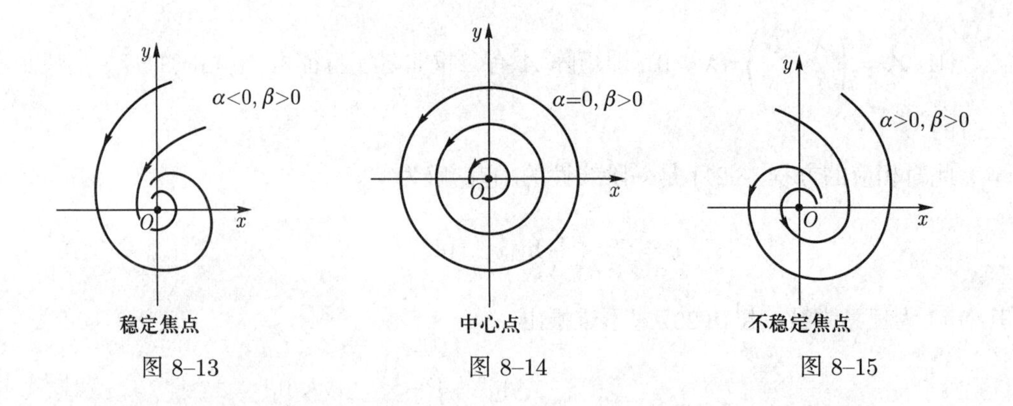

图 8–13　　图 8–14　　图 8–15

成为同心圆族, 因而奇点 $r=0$ 是稳定的 (但不是渐近稳定的), 它称为**中心点**. 下面的图 8–13, 图 8–14 和图 8–15 分别显示了当 $\beta>0$ 时三种不同的相图.

总括上面的讨论, 我们有如下结果:

定理 8.5 (初等奇点类型的判定)　对于系统 (8.22), 记

$$p=-\operatorname{tr}[\boldsymbol{A}]=-(a+d) \quad \text{和} \quad q=\det[\boldsymbol{A}]=ad-bc,$$

则我们有

(1) 当 $q<0$ 时, (0,0) 为鞍点;

(2) 当 $q>0$ 且 $p^2>4q$ 时, (0,0) 为两向结点;

(3) 当 $q>0$ 且 $p^2=4q$ 时, (0,0) 为单向结点或星形结点;

(4) 当 $q>0$ 且 $0<p^2<4q$ 时, (0,0) 为焦点;

(5) 当 $q>0$ 且 $p=0$ 时, (0,0) 为中心点.

此外, 在情形 (2)—(4) 中, 当 $p>0$ 时奇点 (0,0) 是稳定的, 而当 $p<0$ 时则是不稳定的.

图 8–16 概括了定理 8.5 的结果: Opq 平面被正 q 轴, p 轴和抛物线 $p^2-4q=0$ 分割成 F_1, F_2, N_1, N_2 和 S 五个区域, 分别对应于稳定、不稳定焦点, 稳定、不稳定两向结点和鞍点; 抛物线 $p^2-4q=0$ 被原点分割的两支 M_1 和 M_2 分别对应于稳定和不稳定的单向结点或星形结点; 而正 q 轴 C 对应于中心点. 注意, p 轴 H 对应于高阶奇点.

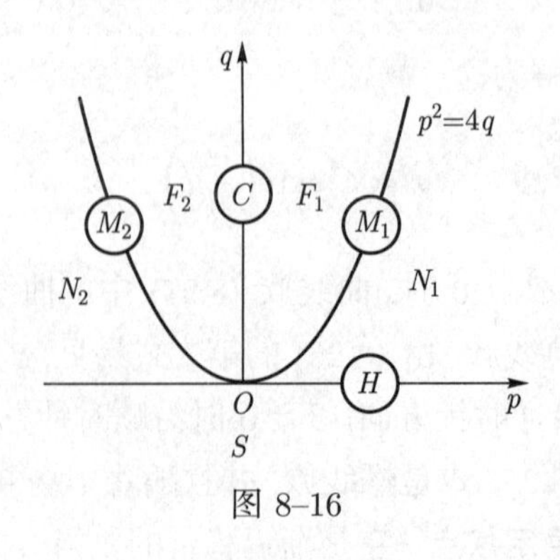

图 8–16

当系统 (8.22) 中的矩阵 $\boldsymbol{A}$ 不是若尔当标准形时, 当然可以用代数方法化 $\boldsymbol{A}$ 为其

标准型, 但计算量一般较大. 下面我们给出一个简单而实用的方法: 先用定理 8.5 直接判断奇点 (0,0) 的类型及其稳定性, 然后应用下述的两个事实, 就可以迅速作出相图.

(1) 当 $t \to +\infty$ (或 $-\infty$) 时, 有的轨线能沿某一确定的直线 $y = kx$ (或 $x = ky$) 趋于奇点 (0,0). 我们把这个直线的走向称为一个**特殊方向**. 显然, 星形结点有无穷个特殊方向, 两向结点和鞍点有两个特殊方向, 单向结点有一个特殊方向, 而焦点和中心没有特殊方向; 并且当直线 $y = kx$ (或 $x = ky$) 给出线性系统 (8.22) 的一个特殊方向时, 此直线被奇点分割的两条射线都是系统的轨线. 此外, 这些性质还在仿射变换下不变.

(2) 线性系统 (8.22) 在相平面上给出的向量场关于原点 (0,0) 是对称的: 如果在 (x, y) 点的向量是 $(P(x, y), Q(x, y))$, 则在 $(-x, -y)$ 点的向量就是 $(-P(x, y), -Q(x, y))$.

例 1 作出系统

$$\begin{cases} \dfrac{\mathrm{d}x}{\mathrm{d}t} = 2x + 3y, \\ \dfrac{\mathrm{d}y}{\mathrm{d}t} = 2x - 3y \end{cases}$$

在 (0,0) 点附近的相图.

由于

$$q = \begin{vmatrix} 2 & 3 \\ 2 & -3 \end{vmatrix} < 0,$$

所以 (0,0) 是鞍点. 显然直线 $x = 0$ 不给出特殊方向. 设特殊方向为直线 $y = kx$ 所指的方向, 其中常数 k 待定, 则 $y = kx$ 是一条积分曲线. 因此, 我们有

$$k = \left.\frac{\mathrm{d}y}{\mathrm{d}x}\right|_{y=kx} = \left.\frac{2x - 3y}{2x + 3y}\right|_{y=kx} = \frac{2 - 3k}{2 + 3k},$$

由此推出

$$3k^2 + 5k - 2 = 0,$$

解此方程得 $k_1 = \dfrac{1}{3}$ 和 $k_2 = -2$. 容易算出向量场在 $(1, 0)$ 点处的向量为 (2,2). 再利用鞍点的结构和向量场的连续性, 就可确定轨线的定向, 从而不难作出相图 8–17.

例 2 作出系统

$$\begin{cases} \dfrac{\mathrm{d}x}{\mathrm{d}t} = 3x, \\ \dfrac{\mathrm{d}y}{\mathrm{d}t} = 2x + y \end{cases}$$

的相图.

由于 $q = 3, p = -4$ 和 $p^2 - 4q > 0$, 所以 (0,0) 是不稳定的两向结点 (见定理 8.5). 显然直线 $x = 0$ 给出一特殊方向. 设另一特殊方向由 $y = kx$ 给出, 则用类似于例 1 的计算, 易得

$$k = \frac{2 + k}{3}, \quad 即得 \quad k = 1.$$

再利用向量场在 $(1, 0)$ 点处的向量为 (3,2), 不难作出图 8–18.

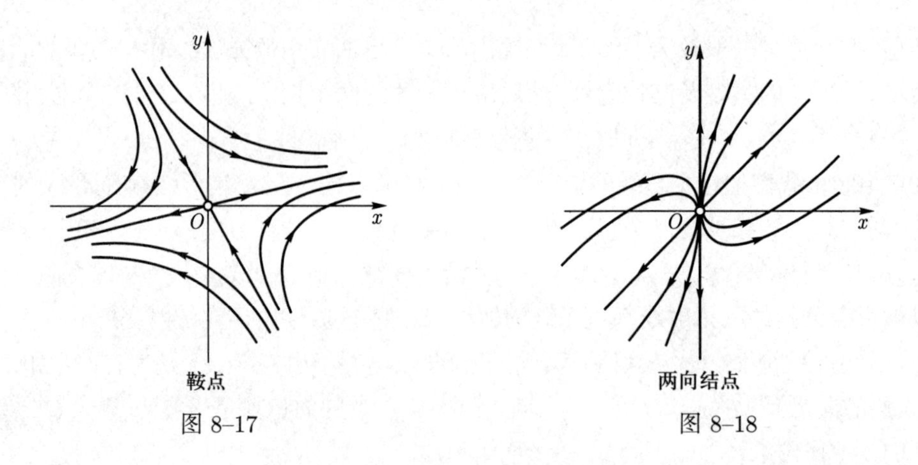

图 8–17　　图 8–18

最后, 我们回到非线性系统 (8.20). 假设 (0,0) 是它的孤立奇点, 我们来考察它在 (0,0) 点附近的轨线结构. 先把系统 (8.20) 右端的函数分解成线性部分与高次项之和的形式, 即

$$\begin{cases} \dfrac{\mathrm{d}x}{\mathrm{d}t} = ax + by + \varphi(x, y), \\ \dfrac{\mathrm{d}y}{\mathrm{d}t} = cx + \mathrm{d}y + \psi(x, y), \end{cases} \tag{8.28}$$

其中 a, b, c, d 为实常数, φ 和 ψ 是 x, y 的高于一次的项. 然后考虑: 当函数 φ 和 ψ 满足什么附加条件时, 在相平面上 (0,0) 点附近, 系统 (8.28) 与它的线性化系统

$$\begin{cases} \dfrac{\mathrm{d}x}{\mathrm{d}t} = ax + by, \\ \dfrac{\mathrm{d}y}{\mathrm{d}t} = cx + \mathrm{d}y \end{cases} \tag{8.29}$$

有相同的定性结构?

我们对 (8.28) 式中的 φ 和 ψ 提出三组条件 (其中 $r = \sqrt{x^2 + y^2}$):

条件 A　$\varphi(x, y) = o(r), \psi(x, y) = o(r)\ (r \to 0)$;

条件 A*　$\varphi(x, y) = o(r^{1+\varepsilon}), \psi(x, y) = o(r^{1+\varepsilon})\ (r \to 0)$, 式中的 ε 是一个任意小的正数;

条件 B　$\varphi(x, y)$ 和 $\psi(x, y)$ 在原点的一个小邻域内对 x 和 y 连续可微.

下面的定理回答了我们的问题, 其证明可参见专著 [26] 中的第二章.

定理 8.6　系统 (8.29) 以 (0,0) 为初等奇点, 则下述结论成立:

(1) 如果 (0,0) 是系统 (8.29) 的焦点且条件 A 成立, 则 (0,0) 也是系统 (8.28) 的焦点, 并且它们的稳定性也相同;

(2) 如果 (0,0) 是系统 (8.29) 的鞍点或两向结点且条件 A 和条件 B 成立, 则 (0,0) 也分别是系统 (8.28) 的鞍点或两向结点, 并且稳定性也相同;

(3) 如果 (0,0) 是系统 (8.29) 的单向结点且条件 A* 成立, 则 (0,0) 也是系统 (8.28) 的单向结点, 并且稳定性相同;

(4) 如果 (0,0) 是系统 (8.29) 的星形结点且条件 A* 和条件 B 成立, 则 (0,0) 也是系统 (8.28) 的星形结点, 并且稳定性相同.

总之, 在上述条件下, 我们称系统 (8.28) 与其线性化系统 (8.29) 在奇点 (0,0) 附近有相同的**定性结构**.

注意, 对线性系统 (8.29) 得到的轨线结构是全局的, 而定理 8.6 中对非线性系统 (8.28) 的结论却只适用于奇点 (0,0) 附近. 虽然它们在奇点附近的定性结构相同, 但与线性系统 (8.29) 的相图相比, 系统 (8.28) 的轨线可能有些 "扭曲". 例如, 虽然系统 (8.28) 的结点和鞍点仍有特殊方向 (即当 $t \to +\infty$ 或 $-\infty$ 时, 有轨线沿此方向相切趋于奇点 (0,0)) , 但此方向上被奇点分割的两条射线本身 (在小邻域内) 不一定还是系统 (8.28) 的轨线.

此外, 还可以考虑比保持定性结构更弱的要求: 保持**拓扑结构**, 并由此引出结构稳定的概念.

记 $\mathcal{X}$ 为所有形如 (8.20) 的系统之集合, 其中 $X(x,y)$ 和 $Y(x,y)$ 都是连续可微的. 所谓 $\mathcal{X}$ 中某一系统

$$\begin{cases} \dfrac{\mathrm{d}x}{\mathrm{d}t} = P(x,y), \\ \dfrac{\mathrm{d}y}{\mathrm{d}t} = Q(x,y) \end{cases} \tag{8.30}$$

的 ε–**邻近系统**, 是指满足条件

$$\begin{aligned} &|X-P| + \left|\frac{\partial X}{\partial x} - \frac{\partial P}{\partial x}\right| + \left|\frac{\partial X}{\partial y} - \frac{\partial P}{\partial y}\right| + \\ &|Y-Q| + \left|\frac{\partial Y}{\partial x} - \frac{\partial Q}{\partial x}\right| + \left|\frac{\partial Y}{\partial y} - \frac{\partial Q}{\partial y}\right| < \varepsilon \end{aligned}$$

的任何系统 (8.20). 所谓 $\mathcal{X}$ 中的系统 (8.20) 与 (8.30) **轨道拓扑等价**, 是指存在拓扑同胚 T, 它把系统 (8.20) (在某区域内) 的轨线变到系统 (8.30) (在相应区域内) 的轨线, 并且保持轨线的定向.

如果存在 $\varepsilon > 0$, 使系统 (8.30) 与其任意 ε–邻近系统都是轨道拓扑等价的, 则称系统 (8.30) 是**结构稳定的**.

定理 8.7 如果系统 (8.28) 的线性部分矩阵的特征根实部都不为零 (此时称 (0,0) 为它的**双曲奇点**), 则它在奇点 (0,0) 附近是 (局部) 结构稳定的, 并轨道拓扑等价于它的线性化系统. □

附注 1 上面给出的结构稳定性和奇点的双曲性定义都可以自然地推广到 $\mathbb{R}^n$ 中, 因此定理 8.7 也在 $\mathbb{R}^n$ 中成立. 通常将它称为哈特曼–格罗伯曼 (Hartman-Grobman) 定理.

附注 2 非双曲平面奇点可分为两类: 第一类满足系统在奇点 O 的线性部分所对应的矩阵 $\boldsymbol{A}$ 有零特征根 (相应于图 8–16 中的 p 轴), 即 O 是高阶奇点. 对于孤立的高阶奇点, 通常用特殊的变换把它 "打散" 成几个初等奇点来研究它的相图, 详见 [26] 的 §2.7 和 [37] 的 §4.3. 第二类满足矩阵 $\boldsymbol{A}$ 有一对共轭的纯虚特征根 (相应于图 8–16 中

的正 q 轴), 此时线性化系统以 O 为中心点. 加上高阶项以后, 它可能仍是中心点, 也可能变为稳定或不稳定的焦点. 这就产生了所谓**中心和焦点的判定**问题. 读者可参看 [26] 的 §2.5, [27] 的 §2.3, 或 [37] 的 §4.2 等, [37] 中附有计算一阶焦点量的 Maple 程序.

附注 3 双曲平面奇点可能是焦点、各类结点或鞍点; 但反之, 焦点、结点或鞍点型奇点未必是双曲的. 例如线性部分为中心点的奇点加上高阶项后可能成为焦点 (称为**细焦点**), 它是结构不稳定的, 见后面的 §8.4.3, 而高阶奇点也可能是结点或鞍点.

附注 4 只要稳定性相同, 各类初等结点及焦点都彼此轨道拓扑等价. 通常我们把稳定的结点和焦点统称为**渊** (或**汇**), 而把不稳定的结点和焦点统称为**源**.

§8.3.2 极限环

若动力系统 (8.20) 在闭轨 Γ 的某个 (环形) 邻域内不再有别的闭轨, 即 Γ 为孤立闭轨, 则称它为 (8.20) 的**极限环**. 由此可以证明, 极限环 Γ 有一个外侧邻域, 使得在这个邻域内出发的所有轨线当 $t \to +\infty$ (或 $t \to -\infty$) 时都盘旋趋于 Γ. 同样, Γ 有一个类似的内侧邻域. 这就说明了极限环一词的含义. 如果极限环 Γ 内外两侧附近的轨线都在 $t \to +\infty$ (或 $-\infty$) 时盘旋趋于 Γ, 则称 Γ 为**稳定** (或**不稳定**) **极限环** (如图 8–27(b) 中的 Γ_2 (或 Γ_1)); 如果一侧附近的轨线当 $t \to +\infty$ 时盘旋趋于 Γ, 而在另一侧附近的轨线当 $t \to -\infty$ 时盘旋趋于 Γ, 则称 Γ 为**半稳定极限环** (如图 8–27(a) 中的 Γ).

上面所说闭轨 Γ 的稳定性是作为它邻近轨道 (几何上) 的极限状态而出现的, 因此这种稳定性称为**轨道稳定性**. 这样, 轨道稳定性不同于李雅普诺夫意义下的运动稳定性, 因为轨道的接近不等于运动的同步接近.

稳定的极限环 (如图 8–27(b) 中的 Γ_2) 表示了运动的一种稳定的周期态, 它在非线性振动问题中有重要的意义. 关于判断极限环存在性的方法, 我们只陈述下面著名的**庞加莱–本迪克松 (Poincaré-Bendixson) 环域定理**, 它的证明可见任何一本微分方程定性理论的著作 (例如 [26]).

定理 8.8 设区域 D 是由两条简单闭曲线 L_1 和 L_2 所围成的环域, 并且在 $\overline{D} = L_1 \cup D \cup L_2$ 上动力系统 (8.20) 无奇点; 从 L_1 和 L_2 上出发的轨线都不能离开 (或都不能进入) $\overline{D}$. 设 L_1 和 L_2 均不是闭轨线, 则系统 (8.20) 在 D 内至少存在一条闭轨线 Γ, 它与 L_1 和 L_2 的相对位置如图 8–19 所示, 即 Γ 在 D 内不能收缩到一点. □

如果把动力系统 (8.20) 看成一平面流体的运动方程, 那么上述环域定理表明: 如果流体从环域 D 的边界流入 D, 而在 D 内又没有渊和源, 那么流体在 D 内有环流存在. 这个力学意义是比较容易想象的. 习惯上, 把 L_1 和 L_2 分别叫作庞加莱–本迪克松环域的内、外境界线. 注意, 定理 8.8 中的 Γ 不一定是孤立的闭轨. 但可以证明, 对于解析向量场, 环域中的闭轨都是孤立的, 因而它们都是极限环.

我们以著名的范德波尔 (van der Pol, 1889—1959) 方程 (三极管电路的数学模型)

$$\ddot{x} + \mu(x^2 - 1)\dot{x} + x = 0 \quad (\text{常数 } \mu > 0) \tag{8.31}$$

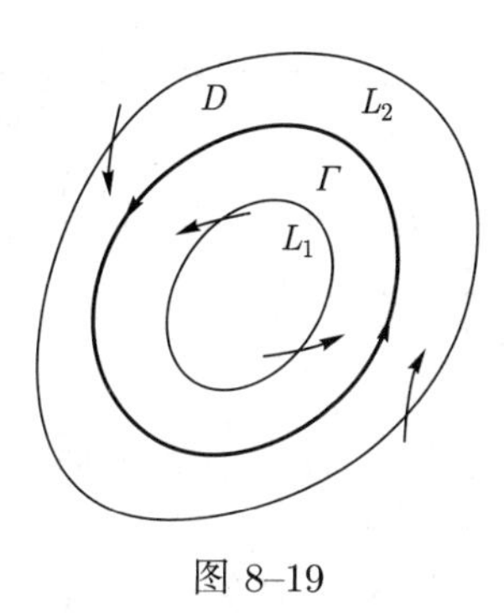

图 8–19

为例, 说明如何利用环域定理来证明极限环的存在性. 为此, 我们先考虑一类更广泛的方程

$$\ddot{x}+f(x)\dot{x}+g(x)=0, \tag{8.32}$$

它称作**李纳 (Liénard, 1869—1958) 方程**, 其中函数 $f(x)$ 和 $g(x)$ 连续, 且当 $x\neq 0$ 时, $xg(x)>0$. 容易验证, 方程 (8.32) 等价于系统

$$\begin{cases}\dfrac{\mathrm{d}x}{\mathrm{d}t}=y-F(x),\\ \dfrac{\mathrm{d}y}{\mathrm{d}t}=-g(x),\end{cases} \tag{8.33}$$

其中 $F(x)=\displaystyle\int_0^x f(x)\mathrm{d}x$. 当 $g(x)=x$ 时, 我们可以用 §8.3.3 所述简单方法画出系统 (8.33) 在相平面上的向量场 $(y-F(x),-x)$ 在任一点 $P(x,y)$ 处的方向. 这对下文中构造境界线是有用的. 对李纳方程的极限环感兴趣的读者, 可研读 [36], 其中有大量重要和有趣的结果.

§8.3.3　李纳作图法

从图 8–20 中的 P 点作 y 轴的平行线, 它交曲线 $y=F(x)$ 于一点 $R(x,F(x))$, 再从 R 点作 x 轴的平行线交 y 轴于点 $Q(0,F(x))$, 则从 P 点所引的与直线 $\overline{PQ}$ 垂直的方向就是向量场 (8.33) 在 P 点的方向. 事实上, 直线 $\overline{PQ}$ 的斜率为

$$\tan\varphi=\frac{y-F(x)}{x}.$$

因此, 过 P 点且与直线 $\overline{PQ}$ 垂直的直线的斜率为

$$\tan\theta=\frac{-x}{y-F(x)},$$

而它就表示向量场 $(y-F(x),-x)$ 在 $P(x,y)$ 点的方向 (箭头的方向可由第二个分量 $-x$ 决定).

例 3　范德波尔方程 (8.31) 至少有一个闭轨.

证明　不妨在方程 (8.31) 中取 $\mu=1$, 并且考虑与它等价的系统

$$\begin{cases} \dfrac{\mathrm{d}x}{\mathrm{d}t}=y-\left(\dfrac{x^3}{3}-x\right), \\ \dfrac{\mathrm{d}y}{\mathrm{d}t}=-x. \end{cases} \tag{8.34}$$

先作环域的内境界线 L_1. 令 $V(x,y)=\dfrac{1}{2}(x^2+y^2)$, 则当 $|x|<\sqrt{3}$ 时,

$$\left.\frac{\mathrm{d}V}{\mathrm{d}t}\right|_{(8.34)}=x^2\left(1-\frac{x^2}{3}\right)\geqslant 0,$$

并且上面的等号仅在 $x=0$ 时成立. 因此, 对于足够小的正数 C, 可以取圆周 $x^2+y^2=C$ 为内境界线 L_1 (图 8–21). 事实上, 由李雅普诺夫函数的几何解释易知, 系统 (8.34) 从 L_1 上出发的轨线走向 L_1 所围区域的外部.

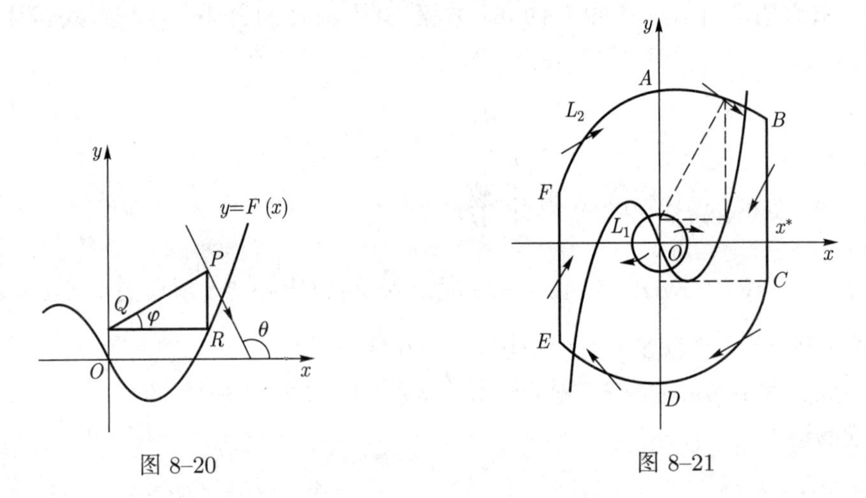

图 8–20　　图 8–21

再利用李纳作图法构造外境界线 L_2. 注意曲线 $y=F(x)=\dfrac{x^3}{3}-x$ 的极小值在点 $\left(1,-\dfrac{2}{3}\right)$ 处达到. 取 $x^*>0$ 足够大, 以点 $S\left(0,-\dfrac{2}{3}\right)$ 为中心, 分别以 $x^*+\dfrac{4}{3}$ 和 x^* 为半径作圆弧 $\overset{\frown}{AB}$ 和 $\overset{\frown}{CD}$, 它们与 y 轴分别交于点 A 和 D, 而与直线 $x=x^*$ 分别交于点 B 和 C. 再作 $\overset{\frown}{DE}$, $\overline{EF}$, $\overset{\frown}{FA}$, 它们分别与 $\overset{\frown}{AB}$, $\overline{BC}$, $\overset{\frown}{CD}$ 关于原点对称. 取外境界线为

$$L_2=\overset{\frown}{AB}\cup\overline{BC}\cup\overset{\frown}{CD}\cup\overset{\frown}{DE}\cup\overline{EF}\cup\overset{\frown}{FA}$$

即可. 事实上, 由以上作图法可知 $y_B<y_A$; 而当 x^* 足够大时,

$$y_A=x^*+\frac{2}{3}<\frac{(x^*)^3}{3}-x^*.$$

这说明 B 点在曲线 $y=F(x)$ 的下方, 从而在 $\overline{BC}$ 上的每一点有 $\dot{x}=y-F(x)<0$, 即轨线的正向指向 L_2 的内部. 由李纳作图法易知, 在 $\overset{\frown}{AB}$ 和 $\overset{\frown}{CD}$ 上, 轨线也指向 L_2 的内部.

这样, 由 L_1 和 L_2 围成了一个庞加莱–本迪克松环域, 并且系统的唯一奇点 (0,0) 在此环域之外. 由定理 8.8 知, 系统 (8.34) 在环域中至少有一个闭轨.

一般而言, 判断一个系统有无极限环和极限环存在时其个数都是相当困难的问题, 在专著 [24] 和 [26] 中对此有详细论述, 其中不仅证明了上述范德波尔方程的闭轨是唯一的, 而且给出了许多有关极限环的存在性、唯一性和唯 n 性的判别法则.

希尔伯特 (Hilbert, 1862—1943) 在 1900 年提出了著名的 23 个数学难题, 其中第 16 个问题的后半部分可陈述为: 记 $P_n(x,y)$ 和 $Q_n(x,y)$ 是 x,y 的 n 次多项式, 那么对于给定的 n 和任意的 $P_n(x,y)$ 与 $Q_n(x,y)$, 系统

$$\begin{cases} \dfrac{\mathrm{d}x}{\mathrm{d}t} = P_n(x,y), \\ \dfrac{\mathrm{d}y}{\mathrm{d}t} = Q_n(x,y) \end{cases}$$

可能出现的极限环个数的上界 $H(n)$ 是多少? 极限环可能的相对位置如何? 这个问题即使在 $n=2$ 的情形也没有完全解决, 可见问题的艰难. 事实上, 很多人相信 $H(2)=4$, 但迄今为止 $H(2)$ 的有限性尚未得到证明, 不过对于给定的 $P_n(x,y)$ 与 $Q_n(x,y)$, 系统极限环的有限性几经周折已得到证明. 对此感兴趣的读者, 可参考文献 [24, 26, 35] 中的有关章节和综述文章 [33].

§8.3.4 庞加莱映射与后继函数法

作为本节内容的结束, 我们将简单地介绍研究极限环的另一个重要方法——**后继函数法**.

设 Γ 是系统 (8.20) 的闭轨. 在 Γ 上取一点 P, 过 P 点作 Γ 的法线 $\overline{MPN}$, 如图 8–22 所示. 设 P_0 是法线上的任一点, 则由解对初值的连续依赖性可知, 只要 P_0 点足够靠近 P 点, 从 P_0 出发的轨线必再次与法线 $\overline{MN}$ 相交 (记正向首次相交的点为 P_1), 并且都是从法线的同一侧穿越到另一侧 (习惯上把法线在 P 点两侧邻近的一段叫作**无切线段**). 我们把 P_1 点称为 P_0 点的**后继点**; 把 $\overline{MN}$ 上从 P_0 到其后继点 P_1 的映射称为**庞加莱映射**. 不难看出, 庞加莱映射的不动点对应于系统的闭轨.

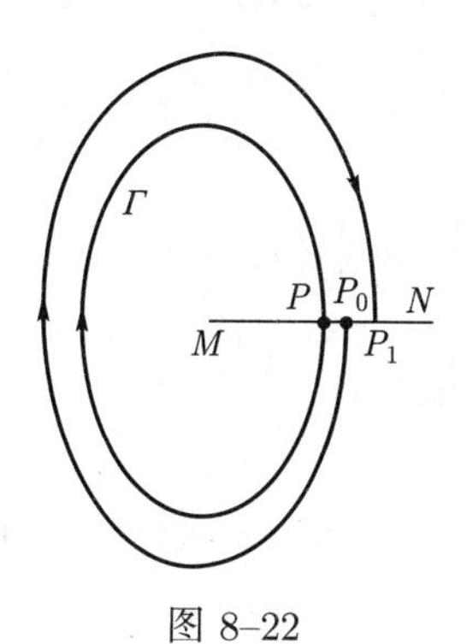

图 8–22

为便于计算, 我们在 $\overline{MN}$ 上引入坐标 n: 取 P 为坐标原点 (即 $n=0$), 取 $\varGamma$ 的外法线方向为正方向. 设 P_0 点的坐标为 n_0, 而其后继点 P_1 的坐标为 $n_1=g(n_0)$, 这里的函数 $g(n_0)$ 称为**后继函数**. 现在令

$$h(n_0)=g(n_0)-n_0.$$

由此不难看出, 如果当 $0<n_0\ll 1$ 时恒有 $h(n_0)<0$ (或 >0), 那么 $\varGamma$ 是外侧稳定 (或不稳定) 的; 如果当 $n_0<0$ 且 $0<|n_0|\ll 1$ 时有 $h(n_0)>0$ (或 <0), 那么 $\varGamma$ 是内侧稳定 (或不稳定) 的.

由上述坐标的选取可知, 过 P 点的闭轨 $\varGamma$ 对应于 $h(0)=0$. 假设

$$h(0)=h'(0)=\cdots=h^{(k-1)}(0)=0,\quad h^{(k)}(0)\neq 0, \tag{8.35}$$

则有

$$h(n_0)=\frac{1}{k!}h^{(k)}(0)(n_0)^k+O[|n_0|^{k+1}].$$

因此, 当 k 为奇数并且 $h^{(k)}(0)<0$ (或 >0) 时, $\varGamma$ 是稳定 (或不稳定) 的极限环; 当 k 为偶数时, $\varGamma$ 是半稳定的极限环.

如果 $h'(0)\neq 0$, 即 $h(n)$ 以 0 为单重根, 则称 $\varGamma$ 是一个**单重极限环**; 如果 (8.35) 式成立且 $k\geqslant 2$, 则称 $\varGamma$ 为 k **重极限环**. 由上面的讨论可知, 单重极限环必是稳定的或是不稳定的, 而偶数重极限环都是半稳定的, 并且容易看出下面的结果成立.

定理 8.9 系统 (8.20) 的单重极限环 $\varGamma$ 是结构稳定的. 亦即: 存在 $\varepsilon>0$ 和 $\varGamma$ 的环形邻域 $\mathcal{U}$, 使得系统 (8.20) 的任何 ε–邻近系统在 $\mathcal{U}$ 内仍有唯一闭轨, 而且它与 $\varGamma$ 有相同的稳定性. □

习题 8–3

1. 设线性系统 (8.22) 以 (0,0) 点为高阶奇点, 试作出其相图.

2. 判断下列方程的奇点 (0,0) 的类型, 并作出该奇点附近的相图:

(1) $\dot{x}=4y-x,\quad \dot{y}=-9x+y$;

(2) $\dot{x}=2x+y+xy^2,\quad \dot{y}=x+2y+x^2+y^2$;

(3) $\dot{x}=2x+4y+\sin y,\quad \dot{y}=x+y+\mathrm{e}^y-1$;

(4) $\dot{x}=x+2y,\quad \dot{y}=5y-2x+x^3$;

(5) $\dot{x}=x(1-y),\quad \dot{y}=y(1-x)$.

3. 设函数 $P(x,y)$ 和 $Q(x,y)$ 在单连通区域 D 内连续可微, 且

$$\frac{\partial P}{\partial x}+\frac{\partial Q}{\partial y}\neq 0,\quad (x,y)\in D.$$

试证系统

$$\dot{x}=P(x,y),\quad \dot{y}=Q(x,y)$$

在 D 内不存在闭轨线.

*§8.4 结构稳定与分支现象

我们在 §8.3.1 结尾处给出了动力系统结构稳定性和奇点双曲性的定义, 并介绍了局部结构稳定性定理. 在本节中将进一步介绍一个大范围的结构稳定性定理, 然后举例说明当这个定理的条件不成立时可能出现的分支现象, 最后通过波格丹诺夫–塔肯什 (Bogdanov-Takens) 系统的分支现象粗浅地介绍普适开折和分支的余维这两个概念.

§8.4.1 一个大范围的结构稳定性定理

在高维空间中的结构稳定性问题是十分复杂和困难的. 这里只考虑平面系统

$$\begin{cases} \dfrac{\mathrm{d}x}{\mathrm{d}t} = X(x,y), \\ \dfrac{\mathrm{d}y}{\mathrm{d}t} = Y(x,y), \end{cases} \tag{8.36}$$

其中函数 $X(x,y)$ 和 $Y(x,y)$ 是连续可微的. 为确定起见, 设它们定义在圆盘 $\Sigma\colon x^2+y^2 \leqslant R^2$ 上 (常数 $R>0$), 并且由 (8.36) 式给出的向量场与 Σ 的边界 $\partial\Sigma$ 不相切.

把所有满足上述条件的系统所组成的集合记为 $\mathcal{X}(\Sigma)$, 则可考虑在 $\mathcal{X}(\Sigma)$ 内一个给定系统的结构稳定性 (结构稳定的定义见上节). 下面的定理是苏联学者安德罗诺夫 (Andronov, 1901—1952) 和庞特里亚金 (Pontryagin, 1908—1988) 于 1937 年在 X, Y 解析的条件下提出的, 直到 1952 年由 De Baggis (1916—2002) 给以证明, 并把条件降到 X, Y 是连续可微 (即 C^1 光滑) 的.

定理 8.10 在 $\mathcal{X}(\Sigma)$ 中系统 (8.36) 结构稳定的充要条件是:

(1) 它只有有限个奇点, 而且所有奇点都是双曲的;

(2) 它只有有限条闭轨, 而且所有闭轨都是单重的极限环;

(3) 它没有从鞍点到鞍点的轨线. □

从上一节的讨论我们知道, 这里的条件 (1) 和 (2) 是比较自然的. 现在, 对于条件 (3) 作一点直观的说明: 当 $t\to+\infty$ (或 $-\infty$) 时, 如果一条轨线趋于一个初等结点或焦点, 则从充分靠近此轨线的点出发的其他轨线也有相同的归宿. 但是鞍点 (即使是初等鞍点) 不具有这个性质. 事实上, 如果一条轨线当 $t\to+\infty$ (或 $-\infty$) 时趋于一个鞍点 (此时称这条轨线为这个鞍点的一条**分界线**), 则无论取分界线外多么靠近的点为初始点, 所得轨线都与分界线有不同的归宿. 因此, 若一条轨线两端都趋于鞍点, 则它在扰动下可能破裂, 从而改变轨线族的拓扑结构, 见图 8–23. 我们把两端趋于同一鞍点的轨线称为**同宿轨线**, 而把两端趋于不同鞍点的轨线称为**异宿轨线**.

下面, 我们通过一些实例来说明, 定理 8.10 中的条件都是必要的. 就是说, 当其中某一条件不满足时, 相应的系统 (8.36) 不是结构稳定的. 实际上, 作为系统 (8.36) 的扰

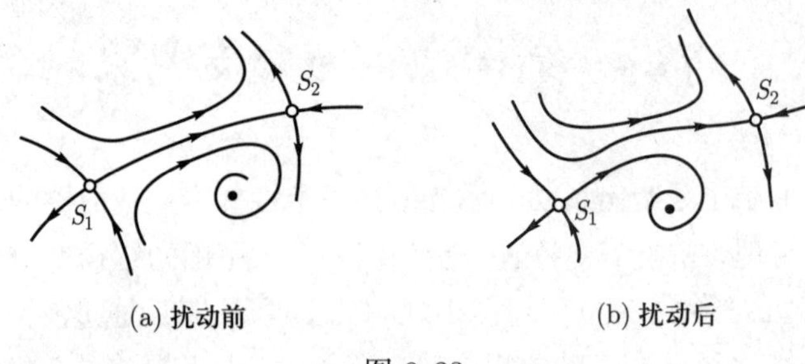

(a) 扰动前　　(b) 扰动后

图 8–23

动系统, 我们考虑

$$\begin{cases} \dfrac{\mathrm{d}x}{\mathrm{d}t} = \widetilde{X}(x, y, \alpha), \\ \dfrac{\mathrm{d}y}{\mathrm{d}t} = \widetilde{Y}(x, y, \alpha), \end{cases} \tag{8.37$_\alpha$}$$

其中参数 $\alpha \in \mathbb{R}^k$ $(k \geqslant 1)$, 函数 $\widetilde{X}$ 和 $\widetilde{Y}$ 对所有变元连续可微, 并且 $(8.37)_0 = (8.36)$, 亦即

$$\begin{cases} \widetilde{X}(x, y, 0) \equiv X(x, y), \\ \widetilde{Y}(x, y, 0) \equiv Y(x, y). \end{cases}$$

如果对任意 $\varepsilon > 0$, 都存在 α, 使得系统 $(8.37)_\alpha$ 是 (8.36) 的 ε–邻近系统, 但 $(8.37)_\alpha$ 与 (8.36) (即 $(8.37)_0$) 不是轨道拓扑等价的, 则显然系统 (8.36) 就是结构不稳定的. 此时, 我们称 $\alpha = 0$ 是系统族 $(8.37)_\alpha$ 的一个**分支值**. 形象地说, 当 α 连续变动到 0 时, $(8.37)_\alpha$ 的轨线族的结构发生了突变.

§8.4.2 高阶奇点的分支

我们将举例说明高阶奇点的分支现象. 例如, 以 (0,0) 为一个高阶奇点的系统

$$\begin{cases} \dfrac{\mathrm{d}x}{\mathrm{d}t} = x, \\ \dfrac{\mathrm{d}y}{\mathrm{d}t} = y^2 \end{cases} \tag{8.38}$$

是结构不稳定的. 注意, 系统 (8.38) 的线性部分矩阵有一个特征根为零, 因此定理 8.10 中的条件 (1) 不成立.

考虑系统 (8.38) 的扰动系统

$$\begin{cases} \dfrac{\mathrm{d}x}{\mathrm{d}t} = x, \\ \dfrac{\mathrm{d}y}{\mathrm{d}t} = \varepsilon + y^2, \end{cases} \tag{8.39$_\varepsilon$}$$

其中 ε 为一个实参数. 不难看出, 当 $\varepsilon > 0$ 时, 系统 $(8.39)_\varepsilon$ 没有奇点; 当 $\varepsilon = 0$ 时, $(8.39)_0$ (即系统 (8.38)) 以 (0,0) 为唯一奇点; 而当 $\varepsilon < 0$ 时, 系统 $(8.39)_\varepsilon$ 有两个不同的

奇点 $(0,\sqrt{-\varepsilon})$ 和 $(0,-\sqrt{-\varepsilon})$. 这说明无论 $|\varepsilon|$ 多么小, 系统 $(8.39)_\varepsilon$ 与 (8.24) 都不可能拓扑等价. 因此系统 (8.38) 是结构不稳定的, 而且 $\varepsilon=0$ 是系统 $(8.39)_\varepsilon$ 的一个分支值. 图 8–24 表示了奇点纵坐标与参数 ε 的关系. 当 ε 的取值越过 0 时, 奇点的个数发生了突变.

再来看轨线结构随 ε 而变化的情况. 当 $\varepsilon<0$ 时, 用上节的定理 8.6 容易知道 $(0,\sqrt{-\varepsilon})$ 是不稳定的两向结点, 而 $(0,-\sqrt{-\varepsilon})$ 是一个鞍点, 并且随着 $|\varepsilon|$ 逐渐减小, 这两个奇点逐渐靠近; 当 $\varepsilon=0$ 时, 它们拼合成一个半鞍半结型的奇点, 叫作**鞍–结点**; 而当 $\varepsilon>0$ 时, 奇点消失. 图 8–25(a)—(c) 形象地描绘了当参数 ε 从负值变化到正值时, $(8.39)_\varepsilon$ 的奇点个数、位置及邻近轨线结构的变化情形. 我们把这种分支现象称为**鞍–结点分支**.

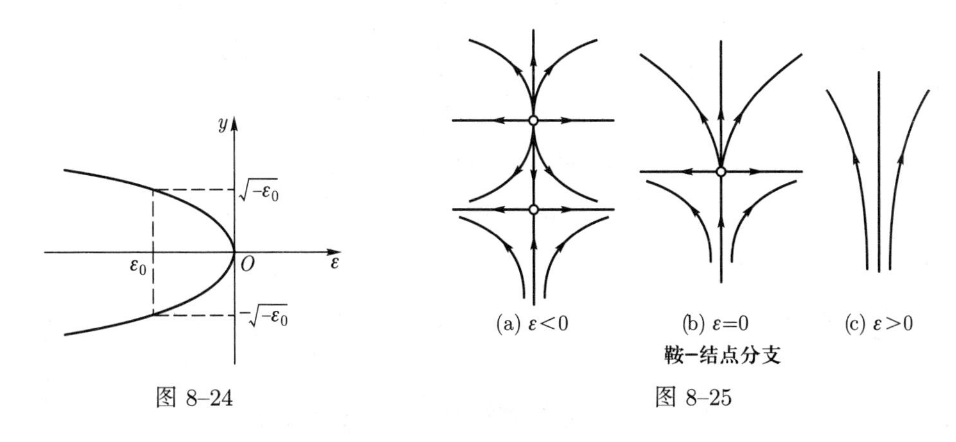

图 8–24　　图 8–25

§8.4.3 霍普夫分支

现在考察定理 8.10 中的条件 (1) 遭到破坏的另一种方式: 在系统的奇点处线性部分矩阵的特征根不为零, 但有一对纯虚数特征根.

考虑系统

$$\begin{cases}\dot{x}=-y-x(x^2+y^2),\\ \dot{y}=x-y(x^2+y^2),\end{cases} \tag{8.40}$$

及其扰动系统

$$\begin{cases}\dot{x}=\varepsilon x-y-x(x^2+y^2),\\ \dot{y}=x+\varepsilon y-y(x^2+y^2),\end{cases} \tag*{$(8.41)_\varepsilon$}$$

显然, $(8.41)_\varepsilon$ 的线性部分矩阵有特征根 $\varepsilon\pm\mathrm{i}$. 由定理 8.5 易知, 当 ε 的取值由负变正时, 系统 $(8.41)_\varepsilon$ 的奇点 (0,0) 由稳定焦点变为不稳定焦点. 因此, $\varepsilon=0$ 是一个分支值, 而系统 (8.40) 是结构不稳定的.

现在考察当 ε 变动通过 0 时, 系统 $(8.41)_\varepsilon$ 的相图发生了什么突变. 为此引入极坐

标 $x = r\cos\theta, y = r\sin\theta$, 则 $(8.41)_\varepsilon$ 化为

$$\begin{cases}\dot{r} = r(\varepsilon - r^2),\\ \dot{\theta} = 1.\end{cases}$$

由此可以明显地看出, 当 $\varepsilon \leqslant 0$ 时, 原点是稳定焦点, 并且在原点附近不存在闭轨; 而当 $\varepsilon > 0$ 时, 原点变为不稳定的焦点, 并且有唯一的闭轨 $r = \sqrt{\varepsilon}$, 它是稳定的极限环, 见图 8–26. 形象地说, 当 ε 的值增大而通过 0 的一瞬间, 奇点的稳定性发生翻转, 同时一个稳定的极限环从奇点 "跳出", 并随着 ε 的增大而逐渐扩大. 这种分支现象叫作**霍普夫 (Hopf, 1902—1983) 分支**.

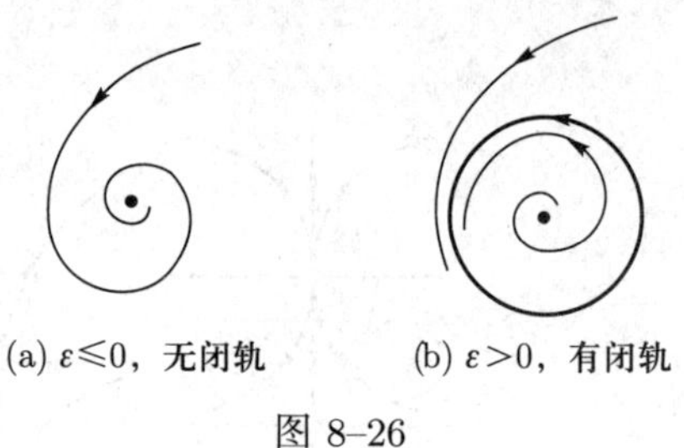

(a) $\varepsilon \leqslant 0$，无闭轨　　(b) $\varepsilon > 0$，有闭轨

图 8–26

§8.4.4　庞加莱分支

现在考虑定理 8.10 中的条件 (1) 遭到破坏的方式与霍普夫分支的情形类似, 但不同的是: 扰动前的系统不是以 (0,0) 为焦点, 而是以它为中心点. 为了简单起见, 取扰动前的系统为

$$\begin{cases}\dot{x} = -y,\\ \dot{y} = x,\end{cases}$$

考虑扰动系统

$$\begin{cases}\dot{x} = -y - \varepsilon x(x^2 + y^2 - 1 - \varepsilon),\\ \dot{y} = x - \varepsilon y(x^2 + y^2 - 1 - \varepsilon).\end{cases}$$

化为极坐标方程后容易看出, 当 $0 < |\varepsilon| \ll 1$ 时, 扰动系统以圆周 $x^2 + y^2 = 1 + \varepsilon$ 为唯一闭轨, 这是一个极限环. 因此, 扰动前后系统的轨线族有完全不同的结构, 这说明 $\varepsilon = 0$ 是一个分支值. 与霍普夫分支不同, 这里的闭轨不是由于焦点的稳定性改变而产生的. 事实上, 它不随 $\varepsilon \to 0$ 而收缩到奇点, 而是趋于闭轨 $x^2 + y^2 = 1$. 或者反过来说, 我们可以把它看成是原来的中心型奇点的闭轨族中的某一闭轨, 在扰动后不破裂而成为扰动后系统的一条孤立闭轨. 这就是所谓的**庞加莱分支**.

§8.4.5　多重闭轨的分支

现在考察定理 8.10 中的条件 (2) 不成立的情形.

考虑系统

$$\begin{cases}\dot{x} = -y - x(x^2 + y^2 - 1)^2, \\ \dot{y} = x - y(x^2 + y^2 - 1)^2,\end{cases} \tag{8.42}$$

及其扰动系统

$$\begin{cases}\dot{x} = -y - x(x^2 + y^2 - 1 + \varepsilon)(x^2 + y^2 - 1 - \varepsilon), \\ \dot{y} = x - y(x^2 + y^2 - 1 + \varepsilon)(x^2 + y^2 - 1 - \varepsilon),\end{cases} \qquad (8.43)_\varepsilon$$

其中 $0 \leqslant \varepsilon \ll 1$. 取极坐标 $x = r\cos\theta, y = r\sin\theta$, 则系统 $(8.43)_\varepsilon$ 化为

$$\begin{cases}\dot{r} = -r[r^2 - (1-\varepsilon)][r^2 - (1+\varepsilon)], \\ \dot{\theta} = 1.\end{cases} \qquad (8.44)_\varepsilon$$

当 $0 < \varepsilon \ll 1$ 时, 从系统 $(8.44)_\varepsilon$ 的第一个方程易见, 系统存在两个闭轨 $\Gamma_1\colon r = \sqrt{1-\varepsilon}$ 和 $\Gamma_2\colon r = \sqrt{1+\varepsilon}$; 并且在 Γ_1 内部和 Γ_2 外部恒有 $\dot{r} < 0$, 而在 Γ_1 和 Γ_2 之间恒有 $\dot{r} > 0$. 由此可知, Γ_1 和 Γ_2 是系统 $(8.44)_\varepsilon$ 仅有的两个闭轨, 并且分别是不稳定极限环和稳定极限环. 当 $\varepsilon = 0$ 时, 显然系统 $(8.44)_0$ (即系统 (8.42)) 有唯一闭轨 $\Gamma\colon r = 1$, 并且在它的两侧均有 $\dot{r} < 0$, 所以它是一个半稳定的极限环, 从而是多重环. 上面的分析表明, 当 ε 的值减小到 0 时, 系统 $(8.44)_\varepsilon$ 的两个极限环重合而成为一个半稳定的极限环 (或者反过来说, 当 ε 的值从 0 增大时, 一个半稳定的极限环分裂成两个极限环), 使轨线结构发生了突变. 我们把这种分支现象称为**多重闭轨的分支**. 图 8–27 显示了系统的相图随 ε 的变化情形.

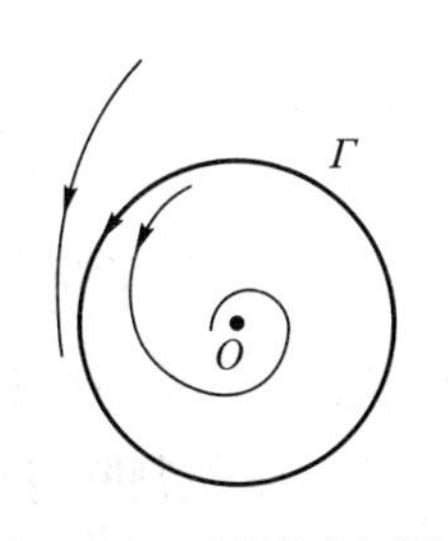

(a) ε=0，一个半稳定极限环

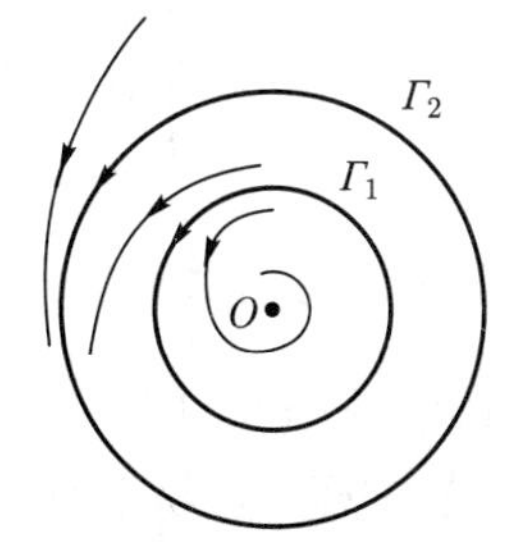

(b) ε>0，稳定与不稳定极限环各一

图 8–27

§8.4.6　同宿轨线的分支

最后来考察定理 8.10 中的条件 (3) 遭到破坏的情况. 我们在 §8.4.1 中已经说过, 从鞍点到鞍点的 (同宿或异宿) 轨线在扰动下可能破裂, 并趋于其他奇点. 因此, 具有这种分界线的系统不是结构稳定的. 现在要进一步讨论在分支现象发生时产生闭轨的可能性.

可以构造出单参数的系统族

$$\begin{cases}\dfrac{\mathrm{d}x}{\mathrm{d}t}=X(x,y,\varepsilon),\\[2mm]\dfrac{\mathrm{d}y}{\mathrm{d}t}=Y(x,y,\varepsilon),\end{cases}\qquad(8.45)_\varepsilon$$

使得当 $\varepsilon=0$ 时系统 $(8.45)_0$ 有如图 8–28(b) 所示的轨线结构: 它具有一条从初等鞍点 S 到 S 的同宿轨线 L, L 内部是稳定的初等焦点 F 的吸引域; 而当 $\varepsilon\neq0$ 时, L 破裂为两条分界线, 它们的相对位置依 ε 的符号而异, 见图 8–28 的 (a) 与 (c).

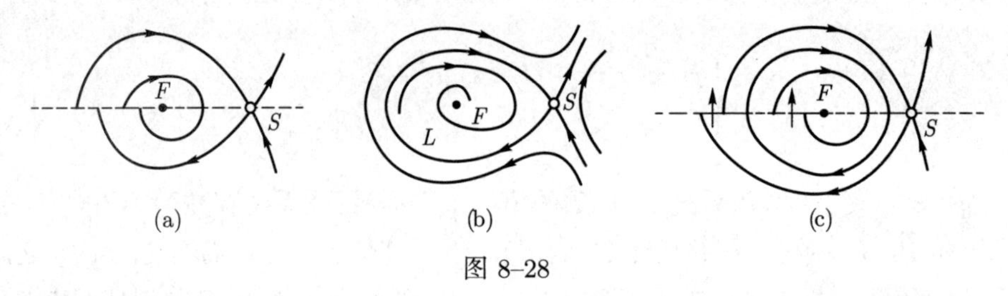

图 8–28

显然, 在情形 (c) 中分界线破裂的方向与内部焦点的稳定性相配合, 就构成了一个庞加莱–本迪克松环域, 从而系统 $(8.45)_\varepsilon$ 存在极限环. 当 $|\varepsilon|$ 充分小时, 可以使这个环域充分靠近原来的同宿轨线 L. 因此就可以把极限环看成 L 经扰动破裂而产生的. 这种分支现象叫作**同宿 (轨线的) 分支**, 也可以类似地讨论**异宿 (轨线的) 分支**. 现在, 我们来构造一个具体的例子, 使它具有上述同宿分支现象. 为此, 先要做一些准备. 考虑系统

$$\begin{cases}\dfrac{\mathrm{d}x}{\mathrm{d}t}=y,\\[2mm]\dfrac{\mathrm{d}y}{\mathrm{d}t}=-x\left(1-\dfrac{3}{2}x\right),\end{cases}\qquad(8.46)$$

它有两个奇点: $O(0,0)$ 和 $A\left(\dfrac{2}{3},0\right)$. 利用 §8.3.1 的讨论可知, 如果仅考察系统 (8.46) 右端在点 O 与 A 的线性部分, 则奇点 O 为中心点, 而奇点 A 为初等鞍点. 对于非线性系统 (8.46), 由上节定理 8.6 易知奇点 A 仍是一个鞍点; 但判断奇点 O 的性质并不如此简单 (见那里的附注 2). 不过我们可以把系统 (8.46) 的两个方程相除消去 t, 从而得到该系统的一个首次积分

$$F(x,y)\xlongequal{\text{def}}y^2+x^2-x^3=C,\qquad(8.47)$$

其中 C 为任意常数. 由此式不难作出系统 (8.46) 的相轨线图, 并且知道奇点 O 仍是一个中心点.

为了下面讨论的方便, 我们在 (8.47) 式中令

$$C=\frac{4}{27}-\varepsilon,$$

则有下列结论:

(1) 当 $\varepsilon=0$ 时, 由 (8.47) 式得到系统 (8.46) 的鞍点分界线 $S_0=\Gamma_0\cup H_0$, 其中 Γ_0 是鞍点 A 的同宿轨线, 而 H_0 把 Oxy 平面分成左右两部分.

(2) 当 $\varepsilon<0$ 时, 由 (8.47) 式可确定系统 (8.46) 的一条 (无界) 轨线 S_ε, 它位于 Γ_0 所围有界区域之外和 H_0 的左侧. 当 $\varepsilon\to 0^-$ 时, S_ε 收缩到 $\Gamma_0\cup H_0$.

(3) 当 $\varepsilon>0$ 时, 由 (8.47) 式可确定系统 (8.46) 的两条轨线, 其中一条为闭轨 Γ_ε, 它位于 Γ_0 所围有界区域之内; 而另一条 (无界) 轨线 H_ε 在 H_0 的右侧. 当 $\varepsilon\to 0^+$ 时, Γ_ε 趋于 Γ_0, 而 H_ε 趋于 H_0 (图 8–29).

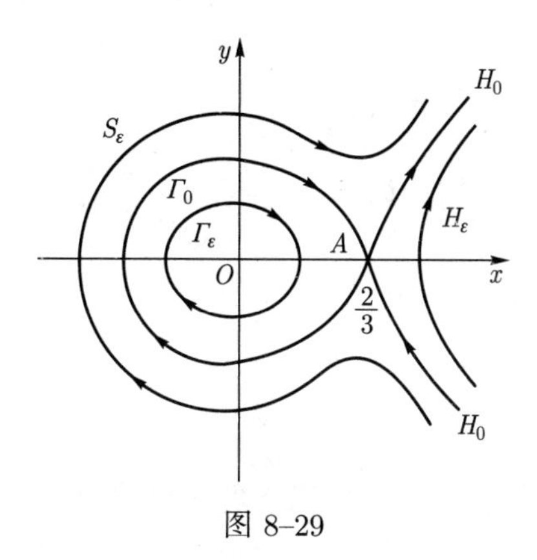

图 8–29

现在令

$$f(x,y,\varepsilon)=F(x,y)-\left(\frac{4}{27}-\varepsilon\right),$$

其中的 $F(x,y)$ 由 (8.47) 式定义, 则 $f(x,y,\varepsilon)$ 有如下性质:

(A) 若 $\varepsilon<0$ 且 $|\varepsilon|\ll 1$, 则当 (x,y) 在 S_ε 的右侧区域时,

$$f(x,y,\varepsilon)<0;$$

当 $(x,y)\in S_\varepsilon$ 时,

$$f(x,y,\varepsilon)=0;$$

当 (x,y) 在 S_ε 的左侧区域时,

$$f(x,y,\varepsilon)>0.$$

(B) 若 $\varepsilon=0$, 则当 (x,y) 在 Γ_0 所围区域之内或 H_0 右侧时,

$$f(x,y,0)<0;$$

当 $(x,y)\in\Gamma_0\cup H_0$ 时,

$$f(x,y,0)=0;$$

当 (x,y) 在 Γ_0 所围区域之外和 H_0 左侧时,

$$f(x,y,0)>0.$$

(C) 若 $\varepsilon > 0$ 且 $|\varepsilon| \ll 1$, 则当 (x,y) 在 Γ_ε 所围区域之内或 H_ε 右侧时,

$$f(x,y,\varepsilon) < 0;$$

当 $(x,y) \in \Gamma_\varepsilon \cup H_\varepsilon$ 时,

$$f(x,y,\varepsilon) = 0;$$

当 (x,y) 在 Γ_ε 所围区域之外和 H_ε 左侧时,

$$f(x,y,\varepsilon) > 0.$$

利用函数 $f(x,y,\varepsilon)$, 我们构造如下系统族:

$$\begin{cases} \dfrac{\mathrm{d}x}{\mathrm{d}t} = y, \\ \dfrac{\mathrm{d}y}{\mathrm{d}t} = -x\left(1 - \dfrac{3}{2}x\right) + f(x,y,\varepsilon)y. \end{cases} \tag{8.48$_\varepsilon$}$$

容易算出函数 F 关于微分方程 $(8.48)_\varepsilon$ 对 t 的全导数为

$$\left.\frac{\mathrm{d}F}{\mathrm{d}t}\right|_{(8.48)_\varepsilon} = \left.\left(\frac{\partial F}{\partial x}\frac{\mathrm{d}x}{\mathrm{d}t} + \frac{\partial F}{\partial y}\frac{\mathrm{d}y}{\mathrm{d}t}\right)\right|_{(8.48)_\varepsilon} = 2f(x,y,\varepsilon)y^2.$$

我们曾在 §8.2.3 利用全导数研究过轨线的走向. 现在用同样的方法并注意到 $f(x,y,\varepsilon)$ 的性质 (A)—(C), 就可以断言: 当 $\varepsilon < 0$, $\varepsilon = 0$ 和 $\varepsilon > 0$ 时, 系统 $(8.48)_\varepsilon$ 的相图分别具有图 8–28 中 (a)—(c) 的三种不同结构. 我们把讨论的细节留给读者作为练习, 而仅指出一点: 当 $\varepsilon = 0$ 时, 系统 $(8.48)_0$ 的鞍点同宿轨线就是系统 (8.46) 的鞍点同宿轨线, 但其所围区域内的奇点却是焦点; 当 $\varepsilon > 0$ 时, 系统 $(8.48)_\varepsilon$ 的唯一闭轨就是系统 (8.46) 的闭轨 Γ_ε. 由此可知, $\varepsilon = 0$ 是系统 $(8.48)_\varepsilon$ 的一个同宿轨线的分支值.

§8.4.7 奇异向量场的普适开折

作为这一节的结束, 我们介绍一个向量场分支的典型例子, 它把上面论及的多种分支现象有机地联系起来, 并由此引出所谓普适开折和分支的余维的概念. 这个例子是波格丹诺夫 (Bogdanov, 1950—2013) 和塔肯什 (Takens, 1940—2010) 于 1974—1976 年的工作, 它在向量场的分支方面的研究中具有重要意义.

记 $\mathcal{X}$ 为全体 C^∞ 平面向量场的集合. 考虑以坐标原点为奇点的系统 $X \in \mathcal{X}$, 其线性部分矩阵是幂零的, 即

$$\frac{\mathrm{d}}{\mathrm{d}t}\begin{pmatrix} x \\ y \end{pmatrix} = \begin{pmatrix} 0 & 1 \\ 0 & 0 \end{pmatrix}\begin{pmatrix} x \\ y \end{pmatrix} + \cdots, \tag{8.49}$$

其中省略的部分是高阶项. 利用向量场的正规形理论 (例如, 见 [30]), 在原点附近系统 (8.49) 可经变换化为它的截取到二阶的正规形

$$\begin{cases} \dfrac{\mathrm{d}x}{\mathrm{d}t} = y, \\ \dfrac{\mathrm{d}y}{\mathrm{d}t} = ax^2 + bxy, \end{cases} \tag{8.50}$$

其中 a 和 b 为常数. 如果 $ab \neq 0$, 为确定起见设 $ab > 0$, 则存在常数 α, β, γ, 使得经变换 $(x, y, t) \mapsto (\alpha x, \beta y, \gamma t)$, 系统 (8.50) 变为

$$\begin{cases} \dfrac{\mathrm{d}x}{\mathrm{d}t} = y, \\ \dfrac{\mathrm{d}y}{\mathrm{d}t} = x^2 + xy. \end{cases} \tag{8.51}$$

由于奇点 (0,0) 是非双曲的, 这时我们就说向量场具有**奇异性**. 为了得到系统 (8.51) 在高阶奇点 (0,0) 附近的相图 (图 8–30), 可参考 [37] §4.3 的例 8. 我们知道这是结构不稳定的. 因此, 我们关心的是它在扰动下会出现什么样的变化. 对于系统 (8.51) 来说, 有如下三方面的结论 (这里我们只陈述结果, 对证明感兴趣的读者可参看文献 [30, 31, 35]及其所引的有关论文):

结论 1 当 $(\varepsilon_1, \varepsilon_2)$ 点在参数空间的原点附近变动时, 系统 (8.51) 的扰动系统

$$\begin{cases} \dfrac{\mathrm{d}x}{\mathrm{d}t} = y, \\ \dfrac{\mathrm{d}y}{\mathrm{d}t} = \varepsilon_1 + \varepsilon_2 y + x^2 + xy \end{cases} \tag{8.52}$$

在相空间的原点附近有且只有 9 种不同的拓扑结构, 其中 4 种是结构稳定的, 而另外 5 种是结构不稳定的.

具体地说, 参数空间中原点附近的邻域被四条会聚于原点的光滑曲线 l_1^+, l_1^-, l_2 和 l_3 分割成四个连通区域, 当 $(\varepsilon_1, \varepsilon_2)$ 点位于每一个这样的区域时, 系统 (8.52) 是结构稳定的. 曲线 l_1^+ 和 l_1^- 分别是正 ε_2 轴和负 ε_2 轴, 当 $(\varepsilon_1, \varepsilon_2)$ 点穿过它们时, 系统 (8.52) 发生鞍–结点分支; 曲线 l_2 的方程是 $\varepsilon_1 = -\varepsilon_2^2$ $(\varepsilon_2 > 0)$, 当 $(\varepsilon_1, \varepsilon_2)$ 点穿过它时, 发生霍普夫分支; 而 l_3 的方程是 $\varepsilon_1 = -\dfrac{49}{25}\varepsilon_2^2 + O(\varepsilon_2^{5/2})(\varepsilon_2 > 0)$, 当 $(\varepsilon_1, \varepsilon_2)$ 点穿过它时, 发生同宿轨线分支. 图 8–31 描绘了这四条分支曲线的情形, 因此叫作**分支图**.

再来看相图的变化. 假设参数 $(\varepsilon_1, \varepsilon_2)$ 在图 8–31 中沿原点附近的圆周 C 连续变动, 则在位置 ①—⑧ 所对应的相图如图 8–32 所示, 而位置 ⑨ (相应于 $\varepsilon_1 = \varepsilon_2 = 0$) 对应于相图 8–30.

从图 8–32 的一系列相图中, 可以清楚地看出系统的轨线结构如何随 $(\varepsilon_1, \varepsilon_2)$ 点的变化而变化: 当 $(\varepsilon_1, \varepsilon_2)$ 位于图 8–31 的区域 ① 时, 系统无奇点; 当 $(\varepsilon_1, \varepsilon_2)$ 变化而通过 l_1^+ 时, 一个鞍–结点突然产生, 并立即分裂为一个鞍点和一个不稳定结点, 然后结点转化为不稳定焦点 (注意, 结点和焦点的拓扑类型相同); 当 $(\varepsilon_1, \varepsilon_2)$ 变化通过 l_2 时, 焦点

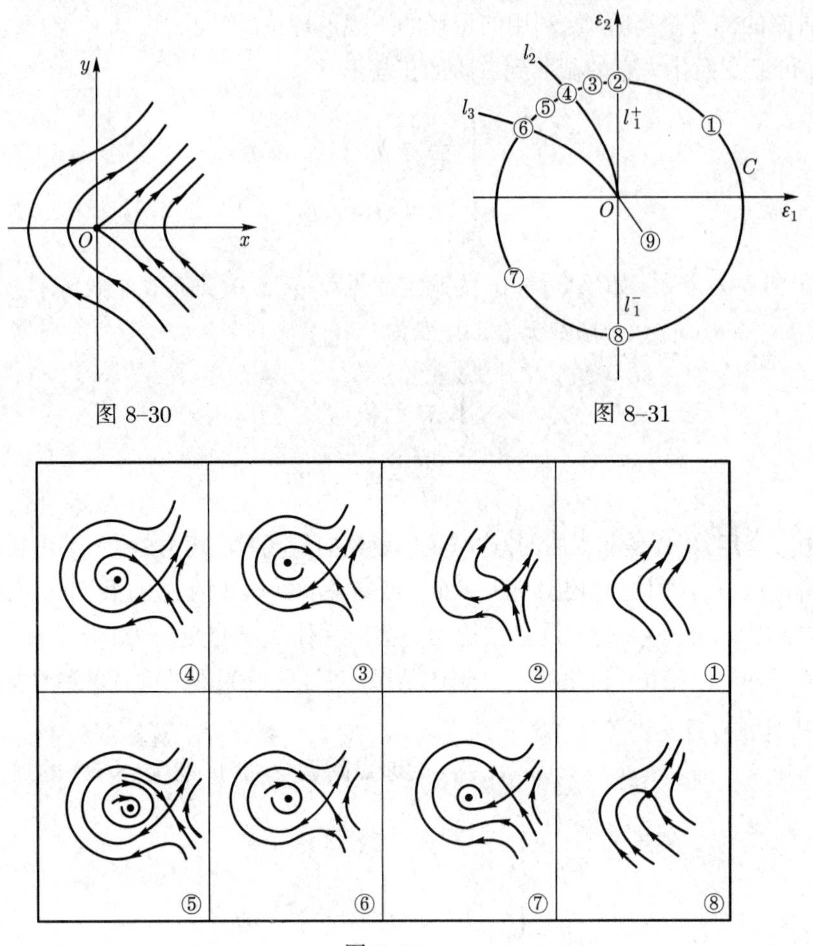

图 8–30　　图 8–31

图 8–32

改变稳定性, 发生霍普夫分支, 一个不稳定极限环从奇点跳出, 并随 $(\varepsilon_1, \varepsilon_2)$ 的继续变化而膨胀; 当 $(\varepsilon_1, \varepsilon_2)$ 通过 l_3 时, 上述极限环扩大而形成同宿轨线, 并随即破裂, 然后两个奇点又重新靠近; 当 $(\varepsilon_1, \varepsilon_2)$ 通过 l_1^- 时, 这两个奇点再次结合成鞍–结点, 然后消失. 须指出的是, 虽然图 8–32 中的 ④ 与 ③ 表面上相同, 但 ③ 中的焦点是一个简单奇点, 因而是结构稳定的, 而 ④ 中的却是一个细焦点 (见 §8.3.1 附注 2 和附注 3), 因而是结构不稳定的. 此外, 图中 ⑦ 与 ③ 的不同之处在于, 它们所含的焦点的稳定性相反, 而且鞍点的两分界线的 "内外位置" 亦相反; ⑧ 与 ② 相比, 不仅鞍–结点的 "半结型" 区域的稳定性相反, 而且 "半鞍型" 区域的分界线的走向也相反.

结论 2　系统 (8.51) 的任意 (C^∞ 光滑) 扰动系统在奇点 (0,0) 附近可能出现的轨线结构都轨道拓扑等价于上述 9 种之一.

这个结果表明, 尽管系统 (8.51) 的 (C^∞ 光滑) 扰动系统有无穷多个, 并且可以带有任意多个参数, 但可能出现的各种轨线结构, 仅用一个特定的扰动系统 (8.52) 就可以完全展现出来. 在向量场的分支理论中, 通常把奇异向量场的扰动叫作它的一个**开折**, 而把具有上述性质的扰动系统 (8.52) 叫作原系统 (8.51) 的一个**普适开折**. 显然一个奇异向量场的普适开折不是唯一的, 因为在任意一个普适开折中增加扰动项仍是普适的. 如果一个奇异向量场有含 k 个参数的普适开折, 但它的任意含 $(k-1)$ 个参数的开折都不是普适的, 则我们称这个奇异向量场的分支是**余维** k 的. k 的大小反映出奇异向量场的退化程度. 事实上, 在全体 C^∞ 平面向量场的 (无穷维) 空间中, 和此向量场有相同退化性的向量场形成一个局部余维 k 的超曲面. 因此, 为了把系统所有可能出现的拓扑结构都展现出来, 扰动系统族所代表的超曲面必须与前述超曲面横截, 从而普适开折中至少含 k 个参数就是自然的. 正因为如此, 我们使用 "余维 k 分支" 的称呼, 而不叫 "k 维分支". 一般而言, 判断一个奇异向量场的余维数, 并且找出它的普适开折 (如果存在的话), 都是十分困难的. 应该说, 在这方面的研究还处于开始阶段.

结论 3 系统 (8.51) 的任意单参数的开折都不是普适的.

从以上三个结论我们可以看出, 如果 $ab \neq 0$, 则系统 (8.50) (从而系统 (8.49)) 的分支是余维 2 的, 可以找到只含两个参数的普适开折, 并且可在二维空间中给出完整的分支图. 但是, 如果 a 和 b 中至少有一个为零, 则系统 (8.49) 的分支余维数将增大, 需要在它的正规形的更高阶项上施加限制 (即给出一定的条件), 才能进一步讨论它的分支的余维数和开折问题, 详见 [30] 的第五章及所引的文献.

本节的讨论也说明, 只有从变动参数的观点出发, 才能更好地把握系统的轨线结构. 值得指出的是, 这种观点有深刻的实际背景. 事实上, 在把实际问题转化为微分方程的过程中, 常常要进行简化和近似, 方程中的某些系数和相关的初值条件也常常要通过测量得到, 从而不可避免地存在误差. 因此, 我们的研究就不应该局限于一个孤立的方程, 而应着眼于包含这个方程在内并与之 "邻近" 的一族方程, 例如依赖于小参数的系统族. 这就产生了一个至关重要的问题: 当参数变动时, 系统是结构稳定的, 还是发生分支现象? 如果发生分支现象, 它的规律是什么?

在本节中所介绍的分支现象, 都是最简单的情形; 由于分支而产生的闭轨, 也都只有一条. 实际上可能出现更复杂的情形. 特别是当未扰动系统的退化程度较高 (即分支的余维数较大) 时, 研究扰动系统在参数空间中的分支集的组成和特性, 以及相应系统在相空间中拓扑结构的变化都是不容易的. 有兴趣的读者可以参考专著 [20—22, 30, 31]等.

延伸阅读

第九章 边值问题

在前几章中我们已相当详细地讨论了常微分方程的初值问题及其解法. 另外, 我们也接触到所谓微分方程的边值问题, 例如悬链线问题 (见 §5.1). 一般而言, 边值问题的解不一定存在; 如果存在, 也不一定唯一. 因此, 边值问题的理论不像初值问题的那样了然. 本章将讨论某些二阶微分方程的边值问题, 而以施图姆–刘维尔边值问题为重点, 因为它在数学物理中有重要的应用.

§9.1 施图姆比较定理

施图姆 (Sturm, 1803—1855) 是在微分方程研究中最早使用定性方法的先驱者之一. 如我们在上一章所看到的, 这种定性方法的主要特点是不仰赖于对微分方程的求解, 而只凭方程本身的一些特征来确定解的有关性质, 例如解的变号和周期性等. 我们讨论二阶线性微分方程

$$y'' + p(x)y' + q(x)y = 0, \tag{9.1}$$

其中系数函数 $p(x)$ 和 $q(x)$ 在区间 J 上是连续的.

引理 9.1 齐次线性微分方程 (9.1) 的任何非零解在区间 J 内的零点 (如果存在) 都是孤立的.

证明 任给方程 (9.1) 的一个非零解

$$y = \varphi(x) \quad (x \in J).$$

假设它有一个非孤立的零点 $x_0 \in J$. 因此, 在 J 内 $y = \varphi(x)$ 有一串零点 x_n $(n = 1, 2, \cdots)$, $x_n \neq x_0$, 使得当 $n \to \infty$ 时 $x_n \to x_0$. 注意, $\varphi(x_0) = 0$ 和 $\varphi(x_n) = 0$ $(n = 1, 2, \cdots)$. 因此, 我们可以推出

$$\varphi'(x_0) = \lim_{n\to\infty} \frac{\varphi(x_n) - \varphi(x_0)}{x_n - x_0} = 0.$$

这就是说, 非零解 $y = \varphi(x)$ 满足初值条件

$$y(x_0) = 0, \quad y'(x_0) = 0. \tag{9.2}$$

然而, 我们已经知道初值问题 (9.1)+(9.2) 有零解. 因此, 根据解的唯一性, $y=\varphi(x)$ 就是零解, 这是一个矛盾. 所以非零解 $y=\varphi(x)$ 在区间 J 内的零点必是孤立的. 引理得证. □

现在, 设 $y=\varphi(x)$ 是齐次线性方程 (9.1) 的一个非零解, 而且设 $x_1\in J$ 是它的一个零点. 根据上面的引理得知, x_1 是一个孤立的零点. 这样, 我们可以考虑 $y=\varphi(x)$ 在 x_1 的左 (或右) 侧距 x_1 最近的那个零点 $x_2<x_1$ (或 $x_2>x_1$) (如果有的话). 注意, 在 x_1 和 x_2 之间 $y=\varphi(x)$ 没有别的零点, 我们称 x_1 和 x_2 为两个**相邻的**零点.

下面的一些定理最早是由施图姆采用定性方法证明的. 这种简单的思想后来发展成为微分方程的近代定性理论 (见第八章).

定理 9.1 设 $y=\varphi_1(x)$ 和 $y=\varphi_2(x)$ 是齐次线性方程 (9.1) 的两个非零解. 假设这两个解存在零点[1], 则下述结论成立:

(1) 它们是线性相关的, 当且仅当它们有相同的零点;

(2) 它们是线性无关的, 当且仅当它们的零点是互相交错的.

证明 首先, 设 $\varphi_1(x)$ 和 $\varphi_2(x)$ 是线性相关的, 则有

$$\varphi_2(x)=c\varphi_1(x)\quad(x\in J),$$

其中常数 $c\neq 0$. 由此可见, 它们有相同的零点.

反之, 设 $\varphi_1(x)$ 和 $\varphi_2(x)$ 有一个相同的零点 $x_0\in J$, 则它们的朗斯基行列式

$$W(x)=\begin{vmatrix}\varphi_1(x) & \varphi_2(x)\\ \varphi_1'(x) & \varphi_2'(x)\end{vmatrix}$$

在 $x=x_0$ 的值 $W(x_0)=0$, 从而可由刘维尔公式推出 $W(x)\equiv 0(x\in J)$. 所以 $\varphi_1(x)$ 和 $\varphi_2(x)$ 是线性相关的.

其次, 设 $\varphi_1(x)$ 和 $\varphi_2(x)$ 线性无关, 则它们没有相同的零点. 设 x_1 和 x_2 是 $\varphi_1(x)$ 的两个相邻的零点, 且不妨设

$$\varphi_1(x)>0\quad(x_1<x<x_2)$$

(否则, 只要以 $-\varphi_1(x)$ 替换 $\varphi_1(x)$). 由此不难推出

$$\varphi_1'(x_1)\geqslant 0,\quad \varphi_1'(x_2)\leqslant 0.$$

因为 $y=\varphi_1(x)$ 是非零解, 所以我们推得

$$\varphi_1'(x_1)>0,\quad \varphi_1'(x_2)<0. \tag{9.3}$$

因为 $\varphi_2(x)$ 与 $\varphi_1(x)$ 没有相同的零点, 所以 x_1 和 x_2 都不是 $\varphi_2(x)$ 的零点, 即

$$\varphi_2(x_1)\varphi_2(x_2)\neq 0.$$

[1]编者感谢李伟固教授指出, 这里应加上存在零点的条件.

现在假设 $\varphi_2(x_1)$ 和 $\varphi_2(x_2)$ 是同号的, 即

$$\varphi_2(x_1)\varphi_2(x_2) > 0. \tag{9.4}$$

另一方面, 由于 $\varphi_1(x)$ 和 $\varphi_2(x)$ 的朗斯基行列式 $W(x)$ 在区间 J 上不等于零, 所以我们有

$$W(x_1)W(x_2) > 0. \tag{9.5}$$

易知

$$W(x_1) = -\varphi_2(x_1)\varphi_1'(x_1), \quad W(x_2) = -\varphi_2(x_2)\varphi_1'(x_2).$$

因此, 不等式 (9.5) 蕴涵

$$\varphi_2(x_1)\varphi_2(x_2)\varphi_1'(x_1)\varphi_1'(x_2) > 0.$$

再利用 (9.4) 式, 就推出

$$\varphi_1'(x_1)\varphi_1'(x_2) > 0.$$

但是, 这与 (9.3) 式是矛盾的.

因此, $\varphi_2(x_1)$ 和 $\varphi_2(x_2)$ 是异号的. 由此推出 $\varphi_2(x)$ 在 x_1 和 x_2 之间至少有一个零点 $\widetilde{x}_1$ $(x_1 < \widetilde{x}_1 < x_2)$. 如果 $\varphi_2(x)$ 在 x_1 和 x_2 之间有两个零点 $\widetilde{x}_1$ 和 $\widetilde{x}_2$, 那么用相同的论证方法可以推出, $\varphi_1(x)$ 将在 $\widetilde{x}_1$ 和 $\widetilde{x}_2$ 之间 (从而在 x_1 和 x_2 之间) 还至少有一个零点. 这与 x_1 和 x_2 是 $\varphi_1(x)$ 的两个相邻的零点是矛盾的. 所以 $\varphi_2(x)$ 在 x_1 和 x_2 之间有并且只有一个零点.

同样可证, $\varphi_1(x)$ 在 $\varphi_2(x)$ 的任何两个相邻零点之间有并且只有一个零点. 这就证明了 $\varphi_1(x)$ 和 $\varphi_2(x)$ 的零点是互相交错的.

反之, 设 $\varphi_1(x)$ 和 $\varphi_2(x)$ 的零点是互相交错的. 因此, 它们没有相同的零点, 从而是线性无关的.

总结上面的论证, 定理 9.1 得证. □

以下就是有名的施图姆比较定理.

定理 9.2 设有两个齐次线性微分方程

$$y'' + p(x)y' + Q(x)y = 0, \tag{9.6}$$

和

$$y'' + p(x)y' + R(x)y = 0, \tag{9.7}$$

这里系数函数 $p(x), Q(x)$ 和 $R(x)$ 在区间 J 上是连续的, 而且假设不等式

$$R(x) \geqslant Q(x) \quad (x \in J) \tag{9.8}$$

成立. 又设 $y = \varphi(x)$ 是方程 (9.6) 的一个非零解, 而且 x_1 和 x_2 $(x_1 < x_2)$ 是它的两个相邻的零点, 则方程 (9.7) 的任何非零解 $y = \psi(x)$ 在 x_1 和 x_2 之间至少有一个零点 x_0 (这里所说的 x_0 在 x_1 和 x_2 之间的含义为 $x_0 \in [x_1, x_2]$).

证明 首先, 我们注意 $\varphi(x_1)=0$ 和 $\varphi(x_2)=0$, 而且不妨设 $\varphi(x)>0\,(x_1<x<x_2)$. 由此可推出

$$\varphi'(x_1)>0, \quad \varphi'(x_2)<0. \tag{9.9}$$

要证: $y=\psi(x)$ 在区间 $[x_1,x_2]$ 上至少有一个零点.

假设这个结论不真, 那么不妨设

$$\psi(x)>0 \quad (x_1\leqslant x\leqslant x_2). \tag{9.10}$$

另一方面, 当 $x\in J$ 时, 我们有

$$\varphi''(x)+p(x)\varphi'(x)+Q(x)\varphi(x)=0$$

和

$$\psi''(x)+p(x)\psi'(x)+R(x)\psi(x)=0.$$

然后, 用 $\psi(x)$ 乘第一式, 再减去用 $\varphi(x)$ 乘第二式, 并且令

$$v(x)=\psi(x)\varphi'(x)-\varphi(x)\psi'(x),$$

就得到

$$v'(x)+p(x)v(x)=[R(x)-Q(x)]\varphi(x)\psi(x).$$

再利用条件 (9.8) 以及上述有关 $\varphi(x)$ 和 $\psi(x)$ 的性质, 推得

$$[R(x)-Q(x)]\varphi(x)\psi(x)\geqslant 0 \quad (x_1<x<x_2).$$

所以我们有不等式

$$v'(x)+p(x)v(x)\geqslant 0 \quad (x_1<x<x_2),$$

它等价于不等式

$$\mathrm{e}^{\int_{x_1}^{x}p(x)\mathrm{d}x}[v'(x)+p(x)v(x)]\geqslant 0 \quad (x_1<x<x_2),$$

亦即

$$\frac{\mathrm{d}}{\mathrm{d}x}\left[\mathrm{e}^{\int_{x_1}^{x}p(x)\mathrm{d}x}v(x)\right]\geqslant 0 \quad (x_1<x<x_2).$$

因此, 可以利用函数的单调性质推出

$$\mathrm{e}^{\int_{x_1}^{x_2}p(x)\mathrm{d}x}v(x_2)\geqslant v(x_1). \tag{9.11}$$

另一方面, 由 $v(x)$ 的表达式可以看到

$$v(x_1)=\psi(x_1)\varphi'(x_1), \quad v(x_2)=\psi(x_2)\varphi'(x_2),$$

所以利用 (9.9) 式和 (9.10) 式可知

$$v(x_1)>0, \quad v(x_2)<0.$$

但是, 这与不等式 (9.11) 是矛盾的. 这样, 我们就证明了 $y=\psi(x)$ 在区间 $[x_1, x_2]$ 上至少有一个零点. 定理 9.2 证完. □

现在, 设 $y=\varphi(x)$ 是齐次线性微分方程 (9.1) 的一个非零解. 若 $y=\varphi(x)$ 在区间 J 上最多只有一个零点, 则称它在 J 上是**非振动的**; 否则, 称它在 J 上是**振动的**. 如果 $y=\varphi(x)$ 在区间 J 上有无限个零点, 则称它在 J 上是**无限振动的**.

利用上述比较定理, 可以得到下面的有关解是否振动的简单判别法.

判别法 1 设齐次线性微分方程 (9.1) 中的系数函数

$$q(x) \leqslant 0 \quad (x \in J),$$

则它的一切非零解都是非振动的.

事实上, 我们可以对方程 (9.1) 和方程

$$y'' + p(x)y' = 0 \tag{9.12}$$

进行比较. 显然, 方程 (9.12) 有非零解

$$y = \psi(x) \equiv 1 \quad (x \in J).$$

如果方程 (9.1) 的非零解 $y=\varphi(x)$ 在 J 上至少有两个不同的零点 x_1 和 x_2, 那么根据上面的比较定理就会推出方程 (9.12) 的非零解 $y=1$ 在 x_1 和 x_2 之间至少有一个零点. 这是荒谬的. 因此, $y=\varphi(x)$ 在 J 上最多只有一个零点.

判别法 2 设微分方程

$$y'' + Q(x)y = 0, \tag{9.13}$$

其中 $Q(x)$ 在区间 $[a, +\infty)$ 上是连续的, 而且满足不等式

$$Q(x) \geqslant m > 0 \quad (m \text{ 是常数}),$$

则微分方程 (9.13) 的任何非零解 $y=\varphi(x)$ 在区间 $[a, +\infty)$ 上是无限振动的, 而且它的任何两个相邻零点的间距不大于常数 $\dfrac{\pi}{\sqrt{m}}$.

事实上, 我们只要证明任何长度为 $\dfrac{\pi}{\sqrt{m}}$ 的区间上必有 $y=\varphi(x)$ 的零点. 为此对任意实数 a, 考虑区间 $I=\left[a, a+\dfrac{\pi}{\sqrt{m}}\right]$. 对方程 (9.13) 和方程

$$y'' + my = 0$$

进行比较. 易知后一方程有非零解

$$y = \sin[\sqrt{m}(x-a)],$$

而且它以区间 I 的两个端点为零点. 因此, 根据定理 9.2 推出方程 (9.13) 的非零解 $y=\varphi(x)$ 在区间 I 上至少有一个零点, 从而得到所需的结论.

注意, 如果只假定

$$Q(x) > 0 \quad (a \leqslant x < +\infty),$$

那么上述判别法 2 的结论可以不成立. 例如, 微分方程

$$y'' + \frac{1}{4x^2}y = 0 \quad (1 \leqslant x < +\infty)$$

的非零解

$$y = \sqrt{x}(C_1 + C_2 \ln x)$$

在区间 $[1, +\infty)$ 上最多有一个零点, 其中 C_1 和 C_2 是任意常数.

习题 9–1

1. 如果在定理 9.2 中假设

$$R(x) > Q(x) \quad (x \in J),$$

则该定理的结论可以加强到: $x_1 < x_0 < x_2$.

2. 如果微分方程

$$y'' + Q(x)y = 0$$

中的系数函数 $Q(x)$ 满足不等式

$$Q(x) \leqslant M \quad (a \leqslant x < +\infty),$$

其中常数 $M > 0$, 则它的任何非零解 $y = \varphi(x)$ 的相邻零点的间距不小于常数 $\frac{\pi}{\sqrt{M}}$.

3. 利用定理 9.2 证明: 贝塞尔函数 $\mathrm{J}_n(x)$ 和诺伊曼函数 $\mathrm{Y}_n(x)$ 都有无穷多个零点, 而且它们各自相邻零点的间距当 $x \to +\infty$ 时趋于 π.

*4. 设微分方程

$$\frac{\mathrm{d}^2 x}{\mathrm{d}t^2} + P(t)x = 0,$$

其中 $P(t)$ 是 t 的连续函数, 而且满足

$$n^2 < P(t) < (n+1)^2,$$

这里 n 是一个非负整数, 则上述方程的任何非零解都不以 2π 为周期.

5. 利用定理 9.2 证明: 齐次线性微分方程 (9.1) 的任何两个线性无关的解的零点是互相交错的.

§9.2 施图姆–刘维尔边值问题的特征值

在进入一般性的讨论之前, 我们先举一个具体的例子.

例 1　杆的弯曲问题: 设有一根杆, 以铰链固定于一端 $x = l$, 而另一端 $x = 0$ 则以支承固定 (参见图 9–1). 设杆受到一轴向载荷 P 的作用. 试讨论此杆可能出现的弯曲状态.

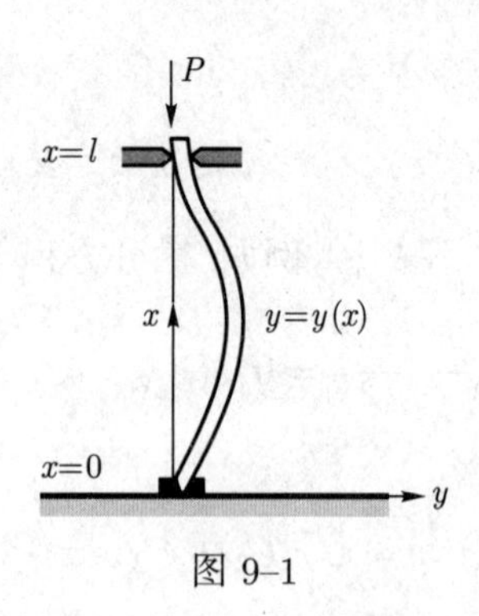

图 9–1

设杆的中心轴线为 $y=y(x)$, 则由力学实验可知, 杆在 x 点的弯曲度 $y''(x)$ 与力矩 $Py(x)$ 成正比, 即

$$-IEy''(x)=Py(x),$$

其中 $E=E(x)$ 是杨氏 (Young, 1773—1829) 模量, 而 $I=I(x)$ 为惯性矩. 令

$$\lambda=P,\quad Q(x)=\frac{1}{IE},$$

则上述力学定律可以写成如下微分方程:

$$y''+\lambda Q(x)y=0,\tag{9.14}$$

其中 λ 代表压力参数, 而函数 $Q(x)$ 在区间 $[0,l]$ 上是连续的. 另外, $y=y(x)$ 显然满足边值条件

$$y(0)=0,\quad y(l)=0.\tag{9.15}$$

所以研究杆的弯曲问题转化为求解**边值问题** (9.14)+(9.15).

显然, 这边值问题有零解

$$y(x)=0\quad(0\leqslant x\leqslant l),$$

它对应于杆的不弯曲状态. 而杆的弯曲状态对应于这边值问题的非零解. 利用力学直观可知, 当压力参数 λ 不大时, 杆不会弯曲, 即边值问题 (9.14)+(9.15) 没有非零解; 而当 λ 适当加大时, 杆就会弯曲, 即上述边值问题有非零解. 这些结论在力学上似乎是显然的, 但在数学上并不明显. 本节的目的就是用数学方法更确切地揭示有关边值问题所反映的一些力学现象.

我们考虑比较一般的二阶齐次线性微分方程

$$[p(x)y']'+[q(x)+\lambda r(x)]y=0,\tag{9.16}$$

其中 λ 是一个参数, 系数函数 $p(x),q(x)$ 和 $r(x)$ 在区间 $[a,b]$ 上是连续的, $p(x)$ 是可微的, 而且 $p(x)>0$ 和 $r(x)>0$. 另外, 设边值条件

$$Ky(a)+Ly'(a)=0,\quad My(b)+Ny'(b)=0,\tag{9.17}$$

其中常数 K, L, M 和 N 满足条件

$$K^2+L^2>0, \quad M^2+N^2>0.$$

上述形式的边值问题 (9.16)+(9.17) 通常称为**施图姆–刘维尔边值问题** (简称 **S-L 边值问题**). 注意, 在例 1 中所研究的杆的弯曲问题 (9.14)+(9.15) 就是 S-L 边值问题的一个实例.

设当 $\lambda=\lambda_0$ 时, 边值问题 (9.16)+(9.17) 有非零解 $y=\varphi_0(x)$, 则称 λ_0 为这个边值问题的**特征值**, 而称 $y=\varphi_0(x)$ 为相应的**特征函数**. 注意, 若 $y=\varphi_0(x)$ 是相应于特征值 λ_0 的特征函数, 则对于任何常数 $C\neq 0$, $y=C\varphi_0(x)$ 仍是相应的特征函数.

例 2 试求边值问题

$$\begin{cases} y''+\lambda y=0, \\ y(0)=0, \quad y(l)=0 \end{cases} \tag{9.18}$$

的特征值和相应的特征函数 (这里设常数 $l>0$).

当 $\lambda\leqslant 0$ 时, 由上节的判别法 1 可知 (9.18) 式中方程的任何非零解都不是振动的, 从而它不可能满足 (9.18) 式的边值条件. 所以一切负的或等于零的常数 λ 都不是这个边值问题的特征值.

当 $\lambda>0$ 时, (9.18) 式中微分方程的通解为

$$y=C_1\cos\sqrt{\lambda}x+C_2\sin\sqrt{\lambda}x.$$

设它是一个非零解, 则常数 C_1 和 C_2 不可能全等于零. 利用 (9.18) 式中的边值条件, 我们得到

$$\begin{cases} y(0)=C_1=0, \\ y(l)=C_1\cos\sqrt{\lambda}\,l+C_2\sin\sqrt{\lambda}\,l=0, \end{cases}$$

由此推出

$$\sin\sqrt{\lambda}\,l=0.$$

因此, 我们有 $\sqrt{\lambda}\,l=n\pi$, 亦即

$$\lambda=\lambda_n=\left(\frac{n\pi}{l}\right)^2 \quad (n=1,2,\cdots)$$

为所求的特征值, 而相应的特征函数为

$$y=\varphi_n(x)=\sin\frac{n\pi}{l}x \quad (n=1,2,\cdots). \tag{9.19}$$

注意, 上述特征值 $\lambda_n\to+\infty$ $(n\to\infty)$, 而且由傅里叶级数理论知道, 特征函数系 (9.19) 在区间 $[0,l]$ 上组成一个完全的正交函数系. 因此, 我们可以在区间 $[0,l]$ 上把一般满足狄利克雷条件的函数 $f(x)$ 展开成傅里叶级数

$$f(x)=\sum_{n=1}^{\infty}b_n\sin\frac{n\pi}{l}x,$$

其中傅里叶系数

$$b_n = \frac{2}{l}\int_0^l f(x)\sin\frac{n\pi}{l}x\mathrm{d}x \quad (n=1,2,\cdots).$$

以下我们的目的是要把例 2 的这些结论推广到一般的 S-L 边值问题 (9.16)+(9.17), 从而也推广了一般傅里叶级数的理论及其应用的范围.

为了形式上的简洁, 我们只要作适当的变换 (见本节习题 3), 可以把方程 (9.16) 化成如下形式:

$$y'' + (\lambda + q(x))y = 0, \tag{9.20}$$

其中函数 $q(x)$ 在区间 $[0,1]$ 上连续, 而且把边值条件 (9.17) 化成

$$y(0)\cos\alpha - y'(0)\sin\alpha = 0, \quad y(1)\cos\beta - y'(1)\sin\beta = 0, \tag{9.21}$$

这里规定常数 α 和 β 满足不等式: $0 \leqslant \alpha < \pi$, $0 < \beta \leqslant \pi$.

现在, 设 $y=\varphi(x,\lambda)$ 是微分方程 (9.20) 的解, 而且它满足初值条件

$$\varphi(0,\lambda) = \sin\alpha, \quad \varphi'(0,\lambda) = \cos\alpha. \tag{9.22}$$

由第五章的结果可知这样的解 $y=\varphi(x,\lambda)$ 是存在和唯一的, 而且易知它是一个非零解. 显然, $y=\varphi(x,\lambda)$ 满足边值条件 (9.21) 的第一式. 一般说来, 它不一定再满足第二式. 问题是如何确定 λ, 使得上述 $y=\varphi(x,\lambda)$ 也满足边值条件 (9.21) 中的第二式. 这样, 相应的 λ 就是特征值, 而 $y=\varphi(x,\lambda)$ 为相应的特征函数.

我们采用极坐标. 令

$$\varphi(x,\lambda) = \rho(x,\lambda)\sin\theta(x,\lambda), \quad \varphi'(x,\lambda) = \rho(x,\lambda)\cos\theta(x,\lambda),$$

其中

$$\begin{cases} \rho(x,\lambda) = \sqrt{[\varphi(x,\lambda)]^2 + [\varphi'(x,\lambda)]^2}(>0), \\ \theta(x,\lambda) = \arctan\dfrac{\varphi(x,\lambda)}{\varphi'(x,\lambda)} \quad (0 \leqslant x \leqslant 1). \end{cases}$$

由于 $y=\varphi(x,\lambda)$ 满足初值条件 (9.22) (从而满足边值条件 (9.21) 中第一式), 我们有

$$\theta(0,\lambda) = \arctan\frac{\sin\alpha}{\cos\alpha} = \alpha + j\pi, \tag{9.23}$$

这里 j 是某个整数. 欲使 $y=\varphi(x,\lambda)$ 也满足边值条件 (9.21) 中的第二式, 只要使 $\theta=\theta(x,\lambda)$ 满足条件

$$\theta(1,\lambda) = \beta + k\pi, \tag{9.24}$$

这里 k 是某个整数. 这就是说, 满足关系式 (9.24) 的 $\lambda=\lambda_k$ 就是所求的特征值, 而 $y=\varphi(x,\lambda_k)$ 为相应的特征函数.

因此, 我们只需讨论方程 (9.24) 的求根问题.

首先, 可以直接推导 $\theta=\theta(x,\lambda)$ 满足微分方程

$$\theta' = \cos^2\theta + [\lambda + q(x)]\sin^2\theta, \tag{9.25}$$

而且为了确定起见, 在 (9.23) 式中不妨取 $j=0$, 亦即 $\theta=\theta(x,\lambda)$ 满足初值条件

$$\theta(0,\lambda)=\alpha. \tag{9.26}$$

这样, 函数 $\theta=\theta(x,\lambda)$ 是初值问题 (9.25)+(9.26) 的唯一解. 易知, $\theta=\theta(x,\lambda)$ 在 $x\in[0,1]$ 时存在, 而且对参数 λ 是连续可微的.

引理 9.2 令 $\omega(\lambda)=\theta(1,\lambda)$, 则函数 $\omega(\lambda)$ 在区间 $(-\infty,+\infty)$ 上是连续的, 而且是严格上升的.

证明 由 (9.25) 式可以推出它关于 λ 的变分方程为

$$\frac{\mathrm{d}}{\mathrm{d}x}\frac{\partial\theta}{\partial\lambda}=[\lambda+q(x)-1]\sin 2\theta\frac{\partial\theta}{\partial\lambda}+\sin^2\theta, \tag{9.27}$$

又由 (9.26) 式可知

$$\frac{\partial\theta}{\partial\lambda}(0,\lambda)=0. \tag{9.28}$$

注意, 方程 (9.27) 关于 $\dfrac{\partial\theta}{\partial\lambda}$ 是一阶线性的. 因此, 再利用初值条件 (9.28), 我们得到

$$\frac{\partial\theta}{\partial\lambda}(x,\lambda)=\int_0^x \mathrm{e}^{\int_t^x E(s,\lambda)\mathrm{d}s}\sin^2\theta(t,\lambda)\mathrm{d}t,$$

其中

$$E(s,\lambda)=[\lambda+q(s)-1]\sin 2\theta(s,\lambda).$$

易知 $\sin^2\theta(x,\lambda)$ 不恒为零$(0\leqslant x\leqslant 1)$. 因此, 由上式可见

$$\omega'(\lambda)=\frac{\partial\theta}{\partial\lambda}(1,\lambda)>0,$$

它给出引理所说的结论. □

引理 9.3 当 $-\infty<\lambda<+\infty$ 时, $\omega(\lambda)>0$, 并且

$$\lim_{\lambda\to-\infty}\omega(\lambda)=0.$$

证明 首先, 由于 $\theta=\theta(x,\lambda)$ 是初值问题 (9.25)+(9.26) 的解, 我们可以找到正数 $x_0\leqslant 1$, 使得

$$\theta(x,\lambda)>0, \quad 只要 \quad 0<x\leqslant x_0. \tag{9.29}$$

事实上, 当 $\alpha>0$ 时, 这个结论可直接由 (9.26) 式得到; 而当 $\alpha=0$ 时, 则由 (9.25) 式和 (9.26) 式推出

$$\theta'(0,\lambda)=1,$$

从而同样可得 (9.29) 式.

其次, 要证不等式 (9.29) 在 $x\in(0,1]$ 时也成立.

假如不然, 则由 (9.29) 式可知, 存在正数 $x_1(x_0<x_1\leqslant 1)$, 使得

$$\theta(x,\lambda)>0, \quad 只要 \quad 0<x<x_1.$$

但是 $\theta(x_1,\lambda)=0$, 由此就推出

$$\theta'(x_1,\lambda)\leqslant 0.$$

另一方面, 再由 (9.25) 式得知

$$\theta'(x_1,\lambda)=1.$$

这个矛盾证明了不等式 (9.29) 在 $x\in(0,1]$ 时也成立.

因此, 我们特别有

$$\omega(\lambda)=\theta(1,\lambda)>0\quad(-\infty<\lambda<+\infty).$$

现在任给充分小的常数 $\varepsilon>0$ ($\varepsilon<\dfrac{\pi}{4}$ 和 $\varepsilon<\pi-\alpha$), 且令

$$h^2=\frac{1+\pi-2\varepsilon}{\sin^2\varepsilon},\quad M=\max\{q(x)|0\leqslant x\leqslant 1\},$$

则当 $\lambda<-h^2-M$ 时, 我们有

$$\lambda+q(x)<-h^2\quad(0\leqslant x\leqslant 1).\tag{9.30}$$

在 $Ox\theta$ 平面上, 我们取两点 $A(0,\pi-\varepsilon)$ 和 $B(1,\varepsilon)$, 则由 (9.26) 式和 $\alpha<\pi-\varepsilon$ 可知 $\theta(0,\lambda)$ 在直线 AB 的下侧. 现在证明当 $0<x\leqslant 1$ 时积分曲线 $\theta=\theta(x,\lambda)$ 都在直线 AB 的下侧 (见图 9–2).

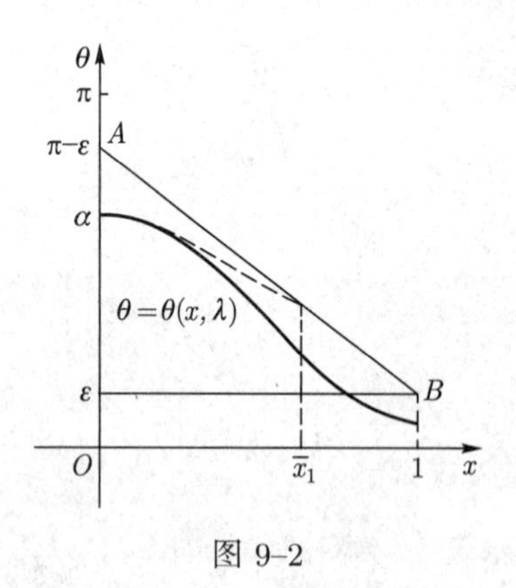

图 9–2

如若不然, 假设积分曲线 $\theta=\theta(x,\lambda)$ 与直线 AB 第一次相交于 $x=\overline{x}_1$, 则斜率 $\theta'(\overline{x}_1,\lambda)$ 大于或等于直线 AB 的斜率 $K=2\varepsilon-\pi$. 然而, 由 (9.25) 式和 (9.30) 式, 我们有

$$\theta'(\overline{x}_1,\lambda)<1-h^2\sin^2\varepsilon=2\varepsilon-\pi.$$

这是矛盾的. 因此, 积分曲线 $\theta=\theta(x,\lambda)$ 不可能与直线 AB 相交. 这就证明了, 当 $\lambda<-h^2-M$ 时, 我们有

$$\omega(\lambda)=\theta(1,\lambda)<\varepsilon.$$

注意, 当 $h^2 \to +\infty$ 时, 我们有

$$\lambda \to -\infty \quad 和 \quad \varepsilon \to 0.$$

因此, 引理 9.3 得证. □

引理 9.4 当 $\lambda \to +\infty$ 时, $\omega(\lambda) \to +\infty$.

证明 显然, 对于任意给定的充分大常数 $N > 0$, 可以找到常数 $K > 0$, 使得只要 $\lambda > K$, 就有

$$\lambda + q(x) > N^2 \quad (0 \leqslant x \leqslant 1).$$

因此, 由 (9.25) 式我们有

$$\theta' \geqslant \cos^2\theta + N^2\sin^2\theta > 0,$$

从而

$$\frac{\theta'}{\cos^2\theta + N^2\sin^2\theta} \geqslant 1 \quad (0 \leqslant x \leqslant 1).$$

然后, 在 x 的区间 $[0,1]$ 上对此不等式两边同时积分, 并注意 $\theta(0,\lambda) = \alpha$ 和 $\theta(1,\lambda) = \omega(\lambda)$, 我们得到

$$\int_0^1 \frac{\theta'}{\cos^2\theta + N^2\sin^2\theta}\mathrm{d}x = \int_\alpha^{\omega(\lambda)} \frac{\mathrm{d}\theta}{\cos^2\theta + N^2\sin^2\theta} \geqslant 1. \tag{9.31}$$

假设引理的结论不真. 则当 $\lambda \to +\infty$ 时 $\omega(\lambda)$ 是有界的. 因此, 我们令 $\omega(\lambda) < L(\lambda \gg 1)$, 其中常数 $L > 0$, 则由 (9.31) 式推出

$$J = \int_0^L \frac{\mathrm{d}\theta}{\cos^2\theta + N^2\sin^2\theta} \geqslant 1. \tag{9.32}$$

注意, 在积分区间 $I = [0, L]$ 上 $\sin\theta$ 的零点个数有限.

令 $I = I_1 \cup I_2$, 其中 I_1 是包含上述零点的有限个不相交的小区间之并, $I_2 = I \backslash I_1$, 则上面的积分 $J = J_1 + J_2$, 其中

$$J_i = \int_{I_i} \frac{\mathrm{d}\theta}{\cos^2\theta + N^2\sin^2\theta} \quad (i = 1, 2).$$

再取 I_1 中每个小区间的长度足够小, 使得它们的长度之和 $|I_1| < \dfrac{1}{4}$, 而且当 $\theta \in I_1$ 时, 有 $\cos^2\theta > \dfrac{1}{2}$. 则

$$J_1 = \int_{I_1} \frac{\mathrm{d}\theta}{\cos^2\theta + N^2\sin^2\theta} < 2\int_{I_1} \mathrm{d}\theta = 2|I_1| < \frac{1}{2}.$$

固定此 I_1 和 I_2, 则存在 $\sigma > 0$, 使得当 $\theta \in I_2$ 时, 有 $\sin^2\theta > \sigma$. 因此, 我们有

$$J_2 = \int_{I_2} \frac{\mathrm{d}\theta}{\cos^2\theta + N^2\sin^2\theta} < \frac{1}{\sigma N^2}\int_{I_2} \mathrm{d}\theta < \frac{L}{\sigma N^2},$$

再取 $N \gg 1$ (只要 $\lambda \gg 1$), 就可使 $J_2 < \dfrac{1}{2}$. 从而 $J = J_1 + J_2 < 1$, 这与 (9.32) 式矛盾.

因此, 当 $\lambda \to +\infty$ 时 $\omega(\lambda)$ 无界. 由于 $\omega(\lambda)$ 对 λ 是单调上升的, 所以引理 9.4 成立. □

根据上面引理 9.2—引理 9.4 的结论, 我们得知, 对于任何整数 k ($k \geqslant 0$), 方程 (9.24), 亦即

$$\theta(1,\lambda) = \beta + k\pi$$

有并且只有一个 (简单的) 根 $\lambda = \lambda_k$, 而且当 $k \to \infty$ 时有 $\lambda_k \to +\infty$. 注意, 这些 λ_k 都是上面边值问题 (9.20)+(9.21) 的特征值.

最后, 我们把上述结论总结成如下特征值存在定理:

定理 9.3 S-L 边值问题有无限多个 (简单的) 特征值, 而且可把它们排列如下:

$$\lambda_0 < \lambda_1 < \cdots < \lambda_k < \cdots,$$

其中

$$\lim_{k\to\infty} \lambda_k = +\infty. \quad \square$$

习题 9–2

1. 求解下列边值问题:

(1) $y'' + \lambda y = 0;\quad y(0) = 0, y'(1) = 0.$

(2) $y'' + (\lambda+1)y = 0;\quad y'(0) = 0, y'(1) = 0.$

2. 证明边值问题

$$\begin{cases} x^2y'' - \lambda xy' + \lambda y = 0 \quad (1 \leqslant x \leqslant 2), \\ y(1) = 0, y(2) = 0 \end{cases}$$

没有非零解 (其中 λ 是实的参数). 这是否与定理 9.3 矛盾?

*3. 试把一般的 S-L 边值问题 (9.16)+(9.17) 化成特殊形式的 S-L 边值问题 (9.20)+(9.21).

§9.3 特征函数系的正交性

为了方便, 我们现在把上节的 S-L 边值问题 (9.20)+(9.21) 重写如下:

$$y'' + [\lambda + q(x)]y = 0 \tag{9.33}$$

和

$$\begin{cases} y(0)\cos\alpha - y'(0)\sin\alpha = 0, \\ y(1)\cos\beta - y'(1)\sin\beta = 0, \end{cases} \tag{9.34}$$

其中 λ 是参数, 而函数 $q(x)$ 在区间 $[0,1]$ 上是连续的; 又设常数 α 和 β 满足不等式

$$0 \leqslant \alpha < \pi, \quad 0 < \beta \leqslant \pi.$$

根据上节特征值的存在定理可知, 边值问题 (9.33)+(9.34) 有可数无限多个特征值

$$\lambda_0 < \lambda_1 < \cdots < \lambda_n < \cdots,$$

其中 $\lambda_n \to +\infty \ (n \to \infty)$.

因此, 对应于每个特征值 λ_n, 至少有一个特征函数 $\varphi(x, \lambda_n)$. 而且, 设常数 $C \neq 0$, 则 $C\varphi(x, \lambda_n)$ 也是对应于 λ_n 的特征函数. 这里自然会提出一个问题: 对应于特征值 λ_n, 除了特征函数 $C\varphi(x, \lambda_n)$ 外, 是否还有别的 (即与 $\varphi(x, \lambda_n)$ 线性无关的) 特征函数.

引理 9.5 对应于每个特征值, S-L 边值问题有且只有一个线性无关的特征函数.

证明 令 $\lambda = \lambda_n$ 是边值问题 (9.33)+(9.34) 的任一特征值, 我们已经知道上述 $y = \varphi(x, \lambda_n)$ 是相应的特征函数. 现在令 $\varphi(x)$ 和 $\psi(x)$ 是相应的两个特征函数. 因此, 我们可利用边值条件 (9.34) 的第一式得到

$$\begin{cases} \varphi(0)\cos\alpha - \varphi'(0)\sin\alpha = 0, \\ \psi(0)\cos\alpha - \psi'(0)\sin\alpha = 0, \end{cases}$$

它蕴涵系数行列式

$$\varphi(0)\psi'(0) - \psi(0)\varphi'(0) = 0,$$

即 $\varphi(x)$ 和 $\psi(x)$ 的朗斯基行列式 $W(x)$ 在 $x = 0$ 处的值为零. 因此, $\varphi(x)$ 和 $\psi(x)$ 是方程 (9.33) 的两个线性相关的解. □

由此可见, 除相差一个常数因子外, S-L 边值问题 (9.33)+(9.34) 的全部特征函数为:

$$\varphi(x, \lambda_0), \varphi(x, \lambda_1), \cdots, \varphi(x, \lambda_n), \cdots.$$

为了简便, 以下令

$$\varphi_n(x) = \varphi(x, \lambda_n) \quad (n = 0, 1, 2, \cdots). \tag{9.35}$$

引理 9.6 特征函数系 (9.35) 在区间 $[0, 1]$ 上组成一个正交系, 即

$$\int_0^1 \varphi_n(x)\varphi_k(x)\mathrm{d}x = \begin{cases} 0, & n \neq k, \\ \delta_k > 0, & n = k. \end{cases}$$

证明 因为 $\varphi_k(x)$ 不恒等于零, 所以

$$\delta_k = \int_0^1 \varphi_k^2(x)\mathrm{d}x > 0.$$

而当 $n \neq k$ 时, 我们有 $\lambda_n \neq \lambda_k$, 而且

$$\begin{cases} \varphi_n''(x) + [\lambda_n + q(x)]\varphi_n(x) = 0, \\ \varphi_k''(x) + [\lambda_k + q(x)]\varphi_k(x) = 0 \end{cases} \quad (0 \leqslant x \leqslant 1).$$

由此可以推出

$$(\lambda_n - \lambda_k)\varphi_n(x)\varphi_k(x) = \frac{\mathrm{d}}{\mathrm{d}x}[\varphi_n(x)\varphi_k'(x) - \varphi_n'(x)\varphi_k(x)],$$

它蕴涵

$$\int_0^1 \varphi_n(x)\varphi_k(x)\mathrm{d}x = \left.\frac{[\varphi_n(x)\varphi_k'(x) - \varphi_n'(x)\varphi_k(x)]}{\lambda_n - \lambda_k}\right|_{x=0}^{x=1}.$$

再利用边值条件

$$\begin{cases} \varphi_n(0)\cos\alpha - \varphi_n'(0)\sin\alpha = 0, \\ \varphi_k(0)\cos\alpha - \varphi_k'(0)\sin\alpha = 0, \end{cases}$$

就推出系数行列式

$$\varphi_n(0)\varphi_k'(0) - \varphi_n'(0)\varphi_k(0) = 0.$$

同理可得

$$\varphi_n(1)\varphi_k'(1) - \varphi_n'(1)\varphi_k(1) = 0.$$

因此, 我们推得

$$\int_0^1 \varphi_n(x)\varphi_k(x)\mathrm{d}x = 0 \quad (n \neq k).$$

引理 9.6 得证. □

引理 9.7 如果 $f(x)$ 在区间 $[0,1]$ 上是黎曼 (Riemann, 1826—1866) 可积的, 而且满足

$$\int_0^1 f(x)\varphi_n(x)\mathrm{d}x = 0 \quad (n = 0, 1, 2, \cdots),$$

那么 $f(x)$ (除在少数点外) 恒等于零. □

(证明较长, 因此从略. 有兴趣的读者可参考文献 [3].)

这里我们对引理 9.7 的几何意义作一简单的说明: 设 $\boldsymbol{\varphi}_1, \boldsymbol{\varphi}_2, \boldsymbol{\varphi}_3$ 是三维空间 $\mathbb{R}^3$ 的三个互相垂直的 (非零) 向量. 如果 $\boldsymbol{f}$ 是 $\mathbb{R}^3$ 中的向量而且数量积

$$(\boldsymbol{f}, \boldsymbol{\varphi}_n) = 0 \quad (n = 1, 2, 3),$$

那么 $\boldsymbol{f}$ 是一个零向量. 因此, $\boldsymbol{\varphi}_1, \boldsymbol{\varphi}_2, \boldsymbol{\varphi}_3$ 是 $\mathbb{R}^3$ 中的一个完全的正交系 (基). 注意, 其中任何两个, 例如 $\boldsymbol{\varphi}_1, \boldsymbol{\varphi}_2$, 都是一个正交系, 但不是完全的.

因此, 引理 9.7 说明, 特征函数系 (9.35) 在黎曼可积的函数空间 $\mathcal{R}\{[0,1];\mathbb{R}^1\}$ 中是一个完全的正交系. 类似于对完全的正交三角函数系, 在区间 $[0,1]$ 上可以考虑可积函数 $f(x)$ 关于特征函数系 (9.35) 的 (广义) 傅里叶展开

$$f(x) \sim \sum_{n=0}^{\infty} a_n\varphi_n(x), \tag{9.36}$$

其中 (广义) 傅里叶系数

$$a_n = \frac{1}{\delta_n}\int_0^1 f(x)\varphi_n(x)\mathrm{d}x \quad (n = 0, 1, 2, \cdots),$$

而正数

$$\delta_n = \int_0^1 \varphi_n^2(x)\mathrm{d}x.$$

而且还可以进一步证明如下结论:

定理 9.4 设函数 $f(x)$ 在区间 $[0,1]$ 上满足狄利克雷条件, 则它的 (广义) 傅里叶级数 (9.36) 收敛到它自己. □

上面的一些理论, 如同三角级数理论一样, 是数学物理方法的一个必要的基础.

例 1 试求边值问题

$$\begin{cases} y''+\lambda y=0, \\ y(0)+y'(0)=0, \quad y(1)=0, \end{cases} \tag{9.37}$$

的特征值与相应的特征函数, 并且讨论函数 $f(x)$ 在区间 $[0,1]$ 上关于该特征函数系的 (广义) 傅里叶展开.

当 $\lambda<0$ 时, 令 $\lambda=-R^2(R>0)$, 则边值问题 (9.37) 中方程的通解为

$$y=C_1\mathrm{e}^{Rx}+C_2\mathrm{e}^{-Rx}.$$

再利用边值条件, 我们得到

$$\begin{cases} (1+R)C_1+(1-R)C_2=0, \\ \mathrm{e}^R C_1+\mathrm{e}^{-R}C_2=0, \end{cases} \tag{9.38}$$

它的系数行列式为

$$\varDelta(R)=(\mathrm{e}^R+\mathrm{e}^{-R})R-(\mathrm{e}^R-\mathrm{e}^{-R}).$$

因为 $\varDelta'(R)=(\mathrm{e}^R-\mathrm{e}^{-R})R>0\ (R>0)$ 和 $\varDelta(0)=0$, 所以当 $R>0$ 时 $\varDelta(R)>0$. 因此, 由联立方程 (9.38) 推出

$$C_1=0, \quad C_2=0.$$

这就证明, 边值问题 (9.37) 没有负的特征值.

当 $\lambda=0$ 时, 边值问题 (9.37) 中方程的通解为

$$y=C_1x+C_2.$$

再利用边值条件, 我们只得到

$$C_1+C_2=0.$$

取 $C_1=1$, 则 $C_2=-1$. 因此, 我们得到边值问题的一个非零解

$$y=\varphi_0(x)=x-1, \tag{9.39}$$

它是对应于特征值 $\lambda_0=0$ 的特征函数.

当 $\lambda>0$ 时, 令 $\lambda=R^2\ (R>0)$, 则边值问题 (9.37) 中方程的通解为

$$y=C_1\cos(Rx)+C_2\sin(Rx).$$

再利用边值条件, 我们有

$$\begin{cases} C_1+C_2R=0, \\ C_1\cos R+C_2\sin R=0, \end{cases} \tag{9.40}$$

它的系数行列式为

$$\Delta(R) = \sin R - R\cos R.$$

因此, 方程组 (9.40) 关于 (C_1, C_2) 有非零解的充要条件为 $\Delta(R) = 0$, 即

$$R = \tan R \quad (R > 0). \tag{9.41}$$

由简单的作图法可见, 方程 (9.41) 有无限多个正根

$$0 < R_1 < R_2 < \cdots < R_n < \cdots,$$

其中

$$\left(n - \frac{1}{2}\right)\pi < R_n < \left(n + \frac{1}{2}\right)\pi \quad (n = 1, 2, \cdots),$$

而且由图形不难得到近似公式

$$R_n \approx \left(n + \frac{1}{2}\right)\pi \quad (n \gg 1).$$

因此, 当 $\lambda > 0$ 时, 我们得到的特征值为

$$\lambda_n = R_n^2 \quad (n = 1, 2, \cdots),$$

而且

$$\lambda_n \approx \left(n + \frac{1}{2}\right)^2 \pi^2 \quad (n \gg 1).$$

而相应的特征函数为

$$\varphi_n(x) = R_n \cos(R_n x) - \sin(R_n x) \quad (n = 1, 2, \cdots). \tag{9.42}$$

联合 (9.39) 式和 (9.42) 式, 我们在区间 $[0, 1]$ 上得到一个完全的正交特征函数系

$$\varphi_0(x), \varphi_1(x), \cdots, \varphi_n(x), \cdots. \tag{9.43}$$

容易算出

$$\delta_0 = \int_0^1 [\varphi_0(x)]^2 \mathrm{d}x = \int_0^1 (x-1)^2 \mathrm{d}x = \frac{1}{3},$$
$$\delta_n = \int_0^1 [\varphi_n(x)]^2 \mathrm{d}x = \int_0^1 [R_n \cos(R_n x) - \sin(R_n x)]^2 \mathrm{d}x,$$

利用 $R_n = \tan R_n$ $(n \geqslant 1)$, 可把上式改写为

$$\begin{aligned}\delta_n &= \frac{1}{\cos^2 R_n} \int_0^1 \sin^2[R_n(1-x)] \mathrm{d}x \\ &= \frac{1}{2\cos^2 R_n} \int_0^1 \{1 - \cos[2R_n(1-x)]\} \mathrm{d}x.\end{aligned}$$

容易算出上面的定积分, 并再次利用 $R_n = \tan R_n$, 最终得到

$$\delta_n = \frac{1}{2}R_n^2 > 0, \quad n \geqslant 1.$$

因此, 设函数 $f(x)$ 在区间 $[0,1]$ 上满足狄利克雷条件, 则可以利用正交函数系 (9.43) 把它展开成 (广义) 傅里叶级数, 即

$$f(x) = \sum_{n=0}^{\infty} a_n \varphi_n(x),$$

其中 (广义) 傅里叶系数

$$a_n = \frac{1}{\delta_n}\int_0^1 f(x)\varphi_n(x)\mathrm{d}x \quad (n = 0, 1, 2, \cdots).$$

习题 9–3

1. 求解边值问题:

$$\begin{cases} y'' + \lambda y = 0, \\ y(a) = 0, y'(b) = 0, \end{cases}$$

其中 a 和 b 是常数 ($a < b$), 而 λ 是参数.

2. 求解周期性边值问题:

$$\begin{cases} y'' + \lambda y = 0, \\ y(0) = y(1), y'(0) = y'(1), \end{cases}$$

并比较它与 S-L 边值问题的异同.

*3. 讨论非齐次方程的 S-L 边值问题:

$$\begin{cases} y'' + [\lambda + q(x)]y = f(x), \\ y(0)\cos\alpha - y'(0)\sin\alpha = 0, y(1)\cos\beta - y'(1)\sin\beta = 0. \end{cases}$$

试证明: 当 λ 不是相应齐次方程的 S-L 边值问题的特征值时, 它有并且只有一个解; 而当 λ 等于某个特征值 λ_m 时, 它有解的充要条件为

$$\int_0^1 f(x)\varphi_m(x)\mathrm{d}x = 0,$$

其中 $\varphi_m(x)$ 为相应于特征值 λ_m 的特征函数.

*§9.4 一个非线性边值问题的例子

本节将用一个具体的例子来说明, 对某些边值问题只作线性化处理是不够的. 因此, 还要考虑非线性的边值问题.

例 1 设在水平桌面上有一长度为 l 的均匀钢条, 在两端施加大小为 $p > 0$ 而方向相反的一对水平压力. 试研究钢条的弯曲情况.

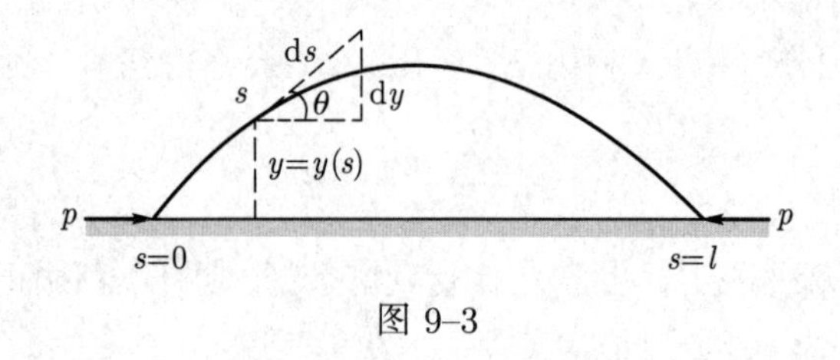

图 9–3

显然, 当压力 p 很小时钢条不会弯曲. 然而当压力 p 逐渐增大并超过某个临界压力 p_0 时, 钢条就会弯曲, 如图 9–3 所示.

取钢条上任意一点, 设它距左端点的 (钢条) 弧长为 s, 则令 s 为该点的参数坐标. 因此, 左端点与右端点的坐标分别为 $s=0$ 与 $s=l$, 而钢条中点的坐标为 $s=\dfrac{l}{2}$.

令钢条在 s 点离桌面的高度为 $y=y(s)$ (注意, $y(s)\geqslant 0$), 并且其切线的倾斜角为 $\theta=\theta(s)$, 则 $\dfrac{\mathrm{d}\theta}{\mathrm{d}s}$ 表示钢条在 s 点的弯曲率, 而 py 表示在 s 点所受弯曲矩. 根据力学的弯曲定律, 即在 s 点的弯曲率正比于在该点所受的弯曲矩, 我们有

$$\frac{\mathrm{d}\theta}{\mathrm{d}s}=-kpy, \tag{9.44}$$

其中比例常数 $k>0$, 右端的负号是由于 $\dfrac{\mathrm{d}\theta}{\mathrm{d}s}\leqslant 0$ 和 $kpy\geqslant 0$. 通常, 令 $B=\dfrac{1}{k}$, 它表示钢条的刚度.

设 $|\theta|<\dfrac{\pi}{2}$, 则由图 9–3 可见

$$\frac{\mathrm{d}y}{\mathrm{d}s}=\sin\theta.$$

因此, 我们有

$$\frac{\mathrm{d}^2y}{\mathrm{d}s^2}=\cos\theta\frac{\mathrm{d}\theta}{\mathrm{d}s}=\sqrt{1-\left(\frac{\mathrm{d}y}{\mathrm{d}s}\right)^2}\frac{\mathrm{d}\theta}{\mathrm{d}s}.$$

再由 (9.44) 式推得钢条弯曲的方程为

$$\frac{\mathrm{d}^2y}{\mathrm{d}s^2}+\frac{py}{B}\sqrt{1-\left(\frac{\mathrm{d}y}{\mathrm{d}s}\right)^2}=0. \tag{9.45}$$

这是一个非线性的微分方程.

另外, 钢条的形状 $y=y(s)$ 应满足初值条件

$$y(0)=0,\quad y(l)=0. \tag{9.46}$$

由此可知, 上述钢条的弯曲问题就转化成一个非线性的边值问题 (9.45)+(9.46). 下面我们来求解钢条开始弯曲时的临界压力 p_0.

对于小弯曲, 即当 $\left|\dfrac{\mathrm{d}y}{\mathrm{d}s}\right|\ll 1$ 时, 我们近似地有

$$\sqrt{1-\left(\frac{\mathrm{d}y}{\mathrm{d}s}\right)^2}\approx 1.$$

因此, 可以把方程 (9.45) 线性化为

$$\frac{\mathrm{d}^2y}{\mathrm{d}s^2}+\frac{p}{B}y=0. \tag{9.47}$$

因为 $y(s)\geqslant 0$, 所以不难推出, 边值问题 (9.46)+(9.47) 当且仅当

$$p=p_0=\left(\frac{\pi}{l}\right)^2 B$$

时才有非零解

$$y=A\sin\frac{\pi s}{l}, \tag{9.48}$$

其中 $A>0$ 是一个任意常数.

这样, 根据线性化的结果, 我们得到下述三个结论:

(1) 当 $p<p_0$ 时, 钢条不会弯曲; 而当 $p=p_0$ 时, 钢条发生弯曲 (即 p_0 为临界压力);

(2) 当 $p=p_0$ 时, 非零解 (9.48) 是不唯一的, 亦即钢条的弯曲形状是不确定的;

(3) 当 $p>p_0$ 时, 钢条又不弯曲.

力学实验告诉我们, 第一个结论是符合实际的, 第二个结论表示钢条临界弯曲状态的不确定性, 而第三个结论是不符合事实的. 这说明了线性化方法有一定的局限性.

现在, 我们来直接分析非线性微分方程 (9.45). 令 $y=y(s)$ 是它的一个解, 且满足初值条件

$$y(0)=0,\quad y'(0)=u_0>0. \tag{9.49}$$

显然, $y=y(s)$ 是边值问题 (9.45)+(9.46) 的非零解当且仅当

$$y(l)=0. \tag{9.50}$$

这样, 我们只需适当选取 $u_0>0$, 使得 $y=y(s)$ 满足条件 (9.50). 为此, 令

$$u=\frac{\mathrm{d}y}{\mathrm{d}s},$$

则

$$\frac{\mathrm{d}^2y}{\mathrm{d}s^2}=u\frac{\mathrm{d}u}{\mathrm{d}y}.$$

因此, 方程 (9.45) 变成

$$\frac{u\mathrm{d}u}{\sqrt{1-u^2}}+\frac{p}{B}y\mathrm{d}y=0\quad (\text{设 } u^2\neq 1),$$

从而可得首次积分

$$-2\sqrt{1-u^2}+\frac{p}{B}y^2=C. \tag{9.51}$$

利用初值条件 (9.49), 我们推出积分常数

$$C=-2\sqrt{1-u_0^2}.$$

显然, 边值问题 (9.45)+(9.46) 的解 $y=y(s)$ 关于中点 $s=\dfrac{l}{2}$ 是对称的, 而且 $y\left(\dfrac{l}{2}\right)=m>0$ 是 $y=y(s)$ 的最大值. 因此, $y'\left(\dfrac{l}{2}\right)=0$. 再利用 (9.51) 式, 我们得到

$$-2+\frac{p}{B}m^2=-2\sqrt{1-u_0^2}. \tag{9.52}$$

另外, 由 (9.51) 式可解出 u, 即得

$$\frac{\mathrm{d}y}{\mathrm{d}s}=\sqrt{1-\left(\frac{p}{2B}y^2-\frac{C}{2}\right)^2}\quad \left(0\leqslant s\leqslant\frac{l}{2}\right).$$

由此推出

$$s=\int_0^y\frac{\mathrm{d}y}{\sqrt{1-\left(\dfrac{p}{2B}y^2-\dfrac{C}{2}\right)^2}}\quad \left(0\leqslant s\leqslant\frac{l}{2}\right),$$

它表示 $y=y(s)$ $\left(0\leqslant s\leqslant\dfrac{l}{2}\right)$ 的反函数. 特别地, 当 $s=\dfrac{l}{2}$ 时得到

$$\frac{l}{2}=\int_0^m\frac{\mathrm{d}y}{\sqrt{1-\left(\dfrac{p}{2B}y^2+\sqrt{1-u_0^2}\right)^2}}.$$

令 $\xi=1-\sqrt{1-u_0^2}$, 则 $0<\xi<1$. 再令

$$t=\frac{p}{2B}y^2+\sqrt{1-u_0^2},$$

则当 $y=0$ 时, $t=1-\xi$; 而当 $y=m$ 时, 由 (9.52) 式可知 $t=1$. 这样一来, 前述积分就化为

$$\frac{l}{2}=\sqrt{\frac{B}{2p}}\int_{1-\xi}^1\frac{\mathrm{d}t}{\sqrt{1-t^2}\sqrt{t+\xi-1}}.$$

由此解出

$$p=\left[\frac{1}{l}F(\xi)\right]^2B, \tag{9.53}$$

其中

$$F(\xi)=\sqrt{2}\int_{1-\xi}^1\frac{\mathrm{d}t}{\sqrt{1-t^2}\sqrt{t-(1-\xi)}},$$

亦即

$$F(\xi)=\sqrt{2}\int_0^1\frac{\mathrm{d}v}{\sqrt{v(1-v)}\sqrt{2-(1-v)\xi}}.$$

不难看出, $F(\xi)$ 是 ξ 的严格上升的连续函数 $(0\leqslant\xi\leqslant1)$. 因此, 由 (9.53) 式我们得到

$$\left[\frac{1}{l}F(0)\right]^2B<p<\left[\frac{1}{l}F(1)\right]^2B. \tag{9.54}$$

这不等式的左端表示钢条弯曲的临界压力

$$p_0=\left[\frac{1}{l}F(0)\right]^2 B=\left(\frac{\pi}{l}\right)^2 B, \tag{9.55}$$

而右端表示钢条允许承受的最大压力 p_1. 只要压力 p 介于 p_0 和 p_1 之间, 钢条就会弯曲. 而且对于给定的压力 p $(p_0<p<p_1)$, 可由 (9.53) 式唯一地确定 ξ, 从而由 $\xi=1-\sqrt{1-u_0^2}$ 可唯一确定

$$u_0=\sqrt{\xi(2-\xi)}>0.$$

然后, 由相应的初值条件 (9.49) 就唯一地确定了微分方程 (9.45) 的一个解 $y=y(s)$, 它对应于钢条弯曲的形状. 这些结论比线性化所得的结果更符合实际. 注意, 由非线性分析所得的临界压力 p_0 也正好等于由线性化处理所得的结果 (见 (9.55) 式).

一般而言, 非线性分析虽然比线性分析优越, 但是也困难得多. 因此, 在实际应用中采用线性化方法往往也是一种出于无奈的妥协方案.

习题 9–4

1. 试比较本节例 1 和 §9.2 例 1 的异同.
2. 证明前述积分 $F(\xi)$ 对 $\xi(0\leqslant\xi\leqslant1)$ 是严格上升的连续函数, 而且

$$F(0)=\pi \quad 和 \quad F(1)=\frac{1}{2\sqrt{\pi}}\left[\Gamma\left(\frac{1}{4}\right)\right]^2,$$

其中 $\Gamma(\cdot)$ 是 Γ 函数. 从而算出钢条允许承受的最大压力 p_1.

*§9.5 周期边值问题

本节讨论二阶的微分方程

$$\ddot{x}+\omega_0^2x=p(t)+\lambda f(t,x,\dot{x}), \tag{9.56}$$

其中 $\omega_0>0$ 是常数, λ 是小参数, $p(t)$ 是 t 的连续的 2π 周期函数, $f(t,x,\dot{x})$ 是 $t,x,\dot{x}$ 的连续函数, 它对 t 是 2π 周期的, 而对 x 和 $\dot{x}$ 是连续可微的. 这类方程在电讯和机械的振动理论中占有重要的地位. 一个令人关注的问题是关于它的有界振动, 特别是 2π 周期振动 (解) 的存在性.

设 $x=x(t)$ 是方程 (9.56) 的一个 2π 周期解, 则它自然满足如下周期边值条件:

$$x(0)=x(2\pi), \quad \dot{x}(0)=\dot{x}(2\pi). \tag{9.57}$$

反之, 设 $x=x(t)$ 是方程 (9.56) 的一个解, 而且它满足周期边值条件 (9.57), 则可以证明这个解是 2π 周期的.

事实上, 因为 $x=x(t)$ 是方程 (9.56) 的解, 所以有恒等式

$$\ddot{x}(t)+\omega_0^2x(t)\equiv p(t)+\lambda f(t,x(t),\dot{x}(t)).$$

因为 $p(t)$ 和 $f(t,x,\dot{x})$ 对 t 是 2π 周期的, 所以只要在上面的恒等式中用 $t+2\pi$ 替换 t, 我们就得到

$$\ddot{x}(t+2\pi)+\omega_0^2x(t+2\pi)=p(t)+\lambda f(t,x(t+2\pi),\dot{x}(t+2\pi)).$$

这就是说, $x=\overline{x}(t)\xlongequal{\text{def}}x(t+2\pi)$ 也是方程 (9.56) 的一个解, 而且它满足初值条件

$$\overline{x}(0)=x(2\pi),\quad \overline{x}'(0)=x'(2\pi).$$

再利用周期边值条件 (9.57) 推出

$$\overline{x}(0)=x(0),\quad \overline{x}'(0)=x'(0),$$

亦即方程 (9.56) 有两个解 $x(t)$ 和 $\overline{x}(t)$ 当 $t=0$ 时具有相同的初值. 因此, 根据解的唯一性定理, 它们是恒同的, 亦即 $x(t)\equiv\overline{x}(t)$. 这样, 我们得到

$$x(t)\equiv x(t+2\pi),$$

即 $x=x(t)$ 是 2π 周期的.

由此可见, 寻找微分方程 (9.56) 的 2π 周期解等价于解周期边值问题 (9.56)+(9.57).

先设

$$x=x(t,x_0,v_0,\lambda)\tag{9.58}$$

是微分方程 (9.56) 的解, 而且它满足初值条件

$$x(0)=x_0,\quad \dot{x}(0)=v_0.$$

易知, 当 $|\lambda|$ 充分小时, 解 (9.58) 在区间 $[0,2\pi]$ 上存在, 而且根据解对初值和参数的可微性, 它对 t,x_0,v_0,λ 是连续可微的.

由此可见, $x=x(t,x_0,v_0,\lambda)$ 是周期边值问题 (9.56)+(9.57) 的解, 当且仅当初值 x_0,v_0 满足方程

$$\begin{cases}F(x_0,v_0,\lambda)\xlongequal{\text{def}}x(2\pi,x_0,v_0,\lambda)-x_0=0,\\ G(x_0,v_0,\lambda)\xlongequal{\text{def}}\dot{x}(2\pi,x_0,v_0,\lambda)-v_0=0.\end{cases}\tag*{$(9.59)_\lambda$}$$

这样一来, 只要能够由方程组 $(9.59)_\lambda$ 确定初值 $x_0=x_0(\lambda)$ 和 $v_0=v_0(\lambda)$, 然后分别代入 (9.58) 式, 我们就得到微分方程 (9.56) 的一个 2π 周期解.

定理 9.5 设 ω_0 不为正整数, 则当 λ 是小参数 ($|\lambda|$ 充分小) 时, 微分方程 (9.56) 有唯一的 2π 周期解.

证明 当 $\lambda=0$ 时, 利用常数变易法, 我们可求得

$$x(t,x_0,v_0,0)=x_0\cos\omega_0 t+\frac{v_0}{\omega_0}\sin\omega_0 t+\frac{1}{\omega_0}\int_0^t p(s)\sin[\omega_0(t-s)]\mathrm{d}s.$$

因此, 方程 $(9.59)_0$ 变成一个关于 x_0 和 v_0 的线性联立方程组

$$\begin{cases}(\cos 2\pi\omega_0-1)x_0+\dfrac{\sin 2\pi\omega_0}{\omega_0}v_0=-\dfrac{1}{\omega_0}\displaystyle\int_0^{2\pi}p(s)\sin[\omega_0(2\pi-s)]\mathrm{d}s,\\(\omega_0\sin 2\pi\omega_0)x_0-(\cos 2\pi\omega_0-1)v_0=\displaystyle\int_0^{2\pi}p(s)\cos[\omega_0(2\pi-s)]\mathrm{d}s.\end{cases}$$

它的系数行列式

$$\varDelta_0=(\cos 2\pi\omega_0-1)^2+(\sin 2\pi\omega_0)^2\neq 0\quad(\omega_0\text{ 不为正整数}),$$

因此, 方程 $(9.59)_0$ 有唯一的解 $x_0=\overline{x}_0, v_0=\overline{v}_0$, 亦即

$$\begin{cases}F(\overline{x}_0,\overline{v}_0,0)=0,\\G(\overline{x}_0,\overline{v}_0,0)=0.\end{cases}$$

另外, 易知当 $\lambda=0$ 时, 雅可比行列式

$$\frac{D(F,G)}{D(x_0,v_0)}=\varDelta_0\neq 0.$$

因此, 利用隐函数定理, 由方程组 $(9.59)_\lambda$ 可唯一确定连续函数

$$x_0=x_0(\lambda),\quad v_0=v_0(\lambda)\quad(|\lambda|\ll 1),$$

它们满足

$$x_0(0)=\overline{x}_0,\quad v_0(0)=\overline{v}_0.$$

这样一来, 我们就得到微分方程 (9.56) 的一个 2π 周期解

$$x=x(t,\lambda)\xlongequal{\text{def}}x(t,x_0(\lambda),v_0(\lambda),\lambda),$$

而且当 $\lambda\to 0$ 时它趋于

$$x(t,0)=\overline{x}_0\cos\omega_0 t+\frac{\overline{v}_0}{\omega_0}\sin\omega_0 t+\frac{1}{\omega_0}\int_0^t p(s)\sin[\omega_0(t-s)]\mathrm{d}s.$$

这就证明了我们的定理. □

这里顺便指出, 当 ω_0 为正整数或 λ 不是小参数时, 关于微分方程 (9.56) 的 2π 周期解的存在性问题就不是如此简单了.

习题 9–5

1. 证明微分方程

$$\ddot{x}+2x=3\sin 2\pi t+\lambda x^3$$

当 λ 是小参数时至少有一个 1 周期解.

2. 证明微分方程

$$\ddot{x}+2x=\lambda\sin 2\pi t+5x^3$$

当 λ 是小参数时至少有一个 1 周期解.

3. 设微分方程组

$$\frac{\mathrm{d}\boldsymbol{x}}{\mathrm{d}t}=\boldsymbol{f}(t,\boldsymbol{x})\quad(\boldsymbol{x}\in\mathbb{R}^n),$$

其中 $\boldsymbol{f}(t,\boldsymbol{x})$ 对 $(t,\boldsymbol{x})\in\mathbb{R}^{n+1}$ 是连续的, 对 $\boldsymbol{x}$ 满足局部利普希茨条件, 而且对 t 是 T 周期的. 试证明: 这微分方程的解 $\boldsymbol{x}=\boldsymbol{x}(t)$ 是 T 周期的, 当且仅当它满足边值条件

$$\boldsymbol{x}(0)=\boldsymbol{x}(T).$$

*4. 设微分方程

$$\ddot{x}+g(x)=p(t),$$

其中 $p(t)$ 是 t 的连续的 2π 周期函数, $g(x)$ 是 x 的连续可微函数, 且满足条件

$$n^2<g'(x)<(n+1)^2\quad(-\infty<x<+\infty),$$

其中 n 是某个正整数. 试证明这微分方程的 2π 周期解 (如果存在的话) 是唯一的.

延伸阅读

第十章 首次积分

在 §5.1 中, 虽然没有明确给出首次积分的定义, 但我们已用首次积分的方法求解了几个特殊类型的微分方程, 并获得一种直观的理解: 求解一个微分方程就是寻找它的首次积分, n 阶微分方程应该有 n 个独立的首次积分; 而且一旦能找到其中的 k 个, 原来的 n 阶微分方程就可简化为一个 $(n-k)$ 阶微分方程. 本章的目的就是要证明上述结果, 它们构成首次积分的理论基础, 也可以看成线性微分方程的一般理论在非线性微分方程中的推广. 特别要指出, 首次积分的一般理论只在局部区域内成立. 关于大范围的首次积分缺少一般的理论分析, 我们在最后一节只作些简要的介绍.

§10.1 首次积分的定义

在给出首次积分确切的定义之前, 我们再来求解几个特殊的微分方程, 从中体会首次积分的含义和作用.

例 1 求解微分方程组

$$\begin{cases} \dfrac{\mathrm{d}x}{\mathrm{d}t} = y - x(x^2+y^2-1), \\ \dfrac{\mathrm{d}y}{\mathrm{d}t} = -x - y(x^2+y^2-1). \end{cases} \tag{10.1}$$

如果把微分方程组 (10.1) 中的自变量 t 换为 $-t$, 则它与 §8.1 中例 1 的方程组完全相同. 因此, 只要把那里的图 8–1 中轨线的方向反置, 就可得到微分方程组 (10.1) 的相图. 下面, 我们用寻找两个独立的首次积分的方法, 来解这个方程组.

由微分方程组 (10.1) 可得

$$x\frac{\mathrm{d}x}{\mathrm{d}t} + y\frac{\mathrm{d}y}{\mathrm{d}t} = -(x^2+y^2)(x^2+y^2-1),$$

亦即

$$\mathrm{d}(x^2+y^2) = -2(x^2+y^2)(x^2+y^2-1)\mathrm{d}t.$$

这个微分方程关于变量 t 和 x^2+y^2 是可以分离的, 因此不难求得它的积分

$$\frac{x^2+y^2-1}{x^2+y^2}\mathrm{e}^{2t} = C_1, \tag{10.2}$$

其中 C_1 是积分常数. (10.2) 式称为微分方程组 (10.1) 的首次积分.

注意, 首次积分 (10.2) 的左端, 设为 $V(x,y,t)$, 作为 x,y 和 t 的函数并不等于常数; 从上面的推导可见, 当 $x=x(t), y=y(t)$ 是微分方程组 (10.1) 的解时, $V(x,y,t)$ 等于常数 C_1, 这里常数 C_1 应随解而异. 因为 (10.1) 式是二阶方程组, 一个首次积分, 例如 (10.2) 式, 不足以完全确定它的解. 现在, 再利用方程组 (10.1) 可得

$$x\frac{\mathrm{d}y}{\mathrm{d}t}-y\frac{\mathrm{d}x}{\mathrm{d}t}=-(x^2+y^2),$$

亦即

$$\frac{\mathrm{d}}{\mathrm{d}t}\left(\arctan\frac{y}{x}\right)=-1.$$

由此即得另一个首次积分

$$\arctan\frac{y}{x}+t=C_2, \tag{10.3}$$

其中 C_2 是积分常数.

利用首次积分 (10.2) 和 (10.3), 可以确定微分方程组 (10.1) 的通解. 为此, 我们采用极坐标 $x=r\cos\theta, y=r\sin\theta$. 这样由首次积分 (10.2) 和 (10.3) 推得

$$\left(1-\frac{1}{r^2}\right)\mathrm{e}^{2t}=C_1, \quad \theta+t=C_2,$$

它蕴涵

$$r=\frac{1}{\sqrt{1-C_1\mathrm{e}^{-2t}}}, \quad \theta=C_2-t.$$

因此, 我们得到微分方程组 (10.1) 的通解

$$x=\frac{\cos(C_2-t)}{\sqrt{1-C_1\mathrm{e}^{-2t}}}, \quad y=\frac{\sin(C_2-t)}{\sqrt{1-C_1\mathrm{e}^{-2t}}}. \tag{10.4}$$

注意, 当 $C_1=0$ 时, 对于任意的常数 C_2, 方程 (10.4) 代表周期解

$$x=\cos(C_2-t), \quad y=\sin(C_2-t),$$

它们在相平面 Oxy 上的轨道是单位圆周

$$\varGamma\colon x^2+y^2=1,$$

其运动的方向为顺时针.

当 $C_1<0$ 时, 解 (10.4) 不是周期的, 它的轨道在 $\varGamma$ 的内部, 而且当 $t\to+\infty$ 时盘旋趋于闭轨 $\varGamma$, 而当 $t\to-\infty$ 时盘旋趋于原点. 注意, 原点 O 是方程组 (10.1) 的零解在相平面上的轨迹 (对应于 $C_1=-\infty$).

当 $C_1>0$ 时, 解 (10.4) 也不是周期的, 它的轨道在 $\varGamma$ 的外部, 而且当 $t\to+\infty$ 时盘旋趋于闭轨 $\varGamma$.

因此, 闭轨 $\varGamma$ 为微分方程组 (10.1) 的极限环 (见 §8.3), 它在相图中占据了特殊的地位.

例 2 求解微分方程组

$$\begin{cases} \alpha\dfrac{\mathrm{d}u}{\mathrm{d}t} = (\beta-\gamma)vw, \\ \beta\dfrac{\mathrm{d}v}{\mathrm{d}t} = (\gamma-\alpha)wu, \\ \gamma\dfrac{\mathrm{d}w}{\mathrm{d}t} = (\alpha-\beta)uv, \end{cases} \tag{10.5}$$

其中 $\alpha > \beta > \gamma > 0$ 是给定的常数.

利用方程组 (10.5) 的对称性推出

$$\alpha u\frac{\mathrm{d}u}{\mathrm{d}t} + \beta v\frac{\mathrm{d}v}{\mathrm{d}t} + \gamma w\frac{\mathrm{d}w}{\mathrm{d}t} = 0,$$

从而得到首次积分

$$\alpha u^2 + \beta v^2 + \gamma w^2 = C_1, \tag{10.6}$$

其中积分常数 $C_1 \geqslant 0$. 注意, 首次积分 (10.6) 在相空间 $Ouvw$ 内代表一族椭球面 $E(C_1)$ (当 $C_1 = 0$ 时, 相应椭球面退化成原点 O).

同样, 我们有

$$\alpha^2 u\frac{\mathrm{d}u}{\mathrm{d}t} + \beta^2 v\frac{\mathrm{d}v}{\mathrm{d}t} + \gamma^2 w\frac{\mathrm{d}w}{\mathrm{d}t} = 0,$$

从而又得另一首次积分

$$\alpha^2 u^2 + \beta^2 v^2 + \gamma^2 w^2 = C_2, \tag{10.7}$$

其中积分常数 $C_2 \geqslant 0$. 而首次积分 (10.7) 也代表一族椭球面 $F(C_2)$ (当 $C_2 = 0$ 时, 相应椭球面也退化成原点 O).

有了首次积分 (10.6) 和 (10.7), 我们可以解出 u 和 v, 并且代入方程组 (10.5) 的第三式, 就有

$$\frac{\mathrm{d}w}{\mathrm{d}t} = \frac{\alpha-\beta}{\gamma}\sqrt{(a+Aw^2)(b-Bw^2)}, \tag{10.8}$$

其中常数 a 和 b 依赖于 C_1 和 C_2, 而常数

$$A = \frac{\gamma(\beta-\gamma)}{\alpha(\alpha-\beta)} > 0, \quad B = \frac{\gamma(\alpha-\gamma)}{\beta(\alpha-\beta)} > 0. \tag{10.9}$$

因为微分方程 (10.8) 是变量分离的, 所以我们可得首次积分

$$\int \frac{\mathrm{d}w}{\sqrt{(a+Aw^2)(b-Bw^2)}} - \frac{\alpha-\beta}{\gamma}t = C_3, \tag{10.10}$$

其中 C_3 是积分常数.

因为方程组 (10.5) 是三阶的, 所以三个首次积分 (10.6), (10.7) 和 (10.10) 在理论上足以确定它的通解

$$u = \varphi(t, C_1, C_2, C_3), \quad v = \psi(t, C_1, C_2, C_3), \quad w = \chi(t, C_1, C_2, C_3).$$

但是, 由于 (10.10) 式中出现了椭圆积分, 因此不可能具体写出上述通解的表达式. 这样, 也就不可能从通解得到有关解的具体性质.

虽然如此, 我们可以利用首次积分 (10.6) 和 (10.7) 的几何意义来证明动力系统 (10.5) 在相空间的任何轨线只能是奇点、闭轨或奇闭轨线 (相关名词见第八章).

事实上, 令

$$u=\varphi(t), \quad v=\psi(t), \quad w=\chi(t) \tag{10.11}$$

为微分方程组 (10.5) 满足初值条件

$$u(0)=u_0, \quad v(0)=v_0, \quad w(0)=w_0 \tag{10.12}$$

的解. 而当 u_0, v_0, w_0 中至少有两个为零, 例如 $u_0=v_0=0$ 时, 微分方程组 (10.5) 的解 $\{u=0, v=0, w=w_0\}$ 也满足同样的初值条件. 因此, 利用解的唯一性定理推出 (10.11) 式就是方程组的一个定常解. 换句话说, 在相空间 $Ouvw$ 中三个坐标轴上的所有点 (包括坐标原点) 都是动力系统 (10.5) 的奇点. 另一方面, 从 (10.5) 式容易看出, 系统的全部奇点都在坐标轴上. 因此, 在每个椭球面 $E(C_1)$ 或 $F(C_2)$ 上 (当 $C_1>0$ 或 $C_2>0$ 时), 系统的奇点就是椭球面与三个坐标轴的 6 个交点.

现在设 $u_0^2+v_0^2+w_0^2 \neq 0$, 且 $(u_0, v_0, w_0) \in E(C_1) \cap F(C_2)$, 即

$$\begin{cases} C_1=\alpha u_0^2+\beta v_0^2+\gamma w_0^2>0, \\ C_2=\alpha^2 u_0^2+\beta^2 v_0^2+\gamma^2 w_0^2>0. \end{cases} \tag{10.13}$$

因此, 解 (10.11) 在相空间内的轨线是椭球面 $E(C_1)$ 和 $F(C_2)$ 的一支交线 $\varGamma_0$. 当 $\varGamma_0$ 退化为一个点时 (即 $E(C_1)$ 和 $F(C_2)$ 在该点处相切), 则此点为动力系统 (10.5) 的一个奇点; 否则 $\varGamma_0$ 为一条封闭曲线, 如果其上无任何奇点, 则它是动力系统 (10.5) 的一条闭轨, 如果其上有奇点, 则它是动力系统 (10.5) 的一条奇闭轨线.

我们可换一个观点考虑: 适当选取 $C_1 \geqslant 0$, 则相空间中任意一点可落在某个椭球面 $E(C_1)$ 上, 从而过该点的轨线就全部落在此 $E(C_1)$ 上. 因此, 我们只需考察在 $E(C_1)$ 上的全部轨线类型即可. 当 $C_1=0$ 时, $E(C_1)$ 退化为原点, 它是一个奇点; 当 $C_1>0$ 时, 如上所述, $E(C_1)$ 上共有 6 个奇点, 它们是 $E(C_1)$ 与三个坐标轴的交点, 利用第八章中的方法不难得知, 这些奇点中有两个鞍点和 4 个中心, 两个鞍点的所有分界线相连结, 构成 4 个中心型区域的分界线. 所以全部轨线类型为奇点、闭轨和连结两个鞍点的异宿轨.

现在, 我们考虑一般的 n 阶微分方程组

$$\frac{\mathrm{d}y_i}{\mathrm{d}x}=f_i(x, y_1, y_2, \cdots, y_n) \quad (i=1,2,\cdots,n), \tag{10.14}$$

其中右端函数 $f_1, f_2, \cdots, f_n$ 在某个区域 $D \subset \mathbb{R}^{n+1}$ 内对 $(x, y_1, y_2, \cdots, y_n)$ 是连续的, 而且对 $y_1, y_2, \cdots, y_n$ 是连续可微的.

定义 设函数 $V=V(x, y_1, y_2, \cdots, y_n)$ 在 D 的某一子区域 G 内连续, 而且对 $y_1, y_2, \cdots, y_n$ 是连续可微的. 又设 $V(x, y_1, y_2, \cdots, y_n)$ 不是常数, 但沿着微分方程组 (10.14) 在区域 G 内的任一积分曲线

$$\varGamma: y_1=y_1(x), y_2=y_2(x), \cdots, y_n=y_n(x) \quad (x \in I),$$

函数 V 取常值; 亦即

$$V(x, y_1(x), y_2(x), \cdots, y_n(x)) = \text{常数} \quad (x \in I)$$

或当 $(x, y_1, y_2, \cdots, y_n) \in \varGamma$ 时, 有

$$V(x, y_1, y_2, \cdots, y_n) = \text{常数},$$

这里的常数随积分曲线 $\varGamma$ 而定, 则称

$$V(x, y_1, y_2, \cdots, y_n) = C \tag{10.15}$$

为微分方程组 (10.14) 在区域 G 内的**首次积分**, 其中 C 是一个任意常数. 有时也简称上述函数 $V(x, y_1, y_2, \cdots, y_n)$ 为首次积分.

例如, (10.2) 式和 (10.3) 式都是微分方程 (10.1) 在某个区域 G_1 内的首次积分. 注意, 这里对区域 G_1 的限制, 是要求首次积分 (10.2) 和 (10.3) 必须是单值的连续可微函数. 因此, 区域 G_1 不能包含原点 O, 而且它也不能有围绕原点 O 的环路.

而 (10.6) 式, (10.7) 式和 (10.10) 式都是微分方程 (10.5) 的首次积分.

附注 对于高阶微分方程

$$y^{(n)} = f(x, y, y', \cdots, y^{(n-1)}), \tag{10.16}$$

只要令

$$y_1 = y,\ y_2 = y',\ \cdots,\ y_n = y^{(n-1)},$$

就可以把它化成一个与其等价的微分方程组. 因此, 首次积分的定义可以自然地移植到高阶微分方程 (10.16), 而相应首次积分的一般形式可写成

$$V(x, y, y', \cdots, y^{(n-1)}) = C.$$

例如, 设二阶微分方程

$$\frac{\mathrm{d}^2 x}{\mathrm{d}t^2} + a^2 \sin x = 0 \quad (\text{常数 } a > 0).$$

用 $\dfrac{\mathrm{d}x}{\mathrm{d}t}$ 乘方程的两端, 即得

$$\frac{\mathrm{d}x}{\mathrm{d}t}\frac{\mathrm{d}^2 x}{\mathrm{d}t^2} + a^2 \sin x \frac{\mathrm{d}x}{\mathrm{d}t} = 0.$$

然后, 通过积分, 我们得到一个首次积分

$$\frac{1}{2}\left(\frac{\mathrm{d}x}{\mathrm{d}t}\right)^2 - a^2 \cos x = C.$$

§10.2 首次积分的性质

为了方便, 我们把微分方程组 (10.14) 重写如下:

$$\frac{\mathrm{d}y_i}{\mathrm{d}x}=f_i(x,y_1,y_2,\cdots,y_n)\quad(i=1,2,\cdots,n),\tag{10.17}$$

其中 $f_1,f_2,\cdots,f_n$ 在某个区域 G_1 内对 $(x,y_1,y_2,\cdots,y_n)$ 是连续的, 而且对 $(y_1,y_2,\cdots,y_n)$ 是连续可微的.

根据首次积分的定义, 为了判别函数 $V(x,y_1,y_2,\cdots,y_n)$ 是否为微分方程 (10.17) 在区域 G_1 内的首次积分, 我们需要知道方程组 (10.17) 在 G_1 内的所有积分曲线. 这在实际应用上是有困难的. 下述定理避免了这一缺点, 为我们提供了一个有效的判别法.

定理 10.1 设函数 $\Phi(x,y_1,y_2,\cdots,y_n)$ 在区域 G_1 内是连续可微的, 而且它不是常数, 则

$$\Phi(x,y_1,y_2,\cdots,y_n)=C\tag{10.18}$$

是微分方程组 (10.17) 在区域 G_1 内的首次积分的充要条件为:

$$\frac{\partial\Phi}{\partial x}+\frac{\partial\Phi}{\partial y_1}f_1+\frac{\partial\Phi}{\partial y_2}f_2+\cdots+\frac{\partial\Phi}{\partial y_n}f_n=0\tag{10.19}$$

是关于变量 $(x,y_1,y_2,\cdots,y_n)\in G_1$ 的一个恒等式.

证明 先证必要性: 设 (10.18) 式是微分方程组 (10.17) 在区域 G_1 的一个首次积分. 又设

$$\varGamma\colon y_1=y_1(x),y_2=y_2(x),\cdots,y_n=y_n(x)\quad(x\in I)$$

是微分方程组 (10.17) 在区域 G_1 内的任一积分曲线, 则我们在区间 I 上有恒等式

$$\Phi(x,y_1(x),y_2(x),\cdots,y_n(x))\equiv\text{常数}.\tag{10.20}$$

然后, 对它求微分, 推出

$$\frac{\partial\Phi}{\partial x}+\frac{\partial\Phi}{\partial y_1}y_1'(x)+\frac{\partial\Phi}{\partial y_2}y_2'(x)+\cdots+\frac{\partial\Phi}{\partial y_n}y_n'(x)\equiv0,\tag{10.21}$$

或在 $\varGamma$ 上有恒等式

$$\frac{\partial\Phi}{\partial x}+\frac{\partial\Phi}{\partial y_1}f_1+\frac{\partial\Phi}{\partial y_2}f_2+\cdots+\frac{\partial\Phi}{\partial y_n}f_n\equiv0.\tag{10.22}$$

由于经过区域 G_1 内的任何一点都有微分方程组 (10.17) 的一条积分曲线 $\varGamma$, 所以 (10.22) 式也就变成了在区域 G_1 内的恒等式, 亦即恒等式 (10.19) 成立.

再证充分性: 设恒等式 (10.19) 成立, 则由于上述积分曲线 $\varGamma$ 在 G_1 内, 所以我们推出恒等式 (10.22) 在积分曲线 $\varGamma$ 上成立. 然后, 可由 (10.22) 式反推到 (10.21) 式和 (10.20) 式. 这就证明了 (10.18) 式是微分方程组 (10.17) 在区域 G_1 内的一个首次积分.

这样, 我们就完成了证明. □

在 §10.1 中我们已经用例子说明首次积分的应用. 一般而言, 利用首次积分可以消去某些未知函数, 从而降低了微分方程组的阶数. 这对于求解微分方程组而言, 无疑是前进的步伐.

定理 10.2 若已知微分方程组 (10.17) 的一个首次积分 (10.18), 则可把微分方程组 (10.17) 降低一阶.

证明 由定义容易推出首次积分 Φ 的偏导数

$$\frac{\partial \Phi}{\partial y_1}, \frac{\partial \Phi}{\partial y_2}, \cdots, \frac{\partial \Phi}{\partial y_n}$$

不能都恒等于 0, 所以不妨设 $\dfrac{\partial \Phi}{\partial y_n} \neq 0$. 因此, 可以利用隐函数定理, 由首次积分 (10.18) 解出

$$y_n = g(x, y_1, y_2, \cdots, y_{n-1}, C), \tag{10.23}$$

而且它有偏导数

$$\begin{cases} \dfrac{\partial g}{\partial x} = -\dfrac{\partial \Phi}{\partial x}\left(\dfrac{\partial \Phi}{\partial y_n}\right)^{-1}, \\ \dfrac{\partial g}{\partial y_i} = -\dfrac{\partial \Phi}{\partial y_i}\left(\dfrac{\partial \Phi}{\partial y_n}\right)^{-1} \quad (i = 1, 2, \cdots, n-1). \end{cases} \tag{10.24}$$

然后把 (10.23) 式代入微分方程组 (10.17) 的前 $(n-1)$ 个式子, 就消去了 y_n, 从而得到一个 $(n-1)$ 阶的微分方程组

$$\frac{\mathrm{d}y_i}{\mathrm{d}x} = f_i(x, y_1, y_2, \cdots, y_{n-1}, g(x, y_1, y_2, \cdots, y_{n-1}, C)) \quad (i = 1, 2, \cdots, n-1). \tag{10.25}$$

假设它的解为

$$y_1 = u_1(x), y_2 = u_2(x), \cdots, y_{n-1} = u_{n-1}(x), \tag{10.26}$$

我们要证: 函数组

$$\begin{cases} y_1 = u_1(x), \\ y_2 = u_2(x), \\ \cdots\cdots\cdots\cdots \\ y_{n-1} = u_{n-1}(x), \\ y_n = g(x, u_1(x), u_2(x), \cdots, u_{n-1}(x), C) \end{cases} \tag{10.27}$$

就是微分方程组 (10.17) 的解.

事实上, 由于 (10.26) 式是方程组 (10.25) 的解, 所以 (10.27) 式满足微分方程 (10.17) 的前 $(n-1)$ 个等式. 因此, 我们只需证明它也满足微分方程 (10.17) 的最后一个等式.

因为

$$\begin{aligned} \frac{\mathrm{d}y_n}{\mathrm{d}x} &= \frac{\partial g}{\partial x} + \frac{\partial g}{\partial y_1}u_1'(x) + \frac{\partial g}{\partial y_2}u_2'(x) + \cdots + \frac{\partial g}{\partial y_{n-1}}u_{n-1}'(x) \\ &= \frac{\partial g}{\partial x} + \frac{\partial g}{\partial y_1}f_1 + \frac{\partial g}{\partial y_2}f_2 + \cdots + \frac{\partial g}{\partial y_{n-1}}f_{n-1}, \end{aligned}$$

所以再由 (10.24) 式可得

$$\frac{\mathrm{d}y_n}{\mathrm{d}x}=-\left(\frac{\partial\Phi}{\partial x}+\frac{\partial\Phi}{\partial y_1}f_1+\frac{\partial\Phi}{\partial y_2}f_2+\cdots+\frac{\partial\Phi}{\partial y_{n-1}}f_{n-1}\right)\left(\frac{\partial\Phi}{\partial y_n}\right)^{-1}.$$

然后, 再根据首次积分 Φ 满足的充要条件

$$\frac{\partial\Phi}{\partial x}+\frac{\partial\Phi}{\partial y_1}f_1+\frac{\partial\Phi}{\partial y_2}f_2+\cdots+\frac{\partial\Phi}{\partial y_{n-1}}f_{n-1}+\frac{\partial\Phi}{\partial y_n}f_n\equiv 0,$$

我们就得到

$$\frac{\mathrm{d}y_n}{\mathrm{d}x}=f_n(x,y_1,y_2,\cdots,y_n),$$

其中 $y_1,y_2,\cdots,y_n$ 由 (10.27) 式给出.

这就证明了所需的结论. □

设微分方程组 (10.17) 有 n 个首次积分

$$\Phi_i(x,y_1,y_2,\cdots,y_n)=C_i\quad(i=1,2,\cdots,n).\tag{10.28}$$

如果在某区域 G_1 内它们的雅可比行列式

$$\frac{D(\Phi_1,\Phi_2,\cdots,\Phi_n)}{D(y_1,y_2,\cdots,y_n)}\neq 0,\tag{10.29}$$

则称它们在区域 G_1 内为**互相独立**的.

定理 10.3　设已知微分方程组 (10.17) 在区域 G_1 内的 n 个互相独立的首次积分 (10.28), 则可由它们得到微分方程组 (10.17) 在区域 G_1 内的通解

$$\begin{cases}y_1=\varphi_1(x,C_1,C_2,\cdots,C_n),\\ y_2=\varphi_2(x,C_1,C_2,\cdots,C_n),\\ \cdots\cdots\cdots\cdots\\ y_n=\varphi_n(x,C_1,C_2,\cdots,C_n),\end{cases}\tag{10.30}$$

其中 $C_1,C_2,\cdots,C_n$ 为 n 个任意常数 (在允许的范围内); 而且上述通解表示了微分方程组 (10.17) 在 G_1 内所有的解.

证明　因为 (10.29) 式成立, 所以用隐函数定理可从 (10.28) 式解出 $y_1,y_2,\cdots,y_n$, 令它们的表达式为 (10.30) 式. 因此, 只要把 (10.30) 式代入 (10.28) 式, 就得到相应的关于 x 的恒等式. 然后再对 x 求导, 即得

$$\frac{\partial\Phi_i}{\partial x}+\frac{\partial\Phi_i}{\partial y_1}\varphi_1'+\frac{\partial\Phi_i}{\partial y_2}\varphi_2'+\cdots+\frac{\partial\Phi_i}{\partial y_n}\varphi_n'=0\quad(i=1,2,\cdots,n),\tag{10.31}$$

其中变元 $y_1,y_2,\cdots,y_n$ 由 (10.30) 式给出.

另一方面, 由于首次积分的充要条件, 等式

$$\frac{\partial\Phi_i}{\partial x}+\frac{\partial\Phi_i}{\partial y_1}f_1+\frac{\partial\Phi_i}{\partial y_2}f_2+\cdots+\frac{\partial\Phi_i}{\partial y_n}f_n=0\quad(i=1,2,\cdots,n)\tag{10.32}$$

当变元 $y_1, y_2, \cdots, y_n$ 由 (10.30) 式给定时也成立. 因此, 联立 (10.31) 式和 (10.32) 式推出

$$\frac{\partial \Phi_i}{\partial y_1}(\varphi_1' - f_1) + \frac{\partial \Phi_i}{\partial y_2}(\varphi_2' - f_2) + \cdots + \frac{\partial \Phi_i}{\partial y_n}(\varphi_n' - f_n) = 0 \quad (i = 1, 2, \cdots, n).$$

再利用条件 (10.29), 我们得到

$$\varphi_1' = f_1,\ \varphi_2' = f_2,\ \cdots,\ \varphi_n' = f_n,$$

其中变元 $y_1, y_2, \cdots, y_n$ 由 (10.30) 式给出. 这就证明了 (10.30) 式是微分方程组 (10.17) 的解. 另外, 易知

$$\frac{\partial \Phi_i}{\partial y_1}\frac{\partial \varphi_1}{\partial C_j} + \frac{\partial \Phi_i}{\partial y_2}\frac{\partial \varphi_2}{\partial C_j} + \cdots + \frac{\partial \Phi_i}{\partial y_n}\frac{\partial \varphi_n}{\partial C_j} = \delta_{ij},$$

其中

$$\delta_{ij} = \begin{cases} 0, & i \neq j, \\ 1, & i = j. \end{cases}$$

由此推出 $\varphi_1, \varphi_2, \cdots, \varphi_n$ 关于 $C_1, C_2, \cdots, C_n$ 的雅可比行列式

$$\frac{D(\varphi_1, \varphi_2, \cdots, \varphi_n)}{D(C_1, C_2, \cdots, C_n)} = \left[\frac{D(\Phi_1, \Phi_2, \cdots, \Phi_n)}{D(y_1, y_2, \cdots, y_n)}\right]^{-1} \neq 0,$$

这就证明了在 (10.30) 式中的 n 个任意常数 $C_1, C_2, \cdots, C_n$ 是互相独立的. 因此, (10.30) 式是微分方程组 (10.17) 的通解.

我们仍须证明通解 (10.30) 表示了微分方程组 (10.17) 在区域 G_1 内所有的解.

为此, 取微分方程 (10.17) 在区域 G_1 内的任一解

$$y_1 = z_1(x),\ y_2 = z_2(x),\ \cdots,\ y_n = z_n(x), \tag{10.33}$$

令初值条件

$$y_1^0 = z_1(x_0),\ y_2^0 = z_2(x_0),\ \cdots,\ y_n^0 = z_n(x_0),$$

其中 $(x_0, y_1^0, y_2^0, \cdots, y_n^0) \in G_1$. 再令

$$C_i^0 = \Phi_i(x_0, y_1^0, y_2^0, \cdots, y_n^0) \quad (i = 1, 2, \cdots, n),$$

然后, 利用隐函数定理, 可从方程

$$\Phi_i(x, y_1, y_2, \cdots, y_n) = C_i^0 \quad (i = 1, 2, \cdots, n)$$

得到微分方程 (10.17) 的一个解

$$\begin{cases} y_1 = \varphi_1(x, C_1^0, C_2^0, \cdots, C_n^0), \\ y_2 = \varphi_2(x, C_1^0, C_2^0, \cdots, C_n^0), \\ \cdots\cdots\cdots\cdots \\ y_n = \varphi_n(x, C_1^0, C_2^0, \cdots, C_n^0), \end{cases} \tag{10.34}$$

它满足初值条件

$$y_1^0=\varphi_1(x_0),\ y_2^0=\varphi_2(x_0),\ \cdots,\ y_n^0=\varphi_n(x_0).$$

因此, (10.33) 式和 (10.34) 式是微分方程组 (10.17) 满足同一初值条件的两个解. 这样, 根据解的唯一性定理推出

$$\begin{cases}z_1(x)=\varphi_1(x,C_1^0,C_2^0,\cdots,C_n^0),\\ z_2(x)=\varphi_2(x,C_1^0,C_2^0,\cdots,C_n^0),\\ \cdots\cdots\cdots\cdots\\ z_n(x)=\varphi_n(x,C_1^0,C_2^0,\cdots,C_n^0),\end{cases}$$

即解 (10.33) 可从通解 (10.30) 得到. 定理 10.3 证完. □

反之, 作为定理 10.3 的逆命题, 我们容易证明下述结论: 设已知微分方程组 (10.17) 的通解, 则由它可得到 n 个互相独立的首次积分.

因此, 在局部范围内求微分方程组 (10.17) 的通解等于求它的 n 个互相独立的首次积分.

习题 10–2

1. 设已知微分方程组 (10.17) 的 k $(1\leqslant k\leqslant n)$ 个互相独立的首次积分

$$V_i(x,y_1,y_2,\cdots,y_n)=C_i\quad(i=1,2,\cdots,k)\tag{10.35}$$

(这里所谓 k 个互相独立的首次积分, 其含意是: 矩阵

$$\left(\frac{\partial V_i}{\partial y_j}\right)_{k\times n}$$

的秩等于 k, 或不妨设雅可比行列式

$$\frac{D(V_1,V_2,\cdots,V_k)}{D(y_1,y_2,\cdots,y_k)}$$

不等于 0), 则利用这 k 个互相独立的首次积分 (10.35) 可以把微分方程组 (10.17) 降低 k 阶.

2. 设给定首次积分如 (10.35) 式, 又设 $H(z_1,z_2,\cdots,z_k)$ 是连续可微的函数, 而且它不是常数, 则

$$H(V_1(x,y_1,y_2,\cdots,y_n),\cdots,V_k(x,y_1,y_2,\cdots,y_n))=C$$

是微分方程组 (10.17) 的一个首次积分.

§10.3 首次积分的存在性

一般而言, 要实际找出微分方程的首次积分是有困难的. 但是, 在相当广泛的条件下, 可以证明首次积分的 (局部) 存在性.

定理 10.4 设 $P_0=(x_0,y_1^0,y_2^0,\cdots,y_n^0)\in G$, 则存在 P_0 点的一个邻域 $G_0\subset G$, 使得微分方程组 (10.17) 在区域 G_0 内有 n 个互相独立的首次积分.

证明 任取初值条件

$$y_1(x_0)=C_1,\ y_2(x_0)=C_2,\ \cdots,\ y_n(x_0)=C_n, \tag{10.36}$$

其中 $(x_0,C_1,C_2,\cdots,C_n)$ 在 P_0 点的某个邻域 G^* 内, 则由解对初值的可微性定理推出, 微分方程组 (10.17) 满足初值条件 (10.36) 的解

$$\begin{cases} y_1=\varphi_1(x,C_1,C_2,\cdots,C_n), \\ y_2=\varphi_2(x,C_1,C_2,\cdots,C_n), \\ \cdots\cdots\cdots\cdots \\ y_n=\varphi_n(x,C_1,C_2,\cdots,C_n) \end{cases} \tag{10.37}$$

对 $(x,C_1,C_2,\cdots,C_n)$ 是连续可微的, 而且雅可比行列式

$$\left.\frac{D(\varphi_1,\varphi_2,\cdots,\varphi_n)}{D(C_1,C_2,\cdots,C_n)}\right|_{x=x_0}=1.$$

因此, 由 (10.37) 式可反解出 $C_1,C_2,\cdots,C_n$, 得到

$$\varPhi_i(x,y_1,y_2,\cdots,y_n)=C_i \quad (i=1,2,\cdots,n), \tag{10.38}$$

其中函数 $\varPhi_i(x,y_1,y_2,\cdots,y_n)$ 在 P_0 点的某邻域 G_0 内是连续可微的, 而且雅可比行列式

$$\frac{D(\varPhi_1,\varPhi_2,\cdots,\varPhi_n)}{D(y_1,y_2,\cdots,y_n)}\neq 0.$$

这样一来, 我们就得到了微分方程 (10.17) 在区域 G_0 内的 n 个互相独立的首次积分 (10.38). □

定理 10.5 微分方程组 (10.17) 最多只有 n 个独立的首次积分.

证明 设微分方程组 (10.17) 有 $(n+1)$ 个首次积分

$$V_i(x,y_1,y_2,\cdots,y_n)=C_i \quad (i=1,2,\cdots,n+1), \tag{10.39}$$

则由首次积分的充要条件, 在某个区域 G_0 内我们有

$$\frac{\partial V_i}{\partial x}+\frac{\partial V_i}{\partial y_1}f_1+\frac{\partial V_i}{\partial y_2}f_2+\cdots+\frac{\partial V_i}{\partial y_n}f_n=0 \quad (i=1,2,\cdots,n+1). \tag{10.40}$$

因此, 可以把 $(1,f_1,f_2,\cdots,f_n)$ 看成代数联立方程组 (10.40) 的一个非零解, 从而 (10.40) 的系数行列式

$$\frac{D(V_1,V_2,\cdots,V_n,V_{n+1})}{D(x,y_1,y_2,\cdots,y_n)}$$

在区域 G_0 内恒等于 0. 这就是说, 任何 $(n+1)$ 个首次积分 (10.39) 是函数相关的, 亦即它们不是互相独立的. □

我们还可以进一步证明如下结果:

定理 10.6 设 (10.28) 式是微分方程组 (10.17) 在区域 G_0 内的 n 个独立的首次积分, 则在区域 G_0 内微分方程组 (10.17) 的任何首次积分

$$V(x, y_1, y_2, \cdots, y_n) = C$$

可以用 (10.28) 式来表达, 亦即

$$V(x, y_1, y_2, \cdots, y_n) = h(\Phi_1(x, y_1, y_2, \cdots, y_n), \cdots, \Phi_n(x, y_1, y_2, \cdots, y_n)), \tag{10.41}$$

其中 $h(\cdot, \cdots, \cdot)$ 是某个连续可微的函数.

证明 因为 (10.28) 式是互相独立的, 所以在区域 G_0 内它们的雅可比行列式

$$J = \frac{D(\Phi_1, \Phi_2, \cdots, \Phi_n)}{D(y_1, y_2, \cdots, y_n)} \neq 0.$$

由此推出, 从函数组

$$\Phi_i = \Phi_i(x, y_1, y_2, \cdots, y_n) \quad (i = 1, 2, \cdots, n)$$

可解出反函数组

$$y_i = y_i(x, \Phi_1, \Phi_2, \cdots, \Phi_n) \quad (i = 1, 2, \cdots, n). \tag{10.42}$$

然后, 把它们代入 $V(x, y_1, y_2, \cdots, y_n)$, 得到关于变元 $(x, \Phi_1, \Phi_2, \cdots, \Phi_n)$ 的函数 h, 即

$$h(x, \Phi_1, \Phi_2, \cdots, \Phi_n) \overset{\text{def}}{=\!=} V(x, y_1, y_2, \cdots, y_n), \tag{10.43}$$

其中函数 V 中的变元 $y_1, y_2, \cdots, y_n$ 由 (10.42) 式给出.

现在, 我们只需证明上述函数 h 与 x 无关.

事实上, 我们有

$$\frac{\partial h}{\partial x} = \frac{\partial V}{\partial x} + \frac{\partial V}{\partial y_1}\frac{\partial y_1}{\partial x} + \frac{\partial V}{\partial y_2}\frac{\partial y_2}{\partial x} + \cdots + \frac{\partial V}{\partial y_n}\frac{\partial y_n}{\partial x}, \tag{10.44}$$

以及

$$\frac{\partial y_i}{\partial x} = -\frac{1}{J}\frac{D(\Phi_1, \Phi_2, \cdots, \Phi_i, \cdots, \Phi_n)}{D(y_1, y_2, \cdots, x, \cdots, y_n)} \quad (i = 1, 2, \cdots, n).$$

因此, 由 (10.44) 式可以得到

$$\frac{\partial h}{\partial x} = \frac{1}{J}\frac{D(V, \Phi_1, \Phi_2, \cdots, \Phi_n)}{D(x, y_1, y_2, \cdots, y_n)}.$$

但是, 由于 $V, \Phi_1, \Phi_2, \cdots, \Phi_n$ 是微分方程组 (10.17) 的 $(n+1)$ 个首次积分, 所以由定理 10.5 推出它们关于 $(x, y_1, y_2, \cdots, y_n)$ 的雅可比行列式恒等于 0, 从而

$$\frac{\partial h}{\partial x} \equiv 0.$$

这就证明了函数 h 不依赖于变量 x. 因此, 由 (10.43) 式推出

$$V(x, y_1, y_2, \cdots, y_n) = h(\Phi_1, \Phi_2, \cdots, \Phi_n),$$

即 (10.41) 式成立. 定理 10.6 证完. □

上述的首次积分理论都是在小范围内 (即局部) 成立的, 而在大范围内, 一般而言它们不再成立. 例如, 在 §10.1 中的例 1 虽有两个互相独立的首次积分 (10.2) 和 (10.3), 但它们也只是局部的. 这是因为对于 (10.2) 式而言, 它的左端函数在原点 O 没有定义; 而对于 (10.3) 式而言, 它的左端函数不是单值的 (当点 (x,y) 绕原点逆时针转一圈后函数的值增加 2π), 而且在原点 O 也没有定义.

注意, 在 §10.1 中的例 2 有大范围的首次积分 (10.6) 和 (10.7).

*§10.4 大范围的首次积分

为了简明起见, 我们考虑二阶的微分方程组

$$\begin{cases} \dfrac{\mathrm{d}y}{\mathrm{d}x} = f(x,y,z), \\ \dfrac{\mathrm{d}z}{\mathrm{d}x} = g(x,y,z), \end{cases} \tag{10.45}$$

其中函数 f 和 g 在 $Oxyz$ 空间的区域 Ω 内是充分光滑的. 现在我们提出下述

问题 (W): 寻找二阶微分方程组 (10.45) 在大范围区域 Ω 内的两个互相独立的首次积分

$$\Phi_i(x,y,z) = C_i \quad (i=1,2). \tag{10.46}$$

我们要指出, 变量 x,y,z 在方程组 (10.45) 中的地位是不 "对称" 的, 即 x 是自变量, 而 y 和 z 是未知函数. 但是, 我们也可以把方程组 (10.45) 化成如下 "对称的" 形式:

$$\begin{cases} \dfrac{\mathrm{d}x}{\mathrm{d}t} = E(x,y,z), \\ \dfrac{\mathrm{d}y}{\mathrm{d}t} = F(x,y,z), \\ \dfrac{\mathrm{d}z}{\mathrm{d}t} = G(x,y,z), \end{cases} \tag{10.47}$$

这里 x,y,z 都是未知函数. 从方程组 (10.47) 中消去 $\mathrm{d}t$, 即可以得到方程组 (10.45), 并且有

$$f = \frac{F}{E}, \quad g = \frac{G}{E}.$$

注意, 微分方程组 (10.47) 的右端 E,F,G 不依赖于自变量 t, 即它是**驻定的** (或**自治的**) 系统.

我们已经知道, (10.46) 式在 Ω 内分别代表方程组 (10.45) 的两个互相独立的积分曲面族 $S(C_1)$ 和 $T(C_2)$, 而且它们的交线 $\Gamma(C_1,C_2)$ 就是微分方程组 (10.45) 在 Ω 内的积分曲线族, 其中 C_1 和 C_2 是两个参数 (任意常数).

显然, (10.46) 式也是微分方程组 (10.47) 的驻定的首次积分. 因此, 对于微分方程组 (10.47) 的任何运动 (解)

$$x = x(t), \quad y = y(t), \quad z = z(t), \tag{10.48}$$

它们必定满足等式 (10.46), 其中 C_1 和 C_2 是与运动 (10.48) 有关的常数. 这也就是说, 微分方程组 (10.47) 的运动轨线恰好是微分方程组 (10.45) 的某条积分曲线 $\varGamma$, 只是轨线的运动方向需要根据微分方程组 (10.47) 确定. 反之, 微分方程组 (10.45) 的积分曲线也必定是微分方程组 (10.47) 的运动轨线. (只是当 $E(x,y,z)=0$ 时需要作必要的补充解释, 其说法雷同于在第一章中关于对称形式的微分方程的说明.) 这样一来, 我们将一般地讨论自治系统 (10.47), 其中函数 E, F, G 在 $\varOmega$ 内充分光滑, 而且它们除了在个别点以外不能同时等于零. 注意, 设在点 $P^*(x^*,y^*,z^*)$ 处, 它们同时等于零, 即

$$E(x^*,y^*,z^*) = F(x^*,y^*,z^*) = G(x^*,y^*,z^*) = 0,$$

则自治系统 (10.47) 有一个静止的运动 (解)

$$x = x^*, \quad y = y^*, \quad z = z^*, \quad -\infty < t < +\infty,$$

它的轨线退化成一个静止点 P^*.

现在, 我们把前面的问题 (W) 改提成下述

问题 $(\widetilde{W})$: 寻找驻定系统 (10.47) 在大范围区域 $\varOmega$ 内的两个互相独立的 (驻定的) 首次积分 (10.46).

以下就来分析这个问题. 假设驻定系统 (10.47) 在 $\varOmega$ 内有两个互相独立的形如 (10.46) 式的首次积分, 则由首次积分的充要条件, 我们在 $\varOmega$ 内有恒等式

$$\begin{cases} \dfrac{\partial \varPhi_1}{\partial x}E + \dfrac{\partial \varPhi_1}{\partial y}F + \dfrac{\partial \varPhi_1}{\partial z}G = 0, \\ \dfrac{\partial \varPhi_2}{\partial x}E + \dfrac{\partial \varPhi_2}{\partial y}F + \dfrac{\partial \varPhi_2}{\partial z}G = 0. \end{cases} \tag{10.49}$$

令雅可比行列式

$$L = \frac{D(\varPhi_1, \varPhi_2)}{D(y,z)}, \quad M = \frac{D(\varPhi_1, \varPhi_2)}{D(z,x)}, \quad N = \frac{D(\varPhi_1, \varPhi_2)}{D(x,y)},$$

则联立方程组 (10.49) 蕴涵

$$\frac{L}{E} = \frac{M}{F} = \frac{N}{G}.$$

又令它们的公比为 μ, 即得

$$L = \mu E, \quad M = \mu F, \quad N = \mu G. \tag{10.50}$$

因为上面的首次积分 $\varPhi_1$ 和 $\varPhi_2$ 是互相独立的, 所以在 $\varOmega$ 内 (个别点除外) 矩阵

$$\begin{pmatrix} \dfrac{\partial \varPhi_1}{\partial x} & \dfrac{\partial \varPhi_1}{\partial y} & \dfrac{\partial \varPhi_1}{\partial z} \\ \dfrac{\partial \varPhi_2}{\partial x} & \dfrac{\partial \varPhi_2}{\partial y} & \dfrac{\partial \varPhi_2}{\partial z} \end{pmatrix}$$

的秩等于 2, 亦即

$$L^2 + M^2 + N^2 > 0.$$

然后, 利用 (10.50) 式推出

$$\mu = \pm\sqrt{\frac{L^2 + M^2 + N^2}{E^2 + F^2 + G^2}},$$

我们在 Ω 内不妨设

$$\mu = \mu(x, y, z) > 0 \quad (\text{个别点除外}). \tag{10.51}$$

另一方面, 根据 L, M, N 的定义, 容易验证恒等式

$$\frac{\partial L}{\partial x} + \frac{\partial M}{\partial y} + \frac{\partial N}{\partial z} = 0$$

在 Ω 内成立 (这里要求 Φ_1 和 Φ_2 是二次连续可微的).

因此, 再由 (10.50) 式我们在 Ω 内得到恒等式

$$\frac{\partial}{\partial x}(\mu E) + \frac{\partial}{\partial y}(\mu F) + \frac{\partial}{\partial z}(\mu G) = 0, \tag{10.52}$$

其中函数 μ 满足条件 (10.51).

当 μ 是常数时, 恒等式 (10.52) 变成

$$\frac{\partial E}{\partial x} + \frac{\partial F}{\partial y} + \frac{\partial G}{\partial z} = 0,$$

即系统 (10.47) 的散度等于零, 亦即它是一个**保守系统**.

当 μ 不是常数时, 称上述函数 $\mu(x, y, z)$ 为微分方程组 (10.47) 在 Ω 内的一个**拟积分因子**.

引理 设 $\mu(x, y, z) > 0$ 是微分方程组 (10.47) 在 Ω 内的一个拟积分因子, 则 (10.47) 等价于下述保守系统 (个别点除外):

$$\frac{\mathrm{d}x}{\mathrm{d}\tau} = \mu E, \quad \frac{\mathrm{d}y}{\mathrm{d}\tau} = \mu F, \quad \frac{\mathrm{d}z}{\mathrm{d}\tau} = \mu G. \tag{10.53}$$

证明 用拟积分因子 μ 乘方程组 (10.47), 并且令

$$\mathrm{d}\tau = \frac{\mathrm{d}t}{\mu},$$

即得微分方程组 (10.53). 显然, 微分方程组 (10.47) 和 (10.53) 在 Ω 内有相同的轨线 (个别点除外), 即它们是等价的. 另外, 由 (10.52) 式可见, 系统 (10.53) 是保守的. □

总结上面的分析, 我们得到如下结果:

定理 10.7 若微分方程组 (10.47) 在大范围区域 Ω 内有两个互相独立的驻定的首次积分, 则它在 Ω 内是一个保守系统或等价于一个保守系统. □

反之, 对于一个保守系统 (或一个与保守系统等价的系统), 在何种条件下一定存在两个互相独立的大范围的驻定的首次积分呢? 这在物理、力学中是受人关注的一个问题, 可惜直到现在尚无完整的解答.

在结束本章之前, 让我们对以上的分析作一扼要的力学解释. 假想微分方程组 (10.47) 在区域 Ω 内代表一流体的运动方程, 那么这流体在点 (x, y, z) 的流速等于

$$\boldsymbol{v}(x, y, z) = (E(x, y, z), F(x, y, z), G(x, y, z)),$$

而其流线就是微分方程组 (10.47) 在 Ω 内的轨线. 设 Λ 是系统 (10.47) 的一个静止点或闭轨等, 而且周围的所有流线都奔向 (或离开) 它, 则称 Λ 是系统 (10.47) 的一个完全的渊 (或源). 容易证明, 如果系统 (10.47) 有完全的渊或源, 那么它不可能等价于任何保守系统, 从而也不可能有两个互相独立的大范围的驻定的首次积分.

习题 10–4

1. 对一般的自治系统

$$\frac{\mathrm{d}x_i}{\mathrm{d}t} = f_i(x_1, x_2, \cdots, x_n) \quad (i = 1, 2, \cdots, n, n \geqslant 2)$$

建立类似于定理 10.7 的理论; 并且当 $n = 2$ 时说明上述分析就是在第二章中大范围的恰当方程或积分因子的理论.

2. 证明 §10.1 的例 1 没有大范围的首次积分 $\Phi(x, y) = C$.

3. 验证 §10.1 的例 2 满足定理 10.7 的条件和结论.

4. 根据首次积分的定义直接证明: 如果一个自治系统有完全的源或渊, 那么它不可能有大范围的首次积分.

延伸阅读

第十一章
一阶偏微分方程

从第二章和第十章我们知道, 寻找积分因子和首次积分的问题等价于求解一阶线性偏微分方程的问题. 本章将进一步证明, 一类更广泛的一阶拟线性偏微分方程可以通过相应的特征方程 (常微分方程组) 的首次积分得解. 这里顺便指出, 与上述积分因子和首次积分有关的偏微分方程问题仍需回到常微分方程范围内才能得到解决; 事实上, 一阶偏微分方程的各种解法与常微分方程的首次积分有着密切的联系 (参考 [4]).

§11.1 一阶齐次线性偏微分方程

我们讨论下面的一阶偏微分方程:

$$\sum_{i=1}^{n} A_i(x_1, x_2, \cdots, x_n)\frac{\partial u}{\partial x_i} = 0, \tag{11.1}$$

其中 $u = u(x_1, x_2, \cdots, x_n)$ 是未知函数 $(n \geqslant 2)$. 假定方程 (11.1) 的系数函数 $A_1, A_2, \cdots, A_n$ 对 $(x_1, x_2, \cdots, x_n) \in D$ 是连续可微的, 而且它们不同时为零, 即在区域 D 上有

$$\sum_{i=1}^{n} |A_i(x_1, x_2, \cdots, x_n)| > 0.$$

注意, 偏微分方程 (11.1) 是线性齐次的.

对应于偏微分方程 (11.1), 我们考虑一个对称形式的常微分方程组

$$\frac{\mathrm{d}x_1}{A_1(x_1, x_2, \cdots, x_n)} = \frac{\mathrm{d}x_2}{A_2(x_1, x_2, \cdots, x_n)} = \cdots = \frac{\mathrm{d}x_n}{A_n(x_1, x_2, \cdots, x_n)}, \tag{11.2}$$

它叫作偏微分方程 (11.1) 的**特征方程**. 注意, 特征方程 (11.2) 是一个 $(n-1)$ 阶的常微分方程组, 所以它有 $(n-1)$ 个独立的首次积分

$$\varphi_i(x_1, x_2, \cdots, x_n) = C_i \quad (i = 1, 2, \cdots, n-1). \tag{11.3}$$

我们的目的是: 通过求解特征方程 (11.2) 的首次积分, 求得偏微分方程 (11.1) 的通解.

定理 11.1 设已经得到特征方程 (11.2) 的 $(n-1)$ 个独立的首次积分为 (11.3) 式, 则一阶偏微分方程 (11.1) 的通解为

$$u = \psi[\varphi_1(x_1, x_2, \cdots, x_n), \cdots, \varphi_{n-1}(x_1, x_2, \cdots, x_n)], \tag{11.4}$$

其中 $\psi[\cdot,\cdots,\cdot]$ 是一个任意的 $(n-1)$ 元连续可微函数.

证明　设

$$\varphi(x_1,x_2,\cdots,x_n)=C \tag{11.5}$$

是方程组 (11.2) 的一个 (局部的) 首次积分.

因为函数 $A_1,A_2,\cdots,A_n$ 不同时为零, 所以在局部邻域内不妨设

$$A_n(x_1,x_2,\cdots,x_n)\neq 0.$$

这样特征方程 (11.2) 等价于下面标准形式的微分方程组:

$$\begin{cases}\dfrac{\mathrm{d}x_1}{\mathrm{d}x_n}=\dfrac{A_1(x_1,x_2,\cdots,x_n)}{A_n(x_1,x_2,\cdots,x_n)},\\ \dfrac{\mathrm{d}x_2}{\mathrm{d}x_n}=\dfrac{A_2(x_1,x_2,\cdots,x_n)}{A_n(x_1,x_2,\cdots,x_n)},\\ \cdots\cdots\cdots\cdots\\ \dfrac{\mathrm{d}x_{n-1}}{\mathrm{d}x_n}=\dfrac{A_{n-1}(x_1,x_2,\cdots,x_n)}{A_n(x_1,x_2,\cdots,x_n)},\end{cases} \tag{11.6}$$

因此, (11.5) 式也是方程组 (11.6) 的一个首次积分. 从而我们有恒等式

$$\frac{\partial\varphi}{\partial x_n}+\sum_{i=1}^{n-1}\frac{A_i}{A_n}\frac{\partial\varphi}{\partial x_i}=0,$$

亦即恒等式

$$\sum_{i=1}^{n}A_i(x_1,x_2,\cdots,x_n)\frac{\partial\varphi}{\partial x_i}=0. \tag{11.7}$$

这就证明, (非常数) 函数 $\varphi(x_1,x_2,\cdots,x_n)$ 为方程组 (11.2) 的一个首次积分的充要条件为恒等式 (11.7) 成立. 换言之, $\varphi(x_1,x_2,\cdots,x_n)$ 为方程组 (11.2) 的一个首次积分的充要条件是 $u=\varphi(x_1,x_2,\cdots,x_n)$ 为偏微分方程 (11.1) 的一个 (非常数) 解.

因为 (11.3) 式是微分方程 (11.2) 的 $(n-1)$ 个独立的首次积分, 所以根据首次积分的理论得知, 对于任意连续可微的 (非常数) $(n-1)$ 元函数 $\Phi[\cdot,\cdots,\cdot]$,

$$\Phi[\varphi_1(x_1,x_2,\cdots,x_n),\cdots,\varphi_{n-1}(x_1,x_2,\cdots,x_n)]=C$$

就是方程组 (11.2) 的一个首次积分. 因此, 相应的函数 (11.4) 是偏微分方程 (11.1) 的解. 反之, 设 $u=u(x_1,x_2,\cdots,x_n)$ 是偏微分方程 (11.1) 的一个非常数解, 则 $u(x_1,x_2,\cdots,x_n)=C$ 是特征方程 (11.2) 的一个首次积分. 因此, 根据首次积分的理论得知, 存在连续可微的函数 $\Phi_0[\varphi_1,\varphi_2,\cdots,\varphi_{n-1}]$, 使得恒等式

$$u(x_1,x_2,\cdots,x_n)\equiv\Phi_0[\varphi_1(x_1,x_2,\cdots,x_n),\cdots,\varphi_{n-1}(x_1,x_2,\cdots,x_n)]$$

成立, 即偏微分方程 (11.1) 的任何非常数解可表示成 (11.4) 式的形式.

另外, 如果允许取 Φ 为常数, 则 (11.4) 式显然包括了偏微分方程 (11.1) 的常数解. 因此, 公式 (11.4) 表达了偏微分方程 (11.1) 的所有解, 亦即它是通解. □

附注　因为首次积分的理论是局部的, 所以偏微分方程 (11.1) 的通解表达式 (11.4) 在理论上也只是局部的. 另外, 我们顺便指出以下事实: 一个 n 阶常微分方程的通解需要用 n 个任意常数来描述, 而一个一阶偏微分方程的通解则需要用一个任意可微的函数来表达. 由此不难想到, 一个 n 阶偏微分方程的通解可以用 n 个可微的任意函数来描述. 但要在理论上证明这个想法已超出了本教程的范围.

例 1　求解偏微分方程

$$(x+y)\frac{\partial z}{\partial x}-(x-y)\frac{\partial z}{\partial y}=0, \tag{11.8}$$

这里设 $x^2+y^2>0$.

为此, 先写出偏微分方程 (11.8) 的特征方程

$$\frac{\mathrm{d}x}{x+y}=\frac{-\mathrm{d}y}{x-y},$$

它是一阶的常微分方程. 容易求得它的一个首次积分

$$\sqrt{x^2+y^2}\mathrm{e}^{\arctan\frac{y}{x}}=C.$$

因此, 方程 (11.8) 的通解为

$$z=\varphi\left(\sqrt{x^2+y^2}\mathrm{e}^{\arctan\frac{y}{x}}\right),$$

这里 $\varphi(\cdot)$ 是一个任意的连续可微函数.

例 2　求解初值问题

$$\begin{cases}\sqrt{x}\dfrac{\partial f}{\partial x}+\sqrt{y}\dfrac{\partial f}{\partial y}+z\dfrac{\partial f}{\partial z}=0,\\ \text{当 } z=1 \text{ 时}, f(x,y,z)=xy,\end{cases}$$

这里设 $x>0, y>0$ 和 $z>0$.

我们先写出相应的特征方程

$$\frac{\mathrm{d}x}{\sqrt{x}}=\frac{\mathrm{d}y}{\sqrt{y}}=\frac{\mathrm{d}z}{z},$$

它是一个二阶常微分方程. 容易求得两个独立的首次积分

$$\sqrt{x}-\sqrt{y}=C_1,\quad 2\sqrt{y}-\ln z=C_2.$$

因此, 上述偏微分方程的通解为

$$f(x,y,z)=\varphi(\sqrt{x}-\sqrt{y},2\sqrt{y}-\ln z), \tag{11.9}$$

其中 $\varphi(\cdot,\cdot)$ 是一个任意的连续可微函数.

然后, 利用上述初值条件, 我们得到

$$\varphi(\sqrt{x}-\sqrt{y},2\sqrt{y})=xy. \tag{11.10}$$

由此可以确定函数 $\varphi(\cdot,\cdot)$. 事实上, 令

$$\xi=\sqrt{x}-\sqrt{y},\quad \eta=2\sqrt{y},$$

则有

$$x=\left(\xi+\frac{1}{2}\eta\right)^2,\quad y=\frac{1}{4}\eta^2.$$

因此, 由 (11.10) 式我们推出

$$\varphi(\xi,\eta)=\frac{1}{4}\eta^2\left(\xi+\frac{1}{2}\eta\right)^2.$$

再利用 (11.9) 式, 我们就得到上述边值问题的解为

$$f(x,y,z)=\frac{1}{4}(2\sqrt{y}-\ln z)^2\left[(\sqrt{x}-\sqrt{y})+\frac{1}{2}(2\sqrt{y}-\ln z)\right]^2.$$

习题 11–1

1. 求解下列偏微分方程:

(1) $x_1\dfrac{\partial y}{\partial x_1}+x_2\dfrac{\partial y}{\partial x_2}+\cdots+x_n\dfrac{\partial y}{\partial x_n}=0\quad(n\geqslant 2)$;

(2) $(y+z)\dfrac{\partial u}{\partial x}+(z+x)\dfrac{\partial u}{\partial y}+(x+y)\dfrac{\partial u}{\partial z}=0$;

(3) $a(b^2+c^2)\dfrac{\partial h}{\partial a}+b(c^2+a^2)\dfrac{\partial h}{\partial b}+c(b^2-a^2)\dfrac{\partial h}{\partial c}=0$.

2. 求解下列初值问题:

(1) $\begin{cases}\sqrt{x}\dfrac{\partial u}{\partial x}+\sqrt{y}\dfrac{\partial u}{\partial y}+\sqrt{z}\dfrac{\partial u}{\partial z}=0,\\ \text{当 } x=1 \text{ 时}, u=y-z;\end{cases}$

(2) $\begin{cases}(x-y^2)\dfrac{\partial z}{\partial x}+y\dfrac{\partial z}{\partial y}=0,\\ \text{当 } x=1 \text{ 时}, z=f_0(y).\end{cases}$

§11.2　一阶拟线性偏微分方程

现在考虑下面的一阶偏微分方程:

$$\sum_{i=1}^{n}A_i(x_1,x_2,\cdots,x_n,u)\frac{\partial u}{\partial x_i}=B(x_1,x_2,\cdots,x_n,u),\tag{11.11}$$

其中函数 $A_1,A_2,\cdots,A_n$ 和 B 关于变元 $(x_1,x_2,\cdots,x_n,u)\in G$ 是连续可微的. 方程 (11.11) 有一个特点, 即关于未知函数的偏导数是线性的 (而不管未知函数本身如何出

现), 称它为**拟线性**偏微分方程. 为了便于读者进行比较, 我们也写出一般形式的一阶线性偏微分方程如下:

$$\sum_{i=1}^{n} A_i(x_1, x_2, \cdots, x_n)\frac{\partial u}{\partial x_i} = B_0(x_1, x_2, \cdots, x_n) + B_1(x_1, x_2, \cdots, x_n)u. \tag{11.12}$$

注意, 当 B_0 和 B_1 同时恒等于零时, 线性偏微分方程 (11.12) 就变成上节已经讨论过的那种线性齐次偏微分方程.

显然, 拟线性偏微分方程 (11.11) 比线性偏微分方程更广泛. 实际上, 线性偏微分方程要求对未知函数及其偏导数都是线性的, 而拟线性偏微分方程只要求对未知函数的偏导数是线性的.

为了简明起见, 我们在这里只讨论 $n = 2$ 的情形. 这时可把一阶拟线性偏微分方程 (11.11) 写成如下形式:

$$X(x, y, z)\frac{\partial z}{\partial x} + Y(x, y, z)\frac{\partial z}{\partial y} = Z(x, y, z), \tag{11.13}$$

其中函数 X, Y, Z 对 $(x, y, z) \in G$ 都是连续可微的, 而且设 X 和 Y 不同时等于零. 设 $z = z(x, y)$ 是偏微分方程 (11.13) 的解, 我们可以把它写成如下隐函数形式:

$$V(x, y, z) = 0. \tag{11.14}$$

由隐函数的偏导数公式, 我们有

$$\frac{\partial z}{\partial x} = -\frac{\partial V}{\partial x}\left(\frac{\partial V}{\partial z}\right)^{-1}, \quad \frac{\partial z}{\partial y} = -\frac{\partial V}{\partial y}\left(\frac{\partial V}{\partial z}\right)^{-1}.$$

再把它们代入方程 (11.13), 就推得

$$X(x, y, z)\frac{\partial V}{\partial x} + Y(x, y, z)\frac{\partial V}{\partial y} + Z(x, y, z)\frac{\partial V}{\partial z} = 0. \tag{11.15}$$

上述推理表明, 如果 (11.14) 式是拟线性偏微分方程 (11.13) 的隐式解, 则函数 $V = V(x, y, z)$ 是齐次线性偏微分方程 (11.15) 的 (显式) 解.

注意 (11.15) 式可以从 (11.13) 式直接写出, 并且在上节刚刚介绍了它的求解法. 因此, 我们关心的是与上述推理过程相反的问题: 如何从齐次线性偏微分方程 (11.15) 的解得出拟线性偏微分方程 (11.13) 的解? 下面的定理回答了这个问题.

定理 11.2 假设一阶齐次线性偏微分方程 (11.15) 的通解为

$$V = \Phi[u(x, y, z), v(x, y, z)],$$

其中

$$u(x, y, z) = C_1, \quad v(x, y, z) = C_2$$

是相应特征方程

$$\frac{\mathrm{d}x}{X(x, y, z)} = \frac{\mathrm{d}y}{Y(x, y, z)} = \frac{\mathrm{d}z}{Z(x, y, z)} \tag{11.16}$$

的两个独立的首次积分; 而 $\varPhi[\cdot,\cdot]$ 是一个任意连续可微的函数, 则偏微分方程 (11.13) 的 (隐式) 通解为

$$\varPhi[u(x,y,z),v(x,y,z)]=0. \tag{11.17}$$

证明 这里需要证明以下两件事:

(1) 由隐函数关系 (11.17) 所确定的函数 $z=z(x,y)$ 是偏微分方程 (11.13) 的解, 只要 $\dfrac{\partial \varPhi}{\partial z}\neq 0$;

(2) 任给偏微分方程 (11.13) 的一个解 $z=f(x,y)$, 它都可以表示为 (11.17) 式的形式, 即存在某个函数 $\varPhi_0[\cdot,\cdot]$, 使得

$$\varPhi_0[u(x,y,f(x,y)),v(x,y,f(x,y))]\equiv 0,$$

亦即

$$G(x,y)=u(x,y,f(x,y))$$

和

$$H(x,y)=v(x,y,f(x,y))$$

是函数相关的.

首先证明 (1): 因为 $V=\varPhi[u(x,y,z),v(x,y,z)]$ 是方程 (11.15) 的解, 即

$$X\frac{\partial \varPhi}{\partial x}+Y\frac{\partial \varPhi}{\partial y}+Z\frac{\partial \varPhi}{\partial z}=0 \tag{11.18}$$

是关于 x,y,z 的恒等式, 又因为由 (11.17) 式确定的隐函数 $z=z(x,y)$ 满足

$$\frac{\partial z}{\partial x}=-\frac{\partial \varPhi}{\partial x}\left(\frac{\partial \varPhi}{\partial z}\right)^{-1},\quad \frac{\partial z}{\partial y}=-\frac{\partial \varPhi}{\partial y}\left(\frac{\partial \varPhi}{\partial z}\right)^{-1}.$$

所以由恒等式 (11.18) 推出

$$X(x,y,z(x,y))\frac{\partial z}{\partial x}+Y(x,y,z(x,y))\frac{\partial z}{\partial y}=Z(x,y,z(x,y)),$$

亦即 $z=z(x,y)$ 是偏微分方程 (11.13) 的一个解.

其次证明 (2): 因为 $z=f(x,y)$ 是偏微分方程 (11.13) 的解, 而且我们有

$$\begin{aligned}\frac{\partial G}{\partial x}&=\frac{\partial u}{\partial x}+\frac{\partial u}{\partial z}\frac{\partial f}{\partial x},\quad \frac{\partial G}{\partial y}=\frac{\partial u}{\partial y}+\frac{\partial u}{\partial z}\frac{\partial f}{\partial y},\\ \frac{\partial H}{\partial x}&=\frac{\partial v}{\partial x}+\frac{\partial v}{\partial z}\frac{\partial f}{\partial x},\quad \frac{\partial H}{\partial y}=\frac{\partial v}{\partial y}+\frac{\partial v}{\partial z}\frac{\partial f}{\partial y},\end{aligned}$$

所以当 $z=f(x,y)$ 时有

$$\begin{aligned}X\frac{\partial G}{\partial x}+Y\frac{\partial G}{\partial y}&=X\frac{\partial u}{\partial x}+Y\frac{\partial u}{\partial y}+\left(X\frac{\partial f}{\partial x}+Y\frac{\partial f}{\partial y}\right)\frac{\partial u}{\partial z}\\&=X\frac{\partial u}{\partial x}+Y\frac{\partial u}{\partial y}+Z\frac{\partial u}{\partial z}=0,\end{aligned}$$

亦即

$$X\frac{\partial G}{\partial x}+Y\frac{\partial G}{\partial y}\equiv 0, \tag{11.19}$$

同理

$$X\frac{\partial H}{\partial x}+Y\frac{\partial H}{\partial y}\equiv 0. \tag{11.20}$$

由于 X 和 Y 不能同时为零, 所以联立方程 (11.19) 和 (11.20) 的系数行列式, 即雅可比行列式

$$\frac{D(G,H)}{D(x,y)}\equiv 0,$$

它蕴涵上述 $G(x,y)$ 和 $H(x,y)$ 是函数相关的. 定理得证. □

例 1 求解初值问题

$$\begin{cases}\sqrt{x}\dfrac{\partial z}{\partial x}+\sqrt{y}\dfrac{\partial z}{\partial y}=z,\\ \text{当 } x=1 \text{ 时}, z=\sin 2y.\end{cases} \tag{11.21}$$

先解相应的特征方程

$$\frac{\mathrm{d}x}{\sqrt{x}}=\frac{\mathrm{d}y}{\sqrt{y}}=\frac{\mathrm{d}z}{z},$$

它有两个独立的首次积分

$$\sqrt{x}-\sqrt{y}=C_1,\quad 2\sqrt{y}-\ln|z|=C_2.$$

因此, 利用上述定理 11.2, 得到偏微分方程 (11.21) 的通解

$$\varPhi(\sqrt{x}-\sqrt{y},2\sqrt{y}-\ln|z|)=0, \tag{11.22}$$

其中 $\varPhi(\xi,\eta)$ 是任意的连续可微函数, 且设 $\varPhi'_\eta\neq 0$, 则由 (11.22) 式可解出

$$2\sqrt{y}-\ln|z|=\omega(\sqrt{x}-\sqrt{y}).$$

因此, 得到所求的通解为

$$z=\pm\exp[2\sqrt{y}-\omega(\sqrt{x}-\sqrt{y})],$$

或

$$z=\exp(2\sqrt{y})\varphi(\sqrt{x}-\sqrt{y}), \tag{11.23}$$

其中 $\varphi(\cdot)$ 是一个任意连续可微的函数.

然后, 由 (11.23) 式和初值条件, 我们推出

$$\exp(2\sqrt{y})\varphi(1-\sqrt{y})=\sin 2y,$$

亦即

$$\varphi(1-\sqrt{y})=\exp(-2\sqrt{y})\sin 2y.$$

令 $t=1-\sqrt{y}$, 则 $y=(1-t)^2$, 因此, 我们得到

$$\varphi(t)=\mathrm{e}^{2(t-1)}\sin[2(1-t)^2].$$

再利用 (11.23) 式, 我们得到所求初值问题的解为

$$z=\exp 2(\sqrt{x}-1)\sin[2(1-\sqrt{x}+\sqrt{y})^2].$$

例 2　求解偏微分方程

$$x_1\frac{\partial y}{\partial x_1}+x_2\frac{\partial y}{\partial x_2}+\cdots+x_n\frac{\partial y}{\partial x_n}=ky, \tag{11.24}$$

其中 k 是正整数.

在数学分析中, 我们已经知道, 当 y 是 $x_1,x_2,\cdots,x_n$ 的 k 次齐次函数时, y 满足偏微分方程 (11.24). 现在我们可以证明, 上述逆命题也成立.

先写出偏微分方程 (11.24) 的特征方程

$$\frac{\mathrm{d}x_1}{x_1}=\frac{\mathrm{d}x_2}{x_2}=\cdots=\frac{\mathrm{d}x_n}{x_n}=\frac{\mathrm{d}y}{ky},$$

它是 n 阶常微分方程. 易知, 它有 n 个独立的首次积分

$$\frac{x_1}{x_n}=C_1,\quad \frac{x_2}{x_n}=C_2,\quad \cdots,\quad \frac{x_{n-1}}{x_n}=C_{n-1},\quad \frac{y}{(x_n)^k}=C_n.$$

因此, 偏微分方程 (11.24) 的通解为

$$\varPhi\left[\frac{x_1}{x_n},\frac{x_2}{x_n},\cdots,\frac{x_{n-1}}{x_n},\frac{y}{(x_n)^k}\right]=0.$$

由此可确定所求的通解为

$$y=(x_n)^k\varphi\left(\frac{x_1}{x_n},\frac{x_2}{x_n},\cdots,\frac{x_{n-1}}{x_n}\right),$$

它关于 $x_1,x_2,\cdots,x_n$ 显然是 k 次齐次的.

因此, 我们推出, 可微函数 $y=y(x_1,x_2,\cdots,x_n)$ 关于 $x_1,x_2,\cdots,x_n$ 是 k 次齐次的, 当且仅当它是偏微分方程 (11.24) 的解.

习题 11–2

1. 求下列偏微分方程的通解:

(1) $\dfrac{\partial u}{\partial x}+2\dfrac{\partial u}{\partial y}+3\dfrac{\partial u}{\partial z}=xyz.$

(2) $(xy^3-2x^4)\dfrac{\partial z}{\partial x}+(2y^4-x^3y)\dfrac{\partial z}{\partial y}=9z(x^3-y^3).$

2. 求解初值问题

$$\begin{cases}\sqrt{x}\dfrac{\partial f}{\partial x}+\sqrt{y}\dfrac{\partial f}{\partial y}+\sqrt{z}\dfrac{\partial f}{\partial z}=f,\\ \text{当 } y=1 \text{ 时}, f(x,y,z)=xz.\end{cases}$$

3. 试讨论一般的拟线性偏微分方程 (11.11) 的解法.

§11.3 几何解释

设一阶拟线性偏微分方程

$$X(x,y,z)\frac{\partial z}{\partial x}+Y(x,y,z)\frac{\partial z}{\partial y}=Z(x,y,z), \tag{11.25}$$

其中关于函数 X, Y, Z 的假设同上节, 它的特征方程为

$$\frac{\mathrm{d}x}{X(x,y,z)}=\frac{\mathrm{d}y}{Y(x,y,z)}=\frac{\mathrm{d}z}{Z(x,y,z)}. \tag{11.26}$$

本节的目的是要对偏微分方程 (11.25) 的解和由它的特征方程确定的积分曲线之间的关系作出几何说明, 从而提出有关偏微分方程 (11.25) 的一般初值问题的解法——**特征线法**.

在特征方程 (11.26) 的定义区域 G 内的每一点 $P(x,y,z)$ 可作一向量

$$\boldsymbol{v}_P=(X(x,y,z),Y(x,y,z),Z(x,y,z)).$$

这样我们在区域 G 内就得到一个向量场. 显然, 特征方程 (11.26) 经过 P 点的积分曲线 $\varGamma$ 在 P 点以 $\boldsymbol{v}_P$ 为一切向量.

今后我们称上述向量 $\boldsymbol{v}_P$ 为**特征向量**; 称特征方程 (11.26) 的积分曲线 $\varGamma$ 为**特征曲线**; 而称偏微分方程 (11.25) 的解 $z=z(x,y)$ 所确定的曲面 $\mathcal{S}$ 为**积分曲面**.

设在积分曲面 $\mathcal{S}$ 上任取一点 P, 则曲面 $\mathcal{S}$ 在 P 点的法向量为

$$\boldsymbol{n}_P=\left(\frac{\partial z}{\partial x},\frac{\partial z}{\partial y},-1\right).$$

由方程 (11.25) 可见, 向量 $\boldsymbol{v}_P$ 和 $\boldsymbol{n}_P$ 的数量积等于零, 所以它们是互相垂直的. 这就说明, 在 P 点的特征向量 $\boldsymbol{v}_P$ 只可能与积分曲面 $\mathcal{S}$ 在 P 点相切, 亦即特征曲线 $\varGamma$ 与积分曲面 $\mathcal{S}$ 在交点 P 处只可能是相切的.

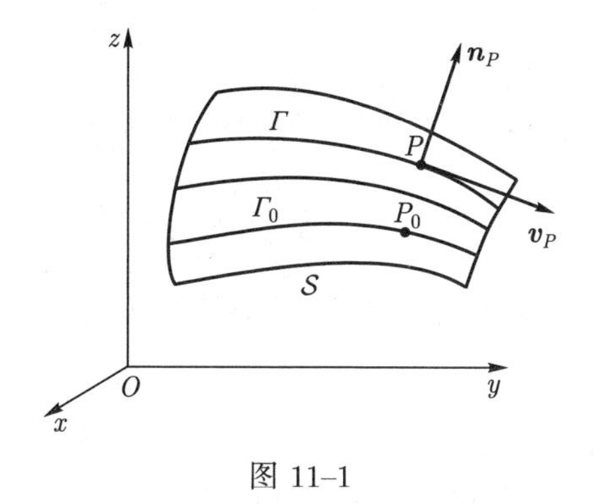

图 11–1

现在我们将进一步说明积分曲面 $\mathcal{S}$ 实际上是由特征曲线构成的, 具体含意如下 (参见图 11–1):

(1) 通过 $\mathcal{S}$ 上任何一点 $P_0(x_0,y_0,z_0)$ 恰有一条特征曲线 Γ_0, 而且 $\Gamma_0\subset S$;

(2) 由特征曲线生成的光滑曲面 $\mathcal{F}$: $z=f(x,y)$ 是偏微分方程 (11.25) 的一个积分曲面.

上述性质 (1) 的前半句只是常微分方程 (11.26) 的解的存在唯一性的直接推论. 现证后半句, 即通过积分曲面 $\mathcal{S}$ 上各点 P_0 的特征曲线 Γ_0 完全落在积分曲面 $\mathcal{S}$ 上.

事实上, 特征方程 (11.26) 有两个独立的首次积分

$$\varphi(x,y,z)=C_1,\quad \psi(x,y,z)=C_2,$$

它们共同确定了特征曲线族. 因此, 特征曲线 Γ_0 满足

$$\varphi(x,y,z)=C_1^0,\quad \psi(x,y,z)=C_2^0, \tag{11.27}$$

其中常数

$$C_1^0=\varphi(x_0,y_0,z_0),\quad C_2^0=\psi(x_0,y_0,z_0). \tag{11.28}$$

另一方面, 根据上节定理 11.2, 积分曲面 $\mathcal{S}$ 可以表示为如下形式:

$$h\left(\varphi(x,y,z),\psi(x,y,z)\right)=0, \tag{11.29}$$

这里 $h(\cdot,\cdot)$ 是某个连续可微的函数. 因此, 由于 $P_0\in S$, 我们有

$$h\left(\varphi(x_0,y_0,z_0),\psi(x_0,y_0,z_0)\right)=0,$$

所以由 (11.28) 式得到

$$h\left(C_1^0,C_2^0\right)=0.$$

然后, 由 (11.27) 式推出, 在特征曲线 Γ_0 上我们有

$$h\left(\varphi(x,y,z),\psi(x,y,z)\right)=0.$$

这就证明了 $\Gamma_0\subset S$.

然后再证明性质 (2).

我们知道, 一个光滑曲面 $\mathcal{F}$: $z=f(x,y)$ 在点 $P(x,y,z)$ 的法向量为

$$\boldsymbol{n}_P=\left(\frac{\partial z}{\partial x},\frac{\partial z}{\partial y},-1\right).$$

由于这曲面 $\mathcal{F}$ 是由特征曲线生成的, 故在 P 点的法向量 $\boldsymbol{n}_P$ 应与特征向量 $\boldsymbol{v}_P$ 互相垂直. 因此, 我们有

$$X(x,y,z)\frac{\partial z}{\partial x}+Y(x,y,z)\frac{\partial z}{\partial y}-Z(x,y,z)=0,$$

其中 $z=f(x,y)$. 这就证明了 $\mathcal{F}$ 是一个积分曲面.

有了上面的几何性质 (1) 和 (2), 我们就可以进一步从几何上理解偏微分方程 (11.25) 的下述初值问题:

给定一条光滑曲线

$$\Lambda\colon x=\alpha(\sigma),\ \ y=\beta(\sigma),\ \ z=\gamma(\sigma)\quad(\sigma\in I),$$

其中 σ 为曲线的参数坐标. 试求偏微分方程 (11.25) 的一个积分曲面 $\mathcal{S}$, 使得它通过初始曲线 Λ.

由此可见, 如果由初始曲线 Λ 串连起来的那些特征曲线组成一个光滑的曲面 $S\colon z=f(x,y)$, 那么它就是所求的 (唯一) 积分曲面. 这样一来, 我们只需寻找那些通过初始曲线 Λ 的特征曲线 (参见图 11–1).

在 Λ 上任取一点 $M(\alpha(\sigma),\beta(\sigma),\gamma(\sigma))$, 则通过 M 点的特征曲线为

$$\Gamma_M\colon \varphi(x,y,z)=\overline{C}_1,\quad \psi(x,y,z)=\overline{C}_2,\tag{11.30}$$

其中常数

$$\overline{C}_1=\varphi(\alpha(\sigma),\beta(\sigma),\gamma(\sigma)),\quad \overline{C}_2=\psi(\alpha(\sigma),\beta(\sigma),\gamma(\sigma)).\tag{11.31}$$

然后, 由 (11.31) 式消去参数 σ, 我们得到 $\overline{C}_1$ 与 $\overline{C}_2$ 之间的关系式, 设为

$$E(\overline{C}_1,\overline{C}_2)=0,$$

它表示那些与初始曲线 Λ 相交的特征曲线所满足的关系式. 因此, 由 (11.30) 式可见, 关系式

$$E\left(\varphi(x,y,z),\psi(x,y,z)\right)=0$$

确定了所求的积分曲面 $S\colon z=f(x,y)$.

附注 如果与初始曲线 Λ 在 M 点相交的每一条特征曲线 Γ_M 都不与 Λ 相切 (即 Γ_M 与 Λ 在 M 点是横截相交的), 那么这些特征曲线显然组成一个光滑的曲面 $\mathcal{S}$; 而且如果这曲面 $\mathcal{S}$ 可以表示成 $z=f(x,y)$ 的形式, 那么 $\mathcal{S}$ 就是所求的积分曲面. 但是, 如果曲面 S 不能表示成 $z=f(x,y)$ 的形式, 那么它不能代表偏微分方程 (11.25) 的解. 因此, 这时上述初值问题无解. 另外, 容易想象, 与初始曲线相交的那些特征曲线可能并不组成一个曲面. 例如, 当初始曲线 $\widetilde{\Lambda}$ 本身是一条特征曲线时, 那些通过 $\widetilde{\Lambda}$ 的特征曲线其实只是 $\widetilde{\Lambda}$ 自己而已, 这样我们当然不能得到一个曲面; 但是, 这时也容易知道, 任何一个包含特征曲线 $\widetilde{\Lambda}$ 的积分曲面都是所求初值问题的解. 因此, 当初始曲线本身是一条特征曲线时, 上述偏微分方程的初值问题的解是存在的, 但可能不唯一.

例 1 求偏微分方程

$$x\frac{\partial z}{\partial x}-y\frac{\partial z}{\partial y}=z\tag{11.32}$$

的积分曲面, 使得它通过初始曲线

$$\Lambda_1\colon x=t,\ \ y=3t,\ \ z=1+t^2\quad(t>0\ \text{为参数}).$$

我们先求解特征方程

$$\frac{\mathrm{d}x}{x}=\frac{\mathrm{d}y}{-y}=\frac{\mathrm{d}z}{z},$$

它有两个独立的首次积分

$$xy=C_1,\quad yz=C_2. \tag{11.33}$$

利用初始曲线, 我们有

$$3t^2=C_1,\quad 3t(1+t^2)=C_2,$$

由此消去参数 t, 得到关系式

$$C_2=\sqrt{3C_1}\left(1+\frac{1}{3}C_1\right).$$

再利用 (11.33) 式, 我们得到所求的解

$$yz=\sqrt{3xy}\left(1+\frac{1}{3}xy\right),$$

亦即

$$z=\sqrt{\frac{3x}{y}}\left(1+\frac{1}{3}xy\right).$$

例 2　试求偏微分方程 (11.32) 通过初始曲线

$$\Lambda_2\colon x=0,\ z=y$$

的积分曲面.

事实上, 由特征曲线族 (11.33) 显然可见, 通过这条初始曲线 Λ_2 的所有特征曲线组成的曲面为平面 $x=0$, 它不能表示成 $z=f(x,y)$ 的形式. 因此, 这个初值问题无解.

例 3　试求偏微分方程 (11.32) 的积分曲面, 使得它通过初始曲线

$$\Lambda_3\colon x=t,\quad y=\frac{1}{t},\ \ z=t\quad (t>0).$$

易知这初始曲线 Λ_3 与一支特征曲线

$$xy=1,\quad yz=1$$

重合. 因此, 不难知道, 这初值问题有无穷多个解. 事实上, 在 Λ_3 上取定一点 P_0, 并且通过 P_0 点任意作一条光滑的曲线 Λ_0, 使得 Λ_0 与 Λ_3 横截相交, 则通过 Λ_0 有唯一的一个积分曲面 $\mathcal{S}_0$. 因为 Λ_3 是过 P_0 点的特征曲线, 所以 $\Lambda_3\subset\mathcal{S}_0$, 即 $\mathcal{S}_0$ 为通过 Λ_3 的一个积分曲面.

本章介绍的只是一阶拟线性偏微分方程. 至于一般的一阶非线性偏微分方程的理论和解法, 有兴趣的读者可以参考文献 [4] 和 [7].

习题 11–3

1. 求解初值问题:

$$\begin{cases} \sqrt{x}\dfrac{\partial z}{\partial x} + \sqrt{y}\dfrac{\partial z}{\partial y} = \sqrt{z}; \\ \text{通过初始曲线 } \varLambda\colon x = y = z. \end{cases}$$

2. 求解初值问题:

$$\begin{cases} (x^2 + y^2)\dfrac{\partial z}{\partial x} + 2xy\dfrac{\partial z}{\partial y} = 0; \\ \text{当 } x = 2y \text{ 时}, z = y^2. \end{cases}$$

延伸阅读

部分习题答案与提示[1]

习题 1–1

2. (1) $y=a_0+a_1x+\dfrac{a_2x^2}{2}+\dfrac{x^4}{24}$; (2) $y=\displaystyle\int_0^x f(s)\mathrm{d}s$;

   (3) $R=\exp(-at)$; (4) $y=\tan(x-x_0+\arctan y_0)$.

习题 2–1

1. 不是.
2. 是, $\dfrac{1}{2}x^2+2xy-\dfrac{1}{2}y^2=C$.
3. 是, $ax^2+2bxy+cy^2=C$.
4. 不是.
5. 是, $(t^2+1)\sin u=C$.
6. 是, $\mathrm{e}^x(y+2)+xy^2=C$.
7. 是, $\dfrac{1}{3}x^3+y\ln x-y^2=C$.
8. 当 $c\neq 2b$ 时, 不是; 当 $c=2b$ 时, 是, $\dfrac{1}{3}ax^3+bxy^2=C$.
9. 是, $s^2-s=Ct$.
10. 是, $F(x^2+y^2)=C$, 其中 F 是 f 的一个不定积分.

习题 2–2

1. (1) $3y^2-2x^3=C,\ y\neq 0$;

   (2) $3y^2-2\ln|1+x^3|=C,\ y\neq 0,\ x\neq -1$;

   (3) $1+(C+\cos x)y=0$ 和 $y=0$;

   (4) $y=\tan\left(x+\dfrac{1}{2}x^2+C\right)$;

   (5) $2\tan 2y-2x-\sin 2x=C$ 和 $y=\dfrac{\pi}{4}+\dfrac{n\pi}{2}, n\in\mathbb{Z}$;

   (6) $\arcsin y-\ln|x|=C$ 和 $y=\pm 1$;

[1]需要注意, 一些计算题的解的形式不唯一, 某些证明题的证法可能是多样的. 在这种情况下, 这里给出的习题答案与提示只是其中的一种选择.

(7) $y^2-x^2+2(\mathrm{e}^y-\mathrm{e}^{-x})=C \quad (y+\mathrm{e}^y\neq 0)$.

2. (1) $2\sin 3y-3\cos 2x=3$; (2) $2(x-1)\mathrm{e}^x+y^2+1=0$;

(3) $r=2\mathrm{e}^{\theta}$; (4) $y+\dfrac{1}{3}y^3+x-1-x\ln x=0$;

(5) $y^{-2}+2(1+x^2)^{\frac{1}{2}}=3$.

3. (1) $y=\sin x+C$; (2) $y=C\mathrm{e}^{ax}$;

(3) $y=\dfrac{C\mathrm{e}^{2x}-1}{C\mathrm{e}^{2x}+1}$ 和特解 $y=\pm1$;

(4) 当 $n\neq 1$ 时, $\dfrac{1}{n-1}y^{1-n}+x=C$; 当 $n=1$ 时, $y=C\mathrm{e}^x$.

4. 设 B 的运动轨迹为 $y=y(x)$, 则它满足微分方程 $\dfrac{\mathrm{d}y}{\mathrm{d}x}=-\dfrac{y}{\sqrt{b^2-y^2}}$, 解出得 $x=\dfrac{b}{2}\ln\dfrac{b+\sqrt{b^2-y^2}}{b-\sqrt{b^2-y^2}}-\sqrt{b^2-y^2}$.

*5. 用反证法.

习题 2–3

1. (1) $y=C\mathrm{e}^{-2x}+(x-1)\mathrm{e}^{-x}$; (2) $y=C\cos x-2\cos^2 x$;

(3) $y=(\sin x-x\cos x)x^{-2}$; (4) $y=\sqrt{\dfrac{1+x}{1-x}}\dfrac{\arcsin x+x\sqrt{1-x^2}+2}{2}$.

2. (1) 令 $u=y^2$; (2) 将 x 看作 y 的函数;

(3) 令 $u=y^3$; (4) 令 $u=\sin y$.

3. 将微分不等式两端乘 $\mathrm{e}^{\int_0^x a(s)\mathrm{d}s}$, 然后积分.

5. 利用通解表达式 (2.33) 进行证明.

6. 所求的有界解为 $y=\displaystyle\int_{-\infty}^{x}\mathrm{e}^{s-x}f(s)\mathrm{d}s$.

7. $\varphi(f)=\dfrac{1}{\mathrm{e}^{2a\pi}-1}\displaystyle\int_{x}^{x+2\pi}\mathrm{e}^{-a(x-s)}f(s)\mathrm{d}s$; $\quad\|\varphi(f)\|\leqslant\dfrac{1}{a}\|f\|$.

习题 2–4

1. (1) $y-x=C(x+y)^3$, 特解 $x+y=0$;

(2) $y-x+3=C(x+y+1)^3$, 特解 $x+y+1=0$;

(3) $8y-4x-3\ln|8y+4x+1|=C$, 特解 $4x+8y+1=0$;

(4) $y^2=(C\mathrm{e}^{x^2}+x^2+1)^{-1}$, 特解 $y=0$.

2. (1) $\cos\dfrac{y-x}{2}=x\sin\dfrac{y-x}{2}+C\sin\dfrac{y-x}{2}$, 特解 $y=x+2k\pi, k\in\mathbb{Z}$;

(2) $u^3v+\dfrac{1}{2}u^2v^2=C$;

(3) 作变换 $u=y^2$, $v=x^2$, 可得通积分为

$(y^2-x^2-1)^2=C(y^2-2x^2-3)^3$, 特解 $y^2-2x^2-3=0$.

(4) 作变换 $u=y^2, v=x^2$, 得通积分 $(x^2-y^2-1)^5=C(x^2+y^2-3)$.

3. (1) 这是 $m=-2$ 的里卡蒂方程, 可作变换 $z=xy$.

一个特解为 $y=\dfrac{1}{2x}$, 通解为 $y=\dfrac{1}{2x}+\dfrac{1}{Cx+x\ln|x|}$;

(2) 令 $z=xy$, 方程化为 $\dfrac{\mathrm{d}z}{\mathrm{d}x}=\dfrac{(z+1)^2}{x}$.

通解为 $y=-\dfrac{1}{x}+\dfrac{1}{Cx-x\ln|x|}$, 特解 $xy=-1$.

4. 令 $y=\mathrm{e}^{\int u\mathrm{d}x}$, 则方程化成 $u'+u^2+p(x)u+q(x)=0$.

5. 微分方程为 $\dfrac{\mathrm{d}y}{\mathrm{d}x}=\dfrac{x-y}{x+y}$, 曲线方程为 $\arctan\dfrac{y}{x}-\dfrac{1}{2}\ln(x^2+y^2)=C$.

6. $y^2=2C(x+\dfrac{1}{2}C)$.

习题 2–5

1. (1) 可取 $\mu=\mathrm{e}^{3x}$, 得通积分为 $3x^2y+y^3=C\mathrm{e}^{-3x}$;

(2) 可取 $\mu=\dfrac{1}{y}\mathrm{e}^{2y}$, 得通积分为 $x\mathrm{e}^{2y}-\ln|y|=C$, 特解 $y=0$;

(3) 可取 $\mu=xy$, 得通积分为 $x^3y+3x^2+y^3=C$;

(4) 可取 $\mu=\dfrac{1}{x^2+y^2}$, 得通积分为 $y+\arctan\dfrac{y}{x}=C$, 特解 $y=0$;

(5) 可取 $\mu=\dfrac{1}{y^2}$, 得通积分为 $x^2y+\dfrac{1}{y}=C$, 特解 $y=0$;

(6) 可取 $\mu=\dfrac{1}{y^2}$, 得通积分为 $\dfrac{x}{y}+\dfrac{1}{2}x^2=C$, 特解 $y=0$;

(7) 可取 $\mu=\dfrac{1}{x^2y}$, 得通积分为 $\ln y^2-\dfrac{1}{x}y^2=C$, 特解 $y=0$;

(8) 可取 $\mu=\sin y$, 得通积分为 $\mathrm{e}^x\sin y-\dfrac{1}{2}y\cos 2y+\dfrac{1}{4}\sin 2y=C$.

2. 令 $u=\varphi(x,y)$, 仿定理 2.4 的证明即可.

(1) $\left(\dfrac{\partial P}{\partial y}-\dfrac{\partial Q}{\partial x}\right)\Big/(Q\mp P)=f(x\pm y)$;

(2) $\left(\dfrac{\partial P}{\partial y}-\dfrac{\partial Q}{\partial x}\right)\Big/(xQ-yP)=f(x^2+y^2)$;

(3) $\left(\dfrac{\partial P}{\partial y}-\dfrac{\partial Q}{\partial x}\right)\Big/(yQ-xP)=f(xy)$;

(4) $\left(\dfrac{\partial P}{\partial y}-\dfrac{\partial Q}{\partial x}\right)\Big/\left(\dfrac{yQ}{x^2}+\dfrac{P}{x}\right)=f\left(\dfrac{y}{x}\right)$;

(5) $\left(\dfrac{\partial P}{\partial y}-\dfrac{\partial Q}{\partial x}\right)\Big/\left(\dfrac{\alpha Q}{x}-\dfrac{\beta P}{y}\right)=f(x^\alpha y^\beta)$.

3. 作变换 $y=ux$. 然后证明变换后的方程有积分因子

$$x^{m+1}[P(1,u)+uQ(1,u)]^{-1},$$

其中 m 为齐次方程的次数.

4. 由于 $\mu(P\mathrm{d}x+Q\mathrm{d}y)=\mathrm{d}\Phi$, 所以 $\mu g(\Phi)(P\mathrm{d}x+Q\mathrm{d}y)=\mathrm{d}\int g(\Phi)\mathrm{d}\Phi$. 由此可证定理 2.6. 再设 $\mu_1(P\mathrm{d}x+Q\mathrm{d}y)=\mathrm{d}\Psi$, 则雅可比行列式 $\dfrac{D(\Psi,\Phi)}{D(x,y)}\equiv 0$, 从而 Ψ 与 Φ 函数相关. 因此 $\dfrac{\mu_1}{\mu}=\dfrac{\mathrm{d}\Psi}{\mathrm{d}\Phi}$ 可表示为 Φ 的函数, 定理 2.6 之逆得证.

5. 可利用上题结果.

习题 2–6

1. (1) $x^2+y^2=Ky$; (2) $x^2-y^2=K$;

   (3) $x^2+\dfrac{3}{2}y^2=K$; (4) $x^2+y^2-\ln x^2=K$.

2. (1) $y-3x=K$;

   (2) $x^2-y^2-2xy=K$;

   (3) $\ln(y^2+xy+2x^2)-\dfrac{2}{\sqrt{7}}\arctan\dfrac{2y+x}{\sqrt{7}x}=K$;

   (4) $\ln(y^2-xy+2x^2)-\dfrac{6}{\sqrt{7}}\arctan\dfrac{2y-x}{\sqrt{7}x}=K$.

3. $\sqrt{3}(x^2-y^2+1)+2xy=0$.

*4. $x=\dfrac{1}{2\left(1+\dfrac{a}{b}\right)}(y^{1+\frac{a}{b}}-1)-\dfrac{1}{2\left(1-\dfrac{a}{b}\right)}(y^{1-\frac{a}{b}}-1),\ T=\dfrac{b}{b^2-a^2}$.

5. $v_0\doteq 11.2$ km/s.

6. 设比例常数为 p, 则 $x(t)=\dfrac{CN\mathrm{e}^{pNt}}{1+C\mathrm{e}^{pNt}}$; 当 $t\to+\infty$ 时, $x(t)\to N$. 由此可知, 对患者隔离是必要的. 否则, 全体人员都有被传染的风险.

习题 3–1

1. (1) 当 $\alpha\geqslant 1$ 时解唯一, 当 $0<\alpha<1$ 时解不唯一.

   (2) $y=0$ 是满足 $y(0)=0$ 的唯一解. 事实上, 当 $y\neq 0$ 且 $|y|<1$ 时 $y\dfrac{\mathrm{d}y}{\mathrm{d}x}<0$. 利用当 $0<|\overline{y}|<1$ 时 $\displaystyle\int_0^{\overline{y}}\frac{\mathrm{d}y}{y\ln|y|}$ 发散可证明, 解 $y=0$ 近旁的其他解在 x 的有限区间内与 $y=0$ 无公共点 (参考习题 2–2 的 *5 和 6(2)). 注意当 $y\neq 0$ 时 $|f(x,y)-f(x,0)|=|\ln|y||\,|y|$, 因此在 $y=0$ 近旁利普希茨条件不成立. 本例说明对初值问题解的唯一性而言, 利普希茨条件不是必要的.

2. $y_n(x)=\dfrac{x^{n+1}}{(n+1)!}+2\left(\dfrac{x^n}{n!}+\cdots+\dfrac{x^2}{2}+x+1\right)-(x+2)$, 取极限得解 $y=2(\mathrm{e}^x-1)-x$.

*3. 利用反证法. 设有两个解 $y(x)$ 和 $y_1(x)$, $y(x_0)=y_1(x_0)$, 且存在 $x_1>x_0$, 使 $y(x_1)>y_1(x_1)$. 令 $\xi=\sup\{x_0\leqslant x<x_1|y(x)=y_1(x)\}$, 则当 $\xi<x\leqslant x_1$ 时 $r(x)=y(x)-y_1(x)>0$, 可在 x_1 点导出矛盾.

习题 3–2

1. 可把满足条件的函数序列从有限开区间延拓到有限闭区间上.
2. 反例很多, 例如 $\left\{\sin\dfrac{x}{n}\right\}$, $n=1,2,\cdots,-\infty<x<+\infty$.
3. 不能. 原因是: 在定义皮卡序列的积分式 (3.4) 中, $y_{n+1}(x)$ 是通过 $y_n(x)$ 表示的. 一旦限制在子序列上, 这种表示法就失效了. 这就是为什么还要利用引理 3.2, 而这个引理的证明并不简单.

*4. 用阿斯科利引理得到的一致收敛子序列有类似表达式, 从而可直接在表达式中取极限. 托内利序列的构造方法虽不大自然, 但它成功地克服了上题中所说的困难, 下面给出详细证明.

首先, 我们对托内利序列的构造做出说明: 当 $n=1$ 时, $I=[x_0,x_1]$, 所以 $y_1(x)=y_0$. 当 $n=2$ 时, $I=[x_0,x_1]\cup[x_1,x_2]$, 所以

$$y_2(x)=\begin{cases}y_0, & x\in[x_0,x_1],\\ y_0+\displaystyle\int_{x_0}^{x-d_2}f(\xi,y_0)\mathrm{d}\xi, & x\in[x_1,x_2].\end{cases}$$

当 $n=3$ 时, $I=[x_0,x_1]\cup[x_1,x_2]\cup[x_2,x_3]$, 所以

$$y_3(x)=\begin{cases}y_0, & x\in[x_0,x_1],\\ y_0+\displaystyle\int_{x_0}^{x-d_3}f(\xi,y_0)\mathrm{d}\xi, & x\in[x_1,x_2],\\ y_0+\displaystyle\int_{x_1}^{x-d_3}\left[y_0+\int_{x_0}^{\eta-d_3}f(\xi,y_0)\mathrm{d}\xi\right]\mathrm{d}\eta, & x\in[x_2,x_3].\end{cases}$$

当 $n=4,5,\cdots$ 时, 可依次类似定义.

注意 $|y_0(x)|\leqslant|y_0|+Mh$, 其中 M 是 $|f(x,y)|$ 在 R 的上界, 所以 $\{y_n(x)\}$ 是一致有界的. 另一方面, 对区间 $[x_0,x_0+h]$ 内任意两点 s,t, 由于 $n\to\infty$ 时 $d_n\to0$, $x_1\to x_0$, 故不妨假设 $s,t>x_1$, 从而

$$|y_n(s)-y_n(t)|=\left|\int_{t-d_n}^{n-d_n}f(\xi,y_n(\xi))\mathrm{d}\xi\right|\leqslant M|s-t|.$$

所以 $\{y_n(x)\}$ 是等度连续的. 利用阿斯科利引理, 托内利序列在区间 I 有一致收敛的子序列 $\{y_{n_k}(x)\},k=1,2,\cdots$. 再次利用 $n\to\infty$ 时 $x_1\to x_0$, 在托内利序列的定

义中可不考虑 $x\in[x_0,x_1]$ 的部分, 从而

$$y_{n_k}(x)=y_0+\int_{x_0}^{x}f(\xi,y_{n_k}(\xi))\mathrm{d}\xi+\varepsilon_{n_k}(x),$$

其中

$$\varepsilon_{n_k}(x)=\int_{x}^{x-d_{n_k}}f(\xi,y_{n_k}(\xi))\mathrm{d}\xi.$$

显然 $|\varepsilon_{n_k}(x)|\leqslant Md_{n_k}$, 所以当 $k\to\infty$ 时, $\varepsilon_{n_k}(x)$ 在 $x\in[x_0,x_0+h]$ 一致趋于零, 因此 $\{y_{n_k}(x)\}$ 一致收敛的极限函数就是与原柯西问题等价的积分方程在 $[x_0,x_0+h]$ 的解, 即原柯西问题的一个右行解. 类似可得一个左行解, 从而得到柯西问题的一个解.

习题 3–3

2. (1) $(-\infty,+\infty)$, 或 $(-\infty,0)$, 或 $(0,+\infty)$;

   (2) $(-\infty,+\infty)$, 或 $(-\infty,C)$, 或 $(C,+\infty)$;

   (3) $(-\infty,+\infty)$;

   (4) $\left(C-\dfrac{\pi}{2},C+\dfrac{\pi}{2}\right)$.

3. 不矛盾. 当把方程写为 (3.18) 式的形式时, 右端函数连续区域的边界包含 $y=0$.

*4. 仿例 2 的方法证明.

*5. 仿例 2 的方法证明.

习题 3–4

1. 利用解的延伸定理.

2. 利用定理 3.6 的结论和定理 3.7 证明中的一些结果, 以及最大最小解的定义, 容易证明此定理. 注意, 此定理说明, 在所给条件下, 无论是初值问题 (E_1) 还是 (E_2) 的任何解的图形都夹在 $y=\varphi(x)$ 与 $y=\Phi(x)$ 的图形之间.

习题 4–1

1. (1) 通解 $y=-\dfrac{1}{2}x^2+Cx+\dfrac{1}{2}C^2$, 特解 $y=-x^2$;

   (2) 通解 $y=C\ln|x|+C^2$, 特解 $y=-\dfrac{1}{4}(\ln|x|)^2$;

   (3) 通解 $x=C\sin y+\dfrac{1}{2C^2}$, 特解 $x=\dfrac{3}{2}\sin^{\frac{2}{3}}y$.

2. (由于所取参数不同, 解的形式可能不同.)

   (1) 通解 $y=\sqrt{2}\sin\dfrac{\sqrt{2}}{\sqrt{5}}(x-C)$, 特解 $y=\pm\sqrt{2}$;

(2) 通解 $\begin{cases} x = \cosh t, \\ y = \dfrac{1}{\sqrt{3}}\left(\dfrac{1}{4}\sinh 2t - \dfrac{t}{2}\right) + C; \end{cases}$

(3) 通解 $y = x^2 - p^2$, $(p - \alpha x)^\alpha = C(p - \beta x)^\beta$, 其中

$\alpha = \dfrac{\sqrt{17}-1}{4}, \beta = -\dfrac{\sqrt{17}+1}{4}$, 特解 $y_1 = \dfrac{1}{2}\alpha x^2, y_2 = \dfrac{1}{2}\beta x^2$;

(4) 令 $\dfrac{\mathrm{d}y}{\mathrm{d}x} = xt$, 通解 $\begin{cases} x = \dfrac{4t}{1+t^3}, \\ y = -\dfrac{8}{(1+t^3)^2} + \dfrac{32}{3}\dfrac{1}{1+t^3} + C. \end{cases}$

习题 4–2

1. (1) $y = -\dfrac{1}{4}x^2$;　(2) 无奇解;　(3) $y = 0$.

2. 分别讨论微分方程 $\left(\dfrac{\mathrm{d}y}{\mathrm{d}x}\right)^2 - y^2 = 0$ 和 $\sin\left(y\dfrac{\mathrm{d}y}{\mathrm{d}x}\right) = y$.

习题 4–3

1. 参看 §4.1 例 1.

2. $y = xp - p\arccos p + \sqrt{1-p^2}$,　$p = \dfrac{\mathrm{d}y}{\mathrm{d}x}$.

习题 5–1

2. 周期 $T = \dfrac{4}{a}\displaystyle\int_0^1 \dfrac{\mathrm{d}u}{\sqrt{1-u^2}\sqrt{1-\dfrac{A^2}{12}(1+u^2)}}$ 与振幅 A 有关.

3. 在此条件下显然所求曲线为连接两点的直线段.

4. 若取 $C_3 = 0$, 则运动轨道在一条直线上; 若取 $C_3 > 0, C_4 + \left(\dfrac{\mu}{C_3}\right)^2 = 0$, 则当 $r \equiv \dfrac{C_3^2}{\mu}$ 时, (5.28) 式下面的方程成立, 此时运动沿圆周轨道.

习题 5–2

1. 单摆方程: $\begin{cases} \dfrac{\mathrm{d}x}{\mathrm{d}t} = y, \\ \dfrac{\mathrm{d}y}{\mathrm{d}t} = -a^2 \sin x, \end{cases}$ 其中 $a = \sqrt{\dfrac{g}{l}}$;

悬链线方程: $\begin{cases} \dfrac{\mathrm{d}y}{\mathrm{d}x} = v, \\ \dfrac{\mathrm{d}v}{\mathrm{d}x} = a\sqrt{1+v^2}; \end{cases}$

二体运动方程: $\begin{cases} \dfrac{\mathrm{d}x}{\mathrm{d}t} = u, & \dfrac{\mathrm{d}u}{\mathrm{d}t} = -Gm_s x(x^2+y^2+z^2)^{-3/2}, \\ \dfrac{\mathrm{d}y}{\mathrm{d}t} = v, & \dfrac{\mathrm{d}v}{\mathrm{d}t} = -Gm_s y(x^2+y^2+z^2)^{-3/2}, \\ \dfrac{\mathrm{d}z}{\mathrm{d}t} = w, & \dfrac{\mathrm{d}w}{\mathrm{d}t} = -Gm_s z(x^2+y^2+z^2)^{-3/2}. \end{cases}$

习题 5–3

2. 任取 $(x_0, \boldsymbol{y}_0) \in R$, 设过此点的唯一解为 $\boldsymbol{y} = \boldsymbol{\varphi}(x, \boldsymbol{y}_0)$. $\forall \varepsilon > 0$, 要证 $\exists \delta > 0$, 使只要 $|\overline{y} - \boldsymbol{y}_0| < \delta$, 过 $(x_0, \overline{\boldsymbol{y}})$ 点的唯一解 $\boldsymbol{y} = \boldsymbol{\psi}(x, \overline{\boldsymbol{y}})$ 就满足 $|\boldsymbol{\psi}(x, \overline{\boldsymbol{y}}) - \boldsymbol{\varphi}(x, \boldsymbol{y}_0)| < \varepsilon$, 其中 $x \in (\overline{a}, \overline{b})$ 为解的公共存在区间. 下面用反证法. 取 $D = \{|x - x_0| \leqslant \alpha, |\boldsymbol{y} - \boldsymbol{y}_0| \leqslant \beta\} \subset R$, 若上述结论不成立, 则 $\exists \varepsilon_0 > 0, (x_n, \boldsymbol{y}_n) \in D, |\boldsymbol{y}_n - \boldsymbol{y}_0| \leqslant \dfrac{\beta}{n}$, 使 $|\boldsymbol{\psi}(x_n, \boldsymbol{y}_n) - \boldsymbol{\varphi}(x_n, \boldsymbol{y}_0)| \geqslant \varepsilon_0$. 显然 $\{(x_n, \boldsymbol{y}_n)\}$ 有收敛子列, 无妨设为其自身, 且收敛到 $(\overline{x}, \boldsymbol{y}_0)$ 点. 由于 $\boldsymbol{\xi}_n(x) = \boldsymbol{\psi}(x, \boldsymbol{y}_n)$ 为过 $(x_0, \boldsymbol{y}_n)$ 点的解, 它满足积分方程 $\boldsymbol{\xi}_n(x) = \boldsymbol{y}_n + \displaystyle\int_{x_0}^{x} \boldsymbol{f}(t, \boldsymbol{\xi}_n(t))\mathrm{d}t$. 利用 $\boldsymbol{f}$ 在 D 的连续性可证 $\{\boldsymbol{\xi}_n(x)\}$ 有一致收敛子列, 设极限函数为 $\boldsymbol{\psi}^*(x)$, 则可得它是与 $\boldsymbol{\varphi}(x, y_0)$ 满足相同初值条件但在 $\overline{x}$ 点取不同值的解, 与唯一性矛盾.
3. 例子: $y' = y^{1/3}$. (参见 §2.2 的例 2 和图 2–2.)

习题 5–4

1. 参考本节推论后的附注, 那里是对标量方程的讨论.
2. $\dfrac{\mathrm{d}\boldsymbol{z}}{\mathrm{d}x} = \dfrac{\partial \boldsymbol{f}}{\partial y}(x, \boldsymbol{\varphi}(x, \boldsymbol{\eta}))\boldsymbol{z}, \quad \boldsymbol{z}(x_0) = \boldsymbol{E}$ ($\boldsymbol{E}$ 为 n 阶单位矩阵).
3. 参考本节例 2.

习题 6–1

1. (1) $y_1 = C_1 t, y_2 = C_2 t$;

   (2) $y_1 = C_1 \mathrm{e}^t + C_2 t\mathrm{e}^t, y_2 = C_2 \mathrm{e}^t$;

   (3) $y_1 = C_1 \sin t + C_2 \cos t, y_2 = C_1 \cos t - C_2 \sin t$;

   (4) $y_1 = C_1 \mathrm{e}^t + C_2 \mathrm{e}^{-t} + C_3 \mathrm{e}^t, y_2 = C_3 \mathrm{e}^t, y_3 = C_1 \mathrm{e}^t - C_2 \mathrm{e}^{-t} + C_3 \mathrm{e}^t$.
2. (1) $x = \dfrac{t}{3},\ y = -\dfrac{t}{3}$; (2) $x = 0,\ y = \dfrac{1}{3}t^2 + \dfrac{1}{t}$.
4. 设 $\boldsymbol{Y}(x)$ 是相同的基解矩阵, 则 $(\boldsymbol{A}(x) - \boldsymbol{B}(x))\boldsymbol{Y}(x)$ 恒为零矩阵. 再由 $\boldsymbol{Y}(x)$ 的可逆性得到所需结果.
5. 参考 § 3.1 中对标量方程的讨论.
6. 设 $\boldsymbol{y}_1, \boldsymbol{y}_2, \cdots, \boldsymbol{y}_n$ 为相应齐次微分方程组 (6.1) 的一个基本解组, $\boldsymbol{y}$ 为非齐次线性

微分方程组 (6.1) 的一个特解. 则 $\boldsymbol{y} \neq \mathbf{0}$, 并且 $\boldsymbol{y}, \boldsymbol{y}_1 + \boldsymbol{y}, \cdots, \boldsymbol{y}_n + \boldsymbol{y}$ 为 (6.1) 的 $(n+1)$ 个线性无关解.

习题 6–2

(为了节省篇幅, 下面采用行向量的写法. 注意解的形式是不唯一的.)

1. (1) $C_1(4,-5)\mathrm{e}^{-2x} + C_2(1,1)\mathrm{e}^{7x}$;

   (2) $C_1(\cos ax, -\sin ax) + C_2(\sin ax, \cos ax)$;

   (3) $C_1(0,0,1)\mathrm{e}^{-4x} + C_2(3,0,1)\mathrm{e}^{-x} + C_3(9x, 9, -1+3x)\mathrm{e}^{-x}$;

   (4) $C_1(1,0,0)\mathrm{e}^{x} + C_2\left(\frac{2}{3}x, 1-\frac{1}{3}x, -\frac{1}{3}x\right)\mathrm{e}^{x} + C_3\left(-\frac{2}{3}x, \frac{1}{3}x, 1+\frac{1}{3}x\right)\mathrm{e}^{x}$;

   (5) $C_1(-1,1,1,1)\mathrm{e}^{-2x} + C_2(1,0,1,0)\mathrm{e}^{2x} + C_3(1,0,0,1)\mathrm{e}^{2x} + C_4(1,1,0,0)\mathrm{e}^{2x}$.

2. (1) $C_1(1,0)\mathrm{e}^{2x} + C_2(x,1)\mathrm{e}^{2x} - \left(\frac{1}{2}, 0\right)$;

   (2) $C_1(1,-1)\mathrm{e}^{n^2x} + C_2(1,1)\mathrm{e}^{-n^2x} + \left(\frac{n+1}{n(n^2+1)}\sin nx, \frac{n-1}{n(n^2+1)}\cos nx\right)$;

   (3) $C_1(1,1)\mathrm{e}^{x} + C_2(x,-1+x)\mathrm{e}^{x} + (-x^2, 2x-x^2)\mathrm{e}^{x}$;

   (4) $C_1(1,-1,0)\mathrm{e}^{x} + C_2(\sin x, \cos x, \sin x) + C_3(\cos x, -\sin x, \cos x) + (-1, x, 0)$;

   (5) $C_1(1,0,0)\mathrm{e}^{-x} + C_2(x,-1,0)\mathrm{e}^{-x} + C_3(x^2,-2x,2)\mathrm{e}^{-x} + (x^2-3x+3, x, x-1)$.

3. (1) $-\frac{211}{900}(-x, 1+x)\mathrm{e}^{-4x} + \frac{781}{900}(1-x, x)\mathrm{e}^{-4x} + \left(\frac{4}{25}\mathrm{e}^{x} - \frac{1}{36}\mathrm{e}^{2x}, \frac{1}{25}\mathrm{e}^{x} + \frac{7}{36}\mathrm{e}^{2x}\right)$;

   (2) $\left(\frac{13}{4}\cos 2x - 3\sin 2x - \frac{5}{4}, \frac{13}{4}\sin 2x + 3\cos 2x + \frac{3}{2}x\right)$;

   (3) $(-2\sin x + \cos x - 4\mathrm{e}^{x} + 3\mathrm{e}^{2x}, -2\sin x + 2\cos x - 4\mathrm{e}^{x} + 2\mathrm{e}^{2x})$;

   (4) $(-2x, -3x, 2x)\mathrm{e}^{-x}$.

4. $x = \mathrm{e}^{at}(C_1\cos bt - C_2\sin bt), \quad y = \mathrm{e}^{at}(C_1\sin bt + C_2\cos bt)$.

5. 利用齐次线性微分方程的通解公式.

习题 6–3

1. 不矛盾. 这说明不存在一个二阶齐次线性微分方程, 它以 $\varphi_1(x)$ 和 $\varphi_2(x)$ 为解组.

3. (1) 此行列式对 x 的导数恒为零。

   (2) $y = C_1\mathrm{e}^{x} + C_2\mathrm{e}^{-x}, \quad q(x) = -1$.

4. (1) 利用反证法和解的存在和唯一性定理.

   (2) 利用 $\varphi(x)$ 的零点把区间 (a,b) 分割成开区间之并 (参考引理 9.1). 在每一个开区间内可应用例 1 的结论; 而在这些区间的端点处分别考虑两侧解的极限: 设解 $y=\varphi(x)$ 有一个零点为 $\xi \in (a,b)$, 则 $\varphi(\xi)=0$ 和 $\varphi'(\xi) \neq 0$. 注意, 对公

式 (6.56) 的右端第二项利用洛必达法则, 我们推出极限

$$\begin{aligned}&\lim_{x\to\xi}\varphi(x)\cdot\int_{x_0}^{x}\frac{1}{\varphi^2(s)}\mathrm{e}^{-\int_{x_0}^{s}p(t)\mathrm{d}t}\mathrm{d}s\\=&\lim_{x\to\xi}\left[\frac{1}{\varphi^2(x)}\mathrm{e}^{-\int_{x_0}^{x}p(t)\mathrm{d}t}\Big/\left(\frac{-\varphi'(x)}{\varphi^2(x)}\right)\right]\\=&\frac{\mathrm{e}^{-\int_{x_0}^{\xi}p(t)\mathrm{d}t}}{-\varphi'(\xi)}\end{aligned}$$

存在.

6. 参考本节例 2 的第二种解法.

7. 作自变量的变换 $x=\mathrm{e}^t$.

8. 当 $\Delta>0$ 时, $x=C_1\mathrm{e}^{\lambda_1 t}+C_2\mathrm{e}^{\lambda_2 t}$, 其中 $\lambda_{1,2}=\dfrac{-r\pm\sqrt{\Delta}}{2m}$ 均为负数; 当 $\Delta=0$ 时, $x=(C_1+C_2t)\mathrm{e}^{\lambda t}$, 其中 $\lambda=-\dfrac{r}{2m}<0$; 当 $\Delta<0$ 时, $x=(C_1\cos\beta t+C_2\sin\beta t)\mathrm{e}^{\lambda t}$, 其中 $\lambda=-\dfrac{r}{2m}<0$, 而 $\beta=\sqrt{-\Delta}$. (关于解的物理意义可参考文献 [16] 的 112–114 页, 或 [18] 的 213–216 页.)

9. 记 $\sqrt{\dfrac{k}{m}}=\Omega$. 当 $\Omega\neq\omega$ 时, $x=C_1\cos\Omega t+C_2\sin\Omega t+\dfrac{p}{m(\Omega^2-\omega^2)}\cos\omega t$; 而当 $\Omega=\omega$ 时, $x=C_1\cos\Omega t+C_2\sin\Omega t+\dfrac{p}{2m\Omega}t\sin\Omega t$. (关于解的物理意义可参考文献 [11] 的 134–136 页, 或 [16] 的 118–120 页.)

10. (1) $y=\mathrm{e}^x-\dfrac{1}{2}\mathrm{e}^{-2x}-x-\dfrac{1}{2}$;

(2) $y=C_1\mathrm{e}^{-x}+C_2\mathrm{e}^{3x}-\dfrac{1}{2}\mathrm{e}^{2x}$;

(3) $y=C_1\mathrm{e}^{-2x}+C_2+\dfrac{3}{2}x-\dfrac{1}{2}(\cos 2x+\sin 2x)$;

(4) $y=C_1\mathrm{e}^x+\left(C_2\cos\dfrac{\sqrt{15}}{2}x+C_3\sin\dfrac{\sqrt{15}}{2}x\right)\mathrm{e}^{-\frac{1}{2}x}$;

(5) $y=C_1\mathrm{e}^{-2x}+(C_2\cos x+C_3\sin x)\mathrm{e}^{2x}$;

(6) $y=(C_1+C_2x+C_3x^2)\mathrm{e}^{ax}$;

(7) $y=(C_1+C_2x)\mathrm{e}^x+(C_3\cos\sqrt{2}x+C_4\sin\sqrt{2}x)\mathrm{e}^x$;

(8) $y=C_1+(C_2+C_3x)\cos x+(C_4+C_5x)\sin x$;

(9) $y=\left(1+\dfrac{5}{8}x\right)\cos x-\left(\dfrac{21}{8}-2x+\dfrac{1}{8}x^2\right)\sin x$;

(10) $y=\mathrm{e}^x$;

(11) $y=(C_1\cos x+C_2\sin x)\mathrm{e}^x+2x\mathrm{e}^x\sin x$;

(12) $y=C_1\mathrm{e}^{2x}+C_2\mathrm{e}^{3x}+x\mathrm{e}^{-x}$;

(13) 令 $x=\mathrm{e}^t$, 得 $y=\dfrac{1}{x^2}[C_1\sin(3\ln x)+C_2\cos(3\ln x)]$;

(14) $y = C_1(2x+1) + C_2(2x+1)^2$.

习题 7–1

2. 令 $y_1 = y, y_2 = y'$, 则可把初值问题 (E) 化为微分方程组的情形. 注意, 在引理 7.2 中当 $b \to +\infty$ 时, $\rho \to a$.

习题 7–2

1. (1) $y_1 = 1 + \frac{1}{2}x^2 + \frac{1}{2\cdot 4}x^4 + \cdots + \frac{x^{2n}}{(2n)!!} + \cdots$,

$y_2 = x + \frac{1}{3}x^3 + \frac{1}{3\cdot 5}x^5 + \cdots + \frac{x^{2n-1}}{(2n-1)!!} + \cdots$;

(2) 递推公式为 $a_{n+1} = \frac{a_n + a_{n-1}}{n+1}, n \geqslant 1$, 解为 $y = a_0 + a_1(x-1) + a_2(x-1)^2 + \cdots + a_n(x-1)^n + \cdots$, 分别取 $a_0 = 1, a_1 = 0$ 和 $a_0 = 0, a_1 = 1$ 可得两个线性无关解:

$y_1 = 1 + \frac{1}{2}(x-1)^2 + \frac{1}{6}(x-1)^3 + \frac{1}{6}(x-1)^4 + \cdots$,

$y_2 = (x-1) + \frac{1}{2}(x-1)^2 + \frac{1}{2}(x-1)^3 + \frac{1}{4}(x-1)^4 + \cdots$.

(3) 递推公式为 $n(n+1)a_{n+1} = n(n-1)a_n - a_{n-1}, n \geqslant 1$, 解为

$y_1 = 1 - \frac{1}{2!}x^2 - \frac{1}{3!}x^3 - \frac{1}{4!}x^4 - \frac{2}{5!}x^5 - \cdots$;

$y_2 = x - \frac{1}{3!}x^3 - \frac{2}{4!}x^4 - \frac{5}{5!}x^5 - \cdots$.

2. (1) $y''(0) = -1, y'''(0) = 0, y^{(4)}(0) = 3,\ y = 1 - \frac{1}{2!}x^2 + \frac{3}{4!}x^4 + \cdots$;

(2) $y''(0) = 0, y'''(0) = -2, y^{(4)}(0) = 0,\ y = x - \frac{2}{3!}x^3 + \cdots$.

3. $y = a_0\left[1 - \frac{\lambda}{2!}x^2 - \frac{\lambda(4-\lambda)}{4!}x^4 - \frac{\lambda(4-\lambda)(8-\lambda)}{6!}x^6 - \cdots\right] +$

$a_1\left[x + \frac{2-\lambda}{3!}x^3 + \frac{(2-\lambda)(6-\lambda)}{5!}x^5 + \frac{(2-\lambda)(6-\lambda)(10-\lambda)}{7!}x^7 + \cdots\right]$; 由于 $a_{n+2} = \frac{2n-\lambda}{(n+2)(n+1)}a_n$, 所以当 λ 为非负偶数时, 上面的解就成为多项式, 它称为埃尔米特多项式.

4. 先把 $\sin x$ 展成幂级数, 然后再求幂级数解. 分别取 $a_0 = 1, a_1 = 0$ 和 $a_0 = 0, a_1 = 1$ 可得两个线性无关解:

$y_1 = 1 - \frac{x^3}{3!} + \frac{x^5}{5!} - \frac{x^6}{2\cdot 3\cdot 5\cdot 6} + \cdots$,

$y_2 = x - \frac{x^4}{3\cdot 4} + \frac{x^6}{2\cdot 3\cdot 5\cdot 6} + \cdots$.

习题 7–3

*1. 注意函数 $G(x,t)$ 满足方程 $(1-x^2)\dfrac{\partial^2 G}{\partial x^2}-2x\dfrac{\partial G}{\partial x}+t^2\dfrac{\partial^2 G}{\partial t^2}+2t\dfrac{\partial G}{\partial t}=0$.

2. 比较 t^n 的系数.

*3. 另一个线性无关的解为 $Q_n(x)=\mathrm{P}_n(x)\displaystyle\int_{x_0}^{x}\frac{\mathrm{d}x}{(1-x^2)[\mathrm{P}_n(x)]^2}$. 关于当 $x\to 1$ 时 $Q_n(x)$ 的无界性, 可参考文献 [16] 中第 143 页的证明.

习题 7–4

1. (1) $x=\pm1$ 为常点, $x=0$ 为正则奇点;

   (2) $x=\pm1$ 为正则奇点, $x=0$ 为常点;

   (3) $x=\pm1$ 为正则奇点, $x=0$ 为非正则奇点;

   (4) $x=\pm1$ 为正则奇点, $x=0$ 为非正则奇点;

   (5) $x=0,1$ 为常点, $x=-1$ 为非正则奇点.

2. (1) $y_1=x^{\frac{1}{2}}\left[1+\displaystyle\sum_{n=1}^{\infty}\frac{(-1)^n x^{2n}}{2^n n!\,5\cdot 9\cdot\ \cdots\ \cdot(4n+1)}\right]$,

   $y_2=1+\displaystyle\sum_{n=1}^{\infty}\frac{(-1)^n x^{2n}}{2^n n!\,3\cdot 7\cdot\ \cdots\ \cdot(4n-1)}$;

   (2) $y_1=\mathrm{J}_{\frac{1}{3}}(x),\quad y_2=\mathrm{J}_{-\frac{1}{3}}(x)$;

   (3) $y_1=x\left[1+\displaystyle\sum_{n=1}^{\infty}\frac{(-1)^n x^n}{n!(2n+1)!!}\right]$,

   $y_2=x^{\frac{1}{2}}\left[1+\displaystyle\sum_{n=1}^{\infty}\frac{(-1)^n x^n}{n!(2n-1)!!}\right]$;

   (4) 只有一个广义幂级数解 $y=x\left[1+\displaystyle\sum_{n=1}^{\infty}\frac{(-1)^n}{n!(n+1)!}x^n\right]$;

   (5) 只有一个广义幂级数解 $y=1+\displaystyle\sum_{n=1}^{\infty}\frac{1}{(n!)^2}x^n$.

3. (3) 收敛半径为 1.

习题 7–5

*3. 令 $t=\dfrac{2}{3}x^{\frac{3}{2}},y=t^{\frac{1}{3}}u$, 则方程化为 $t^2\dfrac{\mathrm{d}^2u}{\mathrm{d}t^2}+t\dfrac{\mathrm{d}u}{\mathrm{d}t}+\left[t^2-\left(\dfrac{1}{3}\right)^2\right]u=0$, 从而求得原方程的通解为

$$y=\sqrt{x}\left[C_1\mathrm{J}_{\frac{1}{3}}\left(\frac{2}{3}x^{\frac{3}{2}}\right)+C_2\mathrm{J}_{-\frac{1}{3}}\left(\frac{2}{3}x^{\frac{3}{2}}\right)\right].$$

习题 8–2

2. 零解稳定的充要条件为 $\int_0^{+\infty} a(s)\mathrm{d}s < +\infty$, 而零解渐近稳定的充要条件为

$$\int_0^{+\infty} a(s)\mathrm{d}s = -\infty.$$

3. 平衡点 $r = 0$ 是稳定的, 但不是渐近稳定的.
4. 利用 §2.2 的结果.
5. 取 $V = \frac{1}{2}(x^2 + y^2)$, 由定理 8.4 可知: 若存在 $\varepsilon > 0$, 使当 $0 < x^2 + y^2 < \varepsilon$ 时, $f(x, y) > 0$ ($\geqslant 0$, 或 < 0), 则方程的零解是渐近稳定的 (稳定的, 或不稳定的).
6. 讨论与所给方程等价的方程组 $\begin{cases} \dot{x} = y, \\ \dot{y} = -g(x), \end{cases}$ 并取 $V(x, y) = \frac{1}{2}y^2 + \int_0^x g(s)\mathrm{d}s.$
7. 平衡点 $(1, 0)$ 是不稳定的; 平衡点 $(-1, 0)$ 是稳定的, 但不是渐近稳定的 (可用 §5.1 中的相平面作图法, 或先作自变量变换, 把系统的两个奇点分别平移到原点, 再利用 §8.3 中的定理 8.5 和定理 8.6).
8. (1) 稳定; (2) 稳定; (3) 稳定; (4) 不稳定 (考虑 $V = xy$).

习题 8–3

1. 不妨考虑矩阵 $\boldsymbol{A}$ 是下列三种情况之一:

$$\begin{pmatrix} \lambda & 0 \\ 0 & 0 \end{pmatrix}, \quad \begin{pmatrix} 0 & 0 \\ 1 & 0 \end{pmatrix}, \quad \begin{pmatrix} 0 & 0 \\ 0 & 0 \end{pmatrix}.$$

   在第一种情况下 (设 $\lambda \neq 0$), 相轨线只有两种类型: y 轴上的每一点都是奇点, 而垂直于 y 轴的每条直线被 y 轴分割成两条轨线. 在第二种情况下, y 轴上的每一点仍是奇点, 而平行于 y 轴的每条直线都是轨线. 在第三种情况下, 相平面上的每一点都是奇点. (请注意前两种情况下, 非奇点的轨线上的方向.)
2. (1) 中心点; (2) 不稳定的两向结点; (3) 鞍点; (4) 不稳定的单向结点; (5) 不稳定的星形结点.
3. 利用格林公式.

习题 9–1

1. 利用反证法.
2. 与方程 $y'' + My = 0$ 进行比较.
3. 适当选取函数 $u(x)$, 使得在变换 $y = u(x)z$ 之下, 把贝塞尔方程化为函数 z 关于 x 的方程后, z' 项系数为零 (由此可定出 $u(x)$), 从而可应用本节的判别法.

*4. 利用反证法和定理 9.2 以及解的周期性.

5. 在定理 9.2 中取 $Q(x)=R(x)=q(x)$.

习题 9–2

1. (1) $\lambda_n=\left(\dfrac{2n+1}{2}\pi\right)^2$, $y_n=\sin\left(\dfrac{2n+1}{2}\pi x\right)$, $n=0,1,\cdots$;

   (2) $\lambda_n=n^2\pi^2-1$, $y_n=\cos(n\pi x)$, $n=0,1,\cdots$.

2. 令 $x=\mathrm{e}^t$, 则方程化为 $\ddot{y}-(1+\lambda)\dot{y}+\lambda y=0$, 再区别 $\lambda\neq 1$ 与 $\lambda=1$ 两种情形分别证明. 此结论与定理 9.3 并不矛盾, 原因是此方程不能化为 (9.16) 式或 (9.20) 式的形式.

3. 对方程 (9.16) 作变换 $y=u(x)z$ 和 $x=f(t)$, 并选择适当的函数 u 和 f, 使新的未知函数 z 和新的自变量 t 满足方程 (9.20) 和边值条件 (9.21).

习题 9–3

1. $\lambda_n=\dfrac{(2n+1)^2}{4(b-a)^2}\pi^2,\quad y_n=C_n\sin\left[\dfrac{2n+1}{2(b-a)}\pi(x-a)\right]$, $n=0,1,\cdots$.

2. $\lambda_n=4n^2\pi^2,\quad y_n=C_n\sin(2n\pi x)+D_n\cos(2n\pi x)$, $n=0,1,2,\cdots$.

*3. 先取齐次方程 $y''+[\lambda+q(x)]y=0$ 的两个线性无关的解 $\varphi(x,\lambda)$ 和 $\psi(x,\lambda)$, 它们分别满足初值条件: $\varphi(0,\lambda)=\sin\alpha$, $\varphi'(0,\lambda)=\cos\alpha$, 和 $\psi(0,\lambda)=-\cos\alpha$, $\psi'(0,\lambda)=\sin\alpha$. 然后, 利用常数变易法求解上述边值问题.

习题 9–4

1. 本节例 1 是非线性方程, §9.2 例 1 是线性方程.

2. 注意, 当 $0\leqslant\xi\leqslant 1$ 时, $F'(\xi)>0$. $p_1=\dfrac{B}{4\pi l^2}\left[\Gamma\left(\dfrac{1}{4}\right)\right]^4$.

习题 9–5

1. 应用本节的定理 9.5.

2. 令 $x=\lambda u$, 则方程化为 $u''+2u=\sin 2\pi t+5\lambda^2u^3$, 然后再利用本节的定理 9.5.

3. 考虑解 $\varphi(t)=x(t+T)-x(t)$, 并应用初值问题解的存在唯一性定理.

*4. 利用 §9.1 的习题 4.

习题 10–2

1. 利用隐函数定理, 参看本节定理 10.2 和定理 10.3 的证明.

2. 利用复合函数求导法则及本节的定理 10.1.

习题 10–4

2. 注意, 若 $C_1 < 0$ (即初始点在单位圆内), 则任一轨线当 $t \to -\infty$ 时都趋于 (0,0) 点. 因此, 如果存在包含 (0,0) 点的大范围首次积分 $\Phi(x,y)$, 则 Φ 在单位圆内为常值. 而这与首次积分的定义相矛盾.

4. 这是把第 2 题的结果推广到一般情形.

习题 11–1

1. (1) $y=\varphi\left(\dfrac{x_1}{x_n},\dfrac{x_2}{x_n},\cdots,\dfrac{x_{n-1}}{x_n}\right)$;

   (2) $u=\varphi\left(\dfrac{z-x}{y-z},(x-y)^2(x+y+z)\right)$;

   (3) $h=\varphi\left(a^2-b^2+c^2,\dfrac{bc}{a}\right)$.

2. (1) $u=y-z-2(\sqrt{x}-1)(\sqrt{y}-\sqrt{z})$;

   (2) $z=f_0\left(\dfrac{y^2+x\pm\sqrt{(y^2+x)^2-4y^2}}{2y}\right)$.

习题 11–2

1. (1) $u=\dfrac{1}{2}x^2yz-\dfrac{1}{6}x^3(3y+2z)+\dfrac{1}{2}x^4+\varphi(y-2x,z-3x)$;

   (2) $z=\dfrac{1}{x^3y^3}\varphi\left(\dfrac{x}{y^2}+\dfrac{y}{x^2}\right)$.

2. $f=\exp[2(\sqrt{y}-1)](\sqrt{x}-\sqrt{y}+1)^2(\sqrt{z}-\sqrt{y}+1)^2$.

3. 见第 11 章最后的延伸阅读 (数字资源).

习题 11–3

1. 初始曲线与方程的一条特征曲线重合, 因此这初值问题有无穷多个解.

2. $z=\dfrac{(x^2-y^2)^2}{9y^2}$.

参考文献

(按发表时间排序)

[1] Lavrentieff M. *Sur une équation différentielle du premier ordre* [J]. Math. Zeit., 1925, 23(1): 197–209 (II 5).

[2] Waston G N. *A treatise on the theory of Bessel functions* [M]. 2nd. Cambridge, UK: Cambridge University Press, 1944: 111–123.

[3] Coddington E A, Levinson N. *Theory of ordinary differential equations* [M]. New York: McGraw Hill. 1955.

[4] 史捷班诺夫 B B. *微分方程教程* [M]. 卜元震, 译. 北京: 高等教育出版社, 1955.

[5] 戈鲁别夫 B B. *微分方程解析理论讲义* [M]. 路见可, 齐民友, 译. 北京: 高等教育出版社, 1956.

[6] 涅梅茨基 B B, 斯捷巴诺夫 B B. *微分方程定性论* [M]. 王柔怀, 童勤谟, 译. 北京: 科学出版社, 1956.

[7] Ince E L. *Ordinary differential equations* [M]. New York: Dover, 1956.

[8] 彼得罗夫斯基 И Г. *常微分方程论讲义* [M]. 黄克欧, 译. 北京: 高等教育出版社, 1957.

[9] 秦元勋. *微分方程所定义的积分曲线* [M]. 北京: 科学出版社, 1959.

[10] 许淞庆. *常微分方程稳定性理论* [M]. 上海: 上海科学技术出版社, 1962.

[11] 王柔怀, 伍卓群. *常微分方程讲义* [M]. 北京: 人民教育出版社, 1963.

[12] 莱夫谢茨 S. *微分方程几何理论* [M]. 许淞庆, 译. 上海: 上海科学技术出版社, 1965.

[13] Plaat O. *Ordinary differential equations* [M]. San Francisco: Holden Day Inc., 1971.

[14] 克莱因 M. *古今数学思想: 第二册* [M]. 北京大学数学系数学史翻译组, 译. 上海: 上海科学技术出版社, 1979.

[15] 金福临, 李训经. *常微分方程* [M]. 上海: 上海科技出版社, 1979.

[16] 丁同仁. *常微分方程基础* [M]. 上海: 上海科技出版社, 1981.

[17] Hartman P. *Ordinary differential equations* [M]. 2nd ed. Boston-Basel-Stuttgart: Birkhäuser, 1982.

[18] 叶彦谦. *常微分方程讲义* [M]. 2 版. 北京: 人民教育出版社, 1982.

[19] 东北师范大学数学系微分方程教研室. *常微分方程* [M]. 北京: 人民教育出版社, 1982.

[20] Chow S-N, Hale J K. *Methods of bifurcation theory* [M]. New York: Springer-Verlag, 1982.

[21] Guckenheimer J, Holmes P. *Nonlinear oscillations, dynamical systems, and bifurcations of vector fields* [M]. New York: Springer-Verlag, 1983.
[22] Arnold V I. *Geometrical method in the theory of ordinary differential equations* [M]. Berlin-Heidelberg-New York: Springer-Verlag, 1983.
[23] 王高雄, 周之铭, 朱思铭, 等. 常微分方程 [M]. 2 版. 北京: 高等教育出版社, 1983.
[24] 叶彦谦, 等. 极限环论 [M]. 2 版. 上海: 上海科学技术出版社, 1984.
[25] 阿诺尔德 В И. 常微分方程 [M]. 沈家骐, 周宝熙, 卢亭鹤, 译. 北京: 科学出版社, 1985.
[26] 张芷芬, 丁同仁, 黄文灶, 等. 微分方程定性理论 [M]. 北京: 科学出版社, 1985.
[27] 张锦炎. 常微分方程几何理论与分支问题 [M]. 修订本. 北京: 北京大学出版社, 1987.
[28] 王联, 王慕秋. 非线性常微分方程定性分析 [M]. 哈尔滨: 哈尔滨工业大学出版社, 1987.
[29] 高素志, 马遵路, 曾昭著, 等. 常微分方程 [M]. 北京: 北京师范大学出版社, 1988.
[30] Chow S–N, Li C, Wang D. *Normal forms and bifurcation of planar vector fields* [M]. Cambridge, UK: Cambridge University Press, 1994.
[31] 张芷芬, 李承治, 郑志明, 等. 向量场的分岔理论基础 [M]. 北京: 高等教育出版社, 1997.
[32] 程民德. 中国现代数学家传: 第五卷 [M]. 南京: 江苏教育出版社, 2002.
[33] Li Jibin. *Hilbert's 16th problem and bifurcations of planar polynomial vector fields* [J]. International Journal of Bifurcation and Chaos, 2003, 13: 47–106.
[34] 丁同仁. 常微分方程定性方法的应用 [M]. 北京: 高等教育出版社, 2004.
[35] Christopher C, Li C. *Limit cycles of differential equations*: Part Ⅱ [M]. Basel-Boston-Berlin: Birkhäuser Verlag, 2007.
[36] 张芷芬. 张芷芬文集 [M]. 北京: 科学出版社, 2013.
[37] 马知恩, 周义仓, 李承治. 常微分方程定性与稳定性方法 [M]. 2 版. 北京: 科学出版社, 2015.

读者意见反馈

为收集对教材的意见建议，进一步完善教材编写并做好服务工作，读者可将对本教材的意见建议通过如下渠道反馈至我社。

咨询电话　400-810-0598

反馈邮箱　hepsci@pub.hep.cn

通信地址　北京市朝阳区惠新东街4号富盛大厦1座
高等教育出版社理科事业部

邮政编码　100029

防伪查询说明

用户购书后刮开封底防伪涂层，使用手机微信等软件扫描二维码，会跳转至防伪查询网页，获得所购图书详细信息。

防伪客服电话　（010）58582300